# 结构化森林经营原理

惠刚盈　Klaus von Gadow　等著

中国林业出版社

# 内容简介

本书是一部森林经营专著，冠以结构化的目的在于强调森林经营的核心是掌控"结构"。全书在纵览国内外众多现代森林经营方法的基础上，重点介绍森林结构、生长模型、竞争密度和经营模拟以及结构优化，亦涉及森林立地、目标树经营、近自然经营和恒续林模式等相关内容。

本书对从事生态学、林学、森林保护学和环境科学等学科的科研、教学和管理人员具有重要参考价值，可作为大学相关专业的研究生教材，也可作为营林技术人员的经营指南。

**图书在版编目（CIP）数据**

结构化森林经营原理 / 惠刚盈等著 . —北京：中国林业出版社，2016. 6 (2016.10 重印 )
ISBN 978 – 7 – 5038 – 8535 – 8
Ⅰ. ①结⋯　Ⅱ. ①惠⋯　Ⅲ. ①森林经营 – 研究　Ⅳ. ①S75
中国版本图书馆 CIP 数据核字(2016)第 101654 号

---

**出版**　中国林业出版社(100009　北京西城区刘海胡同 7 号)
**E-mail**　cfybook@163.com　**电话**　010-83143500
**发行**　中国林业出版社
**印刷**　北京中科印刷有限公司
**版次**　2016 年 6 月第 1 版
**印次**　2016 年 10 月第 2 次
**开本**　787mm×1092mm　1/16
**印张**　23.25
**字数**　537 千字

# 《结构化森林经营原理》
# 作者名单

惠刚盈　Klaus von Gadow

赵中华　胡艳波

徐　海　李远发

张连金　张弓乔

刘文桢　袁士云

当今世界已进入一个普遍关心环境保护的新时代，要求明智地利用人类的自然资源，社会所期望于森林的，不仅是木材生产，同时必须提供环境、非木质产品与景观服务等。在重视和追求森林健康和多功能生态优先的今天，越来越多的人期望通过调整森林的结构，增加生物多样性，培育健康稳定的森林，进而增强森林的服务功能。所以，林学仍将面临可持续的森林资源培育、多功能的森林利用以及近自然的森林经营等问题。

森林可持续经营是现代林业发展的必然选择，实现森林可持续经营的基础是拥有健康稳定的森林。因此，现代森林经营的首要经营目的是培育健康稳定的森林，发挥森林在维持生物多样性和保护生态环境等方面的价值。健康生态系统的标志之一就是其结构的完整性和功能的多样性。结构决定功能，结构是产生功能的基础，只有合理的结构才能产生良好的功能（惠刚盈等，2007）。森林经营是林业发展的永恒主题，其本质就是进行林分空间结构调整，而精准量化林分空间结构是进行林分结构调整的基础（惠刚盈等，2003）。所以，无论是天然林还是人工林的经营都应主抓结构。

空间结构是森林动态变化过程中测度时点林分状态的高度概括和度量，体现了林木个体（结构要素）及其属性（分布、种类、大小）的连接方式（惠刚盈，2013），既是森林生长及其生态过程的驱动因子，也是森林动态和生物物理过程的结果，直接与森林生态系统功能紧密相连（Spies，1998；Pommerening，2006）。森林结构可以帮助我们了解森林的发展历史、现状和生态系统将来的发展方向（Franklin et al.，2002）。结构特征直接反映了森林的生长状态和所处的演替阶段，并间接反映了森林生物多样性和生态功能，森林结构的复杂程度在一定程度上暗示了其生态系统服务的能力（Gamfeldt et al.，2013）。

林木的微环境对林木个体未来的发展有着重要的影响，即单木与其周围相邻木间的空间排列关系和状态（单木个体的空间结构特征）在很大程度上决定着林木个体获取养分、光照等资源的群落环境，体现群落中林木的生态位，从而也影响着林木个体未来的生长、竞争、死亡、林下更新等生态过程。美国的生态系统管理、德国的近自然森林经营、法国和瑞士的检查法等理论都以森林的功能指标来衡量经营效果，尽管或多或少涉及森林结构，但由于缺乏量化森林空间结构的分析，难以表达出林木微环境特征，无法在森林经营实践中根据具体的空间结构状态实行有针对性的结构调整(惠刚盈和赵中华，2008)。因此，我们在天然林经营研究中首次提出了结构化森林经营(惠刚盈等，2007)，即以培育健康稳定优质高效的森林生态系统为目标，以天然林顶极群落(健康稳定森林)的普遍规律为范式，恪守结构决定功能的系统法则，通过对目的树种的微环境调节实现对林分空间结构的优化。

出版本书的初衷在于对先前发表的论著进行系统地总结和完善，进一步夯实理论基础，更好地服务科学研究和生产实践。全书由6个章节组成，第1章绪论，概述世界林业先进国家的经营理念和模式，特别是现代林业发祥地德国的森林经营；第2章森林空间结构分析，重点介绍基于相邻木关系的森林空间结构参数及其应用；第3章林分状态调查与分析，简述表达林分状态的变量及其数据获取方法；第4章森林生长模型，重点论述林分模型和单木模型以及竞争的表达；第5章森林经营模拟，简述人为干扰(经营措施)对林分发展动态的影响和结构优化函数的构建；第6章结构化森林经营，着重论述结构化森林经营的理论基础和优化林分结构的途径。期望本书的出版能为培育健康稳定优质高效的森林做出应有的贡献。

值本书出版之际，特别感谢在书稿撰写过程中给予热情帮助的中国林业科学研究院的在读博士生白超、王宏翔和万盼。

本书的出版得到科技部"十二五"国家科技支撑计划课题"西北华北森林可持续经营技术研究与示范(2012BAD22B03)"和国家自然科学基金项目"基于相邻木关系的混交林树种分布格局测度方法研究"(31370638)的共同资助，在此深表感谢。

惠刚盈

2016 年 3 月

# C**ontents** 目 录

前 言

第**1**章 绪 论 / 1

1.1 森林经营方法概述 / 2
1.1.1 经营思想 / 3
1.1.2 经营方法 / 4

1.2 德国森林经营简述 / 11
1.2.1 森林概况 / 11
1.2.2 联邦政府的林业政策与森林资源管理体系 / 11
1.2.3 德国森林经营发展简史 / 13
1.2.4 森林经营模式 / 13

第**2**章 森林空间结构分析 / 23

2.1 空间结构分析途径 / 24
2.1.1 经典的植被生态学途径 / 24
2.1.2 现代森林生态和森林经理学方法 / 26

2.2 空间结构描述 / 40
2.2.1 林木空间分布格局 / 40
2.2.2 林木大小差异 / 60
2.2.3 树种混交程度 / 62
2.2.4 林木密集程度 / 76

2.3 森林结构比较方法 / 83
2.3.1 群落相似系数 / 83
2.3.2 K-S 检验 / 85

　　　2.3.3　遗传距离 / 85

　2.4　空间结构恢复与重建 / 86
　　　2.4.1　重建方法 / 87
　　　2.4.2　距离模型 / 89

　2.5　基于混交度的林木种群分布格局测度方法 / 97
　　　2.5.1　混交度判定种群分布的理论基础与方法 / 98
　　　2.5.2　$D_M$方法在天然混交林中的应用 / 100

　2.6　空间结构参数二元分布 / 102
　　　2.6.1　二元分布概念及数学描述 / 102
　　　2.6.2　结构参数二元分布 / 103
　　　2.6.3　群落空间结构二元分布特征 / 106
　　　2.6.4　种群空间结构二元分布特征 / 110

第3章　林分状态调查与分析 / 120

　3.1　森林群落的识别 / 120
　3.2　群落最小面积的确定 / 120
　　　3.2.1　植被生态学方法 / 120
　　　3.2.2　统计学方法 / 129

　3.3　数据调查方法 / 130
　　　3.3.1　大样地法 / 130
　　　3.3.2　样方法 / 133
　　　3.3.3　无样地法 / 135

　3.4　状态分析 / 136
　　　3.4.1　林分空间结构 / 137
　　　3.4.2　林分年龄结构 / 137
　　　3.4.3　林分密度 / 138
　　　3.4.4　林分长势 / 138
　　　3.4.5　顶极种的竞争 / 138
　　　3.4.6　森林更新 / 138
　　　3.4.7　林分树种组成分析 / 139
　　　3.4.8　林分直径分布 / 139
　　　3.4.9　林分树种多样性 / 139
　　　3.4.10　林分各树种优势度分析 / 140
　　　3.4.11　林分空间结构参数计算 / 141
　　　3.4.12　林分自然度评价 / 142
　　　3.4.13　林分经营迫切性评价 / 145

## 第 4 章　森林生长模型 / 152

### 4.1　生长模型 / 152
4.1.1　数据要求 / 153
4.1.2　全林分模型 / 165
4.1.3　直径分布模型 / 185
4.1.4　单木生长模型 / 195
4.1.5　模型评价与检验 / 200

### 4.2　森林立地 / 205
4.2.1　立地质量 / 206
4.2.2　地位指数 / 213

### 4.3　林分密度 / 217
4.3.1　密度 / 217
4.3.2　竞争指数 / 232

## 第 5 章　森林经营模拟 / 246

### 5.1　经典疏伐模拟 / 246
5.1.1　林分水平疏伐模拟 / 246
5.1.2　径级水平疏伐模拟 / 248

### 5.2　林分空间优化经营模型 / 252
5.2.1　目标函数及其约束条件 / 253
5.2.2　目标函数解析 / 253
5.2.3　约束条件的解析 / 254
5.2.4　优化经营决策 / 256

### 5.3　经营模型评价 / 261
5.3.1　经营模型评价方法 / 261
5.3.2　经营模型的评价指标 / 262

## 第 6 章　结构化森林经营 / 264

### 6.1　结构化森林经营的经营理念 / 264
### 6.2　结构化森林经营的理论基础 / 265
6.2.1　结构的重要性 / 265
6.2.2　结构的可解析性 / 267

　　　　6.2.3　健康森林的结构特征 / 268

6.3　结构化森林经营的目标和原则 / 273

　　　　6.3.1　经营目标 / 274

　　　　6.3.2　经营原则 / 274

6.4　结构化森林经营方法与技术 / 276

　　　　6.4.1　林分状态类型划分 / 276

　　　　6.4.2　森林经营方向确定 / 279

　　　　6.4.3　林分结构调节技术 / 280

　　　　6.4.4　作业设计 / 288

　　　　6.4.5　效果评价 / 290

6.5　结构化森林经营案例分析 / 293

　　　　6.5.1　东北红松阔叶林经营实践 / 294

　　　　6.5.2　小陇山锐齿栎天然林经营实践 / 317

　　　　6.5.3　贵州常绿阔叶混交林经营实践 / 327

6.6　结构化森林经营技术应用操作的"五字一句话" / 337

6.7　结构化森林经营之评价 / 338

　　　　6.7.1　结构化森林经营"培育健康森林的目标"符合现代森林经营理念 / 338

　　　　6.7.2　结构化森林经营遵循结构决定功能的系统法则 / 338

　　　　6.7.3　结构化森林经营依托基于相邻木关系的林分空间结构量化分析方法 / 338

　　　　6.7.4　结构化森林经营的模板是健康森林的结构特征 / 339

　　　　6.7.5　结构化森林经营恪守了德国近自然森林经营的原则 / 339

6.8　结构化森林经营与其他森林经营之异同 / 340

　　　　6.8.1　与传统森林经营的区别 / 340

　　　　6.8.2　与近自然森林经营的区别 / 340

参考文献 / 342

# 第 1 章

# 绪　论

　　林业已不仅是一个基础产业，还是一项社会公益性事业，已不再被视为以林产品为主的狭义、封闭式的产业，而是在全球生态环境与经济社会发展格局中具有举足轻重的社会公益性事业。林业在贯彻可持续发展战略中具有重要地位、在生态建设中具有首要地位、在西部大开发中具有基础地位及在应对气候变化中具有特殊地位。林业不仅是国民经济的重要组成部分，更是生态建设的主体，是国土生态安全的重要保障，是社会经济可持续发展的基础，是促进经济特别是农村经济、提高农民收入和人们生活质量的重要因素。发展林业是实现科学发展的重大举措，是建设生态文明的首要任务，是应对气候变化的战略选择，是解决"三农"问题的重要途径。目前，林业发展正在由以木材生产为中心转向兼顾生态、经济、社会、碳汇和文化效益，生态优先。

　　随着人类社会现代文明的发展与进步，世界各国特别是经济发达国家均把发达林业列为国家繁荣、社会进步、民族兴旺的重要标志之一。1992 年联合国环境与发展大会确立了社会经济可持续发展的思想，通过了《21 世纪议程》和《关于森林问题的原则声明》两个关于森林的文件。大会指出："林业这一主题涉及环境与发展的整个范围内的问题和机会，包括社会经济可持续发展的权力在内"，提出"森林资源和森林土地应以可持续的方式管理，以满足这一代人和子孙后代在社会、经济、文化和精神方面的需要"。提出了林业可持续发展和森林的可持续经营，赋予了林业新的内涵，充分强调了森林的生产功能、环境保护和社会服务方面的作用协调发展的必要性。林业发展从此进入森林生态、社会和经济效益全面协调可持续发展的现代林业发展模式。森林可持续经营是现代林业发展的必然选择。

　　现代林业是指充分利用现代科学技术和手段，全社会广泛参与保护和培育森林资源，高效发挥森林的多种功能和价值，以满足人类日益增长的生态、经济和社会需求的开放型林业。它以可持续发展理论为指导、以生态环境建设为重点，改变了林业过去以木材采伐利用为指导、仅作为国民经济的重要物质生产部门的地位。林业建设既要承担满足经济高速发展对林产品的需求，更要承担改善生态环境，促进人与自然和谐相处，重建生态文明发展道路，维护国土生态安全的重大历史使命。可持续发展战略赋予林业重要的地位，生态建设赋予林业首要的地位。林业的首要任务已由以经营用材林、生产木材等林产品为主向以生态建设为主、确保国土生态安全的方向转变，从传统的森林采伐和资源培育领域拓展到许多与生态环境建设有关的新兴领域。

社会经济对林业的需求出现了结构性的重大变化，保护生态环境、加强生态建设、维护生态安全等生态需求已成为社会经济发展对林业的主导需求，伴随着生产力发展水平的差异，人们生活水平和消费层次出现了分异，逐步富裕起来的消费者对绿色产品、天然产品的需求越来越大，对户外游憩场所的数量、质量要求也不断上升，因此提供林产品和社会化服务已成为现代林业的重要任务，而促进生态文明则成为现代林业建设的根本任务。

森林可持续发展是经济社会可持续发展的重要保障，是现代林业发展的必然选择。现代森林经营的主导思想从"永续收获"（Sustainable yield）转变为"森林可持续经营"（Sustainable forest management）。森林可持续经营的基本思想可追溯到200多年前，但直到20世纪80年代以后，森林的可持续经营才有实质性的进展。森林可持续经营必须遵循的基本原则包括：① 保持森林土壤的自然健康，实现生态系统的持续发展；② 在森林及其环境可持续能力的允许范围内，满足人们对林产品和森林环境服务的需求；③ 对社会和经济的健康持续发展做出贡献；④ 寻求适当的经营途经，促进人与森林和谐发展，既满足当代人对森林产品和服务的需求，也为满足后代人的需求提供保障。

实现森林可持续经营的基础是拥有健康稳定的森林，因此现代森林经营的首要经营目的是培育健康稳定的森林，发挥森林在维持生物多样性和保护生态环境方面的价值，在森林培育中要求遵循生态优先的原则，保证森林处于一种合理的状态之中。这个合理状态主要表现在合理的结构、功能和其他特征及其可持续性上。

# 1.1　森林经营方法概述

人类从森林中诞生，在森林中进化，人类社会进步也依赖森林孕育和发展。从原始社会的原始文明形态到农业社会的农业文明形态，再到工业社会的工业文明形态，社会的不断进步已使人类经历了三大文明形态。人与自然的关系也经历了高度依存、有节制索取到大规模破坏三个阶段。原始文明阶段人类还没有能力经营森林，必须依靠森林提供生活必需品。农业文明阶段人类为了获得薪炭、粮食和牲畜等而毁林开荒、放牧，并进行原始林原木的利用。进入资本主义工业化的发展时期，森林资源成为重要的工业原料，为了满足日益增长的木材需要，人类进行了大规模的人工造林实践，以获得经济收益。在此过程中，以"木材利用"原则为指导、着眼于森林经济效益的传统林业逐步建立和完善起来。随着时代的进步和社会的发展，人类对森林的认识和需求不断发生变化，人类对森林的经营目的、经营思想和经营方式也因此不断发生变化。

### 1.1.1 经营思想

森林经营理论在其诞生以来的200多年时间里,一直在不断发展和完善,以适应经济社会发展及生态环境保护对林业发展的要求。

18世纪末,德国提出了"永续生产"的理论,对世界森林经营思想的演变产生了深远的影响。法正林理论是森林永续利用的核心。木材永续利用以单一的木材生产为中心,目的在于通过对森林资源的管理,向社会均衡提供人们对木材消耗的需求,并强调森林单一的木材产品的最大产出。法正林思想注重森林的储量和定期产量,强调森林生长量与采伐量平衡,并保持稳定的蓄积量。森林永续利用理论限于封闭的林业系统,把森林生态系统作为孤立的封闭系统,将人类独立于森林生态系统之外。森林永续利用的理论和法正林思想后来成为欧美国家森林经营思想的精髓,也逐渐成为包括我国在内的世界大多数国家的森林经营指导思想。

"近自然林业"是基于欧洲恒续林的思想发展起来的。强调尊重森林生态系统自身的规律,实现生产可持续和生态可持续的有机结合,视森林为有机体,在经济与生态之间,经济与环境保护之间的关系求得某种和谐与协调,以"适树、混交、异龄、择伐"等为特征。在现阶段和今后相当长的时期,近自然林业理论将是推动森林可持续经营的主导理论。"近自然林业"并不是彻底恢复森林生态系统的自然性和原始状态(原生态),而是在调整人类需要和探寻自然可能之间的一个折中且理想的概念。

森林生态系统经营视森林为生物有机体和非生物环境组成的等级复杂系统,并认为森林生态系统是以人为主体的、由人类参与经营活动的、由人类社会—森林生物群落—自然环境组成的复合生态系统,其经营的指导思想是人类与自然的协同发展,其经营目标是从森林生态系统管理的整体作用出发,以维持森林生态系统在自然、社会系统中的服务功能为中心,通过森林生态系统管理,注重景观水平上的效果,维持整个生态系统的健康和活力。这种对森林生态系统服务功能的维护,不仅是获得物质产品的基础,而且是人类持续生存依赖的根本。

森林可持续性经营的基本思想可追溯到200多年前(如林产品特别是木材产品的永续利用和持续收获),但直到20世纪80年代以后可持续发展才有其深刻的内涵。在20世纪80年代后期,森林可持续经营的思想逐渐形成。1992年召开的联合国环境与发展大会通过了两个关于森林的主要文件,即《21世纪议程》和《关于森林问题的原则声明》,都充分强调了森林的生产功能与其在保护环境和社会服务方面的作用协调起来的必要性。森林是实现环境与发展相统一的关键和纽带,森林可持续经营是社会经济可持续发展的核心和重要保障。

尽管关于森林可持续经营的定义各有不同,但其核心内容的可持续性包括三个方面:一是环境的可持续性,要求生态系统能支持健康的生物体并维持其生产性、适应性和再生能力;二是社会的持续性,要求从事的森林经营活动不要超过社区对所产生的资源和环境变化的忍耐能力;三是经济的可持续性,不仅要求我们这一代人、还要以后各世代的人拥有相同的资本形式(如森林资源)。

### 1.1.2  经营方法

#### 1.1.2.1  检查法

检查法(control method)是顾尔诺(A. Gurnaud)和毕奥莱(H. Biolley)等人在法国和瑞士创建的天然异龄林集约经营方法，是一种高度集约的经营方式，在许多欧洲国家都有应用研究，在亚洲应用研究主要是日本和中国。

检查法的目标是通过定期重复调查来检查森林结构、蓄积和生长量的变化，运用抚育择伐和天然更新的经营方式，永续保持森林结构处于确定的平衡状态，保持森林永续利用。其最终目标是木材生产，但必须满足以下经营原则：① 必须是连续不断的；② 生产量尽可能地多；③ 产品质量尽可能的好。

检查法经营思想的核心是采伐量不超过生长量，即在天然异龄混交林中，根据森林的结构、生长、功能和经营目标，在经营中边采伐、边检查、边调整，森林的结构逐步达到优化，使森林生态系统健康，并产生高效益。检查法是动态适应性的经营方法，采取较短的经理期或经营周期，及时了解林分状况和生长动态趋势，并适时采取合理的调整措施。

检查法的基本想法与恒续林思想相同，它的特点是提出一个具体的森林经营方法。其森林调查方法如下(郑小贤，1999；亢新刚，2001)：

(1)定期进行森林调查，把握森林结构、生长量和蓄积量，根据调查结果来确定采伐量，注重实际调查，而不是根据预想生长量或事前规划。

(2)林班是永久性的区划和检查单位，不存在小班区划。

(3)为简化森林调查，不测定树高，对达到一定胸高直径的林木进行每木调查。

(4)生长量的调查是主林木(胸径大于或等于15cm)，按5cm整化划分径级，利用一元材积表计算立木材积、期初和期末蓄积。

(5)计算林分径级分布、各径级生长量、进阶株数和林分生长量，经营者据此确定采伐计划。检查法没有主伐和间伐的区别；检查法计算生长量的公式为：$Z = (M_2 - M_1 + C + D)/a = \Delta/a$，式中，$Z$ 为林分定期平均生长量；$\Delta$ 为林分定期总生长量；$M_2$ 为本次调查全林蓄积；$M_1$ 为上次调查全林蓄积；$C$ 为调查间隔期内采伐量；$D$ 为调查间隔期内枯损量；$a$ 为调查间隔期。

(6)检查法有一个理想的林分各径级蓄积比，毕奥莱认为，云、冷杉林中，小径木(20~30cm)、中径木(35~50cm)、大径木(55cm以上)蓄积最佳比例为2:3:5。

检查法中最重要的经营方法是择伐技术的应用。其择伐要点是定期用同一标准、同一方法测定异龄林分的生长量，以此确定定期的择伐量，通过定期择伐，进而调节林分株数，控制径级分布的比例。检查法经营中采伐木的选择遵循以下原则：① 伐除老、病、残、径级结构不合理的林木和成熟的林木；② 保留价值高、增长快和珍贵树种；③ 保持适当的针阔树种比例；④ 保持林木空间分布均匀合理，避免出现林窗；⑤ 调整森林的径级结构，使之径级分布趋于合理，有利于各径级林木向更大径级转移。

Couvet 森林是瑞士实施检查法的第一个林区。1890 年，毕奥莱(Biolley)首先在瑞士的纳沙泰尔州的两个乡有林中引进检查法,后在全纳沙泰尔州推广。毕奥莱将 Couvet 森林划分成了两个不同类型的经营作业区,采用检查法抚育择伐原则和天然更新经营森林,经过百年的发展,将一个同树型结构的林分和一个原先开展放牧的森林,改造成高度发育的,经营目的明确的择伐林作业区。法国的 Bouscadie 私有林自 1960 年以来,应用检查法进行了经营,每 10 年进行全面的每木调查,林分每 5 年进行一次抚育采伐,完全按照检查法的要求进行经营,采伐最差的林木,促进良好林木生长,1960～1990 的 30 年间,Bouscadie 林的年公顷总采伐量与 1960 年时的原始蓄积量几乎一样;Landsberg 私有林从 1933 开始将检查法作为计划手段得以实施,每隔 6 年为一周期进行采伐之后即进行资源调查。实际表明,自 20 世纪初以来,森林蓄积量明显提高,干材用材部分由过去的不足 20% 上升到了 60% 。

　　我国李法胜(1994)、于政中(1996)等报道,从 1987 年起,吉林省汪清林业局和北京林业大学合作在该林业局金沟岭进行了检查法生产试验研究,并系统地对试验林分进行了生长预测和择伐模拟研究,结果表明,在长期实施采伐量低于林分生长量的低强度择伐作业的情况下,即择伐强度不超过 20% ,最好在 15% 左右,试验林分既能保持稳定的木材收获,又能使林分蓄积量持续稳定增长。

### 1.1.2.2　未来木(目标树)经营

　　未来木(Z-Bäume)经营的提出:法国的 Duhamel du Monceau(1763)提出了为造船而生产橡树大径木的 Z-树思想。1840～1950 期间在瑞士和德国不同程度采纳了这种 Z-树想法。Wiedemann(1935,1951),Abetz(1967,1999),Leibundgut(1978),Spiecker(1983),Schober(1987)等人都曾进行过 Z-树经营的研究。特别值得一提的是从 20 世纪 60 年代开始,Peter Abetz 贯彻了 Z-树思想并在德国弗莱堡开展了试验、收获表和调查方法的系统研究,筑构了今天的 Z-树经营体系,并由他的学生 Klaedtke(1992,2004,2009)发扬光大。

　　Z-树经营的概念:由于小径木高的收获费用和低廉的价格,人们愈加将注意力集中在促进那些能够形成未来最终林分的林木上。森林木材净收益的 85%～90% 来自主伐,也就是说由 Z-树所创造。因此,森林培育的对象应集中在 Z-树上。Z-树是在第一次疏伐时作为培育对象挑选的最终采伐利用的树木。Z-树经营是指从第一次疏伐到最终采伐之间的一切经营活动都是围绕 Z-树开展的森林经营方法。Z-树经营体系中用来调节 Z-树生长的原则就是以最小的风险来生产所需特定价值的木材(Abetz,1980,1993;Abetz and Ohnemus,1999)。Z-树应当维持高的生活力来保证尽可能地早日达到生产目标,保持林分中的蓄积量增长直到获得最佳的市场条件。对选择的 Z-树通过伐除最强的竞争者来促进,对于其没有竞争的树仅伐除受压、受损或病害木。

　　Z-树选择标准:从木材生产的角度:Z-树的选择标准是健康、具有生命力(直径和树冠发育好)和质量(无瑕疵的干形)。

　　(1)生命力:在林分中处于优势地位或者绝对优势的粗大树木(优势木和亚优势木),他们生长旺盛,相对冠长在 1/2～1/3 之间。

　　(2)稳定性:$H/D$ 值在 80 或者在 80 以下树木。$H/D$ 值超过 100,则树冠细小,容易发生风倒、雪倒，$H/D$ 值在 80 以下不易风倒雪倒。

（3）质量：一般树干没有损伤，没有很粗的枝。

（4）分布：目标树应尽可能均匀地分布在林分中（目标树正三角配置）。

从生态、保护和疗养的角度：

形态（像孤立木，树干粗大，冠宽、80% 冠长，巨大的根系）

树叶、树皮（漂亮的秋季颜色）

分布（不规则性。从随机到聚集）

Z-树经营：如今的 Z-树经营的重要法则："如果 100 株/hm² 目标树用于生产目的，那么 50 株/hm² 用于生态或保护目的"。5～10 株/hm² 达到目标直径的目标树作为母树永远保留；伐除目标树周围一定半径的所有相邻木的方法或仅伐除 1～2 或 3 株竞争者。

Z-树经营的条件：最重要的条件是能够找到足够数目的 Z-树，这些树必须符合生命力、稳定性、质量等方面的要求。对高密植的云杉林，林分优势高达到 15m 时林分内保留株数 2500 株/hm² 以上，才有可能选择出 400 株/hm² 的 Z-树。不是所有的林分都适合 Z-树经营。

### 1.1.2.3 近自然森林经营

近自然林业是模仿自然、接近自然的一种森林经营模式。"接近自然"是指在经营目的的类型计划中使地区群落主要的本源树种得到明显表现。它并不是回归到天然的森林类型，而是尽可能使林分建立、抚育、采伐的方式同"潜在的自然植被"的关系接近。要使林分能进行接近生态的自发生产，达到森林生物群落的动态平衡，并在人工辅助下使天然物种得到复苏。

近自然林业阐明了这样一个基本思想，人工营造森林和经营森林必须遵循与立地相适应的自然选择下的森林结构。"林分结构越接近自然就越稳定，森林就越健康、越安全"。只有保证了森林自身的健康和安全，森林才能得到持续经营，其综合效益才能得到持续最大化的发挥。因此，不论是哪种形式的森林，包括天然次生林、人工林，其经营形式必须遵照生态学的原理来恢复和管理。"只有保证其树种结构和树龄结构合理时，森林才能稳定和持续地发展"。也只有如此，人类才能获得有限的经济目标和保护目标。

近自然经营不排斥木材生产，与传统森林经营理论相比，它认为只有实现最合理的接近自然状态的森林才能实现经济利益的最大化。近自然林业的特征在于：以培育近自然的森林为目标，考察现有的森林，并对在考察中的森林加以细心缓和的调控。近自然森林经营一方面从总体上加深认识森林生命的真实特征，用自然特有的、从森林自身中学到的信息取代以人的愿望为中心的信息，做到真正贴近自然的森林经营。另一方面，近自然森林经营还在于通过不断的尝试去认识和促成森林及其各部分的反应能力。近自然经营的理论与实践都建立在对原始森林的研究基础上。

近自然森林经营的原则：

（1）珍惜立地潜力、尊重自然力：近自然林业是以充分尊重自然力和现有生境条件下的天然更新为前提，是顺应自然条件的人工对自然的一种促进。掌握立地原生植被分布和天然演替规律，是近自然林业经营的基础，原则上要避免破坏性的集材、整地和土地改良等作业方式，以保护和维持林地生产力。

（2）适地适树：根据立地条件下的原生植被分布规律发现的潜在天然植被类型，选择或培育在现有立地条件下适宜生长的乡土树种。近自然林业倡导使用乡土树种，也不完全排除外来树种，但对外来树种的引进十分谨慎，即使是理论上认为适合现有立地条件群落自然演替的外来树种引入，也需要在局部区域范围内进行充分种植试验和群落适应观察，分阶段小心谨慎地进行。因此，近自然经营下形成自然生态群落的树种应该以本地适生的乡土树种为主，并尽可能提高其比重。

（3）针阔混交、提高阔叶树比重：针阔混交搭配可造就生产力高、结构丰富的森林。特别是增加阔叶树种，可为立地提供更多的枯枝落叶腐殖质肥料，增强林地肥力；加上近自然林业保护原有天然植被、顺应自然更新，能更好地增加森林生态系统的生物多样性，有利于建立起更加稳定的植被群落，从而能增强森林生态系统自身对病虫害等自然灾害的消化和控制能力，减少病虫害等自然灾害的发生；同时，增加阔叶树种，降低了植被群落的油脂含量，将更有利于减少和降低森林火灾的发生。

（4）复层异龄经营：近自然林业要求林分结构要由单层同龄纯林转变为复层异龄混交林。近自然林业在混交造林的基础上，还要求复层异龄经营，复层林的形成主要通过保护原生天然植被、错落树种混交配置和异龄经营等措施来实现，通过择伐和更新促进初级林分的异龄化，进一步增强林分的复层化。复层异龄经营一方面显著提高了林分的抗风灾能力，有利于森林防护功能的不间断的持续发挥，另一方面也有利于林分内合理的自然竞争，促进目标树木的生长，不同龄级林木的演替生长，增强了木材生产的可持续供给和森林的可持续经营。

（5）单株抚育和择伐利用：单株抚育管理和择伐利用原则是与复层异龄经营相一致的经营原则，是促进木材生产的可持续供给和森林可持续经营的具体措施，同时意味着持续的抚育管理，且以培育大径级林木为主，使每株树都有自己的成熟采伐时点，都承担着社会效益和经济效益，大大提高了木材经营的质量和森林的综合效益。

在近自然经营中最基本的经营模式是森林择伐经营和目标树培育，这种模式在保障森林近自然特性和生物多样性的情况下，通过对现实森林稳定结构的林学技术来实现森林经营的木材生产、环境保护和文化服务等效益。择伐是与俗称"剃光头"的皆伐作业相对的一种采伐方式。目前天然林择伐作业方式有径级采伐，俗称"拔大毛"、采育择伐、大面积低强度经营择伐等，天然林近自然经营的基本原则是选择林分中20%以内的少量优秀个体为经营主体对象，而把大部分林分留给自然进程去调节和控制。目标树单株木经营是以单株林木为对象，充分利用林地自身更新生长的潜力，生态和经济目标兼顾，在保持生态系统稳定的基础上最大限度地降低森林经营投入并尽可能多的生产森林产品。

近自然森林经营的主要特征有：① 采用整体途径进行森林经营（经营一个生态系统而不只是林木）；② 维持森林环境，避免皆伐；③ 单株择伐，保持蓄积；④ 利用自然过程（如天然更新和天然整枝）；⑤ 适地适树，珍惜地力；⑥发展本地物种；⑦ 放弃同龄林和单层林；⑧ 通过水平和垂直结构的调整达到最适宜的生物多样性。

### 1.1.2.4　生态系统经营

森林生态系统经营的指导思想是人类与自然的协同发展，既承认人类需要的重要性，同时也面对现实：即要永久地满足这些需要是有限制的，有赖于生态系统的结构与功能的维持。

森林生态系统经营是以可持续性为主要目标，包括生态系统的完整性，生物多样性、生物过程、物种、生态系统的进化潜力以及维持土地的生态可持续性，同时还包括森林对于社会良性运行的意义，此外也不排斥传统的森林永续收获经营的目标。

美国生态学会生态系统管理特别委员会在 1995 年的一份评价报告中指出生态系统管理必须包含以下几个方面：

（1）可持续性：生态系统管理把长期的可持续性作为管理活动的先决。

（2）可监测性：在生态系统可持续性的前提下，具体的目标应具有可监测性。

（3）适合的生态系统模型：在生态学原理的指导下，不断建成适合的生态系统功能模型，并把形态学、生理学及个体、种群、群落等不同层次上生态行为的认识上升到生态系统和景观水平，指导管理实践。

（4）复杂性和相关性：生态系统复杂性和相关性是生态系统功能实现的基础。

（5）动态特征：生态系统管理并不是试图维持生态系统某一种特定的状态和组成，动态发展是生态系统的本质特征。

（6）动态序列和尺度：生态系统过程在广泛的空间和时间尺度上进行着，并且任何特定的生态系统行为都受到周围生态系统的影响，因此，管理上不存在固定的空间尺度和时间框架。

（7）人类是生态系统的组成部分：人类不仅是引起生态系统可持续性问题的原因，也是在寻求可持续管理目标过程中生态系统整体的组成部分。

（8）适应性和功能性：通过生态学研究和生态监测，人类不断深化对生态系统的认识，并据此及时调整管理策略，以保证生态系统的实现。

针对生态系统经营是一个动态的、开放的、包含巨大的复杂性的，同时又是对象十分具体的过程，Goertner 等人提出了 5 条基本原则：① 从社会方面定义的目标；② 整体、综合的科学；③ 广泛的空间规模和长的时间尺度；④ 合作决策；⑤ 有适应能力的制度。徐国祯则把森林生态系统经营的实践划分为三个阶段，① 调查和评估阶段：包括自然的、经济的、社会方面的调查，不仅重视多资源、多层次的调查，而且重视评估，包括生态评估、经济评估和社会评估；② 区划和区域规划阶段：在一个全面保护、合理利用和持续发展战略下，将多种资源和多种效益的要求分配或融合到每块土地和林分上，以保持一个健康的土地状况、森林状态和一个持久的土地生产力，通常按生态系统经营规划在 4 个空间范围内进行，即区域、省/流域、集水区和生态小区；③ 实施、监测和建立起自适应机制的阶段：包括在对未来取得共识的基础上，执行适应性管理过程，建立新的监测和信息系统，增加调研和调整计划的方法，增强部门内外机构的合作，以及保证公众的参与等。

美国作为生态系统经营的代表，最早开始了森林生态系统经营管理实践。1992 年美国林务局确定采用生态系统经营作为国有林经营的基本方针，1993 年美国政府开始进行行政改革，同年 4 月，克林顿政府宣布了美国西北部及北加利福尼亚国有林区以生态系统经营为核心的森林计划，1995 年 4 月公布了森林计划编制规程的修正案。目前，至少有 18 个美国联邦机构承诺以生态系统经营原理为指导，同样的承诺还包括许多州及地方经营者、非政府组织、公司和私有林主。美国俄勒冈西部 Coast 山脉是第一个探索生态系统经营在森林计划中的实践。这次实践有三个特征，一是以综合生态系统保护为目的；二是为缓和采伐量减少的影响而制定支援地方政策；三是为实践大面积生态系统经营和支援地方政策，积极开展各部门协作。北卡罗来纳州的 Big Creek 森林生态系统经营示范项目是为数不多已执行、在景观水平上的森林生态系统经营项目之一。该项目的主要特点是：采用一条多规模的空间系统途径，项目本身的规模即设定在 1 万英亩的景观水平上，以可持续性原则及景观生态学原理指导森林经营实践活动，项目切实保障当地居民在影响他们的决策中自始至终充分的参与，包括确定期望的景观状况，制定森林经营的原则及标准，计划的执行与监控等。项目的设计及执行中，加强了组织间协作和多学科综合。此外，加拿大、芬兰等国家也开始了森林生态系统经营的试验研究与实践。我国于 1996 年批准了第一个关于森林生态系统经营研究的项目——天山森林生态系统可持续经营方法研究。

### 1.1.2.5　天然林生态采伐更新体系

唐守正等(2005)将生态采伐定义为：依照森林生态理论指导森林采伐作业，使采伐和更新达到既利用森林又促进森林生态系统健康与稳定，达到森林可持续利用目的。将森林生态采伐更新的原则和技术分为两类：一类是减少对环境影响、保存生态系统完整性为目标、适合各种生态系统的共性原则和技术；另一类是以促进保留林分生长和发育为目标的、针对特定生态系统的个性原则和技术。

生态采伐一词最早于 1988 年由 W. B. Staurt 提出，此后，许多学者对这一概念进行了探讨，并逐步被许多林业工作者接受，之后，国际上许多学者对生态采伐进行了深入研究，如 Barros et al(1995)、Heinrich(1995)、Berthault(1997)等，各国际组织也开展了生态采伐的研究，例如 FAO、ITTO、CIFOR 等，其中尤以 FAO 的研究最广泛，在全球 19 个热带国家和地区开展了生态采伐案例研究。我国的许多学者也对生态采伐进行了理论和技术改进的实践研究和探索，如陈陆圻(1991)、夏国华等(1995)、徐庆福(1999)、赵秀海(2000)、唐守正(2005)等对生态采伐的概念进行了一系列的探讨。史济彦(1988)提出了建立兼顾生态效益和经济效益的新型森林采伐作业系统，新系统由 4 个子系统组成；1990 年，他又用森林生态理论来指导森林作业的主导思想进行了进一步的阐述；周新年等(1996)研究表明，在择伐作业中，通过深开下口，多打楔子，树倒前快速拉锯，可使伐木倒向准确，减少周围树木的损伤，林内造材、集材中定线路均可避免对保留木大面积的干扰和损害；赵秀海(1995)、于景生(1997)、董希斌(1997)、李阳明(1997)等针对不同天然林林分分别从的采伐径阶、择伐强度、集材方式、伐区配置、伐区道路选线、天然更新等方面进行了研究。张会儒等(2006)对生态采伐进行了系统的研究，并出版了《森林生态采伐的理论与实践》一书；唐守正等(2006)在总结国内外森林生态采伐研究成果的基础上，结合东北天然林区的生态采伐实践活动，提出了"天然林生态采伐更新技术体系"，并编写了《东北天然林生态采伐更新技术指南》一书，系统地提出了适用于多种森林生态系统类型的共性原则和技术以及针对特定森林生态系统的个性原则和技术等。

### 1.1.2.6  结构化森林经营

惠刚盈等(2007)在森林可持续经营的原则指导下提出了基于林分空间结构优化的森林经营方法——结构化森林经营。结构化森林经营从现代森林经营的角度出发灌输"以树为本、培育为主、生态优先"的经营理念。以培育健康稳定的森林为目标，根据结构决定功能的原理，以优化林分空间结构为手段，注重改善林分空间结构状况，按照森林的自然生长和演替过程安排经营措施，视经营中获得的林产品作为中间产物而不是经营目标，认为唯有创建或维护最佳的森林空间结构，才能获得健康稳定的森林。在采伐过程的控制方面，结构化森林经营只需技术人员按预定的经营原则和措施，事先对拟采伐林木进行标记，然后采取灵活多样的方式进行检查，从而变全程跟踪式控制为以事前控制为主，使林业部门及其技术人员能够更加自如地控制采伐的过程。结构化森林经营量化和发展了德国近自然森林经营方法，既注重个体活力，更强调林分群体健康，依托可释性强的结构单元进行林分结构调整，已成为一种独特的、更具操作性的森林可持续经营方法。其主要特征是用林分自然度划分森林经营类型，用林分经营迫切性指数确定森林经营方向，以空间结构参数角尺度调整林木空间分布格局，以混交度调整树种空间隔离程度，以大小比数调整树种竞争关系。

结构化森林经营与传统森林经营方法不同之处主要表现在以下几个方面：首先，结构化森林经营以培育健康稳定的森林为终极目标，以原始林或顶极群落为模版，视经营中获得的木材为中间产物，而不是最终目标，认为只有健康稳定的森林才能发挥最大的生态、经济和社会效益，而传统森林经营方法大多以获得最大经济效益为目的，木材生产是主要的经营目标；其次，结构化森林经营与传统森林经营方法衡量森林的质量理念与标准不同，传统森林经营方法把木材产量的大小、可获得木材持续生产能力的时间等作为森林质量好坏的标准；结构化森林经营以系统结构决定系统功能的准则为指导，认为只有创建合理的结构才能够发挥高效的功能，因此，结构化森林经营更加注重培育森林结构，尤其是森林的空间结构；第三，结构化森林经营与传统森林经营的林分数据调查与分析体系中存在着一定的差别，即结构化森林经营在对森林整体特征进行分析的同时增加了以参照树与其最近相邻木关系为基础的空间结构特征调查与分析；第四，结构化森林经营方法在对森林进行经营时依托可释性强的结构单元，以个体健康为前提，以结构优化为手段，既注重林木个体健康，又保持森林整体的健康；传统森林经营方法则更多的是关注林木个体的健康；此外，结构化森林经营与传统森林经营方法经营效果评价体系不同，传统森林经营方法在评价森林经营效果时常以森林经营后面积变化、蓄积、单位面积生长量等为评价指标，即森林功能评价为主，而这些指标的变化往往要经历较长的时间才能够体现；结构化森林经营则以森林状态评价为主，即森林经营前后的状态变化；状态评价能够及时反映森林经营的效果，从而更好地指导森林经营方向的调整，避免由于经营措施的不当造成不可挽回的损失。

## 1.2 德国森林经营简述

德国对欧洲乃至整个世界产生过巨大的影响，无论在科学技术领域，还是在哲学、文学、艺术等领域，它都涌现过许多举世仰慕的泰斗和巨匠。人们一提到德国，就会立即联想到贝多芬、歌德、黑格尔、爱因斯坦等响亮的名字。仅仅这些名字，就已经足以让人们感受到作为当今欧洲最富有、最具有现代科技实力、人口也最稠密的德国的份量了。

德国不仅有发达的工业和高效的农业，而且有先进的林业，在世界林业发展中始终起着导航的作用。德国被公认为现代林业的发祥地，在世界林业史上创造过许多光辉的篇章，最早创建森林科学的德国林学家哈尔提希（Hartig G. L.，1764~1837）、柯塔（Cotta H.，1763~1837）、洪德斯哈根（Hundeshagen J. C.，1783~1834）、盖耶耳（Gayer K.，1822~1907）、穆勒（Möller A.，1860~1922）等名字为世界各国林学家所熟知。目前在德国正在大力推行恒续林模式，它的理论基础是著名的"近自然的森林经营"，即尽可能有效地运用生态系统规律和自然力去造就森林。这种新的经营模式既能发挥森林的生产功能，又能保证森林的社会和环境功能，因而得到欧美各国的积极响应。

### 1.2.1 森林概况

德国不仅是一个高度工业化、人口密集的国家，同时也是一个富有森林的国家。高度的物质文明、有限的生存空间，促使人们对环境的高质要求。森林作为环境的一个重要组成部分，在德国备受重视。德国的森林面积为 1 107 万公顷，占整个国土面积的31%。其中，国有林面积为34%，集体林为20%，私有林为46%。德国的主要树种为云杉、欧洲赤松、山毛榉和橡树。尽管过去大面积的针叶树种植，目前德国的阔叶混交比例已达56%。云、冷杉和花旗松占森林面积的35%，欧洲赤松和落叶松占31%，阔叶树占34%。德国森林的木材蓄积在欧洲占主导地位，平均每公顷达 320m³，为世界平均水平的 2 倍以上。德国森林具有持续可利用的潜力，每年可供采伐的木材大约为6 000 万 m³，即每年每公顷的生长量为 5.4m³。而目前每年仅采伐 4 000 万 m³ 即每年每公顷采伐 3.6m³，几乎再增加采伐量一半，也不会损伤可持续利用。这表明，年均采伐量仅为年生长量的67%。与 1991~1994 年的平均年采伐量（3 070 万 m³）相比，目前的年采伐量提高了30%。可以讲，在德国实现了"越伐越多，越采越好、青山常在，永续利用"的经营思想。

### 1.2.2 联邦政府的林业政策与森林资源管理体系

欧盟国家的农业政策，绝大多数部门来自于欧共体，但有一个例外，这就是有关森林的政策，森林政策在欧共体尚未统一。德国林业法律法规健全，并认为林业政策是一个国家政策。而德国又是一个联邦制国家，每个联邦州的政策将产生重要作用，因此一些具体的林业政策由联邦州负责制定。联邦森林法制定于1975年，1984年进行了修改，全称为《德意志联邦共和国保持森林和发展林业法》。除联邦森林法外，各州在此基础上均制定了州的森林法，做出了更具有操作性的法律规定。此外，在森林的经营方面，还要执行欧共体制定的《自然保护法》。与森林经营相关的还有《联邦种苗法》，以法律形式规范了林木种苗的引进、生产和销售。《联邦狩猎法》规定狩猎计划必须根据生态平衡的原则，狩猎活动的监督管理过程。德国没有林业公安，但法律赋予了林务官在林区行使警察的职能。他们穿着绿色的制服，佩戴臂章，携带武器，在森林区域内对违法行为进行处罚。

联邦政府的林业政策是保护森林，使森林对未来一代提供至少与当代同样多的多样化的功能。林业政策必须促使林业企业向持续的、合乎秩序的、同时也要具有竞争能力的经济实体方向发展。促进加强林业企业自身的生产能力和改善原料的竞争能力并维护森林的稳定性。鉴于森林的经济利用和它对环境的意义，联邦政府的林业政策目标重点是，保持和扩大森林，以及确保持续的有序经营。除了保持森林面积外，重要的还在于改善和保证森林的多样化功能。所以，保证有序的森林经营和保持有生产力的林业企业是关键。此外，联邦政府也特别重视在无林区扩大森林面积；直到今天的农地上人工造林对持续减轻农业市场的负担做出了贡献。

德国上下一致认为森林除了它的疗养和游憩价值外，还具有重要的自然和环境保护功能，同时也是一个重要的经济因素。人们普遍认为保护森林的游憩作用要比其提供木材的作用更重要。德国居民更多地把森林当作疗养场所。在工业区每年每公顷的森林就有1 000人次拜访。21.5万公顷的森林被划作疗养林。此外，270万公顷的森林作为自然公园供居民疗养之用。也就是说，德国森林面积约三分之一为疗养林。与以往以人为核心的不同点是，人们也越来越重视森林的生态作用。

对于森林资源的管理，德国建立了一套完善的管理体系。从联邦到地方林区，森林管理机构由五级构成。各级森林管理机构均属垂直隶属关系，与地方政府行政隶属无关，从而避免森林管理体制中的地方政府干预。联邦级：机构设置有食品、农业及消费者保护部等3个部门。林业为农业部下设司，主要负责全国林业政策、法律、方针、计划的制定，林业执行情况的统计，各州林业与相关部门的协调，国际合作与交流等。州级：设置于各州的农业部，具体政策制定和林业监督管理在这一级，其职责主要为监督全州森林经营管理的合法性，管理全州的国有森林，指导全州私有林和社团林的经营。区级：在州内分区域设立的森林管理局，主要职责为经营管理区域内的国有林和森林经营的榜样示范，审批私有林经营的申报文件，对私有林主提供免费咨询。森林管理局内通常设立有管理服务、森林企业、对外关系、援助等部门。

德国对森林资源的掌握，联邦政府和联邦州每隔10年进行一次森林资源清查。对森林的年采伐量，严格控制少于年生长量。全国每年对木材的需求量8 000 m³至1亿m³，但国内每年生产木材消耗森林蓄积为4 000~6 000m³，木材不足的缺口部分主要从北欧进口。

德国对森林的监管主要依据制定的各种法律法规，各级森林管理机构与部门对森的监管发挥重要作用。对于森林的管理除法规外，还有联邦和各州的森林计划。对森林的培育目标和方向普遍强调森林的自然化，提出的森林远景图也就是希望用自然的方法培育出混合型的、多层次的、多样性的森林。而在森林资源私有化比重较高的国家里，除法规、政策的约束与引导外，政府对保护和发展森林资源方面给予的资助也极为重要。政府对保护和发展森林资源的资助主要有以下方面：

(1)将其他土地改变为森林时，第一次植树造林给予援助；

(2)私有森林将单一性针叶林改造成混交林时给予资助；

(3)小的私有林者形成联合体时给予资助；

(4)林业上有自然灾害时给予资助；

(5)森林区开展生态、环保、自然保护等活动给予资助；

(6)森林防火措施方面给予资助等。

## 1.2.3 德国森林经营发展简史

### 1.2.3.1 森林经营简史

18 世纪下半叶以前，德国林业经历了①森林饲料、食物时期；②木材时代［林区烧炭—盐场、玻璃工场、冶炼，建筑材，水运（造船）］；实施矮林作业、中林作业，禁止择伐作业（由于担心只伐好的）。18 世纪下半叶，森林荒芜到顶点。18 世纪下半叶至 20 世纪 90 年代中，为法正林时代，主张伐区式主伐乔林作业，大面积采阔栽针。20 世纪 80~90 年代，由于森林灾害接连不断、"意外"采伐频频出现、木材市场混乱，传统林业蒙受致命打击，特别是 1990 年春空前的大风暴灾害，德国林业科学与实践 200 年时间建设起来的"纪念大厦"崩塌了。

### 1.2.3.2 "近自然森林经营"简史

1882 年，Gayer 主张择伐，反对皆伐，提出"回归自然"的口号。随后，瑞士科学家 Biolley 把法国人 Gurnauds 所研究的思想发展为检查法，并从 1889 年起在瑞士汝拉山林区付诸实践，1925 年出版第一部择伐林著作；Eberbach 提出立木蓄积抚育作业理论；Möller 接受了 Gayer 的思想，并发展形成了关于"永续林"的理论；Krutzsch 提出"适应自然的用材林"这一新名词；Heger 积极倡导立木蓄积抚育。20 世纪初德国少数林业局和一些私有林主开始了近自然森林经营实践。1950 年，成立了"适应自然林业协会"（ANW）。20 世纪 70~80 年代，德国各林业企业为向近自然林业过渡进行了生长模拟，为后来的林业路线转变做好准备。1989 年由 10 个欧洲国家林业工作者发起创立了"欧洲近自然思想林业工作者联谊会"（PROSILVA）。20 世纪 90 年代中期，德国政府正式宣告放弃人工林经营方式，采纳了近自然林业理论，并制定了相关方针，朝着恢复天然林的方向转变。

## 1.2.4 森林经营模式

为更好地保护人类的生存环境，充分发挥森林的各种功能，世界林业发达国家德国已开始调整自己的森林经营理论与技术，大面积推行"近自然的森林经营"即恒续林模式。这主要由于在世界范围内森林环境价值受到了高度重视，人工林不稳定性在许多地方存在，森林经营中皆伐人工更新及同龄纯林的育林制度在许多方面已不符合现代森林经营要求，因此在许多国家制定了放弃皆伐的政策，运用恒续林系统替代皆伐，将人工纯林逐渐转变为混交异龄林。恒续林这个词的提出已有百余年的历史，然而，由于200多年来同龄皆伐法正林在世界林业的主导地位，从而大大地阻碍了恒续林的发展。随着森林经营技术的进步，以及世界性的生态环境问题的出现，传统的经营森林的思想观念如今已发生了很大的转变，现代经营森林的思想已将收获木材与其他林副产品和保护生态环境的利益放在同等重要的位置上，森林的可持续经营被普遍接受。恒续林的育林体系，作为替代皆伐的一个符合现代森林经营要求的育林系统正在中欧兴起。

### 1.2.4.1　恒续林的概念

恒续林（Dauerwald；Continuous cover forest，CCF）这一词的出现虽有上百年的历史，然而它的快速发展还是20世纪50年代的事。发展相对滞后的根本原因是19世纪法正林一直主宰着中欧林业。这其中的原由并非鲜为人知。

1882年由德国林学家嘎耶尔（Gayer，1882）提出了恒续林思想。认为森林的稳定性与严格的连续性是森林的自然本质。强调择伐，禁止皆伐作业方式。1922年密勒（Möller，1922）接受了嘎耶尔的思想，进一步发展形成了他自己的关于恒续林的理论，提出了恒续林经营。他把森林视为有机体，先于我们今天对森林生态系统的认识。1924年克儒驰（Krutzsch，1924）提出合乎自然的用材林。1950年克儒驰和韦克在密勒（Möller，1922）的恒续林基础上提出了合乎自然的森林经营。合乎自然的森林经营，其特点就是在经济与生态之间，经济与环境保护之间的关系求得某种和谐和协调，是具有方向性的重要意义。可见，合乎自然的森林经营是对过去所讲的恒续林的进一步发展。然而，合乎自然森林经营要达到的最终目标即为恒续林。这一认识是基于合乎自然的林业工作协会（ANW）的近自然林业的基本原则。虽然恒续林经营的思想在如今已发生了很大的变化，但目前人们仍用恒续林这个概念以区别传统法正林。同时也是对提出该概念的林学家们的怀念和敬重。

马克尧克（Markyorke，1998）在他所写的《一个替代皆伐的恒续林育林系统——转变同龄人工林为异龄林的实践指南》中认为，恒续林育林系统本身不只是一个育林制度，它包含着若干个育林制度，但不包括皆伐。在1927"林业"第一卷中的一篇论文，题目叫做恒续林（Dauerwald），R. S. Troap教授译作连续森林（Continuous forest）。恒续林就是这样处理的森林，（林冠）覆盖是连续不断地保持着的，土壤从不暴露。马克尧克（1995）年在"恒续林育林系统在英国"一文中，解释恒续林育林体系是能够用于一块林地的更新（包括天然的和栽植的）而不依赖于皆伐。

J. E. Garfitt（1995）在《森林自然管理：恒续林》中提出，恒续林这一名词，已被森林管理系统所采纳，其实质是对土壤及生态系统的干扰应保持最小。但森林的主要利用方式，就是允许培育和收获木材。

Klaus von Gadow（1998）在《可持续森林管理》中更为明确地指出，恒续林主要特点是单株采伐利用，其育林技术被恰当地称之为"森林园艺"。森林发育无始无终，森林保持着不确定的年龄状态。森林蓄积量保持在一定水平上，收获措施可以发生在有规则的间隔期内，间伐与主伐收获的区别不是截然的。基于年龄的森林生产力评价，诸如平均年生长量，或基于年龄的净现值，不适用于该系统。用于评价生产力的适宜变量是定期生长量。恒续林及其发育阶段不是通过年龄或轮伐期确定的(图1-1)。

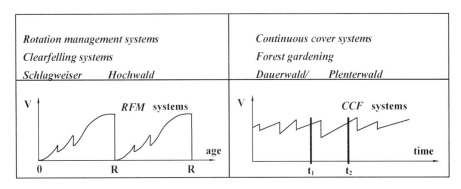

图 1-1   周期林(左)与恒续林(右)的差异

根据以上对恒续林所作的解释，虽其侧重点各有不同，但其共同特点是：

(1)非皆伐作业，最好方式为单株采伐利用，林地无间断地在林冠覆被下，土壤不裸露。

(2)复层混交异龄林。森林发育无始无终，保持不确定的年龄状态，蓄积量水平是波动的，间伐与采伐不是截然可分的，评价林分的适宜变量是定期生长量。

(3)任何措施对森林系统的干扰应达到最小。

(4)确保森林的生产功能即允许收获一定数量的木材。

(5)强调充分利用自然力进行自然更新，但并不排除人工更新。如在皆伐迹地或无林地，要尽快营造森林有机体，也只有靠人工更新。

可见，恒续林经营模式既能发挥森林的生产功能，又能保证森林的社会和环境功能。恒续林(Dauerwald；Continuous cover forest，CCF)是指在同一块林地上永远覆盖有树木的森林。它的特点是异龄、混交、复层、高产、稳定。森林的生长无始无终，整个森林无龄级之分，也没有成熟龄、轮伐期的概念。森林生态系统中林木的不同发育阶段，不为林分条块分割，而是在时间上和空间上都处于同一经营单元内，不同年龄或不同树种的树木相互依存、相互制约、形成马赛克式的镶嵌体，保持了森林内部的持续稳定性。恒续林的经营技术特点是，在同一块林地上各种育林措施如抚育、更新和采伐等可同时进行；放弃皆伐；避免破坏林地的整地方式；采用单木方式的利用。实际上，恒续林育林系统首要的是强调培育森林，而传统的法正林系统则更注重森林的木材利用。

### 1.2.4.2 恒续林的现状与发展趋势

从考察德国的森林经营中，同许多德国教授的讨论中，以及从目前所查阅到的资料中，使我们认识到，提出和推行恒续林不是偶然的，而是现实的需要。在当前的背景下，要避免采用有碍环境的皆伐和不稳定的同龄人工纯林，要使现在森林经营，既能收获木材，又能维护生态环境，已成为时代的呼唤。

　　Klaus von Gadow 教授认为大规模应用新的育林系统已成为中欧政策上的现实，包括逐渐地转变传统的育林实践为连续覆盖的林业，支持混交异龄林，适地适树及单株采伐利用。尽管皆伐在欧洲有些地方还广泛实践着，但总体上看，恒续林育林系统已取得了成功。如在瑞士、奥地利、德国放弃皆伐的政策现在已得到贯彻。瑞典近来也宣布对森林收获不实行皆伐。

　　在英国积极推行贯彻恒续林育林系统，为此成立了 CCF 组（Continuous Cover Forestry Group），提出了适合于英国的连续覆盖林业的育林系统，编制了《替代皆伐的恒续林育林系统—转变同龄人工林为异龄林的实践指南》小册子，详细阐明了恒续林的适用场所及立地类型、潜在的优点和利益、潜在的花费（成本）与缺点等。在英国恒续林育林系统已经有了较好的实践基础。

　　1950 年德国成立了合乎自然的林业工作协会（ANW），旨在大面积推行"近自然的森林经营"即恒续林模式。在德国恒续林经营已有成功的典范。如德国下萨克森州的斯岛芬堡国家林业局（Stauffenberg）已进行了 50 年的近自然的森林经营实践，成为今天恒续林经营的典范；而萨克森州的伯恩托仁（Bärenthoren）则成为恒续林的发源地。再如黑森州的施文寺堡（Schweinsburg）私人林业局也进行了 30 年的合乎自然的森林经营，取得了可喜的成就。德国下萨克森州的斯岛芬堡国家林业局（Stauffenberg）、萨克森州的伯恩托仁（Bärenthoren）和黑森州的施文寺堡（Schweinsburg）林业局实行合乎自然森林经营的具体做法是，利用单株采伐利用、实行天然更新，将人工针叶纯林改建为混交异龄林，使阔叶林形成多树种复层异龄林。这样做的效果，不但生态环境保护好，林相好，生产力也高，年平均生长量达到 9 $m^3/hm^2$，而年伐量可达 6~7 $m^3/hm^2$，其中 50% 为主伐材，50% 为间伐材；而且通过目标树，目标直径培育法，培育珍贵树种，如橡树、山毛榉等。林场的收入也较高。现在德国正在接近自然林业原则指导下，对过去云杉、松树纯林进行改建，以期成为针阔混交林与异龄林，对现有的阔叶林通过择伐，以形成多树种（山毛榉、白蜡、橡树、槭树、椴树、花楸等）的高产混交林。如德国下萨克森州林科院在哈茨山进行的改建及择伐试验，在慕尼黑技术大学林学系也有类似的试验。

　　在"近自然林业"这种思想与理念的指导下，为了实现更科学的森林经营，慕尼黑大学与相关的研究机构目前正在从事"面向未来林业决策支持系统"的应用研究。该项研究，从森林类型上立足于将现有的针叶纯林改变为混交林，将同龄林改变为异龄林。实验研究中考虑环境、树种等因素设计了多种森林培育方向，如针阔混交林、阔叶林、针叶林等；从评价标准上主要考虑生态、社会、经济三个方面的作用，满足实施过程中的可操作性；从方法上采用"森林生态系统模型"，通过确定多种需求目标，针对不同的所有者，运用决策支持表和矩阵的方法，建立"决策支持系统"。"决策支持系统"的应用研究结果最终为区域森林经营培育计划的实施提供技术支持。

　　目前在国际上已将恒续林作为森林可持续经营的重要内容加以发展，皆伐作业愈来愈受到限制，单株采伐利用系统备受重视。

#### 1.2.4.3　恒续林经营的可行性

恒续林这一育林体系有它发生的根源、历史背景和适宜的条件，比如：

(1)许多场所和立地条件，适用恒续林(连续覆盖育林)系统

① 形成有重要价值和满意的景观特色地方的森林，或者在人口集中的城镇村庄，或者在主要的休养娱乐场所的森林。

② 在天然林保护区范围内，或自然保留地的森林，或者生态环境脆弱，或进行生态环境治理地方的森林。

③ 大面积同龄纯林需要改变整个环境结构的地方。

④ 森林改造，不需要用皆伐人工更新的地方。

⑤ 陡峭山坡，花岗岩、石灰岩山地，石质山坡及沙地等易引起水土流失或易变为流沙为害的地方的森林。

(2)有许多森林类型，适于进行恒续林(连续覆盖的森林)管理

① 天然更新能力强的树种，如落叶松、二针松、橡树等形成的森林。

② 一些耐荫树种，如冷杉、云杉、红松等形成的森林。

③ 一些适于择伐天然更新的针阔混交林、常绿阔叶林及落叶阔叶混交。

④ 一些适于择伐后的人工防护林。

⑤ 一些同龄人工纯林，需要转变为混交异龄林的森林。

(3)连续覆盖育林系统能降低营林成本，并能获得较高的收益

根据在德国考察所了解到的资料，采用单株采伐、蓄积抚育和充分利用天然更新的恒续林育林系统的生产费用低，而销售收入高，利润高。实行合乎自然森林经营的施文寺堡私人林业局造林费、保护费及抚育费用均比实行非连续覆盖系统的国营与集体费用低得多，平均值少2~3倍。这里的主要根源在于，皆伐后恢复森林花费了大量的苗木及栽植费。保护费高的原因主要在于用于人工纯林病虫害防治的费用高。

这里顺便说一下，在德国林业投资一向实行预算制，由联邦和州政府分别给予60%和40%的投资，林场经营森林的盈亏都由政府承担。

以上几方面表明，推行恒续林(连续覆盖)育林系统是可行的、有利的，而且在改善生态环境方面将会产生更多的效益。但推行连续覆盖育林体系，技术要求比较复杂，需要有更多的科技支撑和训练有素的技术人员配备。

#### 1.2.4.4　恒续林的育林实践

下面对德国下萨克森洲的斯岛芬堡国家林业局(Stauffenberg)、黑森州的施文寺堡(Schweinsburg)私人林业局、哥廷根城郊区的扫得瑞西(Sodderich)等三个地方的森林经营的具体做法作给予总结，以便对近自然的森林经营有一个较为全面的认识。

(1)复层混交异龄阔叶林的单株采伐、蓄积抚育

单株采伐系统与目标树经营相结合(图1-2)。首先确定培育的目的树种，而后确定目标树和目标直径。如施文寺堡林业局主要是培育橡树、山毛榉，在有的地方白蜡也是目的树种。山毛榉的目标直径50~60 cm，橡树为55 cm。达到这个目标直径的树即为成熟树，可以采伐。在抚育时，凡影响目标树生长的砍去，不妨碍目标树生长的保留，用

于作辅佐木，并覆盖地面。达到目标直径的原则上可以采伐，但还要视当时的木材价格和林隙大小及更新情况而后定。绝不同时采伐掉两株相邻的大径木。这样采一株形成一个林隙，更新幼树因得到光照而迅速生长，并促使喜光树种，如橡树、白蜡更新，从而形成一个更新的幼树群。不断地伐去成熟木，不断形成更新幼树群，而保留的不同直径，不同年龄的林木继续生长，直到成熟，这样在林分中，永远有林木覆盖和林木采伐，实现了可持续经营思想。施文寺堡林业局，每年每公顷平均采伐木材 6~7 m³，而每年每公顷生长量为 9 m³，因此采用此系统林分蓄积量是不断增加的。这种单株采伐与

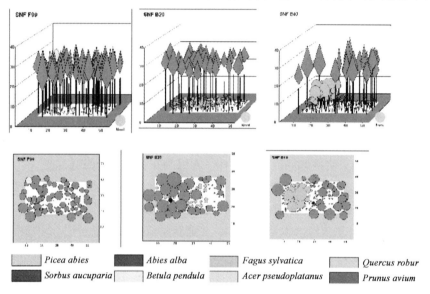

图 1-2　纯林改建模拟试验

目标树相结合的经营方法，生长效果、生态效果及经济均很好。施文寺堡林业局对这样的育林系统总结了 13 条经验。这 13 条经验是：

1) 除了促进木材价值及适地适树外，要充分利用立地生产力，创造健康稳定的森林结构；

2) 不断地抚育采伐，不断地改进现有林的疏密度；

3) 禁止皆伐；

4) 加强蓄积抚育，收获不良林木、促进较好林木生长并有利于形成混交。目的在于提高林木抵抗不良环境的能力，确保整个林场安全运行；

5) 利用单株采伐方式以解决混交林中林木的不同成熟时点问题；

6) 连续覆盖原则，采伐时不要将相邻大径木同时采伐掉，要按树高一倍的原则确定下一个相邻最近采伐木；

7) 围栏封育，防止动物为害更新幼苗；

8) 为创造针阔混交林分，在幼林抚育中每次每公顷采伐量不要超过 30 m³；

9) 控制伐木倒向，视幼树多少而定，在生长季到来前将伐倒木运走；

10) 造成复层林冠覆盖，创造有利于生长的稳定的小气候环境；

11）在景观格局上，不要作机械式的空间配置规定；

12）在经营中不使用化学有毒物质（如除草、除虫、除鼠药剂）；

13）经济性原则。按照上述经验则抚育合理，更新费用、培育费用、卫生伐费用均低，平均收获木的价值及材积得到提高。

（2）复层异龄阔叶林的小块状择伐

下萨克森州林科院进行了复层异龄阔叶林的小块状择伐试验。小块状择伐的原则是考虑树种的生理生态特性。这里的阔叶林，以山毛榉为主，混生有白蜡、槭树，林型为石灰岩山毛榉混交林，林龄 120 年，生产力等级每年每公顷 7 m³，目标直径 65 cm。开始为山毛榉纯林，最终形成山毛榉、白蜡及槭树混交林。以前用过的团状择伐不好，形成树种较单一。现在用小块状择伐。因白蜡喜光，在林隙中能获得更新、生长，而山毛榉耐荫，可在林冠下及林隙周围更新。若不用小块状伐白蜡更新不起来，而在山毛榉更新处，由于根系竞争，白蜡也长不起来。更新什么树种，与保留母树有关。小块状择伐可形成多树种异龄混交，更新过程要 40 多年。在设计择伐时，要形成若干个更新中心。小块择伐面积大小一般为 30~40m 直径。伐块的布设，凭技术人员的经验，根据成熟木、母树、更新幼树等分布情况确定。

（3）人工同龄纯林逐渐转变为异龄混交林的择伐

德国历史上营造了大面积人工林，主要是云杉与松树林。由于人工林生态上的不稳定，如风害酸沉降等形成较大危害，还由于大面积皆伐带来不利影响，由此在德国正在进行人工林的改建，以形成异龄混交林，并进行了各种试验。

第一个试验点，海拔 500m，102 年的云杉林，生产力等级为每年每公顷 9 m³。是以目标直径利用进行改建，即将达到胸径 45 cm 的伐去。但并不是将所有成熟木全砍掉，还要看林木分布和伐块大小，伐块不能很大。在林下栽了 2 年生的山毛榉（行距为 1 m×1.5 m），在采伐木时可能损伤一些幼树，但因为栽得多，不妨碍今后成林。这块试验已达 8 年，山毛榉生长良好，约为 2.5 m 高，对林下云杉的更新也加以保护，以便形成混交林。目标直径利用，实际上是一种单株与小块状择伐相结合的择伐方式。这种改建方法比较好。

第二个试验点，海拔 600 m，80 年生云杉林，生产力等级为每年每公顷 9m³。试验目的要为改建成山毛榉云杉混交林提供技术。改建时首先要考虑到该立地环境条件下的天然植被类型，依此确定进一步的发展目标。如这里以前的顶极群落是山毛榉，所以改建时，林下仍种植山毛榉。1990 年进行了下层疏伐，1999 年又进行疏伐，包括伐掉一些粗的林木，目的在增加光照。已经看到疏伐后云杉有良好的更新，并生长良好。同时砍下层木，种植山毛榉。这里一共布设了 32 个样地的各种试验，包括不同疏伐强度，不同栽植密度及不同栽植方式（如块状的）而后观测光照条件，与幼树生长，云杉更新的关系，以便将来提供适宜的改建方法。光照强度，一般疏伐前为 15%，疏伐后能达到 20%~25%。我们看到在未疏伐的林分下层云杉及山毛榉幼树生长均很差。

第三个试验点，海拔 550~600 m，云杉林，97 年生，生产力等级为每年每公顷 8 m³。1996 年进行过疏伐，是根据林木生长状况进行的疏伐，不是下层疏伐，砍去的林木有大有小。在此类疏伐下,林下云杉幼树成群分布,林下成小块栽植山毛榉及槭树等,最大的幼杉幼树有 15 年生。云杉幼树更新很密,以后要按一定距离进行间苗,以便将来形成云杉与山毛榉等的混交林。

上述这种改建,让我们看到了德国下萨克森洲的斯岛芬堡国家林业局和黑森洲的施文寺堡私人林业局的成功实例。在二战后这两个林业局,将许多欧洲松及云杉纯林,通过疏伐或择伐,不断地促进云杉、山毛榉及槭树等更新,经过 30~50 多年,形成复层混交林,林相整齐,生长良好,目前也尚有少量的松及云杉大树居于上层。

(4)将受风灾危害的松林及云杉纯林迹地,通过封育形成混交林

在德国人工林经常受风的危害,成片风倒,我们在施文寺堡私人林业局以及在巴伐利亚州弗来森(Freising)附近多次看到这种情况。在上述林业局我们考察的一块是二三十年前风倒的,面积约有数公顷,他们通过设置铁丝网封育(主要防止野生动物如兔及鹿的危害),自然形成了松、云杉、山毛榉、桦木、槭树的混交林,生长良好,但迄今尚未抚育间伐。培育方法将采取目的树培育法,砍去妨碍目的树生长的林木,将无碍的林木留下,以改善林木生长,防止冻害及被覆林地。将风害纯林迹地通过封育自然更新成混交林,这是一种成功的方法。当然此种方法在迹地周围要有残存的母树,有种子来源,才能达到。

涉及恒续林经营中结构调整(疏伐)的规则,即林分中的林木保留或砍伐原由,著名教授 Klaus von Gadow 讲述了"三砍三留"法则(表 1-1)。

表 1-1　三砍三留原则

| 砍(伐掉) | 留(保留) |
| --- | --- |
| 达到目标直径 | 高价值生长 |
| 威胁相邻的优良树 | 遮阴或干形培育 |
| 为更新创造光照条件 | 物种多样性(稀有种) |

### 1.2.4.5　恒续林发展原则

德国下萨克森州以州的森林法规为基础在制定州林管局的目标和任务中强调要坚持公益性、持续性和经济性原则。公益性原则指经营森林的目的是为了大众的最高利益;持续性原则指经营森林为了当代和未来几代人持续而优化地利用木材、长期收益、防护和疗养作用,持续性只有以生态为基础的造林才能得以保证;经济性指用最低的资金投入来达到目标或在缺乏资金的情况下使目标尽可能得以实现。原则上森林的利用、防护和疗养功能是同等重要的。只有造林目标和方法同生态可能性协调一致,才能使森林的这些作用持续地以优化方式得以实现。

下萨克森州在贯彻执行林政法规中,州政府还确定了更为具体的 13 条原则。这些原则要求按照生态学的观点来经营森林,对州内森林经营具有法定约束力。这 13 条原则是:

(1)土壤保护和适地树种的选择

首要任务是保持或恢复森林土壤的全部天然生产力。森林土壤是健康、多样、高产

森林的基础。从而确保林下形成高质量的地下水。天然的立地生产力可以有差别，不应该把它提高到一个人为的较高水平。这里也包括放弃对潮湿立地持续的排水措施。完整的土壤应该很好地保护。假若不与其他的生态重要性相对立，就应该恢复因早期经营不善(如变成牧场或空气中有害物质的侵入)而受到破坏的土壤。

在州有林区，只营造由适地树种组成的森林。在此，天然森林群落在很大程度上应进行抚育和补植(参见原则3)。森林的立地图是基础，按森林生态区(森林生长区)而分类的立地结果必须按计划进行调整。

(2)扩大阔叶林和混交林

为了提高和保护物种的多样性，在州有林尽可能大的范围内培育混交林。为适应当前的生态关系，阔叶树种混交林优先。纯林林分应限制在天然而生的稀少、极端的立地上。

目前州有林区内的阔叶树种比例为37%，在一个相当长的时期内它应该提高到65%。而在这段包括州林业管理局全部森林的一个林分生命期的时间内针叶树种的比例将由63%降到35%。

由于气候和土壤条件，州有林的9/10能发展成混交林。只有1/10的立地十分贫竭而必须在其上补植阔叶树种或针叶树种组成的纯林。

(3)生态健康有益性

应大面积促进不同生长区内由进化和天然林演替过程中形成的树种谱。若出于林业的要求，且不会因此而影响森林生态系统的生产力、稳定性、和弹性，那么，用不属于该树种谱中的树种进行混交也是可能的。

(4)森林的天然更新优先

按照适地和混交的要求，如果州有林区已经适应和接近自然状况，那么，就应优先采用天然更新。

如果还有先锋林属于不适地和遗传不良的森林，那么可充分利用老林冠下栽植的可能性，此时要应用生态适宜的种子和苗木种源。

(5)改善森林的层次结构

除了通过适地可能性和不同特性的树种混交外，通过垂直层次的森林结构也能提高森林的稳定性和提供生态小生境。应尽可能避免皆伐。如果是先锋林，由于遗传不良或非典型立地林分，通过其他途径不能转变为适地的混交林，那么，小面积的皆伐是容许的。

(6)目标粗度利用

森林应该让其成熟，并尽可能以单株或团状方式采伐利用(目标粗度利用)。

(7)保留古树，保护稀有的与濒危的动植物物种

在择伐利用森林时，应就地尽可能以单株、团状或小面积的方式保留粗大的古树，以便在森林的老化和衰败阶段使动物和植物的生活空间(树洞寄居者、昆虫、菌类、苔藓、地衣等)得到保障。在整个林地上有许多稀有和濒危的动植物。它们在生态方针的经营范围内被保留，并得以促进。在林分中受到威胁的稀有乡土树种应有目的地补植到

适宜的立地上，以便它们的遗传潜势得以保存。

（8）建立森林保护区网

在适当的范围内并作典型的选择后，应保存典型的和稀有的森林群落，对它们不经营，或只用特别方式经营。为此建立自然保护区和天然林保留区。在不再经营的天然林——自然保护区内，也与天然林保留区一样停止木材利用。采用这一方法，森林的老化和衰退随着它们的特有生命群落一起发展，这里也保存着珍贵的科学观察对象。受自然保护法特别保护的群落生境被独立地保留。由此出发，森林抚育中一些独立于法律保护的珍稀和富有价值的群落生境也应该予以注意和保护。

（9）确保森林的特殊功能

如果森林的部分功能如保水、保土、调节气候、防空气污染、防噪音、保护群落生境以及森林的休憩功能随生态造林的发展本不能得以同时保证，那么，就要着重发展当地森林的特有功能。

为此，除了自然保护管理部门的国家土地规划项目和建设指导计划、景观计划之外，林业管理局的森林效益图和森林群落生境图也是计划的基础。休憩功能不可危害保护功能。

（10）林缘的构造与抚育

持久的发展进程要特别进行林缘抚育。林缘通常由乡土的草、灌、乔木以适宜的程度多变化地向田野倾斜，应持续地维持这种结构。抚育措施应针对保护竞争弱的植物品种，森林内的林缘应多态发展。

（11）森林生态保护

森林的生物保护优先于技术措施。作为预防措施，发展和抚育适地的、有尽可能多的物种和结构多样化的混交林，符合该原则。

如果林分和森林及其功能受到严重威胁，那么，投入生态系统以外的物质抗灾是容许的。这个投入要遵循相对最高的利于环境健康的原则，因此生物技术措施优先。如果措施不能提供或不足，只可选择应用有效而剂量尽可能小的药品。各种低定量药剂应根据可能性与生物技术方法结合使用。

（12）有利于生态系统的野生动物经营

与狩猎法的规定相协调，野生动物作为森林生命群落的一部分在适当的范围受到保护。此外，不能因为过多的野生动物而威胁生态林的发展。所以，野生动物通过狩猎措施进行调整，使之不妨碍森林的物种多样化及更进一步的近自然发展。在获得更多的野生动物生态知识的基础上，狩猎方法应不断改进。

（13）采取生态上可以接受的林业技术

森林抚育应谨慎地控制自然的动态过程。生物的合理化应处于优先地位。针对生态需求设置林业技术。应该采用那些能保护森林土壤和林分结构及物种多样化的方法。

# 第 2 章

# 森林空间结构分析

结构决定功能。结构是构成系统要素的一种组织形式。一个系统不是其组成单元的简单相加，而是通过一定规则组织起来的整体，这种规则和组织形式就是系统的结构。结构反映了构成系统的组成单元之间的相互关系，直接决定了系统的性质，是系统与其组成单元之间的中介，系统对其组成单元的制约是通过结构起作用的，并通过结构将组成单元连接在一起。

森林是以乔木为主体的生物群落。生物群落通常包括动、植物群落及其微生物区系。一般对森林的理解更侧重于其中的植物群落，而植物泛指决定群落外貌特征的那些植物。通常所讲的植物群落是指某一地段上全部植物的综合，它具有一定的种类组成和种间的数量比例，一定的结构和外貌，一定的生境条件，执行着一定的功能，其中植物与植物、植物与环境间存在着一定的相互关系，它们是环境选择的结果，在空间上占有一定的分布区域，在时间上是整个植被发育过程中的某一阶段。所以说，一个植物群落就是一个生态系统。群落内不同种类的植物之间存在着复杂的相互关系，并非是杂乱无章的堆积。这种关系是群落结构的一个重要特征，一般难以从群落的表面加以识别，所以称其为群落的内部结构。

群落结构的另一个重要特征是通常讲的群落的外貌结构即水平结构和垂直结构。水平结构指的是植物在水平地面上的排列形式，反映了植物的分布格局。垂直结构指的是植物在高度方向上的层次配置，反映了群落的成层现象。这是群落结构的可见特征。群落的内部结构和外貌结构构成了群落的空间结构。可见，森林的空间结构指的是同一森林群落内物种的空间关系，即林木的分布格局及其属性在空间上的排列方式。

空间结构是森林的重要特征，无论是当今森林生态学研究领域还是森林培育学科，有关林木在水平地域上的分布及其林木的各个属性的分布信息愈来愈重要。即使是具有相同频率分布的林分也可能具有不同的空间结构，从而表现出不同的生态稳定性。例如图 2-1 所示的假设林分 A、B、C 中，每个林分都是 47 株树，各树种的株数相同，胸径和树高分布也相同，换句话讲，它们的统计特征相同，那么这样的林分唯一的区别就在于空间结构上，即树木的位置和空间排列方式上。

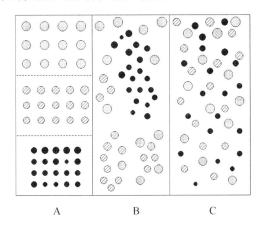

图 2-1　相同统计特征、不同空间特性的林分

可见，物种的不同组成及其在空间分布的不同格局构成了群落的空间结构，而物种间的不同空间相互作用导致了群落的不同功能，种间相互作用的平衡以及环境对种群的影响使得群落得以稳定。种间的空间关系不同导致群落的结构不同，从而有可能导致群落的结构和功能完全不同。

森林空间结构决定了树木之间的竞争势及其空间生态位，它在很大程度上决定了林分的稳定性、发展的可能性和经营空间大小。分析和重建林分空间结构是研制新一代林分生长模型的重要基础，也是制定森林经营规划方案的前提。通过对林分空间结构量化分析方法的研究，不仅是要合理地描述现实林分的空间结构，更是要为正确重建林分空间分布格局服务，促进以树木相邻关系为基础而建立的生物过程模型得以在生产实际中应用。

## 2.1　空间结构分析途径

森林的结构及其组成是复杂多样的。要想深刻分析和准确表达这种生物多样性就需要一种工具，森林空间结构分析方法正满足了这一需要。很久以来，人们已经认识到森林空间结构的重要，所以也就发展了一些试图描述和分析空间结构的方法。出现了以植物个体为统计单元的经典的植被生态学途径和以相邻木关系（结构单元）为基础的现代森林生态和森林经理学途径。目前也诞生了以地统计为基础的生物地理统计学途径。地统计学提供了一种有效地分析和解释空间数据的方法。统计生态学家正在探索和尝试新的生物地理统计学途径，来分析生态学现象的发生、发展规律。

### 2.1.1　经典的植被生态学途径

林学上最初的种群或群落结构的分析方法主要来自于种群（植被）生态学的研究。

研究种群时，种群的组成、个体的相互关系、种群的分布格局等是应考虑的最基本因素。空间分布格局是研究一个种群的空间行为的基础。任何种群都是在空间不同位置分布的，但由于种群内个体间的相互作用及种群对环境的适应，使得不同种群、同一种群在不同环境条件下会呈现不同的空间分布格局，这种格局显然也随时间而变化。传统生态学中研究空间分布型有多种方法，但基本上都与样本数据的均值和方差或样本数据的概率分布有关（皮洛，1991；周国法等，1998）。种群属于哪一种分布取决于种群统计参数与已知概率分布的检验。常用的方法主要有四类：① 频数比较方法；② 用方差与平均密度描述聚集程度；③ 用平均拥挤度为指标；④ 以两个个体落入同一样方的概率与随机分布的比值为指标。大量的种群生态学研究表明，上述方法只能从概率的角度说明种群空间分布状态，所提供的仅是抽象的数量指标，如格局的强度等。这种格局实质上是一种统计格局。除此以外，对种群的各种空间特征，如空间结构和利用空间的能力等不能提供更多的信息。这种的种群空间分布格局的研究是不完善的。由于种群个体空间分布类型的统计只反映了种群空间格局数量方面的特征，同时由于所得的结果局限于某一尺度，当尺度发生变化时，格局也会发生变化。这主要的原因是抽样方法和统计方法的限制。虽然皮洛（1991）、Greig-Smith（1952）等提出了连续带和可变网格方法，但他们采用的仍然是对调查的数据建立概率分布模型进行比较，或对得到的均值和方差进行比较，这些方法仍然没有空间特征的描述，因此无法从根本上解决上述问题，也不能看作真正空间分析方法。

同样的问题在研究种间相互作用时也存在。为了说明问题，下面考虑两个人工的群落（图 2-2）。容易计算出图 2-2（A）和（B）中的物种数量分布是相同的。用传统的群落数量特征计算公式可以得到两图的群落物种数、丰富度、多样性、优势度、关联度、种间相关系数等指标值都相同，两个群落的不同在于群落内物种分布格局不同从而导致群落的空间格局（结构）不同。种间的空间关系不同导致群落的结构不同，从而两个群落的结构和功能有可能完全不同。遗憾的是多数的群落研究主要关心的是个体或物种数量的分析结果，对于物种的空间格局、种间的空间相关、群落的空间结构等缺乏数量方法。

| a | a | a | a | a | a | a | a | a | a |
|---|---|---|---|---|---|---|---|---|---|
| a | a | a | a | a | a | a | a | a | a |
|   | a | a | a | a | a | a | a | a |   |
|   | ab | ab | ab | ab | ab | ab | ab | ab |   |
|   |   | ab | ab | ab | ab | ab | ab |   |   |
|   |   | ab | ab | ab | ab | ab | ab |   |   |
|   | ab | ab | ab | ab | ab | ab | ab | ab |   |
|   | b | b | b | b | b | b | b | b |   |
| b | b | b | b | b | b | b | b | b | b |
| b | b | b | b | b | b | b | b | b | b |

| ab | B | a | a | b | ab | a | ab | a |   |
|----|---|---|---|---|----|---|----|---|---|
| a | A | ab | ab | a | b |   | a | b | ab |
|   | B | a | a | b | a |   | b | a |   |
| b |   | ab | ab | ab | ab |   | ab | ab | b |
| a | A |   | ab | a | a |   | a | b | ab |
| ab |   | ab |   | ab | a |   | ab | a | b |
|   | Ab | a | a | a | a |   | ab | ab | a |
| a | B |   | b |   | a |   | b | a | b |
| b | A | a |   | a | a |   | a | ab | b |
| b | A | b | a | b | a |   | b | a | b |

**图 2-2　群落数量特征相同但空间结构不同的 A、B 两个群落**

（a 表示种群 a 的个体，b 表示种群 b 的个体；群落 B 是群落 A 中个体分布的空间随机化）

总之，经典的植被生态学调查，提供的是一种统计格局。它以植物个体为统计单元，从概率的角度，用抽象的指标说明种群的组成、个体的相互关系、空间分布格局以及种间相互作用等。受抽样和统计方法的限制，格局随尺度变化较明显。它注重群落生态因子的测定，得出的结果很抽象，很难直接从中导出森林经营的具体技术。

## 2.1.2 现代森林生态和森林经理学方法

传统的森林经理调查体系主要调查林木的胸径、树高和总收获量以及林分属性的统计分布（如直径分布等），目的是为木材生产服务，忽略了林分空间结构信息和多样性信息。现代森林经理以培育健康稳定的森林为目标强调创建或维护最佳的森林空间结构。从现有的知识水平来看，同地段最优的林分空间结构应该是未经人为干扰的天然林的空间结构。天然林通常具有非同质、非均一和非规则性。非同质指的是林木树种组成众多；非均一指的是树木的年龄差异大，个体粗细、高矮相差悬殊；非规则指的是林木在地域上的分布并非呈现笔直的行列。鉴于混交林空间结构的复杂性，所以，不能像对待人工纯林那样仅以林木本身为基本单元研究林分的属性，应考虑到林木间复杂的空间关系。也就是说，将着眼点放在各林木及其最近几株相邻木的关系上。以揭示各林木在群落内的状态即周围有多少最近邻居比所分析的对象木大或小，有多少与它同种或非同种，如何在它周围分布。

### 2.1.2.1 基于相邻木关系的林分空间结构参数

从空间结构的角度分析问题，自然就应考虑林分中每株树及其 n 株相邻木的空间关系。目前应用的基于相邻木空间关系的林分空间结构描述方法为结构化经营提供了科学基础（惠刚盈，2003）。其结构参数主要有 4 个，即体现树种空间隔离程度的树种混交度（配合树种比例说明树种多样性）；反映林木个体大小的大小比数；描述林木个体在水平地面上分布格局的角尺度以及反映林木密度程度的密集度。对于任意一个参照树 $i(i=1，2，3，\cdots N)$ 和它的 n 株最近相邻木 $j(j=1，2，3，4\cdots n)$ 来讲，空间结构状态（用结构参数表示）$(\omega_i)$ 可定义为：

$$\omega_i = \frac{1}{n}\sum_{j=1}^{n} v_j \tag{2-1}$$

变量 $v_j$ 是一个离散性变量，可取值 $v_j = 0$ 或 1，它的涵义与具体结构参数有关。在此，$0 \leqslant \omega_i \leqslant 1$。

（1）基于相邻木关系的空间结构参数

① 角尺度：Hui（2002）等提出通过判断和统计由参照树与其相邻木构成的夹角是否大于标准角，来描述相邻木围绕参照树的均匀性，不需要精密测距就可以获得林木的水平分布格局。角尺度的计算是建立在 n 个最近相邻木的基础上，因此，即使对较小的团组，用角尺度也可评价出各群丛之间的这种变异，从而清晰地描述了林木个体分布，从很均匀到随机再到团状分布。

在明确角尺度的定义之前，下面先给出角的定义。

从参照树出发，任意两个最近相邻树的夹角有两个，

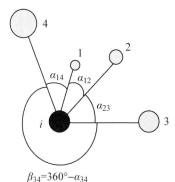

图2-3 参照树与其相邻最近的树构成的夹角示意图

令小角为 $\alpha$，大角为 $\beta$，$\alpha + \beta = 360°$。图 2-3 是以 $n = 4$ 为例，说明角的定义。图中参照树与其最近相邻木 1 和 2、1 和 4、2 和 3、3 和 4 构成的夹角都是用较小夹角 $\alpha_{12}$、$\alpha_{14}$、$\alpha_{23}$、$\alpha_{34}$ 表示。

角尺度被定义为 $\alpha$ 角小于标准角 $\alpha_0$ 的个数占所考察的最近相邻木的比例。

$$W_i = \frac{1}{n} \sum_{j=1}^{n} z_{ij} \tag{2-2}$$

其中：$z_{ij} = \begin{cases} 1, & \text{当第 } j \text{ 个 } a \text{ 角小于标准角 } a_0 \\ 0, & \text{否则} \end{cases}$

$W_i = 0$ 表示 $n$ 株最近相林木在参照数周围分布特别均匀；而 $W_i = 1$ 则表示 $n$ 株最近相邻木在参照数周围分布很聚集。

在角尺度的定义中，涉及标准角的大小问题。早期认为标准角是 $n$ 株最近相邻木完全均匀分布在参照树周围的角度，即 $\alpha_0 = 360°/n$，Hui 等认为完全均匀分布的情况在自然界中很少见，我们不可能得到参照树与相邻木构成的 $n$ 个夹角都大于 $360°/n$，标准角应小于这个角度，因此这里将标准角定义为 $360°/(n+1)$ 这也与 Pommerning（2006）提出的方法一致，当相邻木选择 2~8 株时，标准角分别为：$120°$、$90°$、$72°$、$60°$、$51.43°$、$45°$、$40°$。标准角是参照树周围几株最近相邻木分布均匀性的衡量标准，是 $n$ 株相邻木均匀分布时构成的位置夹角。如果标准角过大，$\alpha < \alpha_0$ 的概率就大，均匀分布被误判为不均匀分布的可能性增加；反之，$\alpha > \alpha_0$ 的概率就大，分布格局易被误判为均匀分布。角尺度的分布判断临界值则与 n 的取值相关，不同的个数的相邻木，分布临界值不同。

② 混交度：对于不同林分中树种间的空间隔离程度用混交度能有效的表达（Pommerening，1997；Albert，1999）。混交度（$M_i$）用来说明混交林中树种空间隔离程度。它被定义为参照树 $i$ 的 $n$ 株最近相邻木中与参照树不属同种的个体所占的比例，它描述了参照树周围 $n$ 株相邻木与参照树为不同种的比例，其表达式为：

$$M_i = \frac{1}{n} \sum_{j=1}^{n} v_{ij} \tag{2-3}$$

其中：$v_{ij} = \begin{cases} 1, & \text{当参照树 } i \text{ 与第 } j \text{ 株相邻木非同种时} \\ 0, & \text{否则} \end{cases}$

$M_i$ 表达了每一株树周围的混交状况，所有林木的 $M_i$ 求均值表达了整个林分的混交度（$M$），$M$ 越大说明林分内树种空间隔离程度越高。胡艳波等（2015）提出通过研究树种混交度期望值与观测值的关系测度林分中种群分布格局类型。

实际应用混交度比较各林分树种隔离程度时，通常分析各林分的混交度分布，或比较该分布的均值（$\bar{M}$）。对于单优或多优种群亦可采用分树种统计的方法，以获得该树种在整个林分中的混交情况。而对于由多树种组成的、无明显优势种群的天然林来讲，自然就没有分树种计算的必要。计算混交度均值的公式为：

$$\bar{M} = \frac{1}{N} \sum_{i=1}^{N} M_i \tag{2-4}$$

式中：$N$ 表示林分内所有林木株数；$M_i$ 表示第 $i$ 株树的混交度。

③ 大小比数：大小比数描述了参照树相对于周围相邻木的优势程度（Hui，1999）。大小比数($U_i$)被定义为大于参照树的相邻木数占所考察的 $n$ 株最近相邻木的比例，用公式表示为：

$$U_i = \frac{1}{n} \sum_{j=1}^{n} k_{ij} \qquad (2\text{-}5)$$

其中：$k_{ij} = \begin{cases} 0，如果相邻木 j 比参照树 i 小 \\ 1，否则 \end{cases}$

$U_i$ 值越大说明参照木受到的竞争压力越大，林木的胸径、树高冠幅等属性均可用于比较对象，而胸径则认为是最具稳定的对比属性（郝云庆等，2006）。一般用 $U_{sp}$ 表示林分中某一树种的生存优势状态（Hui，2003），$U_{dbh}$ 则表示某一径阶林木的优势程度（Graz，2008）。

大小比数量化了参照树与其相邻木的大小相对关系。$U_i$ 值越低，说明比参照树大的相邻木愈少。依树种计算的大小比数分布的均值（$\overline{U}_{sp}$）在很大程度上反映了林分中的树种优势。可用下式计算：

$$\overline{U}_{sp} = \frac{1}{l} \sum_{i=1}^{l} U_i \qquad (2\text{-}6)$$

式中：$l$ 为所观察的树种($sp$)的参照树的数量；$U_i$ 为树种($sp$)的第 $i$ 个大小比数的值。

④ 密集度：密集度（Crowding，简称 $C_i$）的定义为参照树与 $n$ 株最近相邻木树冠连接的株数占所考察的最近相邻木的比例。树冠连接是指相邻树木的树冠水平投影重叠，包括全部重叠或部分重叠，换言之树冠刚刚相切或相对独立都不属于连接。计算公式为：

$$C_i = \frac{1}{n} \sum_{j=1}^{n} y_{ij} \qquad (2\text{-}7)$$

其中：$y_{ij} = \begin{cases} 1，当参照树 i 与相邻木 j 的树冠投影相重叠时 \\ 0，否则 \end{cases}$

密集度通过判断林分空间结构单元中树冠的连接程度分析林木疏密程度。密集度量化了林木树冠的密集程度，同时包含了一定的竞争信息。$C_i$ 越大说明林木密集程度越高，参照树所处小环境树冠越密，树冠越连续，林木间的竞争也相应增加。$C_i$ 越小说明林木密集程度越低，林木越稀疏，树冠之间出现的空隙越大，林木间对营养空间的竞争也有所减小。在某些林分空间结构简单的地段，缺少其他地被植物，林隙越大还意味着林地裸露的面积越大。

（2）最佳空间结构单元的确定

1）最佳空间结构单元理论分析

Hui 等（2003）提出选取参照树及其 4 株最近相邻木构成了最佳空间结构分析单元，并将这一方法成功的应用于林分空间结构的描述中。然而有很多研究应用 Voronoi 多边形法、固定半径法等选取不同于 4 株固定相邻木的方法分析三个结构参数（Zhao *et al*，2010；Liu，2011；Hao *et al*，2012；Wu，2012；Li，2012；Pastorella，2013），得出并不统一的研究结论。因此，这就存在一个如何确定 $n$ 的首要问题。因 $n$ 的不同，由参照树及其相邻木组成的结构框架大小就不同。$n$ 过大或过小都难以体现空间结构规律，同时 $n$ 过大，将造成不必要的人力、财力浪费。一个恰当的 $n$ 应既简单又可操作，且具有可释性强的特点。

从分析林木间竞争状态来讲，通常取 $n = 8$ 株相邻最近树，而在研究混交林树种隔离程度时 Fueldner 提出了混交度的概念并指出结构四组法（$n = 3$）最适合用于分析混交林的空间结构。在研究林木空间分布格局时 Clark & Evens 提出 $R$ 指数，选取了 $n = 1$；惠刚盈等提出的角尺度在分析林木空间分布格局时采用了 $n = 4$ 等，不同研究者由于考察问题的角度不同，从而选取了不同的相邻最近木个数。

从空间分布的角度看，理论上一株树周围最多同时可能有 6 株最近相邻木（成正三角配置的情景），从这个意义来讲，或许可采用 $n = 6$。然而，过多的相邻木将给实际操作带来不便，所以 Fueldner 选取了 $n = 3$。在其后的许多欧洲文献中均采用了这一相邻木株数，并命名为结构 4 组法，此结构 4 组法已成功地应用于分析混交林空间结构。$n = 3$ 虽在欧洲的文献中采用较多，亦显示出了在分析混交林空间结构方面的优越性，但由于其在类型划分上仅有 4 种，缺乏中间过渡阶段，不符合自然现象，生物意义不明显。$n = 5$ 亦会出现类似问题。

空间现象通常是三维的。除垂直方向（树高）外，水平面上必须形成面。$n = 1$ 时，在水平地域上难以构成面。构成面至少要有不在同一条直线上的三个点，两株树难以构成空间，所以至少应是三株树即 $n \geqslant 2$（见图 2-4 所示）。

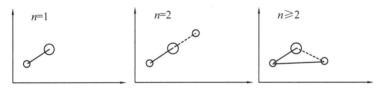

**图 2-4　$n \geqslant 2$ 才能构成面**

空间问题通常与方位有关。在参照树周围选择二或三株最近相邻木时，最多只能涵盖参照树周围两到三个方位的树木空间关系，其他方位的情况不得而知。也就是说由二株或三株树构成的结构单元提供的空间信息是残缺的，信息量是不完整的。另外，从人的感知和判断方向的习惯而言，在野外调查时，最多可以考虑参照树周围的四个方位：东、南、西、北的树木分布情况，而多于四个方位，直观判断起来就有一定的困难。

2）最佳空间结构单元模拟论证

选取了 2 到 8 株不同相邻木个数，采用计算机模拟的方法，以我国东北地区混交异龄林林分特征为模版，产生具有不同林分结构特征的模拟林分，系统分析选取不同相邻木个数对结构参数（角尺度、混交度及大小比数）表达结果的影响，根据表达准确性与调查成本确定合适的结构单元大小。

我国东北地区具有典型的季风气候，春季干旱多风，夏季温暖多雨。相较于世界其他地区的温带森林，该地区树种多样性更为丰富、结构更复杂。森林密度约为 1000 株/$hm^2$。该地区大部分森林已被国家保护起来，很少有商业性采伐。

①林木位置分布格局的产生：为了检验选取不同相邻木个数在判断林木分布格局类型的能力，利用 Winkelmass 软件分别产生 10 块林木位置分布接近于随机分布的均匀分布和团状分布。在均匀分布格局中，均匀变异程度设置为 80%；在 1 hm²1000 株林木的样地中，产生 500 个团的团状分布类型。双相关函数具有有效的分析林木水平分布格局的能力（Illian，2008），以双相关函数的分析结果为标准判断模拟林分的分布类型。图 2-5 为两种林木分布格局类型的双相关函数分析结果，由图可知两种模拟林分类型的分布格局类型在 2~6 m 范围内分别呈轻度均匀［图 2-5(a)］和聚集分布［图 2-5(b)］。

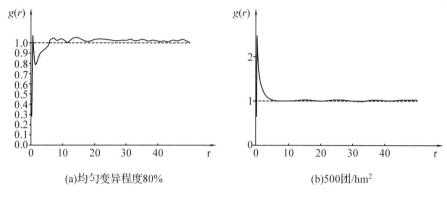

(a)均匀变异程度80%                              (b)500团/hm²

**图 2-5    2 种模拟林分类型的双相关函数分析图**

②林木树种分布格局的产生：在面积为 80 m×80 m，株数为 800 株的样地中分别模拟产生 3 种不同的树种空间分布模式：(i)样地内的林木位置完全随机分布，将产生的 10 个树种随机地分配到不同林木位置上；(ii)样地内的林木位置完全随机分布，缓冲区内的树种均分配为树种 10，将核心区（面积为 60 m × 60 m）划分为 9 个 20 m×20 m 的等面积小区，每个小区只包含一个树种，因此其他 9 个树种各自聚集地分布在每个小区；(iii)样地内的林木位置完全随机分布，10 个树种种内分别排斥分布，同一树种的两株林木间最小距离为 3 m。

以上过程重复 1000 次，分析选取参照树周围不同相邻木个数计算时，整个林分的混交度变化。

③林木大小分布格局的产生：模拟产生胸径为 0~45 cm 不同大小的林木，以 5 cm为径级将所有的林木划分为 9 个不同大小的等级，各等级的林木株数近似相同。产生以下不同的林木大小空间分布模式：(i)样地内的林木位置完全随机分布且不同胸径大小的林木完全随机分布；(ii)样地内的林木位置完全随机分布，分别将最小径阶（0~5 cm）、最大径阶（40~45 cm）两个不同径阶的林木聚集分布在样地中心 20 m×20 m 的小区内，其他径阶的林木任意分布在剩余样地小区内；(iii)样地内的林木位置完全随机分布，0~5 cm 径阶的林木间排斥分布，样地 3 m 范围内无相同径阶的林木；(iv)中间径阶（20~25 cm）的林木聚集分布在样地中心 20 m×20 m 的小区内，其他径阶的林木按照以下三种方式分布在样地中心区周围(图 2-6)：(a)比中径阶较小的林木分布在中心区四周，较大径阶分布在样地的四个顶点区域；(b)比中径阶较大的林木分布在中心区四周，较小径阶分布在样地的四个顶点区域；(c)较大林木与较小林木均等分布在

中心区周围。以上过程重复 1000 次，分析选取参照树周围不同相邻木个数计算时，最小径阶、中径阶、最大径阶的大小比数变化。

| Large | Small | Large |
|-------|-------|-------|
| Small | 20–25cm | Small |
| Large | Small | Large |

(a)

| Small | Large | Small |
|-------|-------|-------|
| Large | 20–25cm | Large |
| Small | Large | Small |

(b)

| Small | Small | Large |
|-------|-------|-------|
| Large | 20–25cm | Large |
| Large | Small | Small |

(c)

图2-6　中间径阶（20~25 cm）聚集时周围相邻木的3种分布模式

3）缓冲区设置

样地内存在边缘效应对结构特征分析的结果产生影响，距离样地边界较近的参照树其相邻木可能分布在边界以外，因此，在计算结构参数结果时要减少边缘效应带来的误差。本文采用距离缓冲区法避免边缘效应的影响，位于缓冲区内的林木不作为参照树只当作相邻木来计算。缓冲区的距离如果太小将不能完全消除边缘效应的影响，要是太大将会浪费调查样地的信息（Pommerening，2006）。此处选取参照树周围的相邻木个数由 2 株到 8 株依次在增加，对缓冲区范围的要求更大，因此采用以下公式确定缓冲区距离：缓冲距离 =（$n+1$）（$n$ 为相邻木个数）。

4）不同相邻木株数（$n$）对结构参数的影响

①$n$ 对角尺度表达的影响：对模拟的 1000 块完全随机分布林分的角尺度计算发现，随着所选取的相邻木个数增加随机分布时角尺度均值 $\overline{W}_{随机}$）也在变化，总体趋势呈"V"字形状（图2-7），$\overline{W}_{随机}$ 在选取 2 株相邻木时达到最大值 0.667，选取 3 和 4 株相邻木时 $\overline{W}$ 均接近于 0.5，当 $n$ 值大于 4 时，$n$ 值增加 $\overline{W}_{随机}$ 也随之增加，当 $n=8$ 时其 $\overline{W}_{随机}$ 为 0.562。选取相邻木个数 $n$ 不同，随机分布时角尺度值的标准差也不同，当选取较少的相邻木个数 $n=2$ 和 $n=3$ 时分别产生 0.018 与 0.011 较大的标准差，而选取大于等于 4 株相邻木时产生的标准差稳定在 0.007。表明，在完全随机分布情况下选取不同相邻木个数计算所得的角尺度值 $\overline{W}_{随机}$ 范围并不相同。表 2-1 给出了采用 $W_{随机} \pm 3\sigma$ 的方法确定

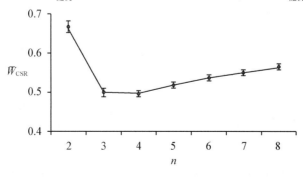

图2-7　选取参照树周围相邻木个数不同时随机分布林分的角尺度均值变化

出当选取不同相邻木个数时随机分布林分的角尺度值所在的区间。

表 2-1　完全随机分布林分中选取不同相邻木个数计算的角尺度均值、标准差及阈值

| $n$ | 2 | 3 | 4 | 5 | 6 | 7 | 8 |
|---|---|---|---|---|---|---|---|
| $\overline{W}_{随机}$ | 0.667 | 0.500 | 0.497 | 0.518 | 0.537 | 0.551 | 0.562 |
| $SD$ | 0.016 | 0.011 | 0.007 | 0.006 | 0.006 | 0.007 | 0.006 |
| $\overline{W}_{随机} - 3\sigma$ | 0.613 | 0.466 | 0.475 | 0.500 | 0.518 | 0.531 | 0.542 |
| $\overline{W}_{随机} + 3\sigma$ | 0.721 | 0.534 | 0.517 | 0.536 | 0.556 | 0.571 | 0.581 |

鉴于选取 2 株和 3 株相邻木计算所得随机林分的角尺度值区间较大(表 2-1),这有可能将接近于随机分布的非随机林分误判为随机状态。因此应用接近于随机状态的均匀分布及团状分布的林分对不同相邻木个数的角尺度判断能力进行检验。经双相关函数检验,模拟产生林木位置分布格局产生的林分在 $2\sim 6\ m$ 范围内均有一定程度的排斥或聚集,为非随机状态。选取不同相邻木个数对各模拟林分的角尺度计算,以表 2-1 中的 $W_{随机}$ 阈值区间判断林分的分布格局类型。由表 2-2 可知,在 10 块均匀分布的林分中,选取 2 株和 3 株相邻木计算分别有 8 块和 3 块林分发生误判,其他相邻木个数判断结果均正确;在 10 块团状分布的林分中,只有选取 2 株相邻木计算时全部会误判,其他相邻木个数均判断正确。

表 2-2　选取不同相邻木个数在两种分布格局类型中发生误判的林分个数

| n | 2 | 3 | 4 | 5 | 6 | 7 | 8 |
|---|---|---|---|---|---|---|---|
| 均匀 | 8 | 3 | 0 | 0 | 0 | 0 | 0 |
| 团状 | 10 | 0 | 0 | 0 | 0 | 0 | 0 |

图 2-8 表示在随机分布的 $1\ hm^2 1000$ 株林木的林分中分别选取 3 株与 8 株最近相邻木计算的林分的角尺度的概率分布图(模拟 1000 次重复),由图 2-8 可知选取 8 株相邻木较 3 株产生更多的概率分布值,因此对林分角尺度描述的更为细致,但选取 8 株相邻木计算时林分中都大于或小于标准角的概率分布值为 0,因为当相邻木与参照树所构成的夹角太多时,在随机分布中几乎不存在所有夹角均大于或者小于标准角的情况。

②$n$ 对混交度与大小比数表达的影响:由下图可以看出[图 2-9(a)],当树种完全随

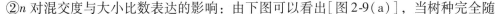
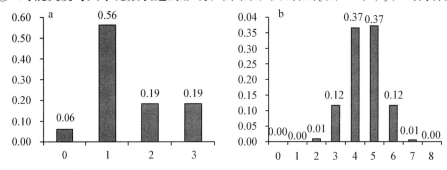

图 2-8　在完全随机分布的林分中分别选取 3 株(a)与 8 株(b)
相邻木计算所得的角尺度概率分布值

机分布时选取不同相邻木个数对林分整体混交度的表达并无影响，选取 2～8 株相邻木计算时混交度值均接近于 0.9，属于高度混交。若每个树种聚集在一起分布，样地总体混交度相较随机分布很低，且随着选取的相邻木个数增加计算所得 $M$ 值也在增加[图 2-9(b)]，相邻木个数 $n$ 与混交度 $M$ 之间存在很高的线性相关性，二者间的 $R^2$ 为 0.992，选择 2 株与 8 株相邻木计算所得的 $M$ 值分别为 0.11 与 0.19，相差 0.08。若各树种种内排斥、同树种间分布较均匀时，总体混交度大于随机分布时的情况，与聚集分布的情况不同，随着选取的相邻木个数增加计算所得 $M$ 值在逐渐减小[图 2-9(c)]，最大值与最小值相差 0.05。

与树种随机分布的情况相似，胸径大小随机分布时，选取不同相邻木个数计算所得的三个不同径阶的大小比数为恒值[图 2-9(d)，(g)，(i)]，$U$ 值分别大致为 0.95，0.5，0.05，三个径阶所受周围邻木竞争压力依次为极强 – 中等 – 极弱。

当胸径为 0～5 cm 的林木聚集分布时其大小比数相较于随机分布时的值小，$U$ 值分布在 0.55～0.60 之间，随着选取的相邻木个数增加大小比数值也在增加[图 2-9(e)]，但增加的趋势相较于混交度变化而言较为缓慢，选择 8 株相邻木计算时 $U$ 达到最大值 0.60，与选择 2 株相邻木计算所得的 0.56 相差 0.04。

当胸径为 0～5 cm 的林木间排斥，即在样地中均匀分布时，其 $U$ 值较随机分布时大，受到周围相邻木的压力较大，随着选取的相邻木个数增加 $U$ 值逐渐减小[图 2-9(f)]。

胸径为 40～45 cm 的林木聚集分布时的大小比数大于随机分布，随着选取的相邻木个数增加 $U$ 值依次减小[图 2-9(h)]，$U$ 值分布在 0.40 – 0.45 之间，最大值与最小值间差别 0.05。

中间径阶（20～25cm）的林木在聚集分布时，其聚集区域外周围相邻木的分布模式不同对应的大小比数变化亦不同[图 2-9(j)]。当周围相邻木多为较大径阶木时，随选取相邻木个数增加 $U$ 逐渐增大；若较小径阶相邻木分布较多时 $U$ 值会随之减小；当较大径阶与较小径阶所占比例相同时，$U$ 并未随选取相邻木个数不同而变化，与大小完全随机分布时的 $U$ 值一样均稳定在 0.5 左右。

由此可知，林分中所有树种均随机分布时，选取不同相邻木个数对 $M$ 并不会影响，若同树种间聚集时 $M$ 会随着 $n$ 增加而变大，相反当种内排斥分布均匀时 $M$ 会随着 $n$ 增加而减小，但不同相邻木个数计算的混交度均表达了同一树种空间隔离程度。当林分中所有大小的林木均随机分布时，选取任何相邻木个数对不同大小径阶的 $U$ 值并不会产生影响；最小径阶（0～5cm）或最大径阶（40～45cm）各自聚集或均匀分布时，$U$ 值会随着相邻木个数的变化而改变；与小径阶和大径阶不同，中间径阶（20～25cm）的 $U$ 值是否变化不仅与其自身聚集或均匀分布有关，且与其周围其他径阶相邻木的分布有关。由于混交度表达的是林木定性属性间关系，而大小比数表达定量属性间的关系，因此，当树种与大小非随机分布时，随着相邻木个数的增加大小比数较混交度变化趋势缓慢。无论不同径阶的林木在空间中如何分布，不同相邻木个数计算的大小比数均表达了同一大小优势程度。

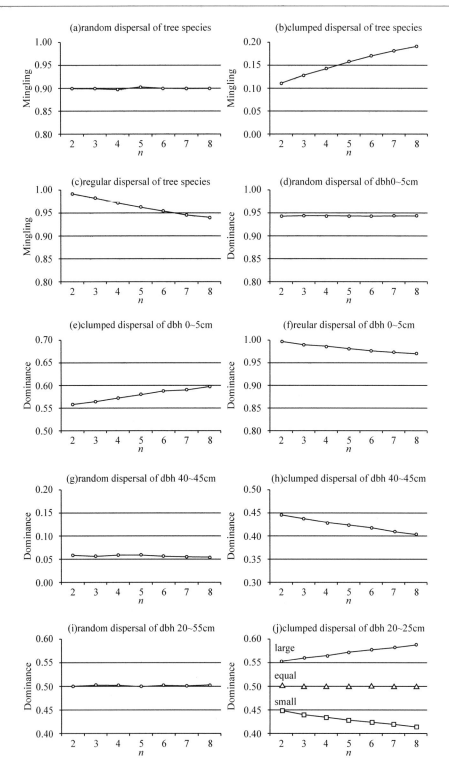

图 2-9　选取不同相邻木个数时混交度或大小比数在不同
树种或大小分布模式中的变化

以上分析表明：选取不同相邻木个数（$n$）分析对林分角尺度表达影响最大，$n$ 值不同计算所得的随机林分的角尺度均值不同，不同相邻木个数计算随机分布林分的角尺度值不一定都在 0.5 附近。当林分中树种与大小为完全随机分布时，相邻木个数变化对于混交度和大小比数的值无影响。当林分中林木树种与大小为非随机分布时（相同属性的林木之间聚集或排斥），混交度和大小比数的值会随着选取相邻木个数的增加而变化。对于林分空间结构分析而言，应该选取相同的相邻木个数。选取 2 或 3 株相邻木可能将接近于随机分布的林分格局发生误判，而 4 株或以上相邻木个数可对林分的水平分布格局准确表达，考虑到抽样调查需要的费用，建议统一选取 4 株相邻木进行分析，即林分中任意 1 株单木（参照树）和其周围的 4 株最近相邻木就构成了最佳空间结构单元（图 2-10）。

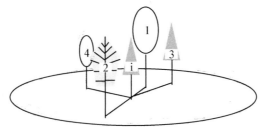

2-10　参照树及其 4 株最近相邻木所构成的最佳空间结构单元

### 2.1.2.2　最佳空间结构单元的参数取值及统一描述

基于以上分析，选择林分中任意 1 株单木（参照树）和其周围的 4 株最近相邻木构成了最佳空间结构单元。四株最近相邻木与参照树构成的结构关系有五种，由于具有中间过渡类型，从而便于判断，生物学意义明显。下面给出各结构参数的取值及对应的意义。

（1）$n = 4$ 时结构参数取值及意义

①角尺度的取值及意义：标准角的确定：对参照树 $i$ 的 4 个最近相邻木而言，绝对均匀分布时其位置分布角应均为 90°，但自然状态下，绝对均匀几乎不可能达到。理论上，自然界中存在两种具有最大规则性的分布即正六边形分布和正方形分布（图 2-11），这两种最大均匀分布中相邻木的夹角分别为 60° 和 90°，据此标准角的可能取值范围为：$60° \leqslant \alpha_0 \leqslant 90°$。

如果采用 60° 作为标准角，很容易将单侧分布误判为均匀分布（图 2-12），因此 60° 偏小。林木分布为绝对均匀的情况并不常见。通常较为均匀分布情况下相邻木夹角都小于 90°。

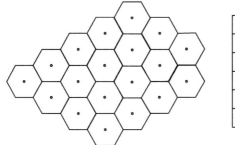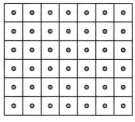

图 2-11　两种绝对均匀的分布

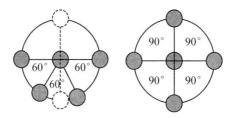

图 2-12　标准角的取值

因此，标准角必定在 60° 和 90° 之间，可能是两者的中值。两者的中值有三种：算术平均值（ $\bar{x} = 75°$ ）、几何平均值（ $\bar{x}_G = 73.5°$ ）、协调平均值（ $\bar{x}_H = 72°$ ）。其中， $\bar{x}_H \leqslant \bar{x}_G \leqslant \bar{x}$ ，由角尺度的定义（ $\alpha < \alpha_0$ ）可知，当选择协调平均值（ $\bar{x}_H = 72°$ ）作为标准角时，其他两种均值亦属于均匀的范畴，覆盖面广，故 72° 是标准角的恰当取值。

另外，介于 60° 和 90° 之间的 $\alpha_0$ 角，在误差范围都是 $x$ 时应满足下列方程：

$$\alpha_0 \geqslant 60 \cdot (1 + x) \tag{2-8}$$

$$\alpha_0 \leqslant 90 \cdot (1 - x) \tag{2-9}$$

当 $x = 0.2$ ，对应的 $\alpha_0 = 72°$ ，也可证明该角度的合理性（图 2-13）。

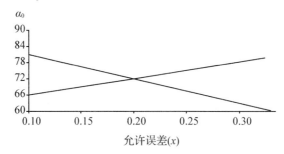

图 2-13　优化解图示

再者，标准角应该是能够等分圆周的均匀角，72° 刚好是圆周五等分时的相邻木夹角，从这一点上看 72° 也是合适的标准角，这与前面 $n$-株相邻木通用的标准角确定的公式计算结果一致。图 2-14 显示了最小（60°）、最优（72°）和最大（90°）标准角构成的规则分布单元。

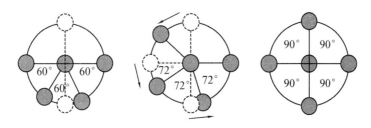

图 2-14 三种标准角的取值

$W_i = 0$ 表示 4 株最近相邻林木在参照树周围分布是特别均匀的；而 $W_i = 1$ 则表示 4 株最近相林木在参照树周围分布是特别不均匀的或聚集的。图 2-15 进一步明确给出了角尺度（$W_i$）的可能取值和意义。

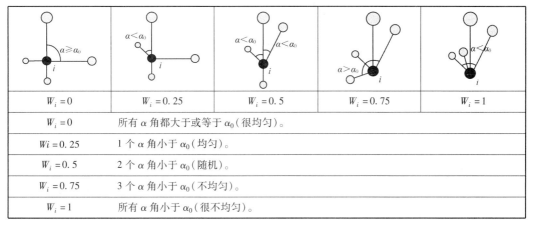

| $W_i = 0$ | $W_i = 0.25$ | $W_i = 0.5$ | $W_i = 0.75$ | $W_i = 1$ |
|---|---|---|---|---|
| $W_i = 0$ | 所有 $\alpha$ 角都大于或等于 $\alpha_0$（很均匀）。 | | | |
| $W_i = 0.25$ | 1 个 $\alpha$ 角小于 $\alpha_0$（均匀）。 | | | |
| $W_i = 0.5$ | 2 个 $\alpha$ 角小于 $\alpha_0$（随机）。 | | | |
| $W_i = 0.75$ | 3 个 $\alpha$ 角小于 $\alpha_0$（不均匀）。 | | | |
| $W_i = 1$ | 所有 $\alpha$ 角小于 $\alpha_0$（很不均匀）。 | | | |

图 2-15　角尺度的可能取值及意义

②大小比数的取值及意义：4 株最近相邻木与参照树的大小关系有五种，这 5 种可能分别对应于通常对树木状态（这里对结构块而言）的描述，即优势、亚优势、中庸、劣态、绝对劣态，它明确定义了被分析的参照树在该结构块中所处的生态位，且其生态位的高低以中度级为岭脊，生物意义十分明显。$U_i$ 的可能取值范围及其意义见图 2-16。

图 2-17 显示了某一树种在任意林分中处于优势或劣态时的 $U_i$ 值的典型分布。

③混交度的取值及意义：混交度表明了任意一株树的最近相邻木为其他树种的概率。当考虑参照树周围的 4 株相邻木时，$M_i$ 的取值有 5 种，如图 2-18 所示：

这 5 种可能对应于通常所讲混交度的描述，即零度、弱度、中度、强度、极强度混交（相对于此结构单元而言），它说明在该结构单元中树种的隔离程度，其强度同样以中度级为分水岭，生物意义明显。显然，分树种统计亦可获得该树种在整个林分中的混交情况。

④密集度的取值及意义：密集度通过判断林分空间结构单元中树冠的连接程度分析林木疏密程度。当考虑参照树周围的 4 株相邻木时，$C_i$ 的取值有 5 种（见图 2-19）。

当 $C_i = 1$ 时，可认为林木很密集；当 $C_i = 0.75$ 时，林木比较密集；当 $C_i = 0.5$ 时，林木中等密集；当 $C_i = 0.25$ 时，林木稀疏；当 $C_i = 0$ 时，林木很稀疏。这 5 种可能明

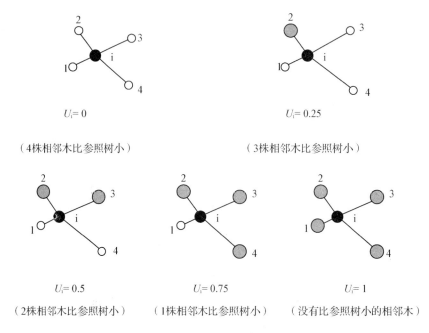

$U_i = 0$

（4株相邻木比参照树小）

$U_i = 0.25$

（3株相邻木比参照树小）

$U_i = 0.5$

（2株相邻木比参照树小）

$U_i = 0.75$

（1株相邻木比参照树小）

$U_i = 1$

（没有比参照树小的相邻木）

图 2-16　大小比数的取值及其意义

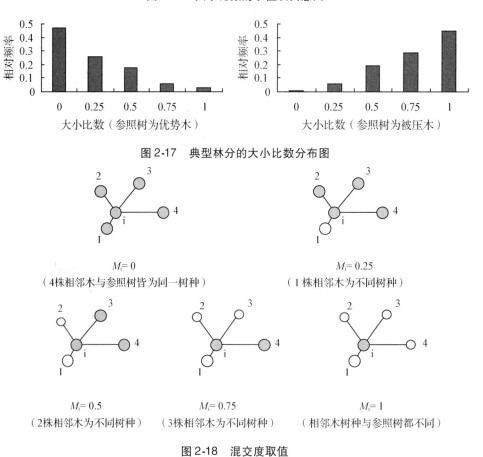

图 2-17　典型林分的大小比数分布图

$M_i = 0$

（4株相邻木与参照树皆为同一树种）

$M_i = 0.25$

（1株相邻木为不同树种）

$M_i = 0.5$

（2株相邻木为不同树种）

$M_i = 0.75$

（3株相邻木为不同树种）

$M_i = 1$

（相邻木树种与参照树都不同）

图 2-18　混交度取值

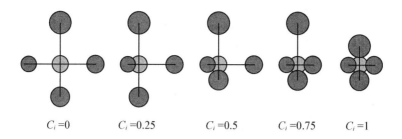

$$C_i=0 \qquad C_i=0.25 \qquad C_i=0.5 \qquad C_i=0.75 \qquad C_i=1$$

图 2-19　$C_i$ 取值示意图

确地定义了参照树所在的结构单元的林木密集程度，程度的高低以中度级为岭脊，生物意义十分明显。

密集度量化了林木树冠的密集程度，同时包含了一定的竞争信息。$C_i$ 越大说明林木密集程度越高，参照树所处小环境树冠越密，树冠越连续，林木间的竞争也相应增加。$C_i$ 越小说明林木密集程度越低，林木越稀疏，树冠之间出现的空隙越大，林木间对营养空间的竞争也有所减小。在某些林分空间结构简单的地段，缺少其他地被植物，林隙越大还意味着林地裸露的面积越大。

（2）$n = 4$ 时结构参数统一描述

对于任意一个参照树 $i(i = 1，2，3，\cdots，N)$ 和它的 4 株最近相邻木 $j(j = 1，2，3，4)$ 来讲，空间结构状态（用结构参数表示）$(\omega_i)$ 可定义为：

$$\omega_i = \frac{1}{4}\sum_{j=1}^{4} v_j \tag{2-10}$$

变量 $v_j$ 是一个离散性变量，可取值 $v_j = 0$ 或 1。它的涵义与具体结构参数有关。在此，$0 \leqslant \omega_i \leqslant 1$。显然，$\omega_i$ 可能接受的值只有 5 种。从小到大依次排列，处于正中的为中间类型，这正好对应于自然界中经常出现的过渡现象。

自然 $\omega_i$ 值的分布就充分揭示了整个林分的空间结构（表 2-3）。

结构参数值的分布图式如图 2-20 所示：

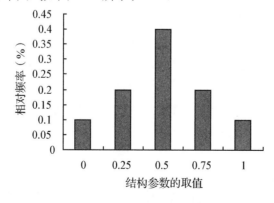

图 2-20　结构参数值的分布

表 2-3　$\omega_i$ 值的分布统计方法

| 参数取值 ($\omega_k$) | 频数 ($f_k$) | 相对频率 ($rf_k$) | | 例如 |
|---|---|---|---|---|
| $\omega_1 = 0$ | $f_1$ | $\dfrac{f_1}{f_1+f_2+f_3+f_4+f_5}$ | $f_1=10$ | $\dfrac{f_1}{f_1+f_2+f_3+f_4+f_5}=\dfrac{10}{10+20+40+20+10}=\dfrac{10}{100}=0.10$ |
| $\omega_2 = 0.25$ | $f_2$ | $\dfrac{f_2}{f_1+f_2+f_3+f_4+f_5}$ | $f_2=20$ | $\dfrac{f_2}{f_1+f_2+f_3+f_4+f_5}=\dfrac{20}{10+20+40+20+10}=\dfrac{20}{100}=0.20$ |
| $\omega_3 = 0.50$ | $f_3$ | $\dfrac{f_3}{f_1+f_2+f_3+f_4+f_5}$ | $f_3=40$ | $\dfrac{f_3}{f_1+f_2+f_3+f_4+f_5}=\dfrac{40}{10+20+40+20+10}=\dfrac{40}{100}=0.40$ |
| $\omega_4 = 0.75$ | $f_4$ | $\dfrac{f_4}{f_1+f_2+f_3+f_4+f_5}$ | $f_4=20$ | $\dfrac{f_4}{f_1+f_2+f_3+f_4+f_5}=\dfrac{20}{10+20+40+20+10}=\dfrac{20}{100}=0.20$ |
| $\omega_5 = 1$ | $f_5$ | $\dfrac{f_5}{f_1+f_2+f_3+f_4+f_5}$ | $f_5=10$ | $\dfrac{f_5}{f_1+f_2+f_3+f_4+f_5}=\dfrac{10}{10+20+40+20+10}=\dfrac{10}{100}=0.10$ |

分布的平均值可按下式计算：

$$\bar{\omega} = \frac{1}{N}\sum_{i=1}^{N}\omega_i \ \text{或}\ \bar{\omega} = \frac{1}{N}\sum_{i=1}^{5}\omega_k \times f_k \ \text{或}\ \bar{\omega} = \sum_{k=1}^{5}\omega_k \times rf_k \tag{2-11}$$

在此，$N$ 为林分内参照树的株数。显然，$0 \leqslant \bar{\omega} \leqslant 1$。结构参数的平均值视需要也可分树种计算。

# 2.2　空间结构描述

森林是典型的三维空间结构体系，森林的空间结构反映了森林群落内物种的空间关系，也就是通常讲的林木在水平地面上的分布格局及其属性在空间上的排列方式。森林群落组成复杂，群落内不同种类的植物之间存在着复杂的相互关系，并非是杂乱无章的堆积，而是具有一定的结构形式。这种结构形式可以通过对其状态的调查而得以分析。问题在于，哪些状态变量能够确切反映森林的结构？如何来解析和表达森林的这种组织结构呢？按照现代森林经理学的观点，林分空间结构可从以下 4 个方面加以描述：林木空间分布格局、树种空间隔离程度、林木个体大小分化程度和林木密集程度。

### 2.2.1　林木空间分布格局

#### 2.2.1.1　空间分布格局类型

林木个体的空间分布格局是指林木个体在水平空间的分布状况。林木分布格局是种群生物学特性、种内与种间关系以及环境条件的综合作用的结果，是种群空间属性的重要方面，也是种群的基本数量特征之一。格局研究不仅可以对种群和群落的水平结构进行定量描述，给出它们之间的空间关系，同时能够说明种群和群落的动态变化。

基本的分布类型有三种：随机分布、规则(均匀)分布和集聚(团状)分布。

(1)随机分布

是指种群个体的分布相互间没有联系，每个个体的出现都有同等的机会，与其他个体是否存在无关，林木的位置以连续而均匀的概率分布在林地上。对于任意两个不重叠的样地，其上的林木数量是一个随机变量且相互独立，也就是说，林木与其本身所处的位置互不发生影响，正是由于这个中立性随机分布才得以作为一个评价任意林木分布格局的尺度。

从空间角度，可以用下述过程来描述随机空间格局。假设研究区域面积为 $A$，且区域内共有 $\lambda A$ 个某物种的个体，于是单位面积的平均密度为 $\lambda$，如果单位面积内有 $r$ 个个体的概率为：

$$P(r) = \frac{\lambda^r e^{-\lambda}}{r!}, r = 0, 1, 2, \cdots \tag{2-12}$$

则称这个区域内个体的空间分布是随机的。随机分布的重要特征是：数学期望(均值)＝方差＝ $\lambda$。随机分布也称为 Poisson 分布。

符合泊松分布是随机分布格局的必要条件而不是充分条件，一个符合泊松分布的数列并不一定对应于个体空间配置的随机性，只有保证取样时个体的独立地、随机地分配到所有取样单元中去，并且保证每个取样单元中有足够的个体数，才能保证个体空间配置的随机性。如果取样单元足够小到只包含一个个体，那么无论什么分布格局，都会得到符合泊松分布的(0，1)数列。

(2)规则分布

又称低常态分布(hypodispersion underdistribution)或负集群分布(negative contagious distribution)，是指林木在水平空间中的分布是均匀等距的，或者说林木对其最近相邻木以尽可能最大的距离均匀地分布在林地上，林木之间互相排斥。在所有取样单元中接近平均株树的单元最多，密度极大或极小的情形都很少。均匀分布格局的数学模型是正二项分布(positive binomial distribusion)。假设每个单位中含有很多($n$ 个)的位置，每个位置可为一个个体占用，每单位中的每一位置被占用的概率都相等，令为 $p$。于是，任一单位正好有 $r$ 个位置被占用的概率为：

$$P(r) = C_n^r p^r (1 - p)^{n-r}, r = 0, 1, 2, \cdots \tag{2-13}$$

(3)集群分布

又称团状分布(clumped distribution)、聚集分布(aggregated distribution)或超常态分布(hyperdistribution overdispersion)，与随机分布相比，林木有相对较高的超平均密度占据的范围，也就是说，林木之间互相吸引。集群分布的数学模型是负二项分布(negative binominal distribution)。其定义为单位面积有 r 个个体的概率为：

$$P(r) = C_{r+k-1}^r p^k (1 - p)^r, r = 0, 1, 2, \cdots \tag{2-14}$$

其中：$p$、$k$ 是分布的参数。

## 2.2.1.2　空间分布格局间的转化

对于一个具有空间动态的种群，其空间格局是会发生变化的，在一个时期是一种空间格局，另一时期也许是另外一种空间格局。这种空间格局的变化可能是种群自身引起的，如种群内个体对食物或生存空间的竞争引起的扩散导致的结果；也可能是由外部条件变化引起的，如季节变化、气候变化等。这种空间格局的变化是有一定规律的。

对于均匀分布，若保持平均密度不变，但让其生存空间增大，则有：

$$C_n^r p^r (1-p)^{n-1} \xrightarrow[n \to \infty, np = \lambda]{} \frac{\lambda^r}{r!} e^{-\lambda} \tag{2-15}$$

上式说明，若均匀分布的个体间相互排斥性减弱，其结果是均匀空间格局转化为随机空间格局。

对于负二项分布，若保持平均密度不变，让其个体间聚集性减弱，则有：

$$C_{r+k=1}^r p^k (1-p)^r \xrightarrow[k \to \infty, k(1-p) = \lambda]{} \frac{\lambda^r}{r!} e^{-\lambda} \tag{2-16}$$

结果是负二项分布格局也能转化为随机分布格局。

上述转化过程一般发生在同一世代内不同的时期。如果知道空间格局转化的条件，则可以了解种群空间格局的形成过程。理论上可以证明：若外部条件不变，由种群自身变化引起的空间格局的变化大多数转化为随机分布的空间格局。

### 2.2.1.3 空间分布格局判断方法

研究林木的分布格局可以从三个角度进行：在一定面积的样方内林木个体可能的株数分布；单木之间距离的大小及分布；各单木与其周围单木所能构成的夹角大小及其分布，由此格局研究方法可分为3类：样方法、距离法和角尺度法。

（1）样方法

利用传统的样方取样资料进行植物群落学研究是经典的、广泛应用的方法，开展种群分布格局的研究也不例外。样方法中的频次分布检验是测定空间格局最古老的方法，其特点是理论基础稳固，数据代换方法全，各种理论分布函数的定义及其特点分析已有大量文献介绍，此法的主要缺点是理论分布型的种类繁多，没有固定的选择标准和途径，在应用拟合中常会出现某一个数据集符合多个分布型的现象，这一问题在连续空间分布的种群中更加突出。相邻格子样方法是一种修正的方差分析方法，其基本原理是通过单位格子样方的两两合并，用$2n$的方法划分区组（$n = 0, 1, 2\cdots$），是每级区组样方面积逐级扩大，对各级区组样方面积上的观测值作方差分析，分别计算其均。该方法既克服了样方大小的某些影响，又保留了样方取样的优点，但是在野外取样中相邻格子样方也会遇到基本样方大小和初始样方位置如何确定的问题；另一个重要问题是工作量大，代表性差，不适合真正的野外考察。

（2）距离法

主要通过测量树木之间距离、点与树木之间的距离、考虑密度之下的点与树或树与树之间的距离或使用相关函数，对分布格局做出判断。其中，Clark & Evans（1954）指数较简洁，但是野外测量距离的花费较大，降低了它的有效性；另外，由于树木最近的邻居几乎总是处于其树木组内，因此相同指数值的林分有可能对应于完全不同的分布（图2-21）。

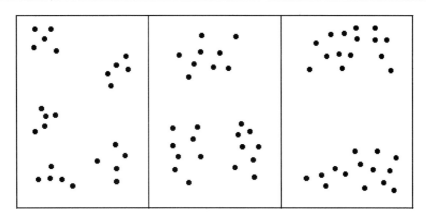

图 2-21　相同的 **Clark & Evans** 指数值所对应的不同分布

　　另一个较精确的分析是双相关函数，通过一个图形函数来表达。函数的曲线走向依赖于树木之间的距离，团与团之间的距离或在一个团内的距离可以单独被计算，此方法亦需要树木之间的距离信息。

　　（3）角尺度

　　角尺度是通过判断和统计由参照树与其相邻木构成的夹角是否大于标准角，来描述相邻木围绕参照树的均匀性。角尺度的分布判断临界值则与 n 的取值相关，分布判断临界值是指各种分布格局的 $\overline{W}$ 值范围。对于最佳空间结构单元而言，根据角尺度的定义，当 $W_i = 0$、$W_i = 0.25$ 时，对参照树 $i$ 来讲为均匀分布，$W_i = 0.5$ 时分布为随机，$W_i = 0.75$、$W_i = 1$ 时为不均匀分布。显然，所有参照树的集合就体现了整个林分的林木分布格局。可见，随机分布的林分平均角尺度取值应介于均匀和团状分布之间，因此只要界定了随机分布的 $\overline{W}$ 值范围，均匀和团状分布的判定将一目了然。

　　对于已测定了林木位置坐标的森林群落而言，如果要了解群落中不同树种的分布状况即种群格局，就需要分树种进行计算，而不是分树种进行统计。也就是说，首先需要消除其他树种坐标，然后重新计算树种角尺度。计算公式如下：

$$\overline{W}_{sp} = \frac{1}{N_{sp}} \sum_{i=1}^{N_{sp}} W_i = \frac{1}{4N_{sp}} \sum_{i=1}^{N_{sp}} \sum_{j=1}^{4} z_{ij} \qquad (2\text{-}17)$$

式中：$N_{sp}$ 表示样地内 $sp$ 树种的株数（消除边缘效应后该树种有效林木株数）。

　　林木完全随机分布时的角尺度值分布范围是判断林木分布格局状态的标准。随机分布角尺度值介于均匀分布与聚集分布之间，即：$W_{均匀} < W_{随机} < W_{聚集}$。因此只要得到随机分布角尺度值 W 随机的范围，均匀和聚集分布的判定将一目了然（Hui，2003）。根据 Hui 等选取 4 株相邻木确定 $W_{随机}$ 阈值的方法，用计算机模拟产生 1000 块完全随机分布的林分，算出角尺度均值（$W_{随机}$）及标准差（$\sigma$），采用 $W_{随机} \pm 3\sigma$ 的方法确定随机分布林分的角尺度的阈值。对于每公顷株数在 1000 株及其以上，随机分布时 $\overline{W}$ 取值范围属于 [0.475, 0.517]，从而有当 $\overline{W} > 0.517$ 时为团状分布；$\overline{W} < 0.475$ 时为均匀分布。

　　角尺度判断林木分布格局还可以通过显著性检验的方法（zhao, *et al.*，2014）。

　　Hui and Gadow（2002）提出了随机分布林分的角尺度的数学期望 $\overline{W}_E = 0.5$，因此，

如果一个林木分布格局是随机的，那么，统计量为

$$D_W = \frac{\overline{W}_{sp}}{\overline{W}_E} \qquad (2\text{-}18)$$

它的数学期望为1，按照角尺度定义，不等式 $\overline{W}_{均匀} < \overline{W}_{随机} < \overline{W}_{团状}$ 永远成立。所以，如果种群是聚集分布，则有 $D_W > 1$；如果种群是均匀分布，则有 $D_W < 1$。

检验 $D_W$ 是否显著地不同于它的数学期望值1，正态分布检验：

$$u = \frac{|\overline{W}_{sp} - \overline{W}_E|}{\sigma_W} \qquad (2\text{-}19)$$

式中：$\sigma_W$ 是标准差，$\sigma_W = 0.21034 N^{-0.48872}$。

按照正态分布检验的原则：若 $|u|$ 值 $< 1.96$（即显著水平 $\alpha$ 为 0.05 时的临界值），则可判断为随机分布；若实际 $|u|$ 值 $> 1.96$，当 $D_W < 1$ 时，判断为均匀，当 $D_W > 1$ 时，判断为聚集分布。若 $|u|$ 值 $> 2.58$（即极显著水平 $\alpha$ 为 0.01 时的临界值），当 $D_W < 1$ 时，判断为均匀分布，当 $D_W > 1$，判断为均匀分布。

（4）基于 Voronoi 图的格局分析方法

Voronoi 是关于空间邻近关系的一种基础数据结构，根据离散分布的点来计算该点的有效影响范围，它具有邻接性、唯一性、空间动态等特性。近年来，Voronoi 图在不同的科学领域得到广泛应用，尤其在计算机图形学、分子生物学、空间规划等众多领域都表现出了广阔的应用前景（GERSTEIN，1995，2001；TSAI，1997，2001）。Brown（1965）最早将 Voronoi 图引入林学领域，提出林木竞争分析的 APA（Area potential available）指数。冯仲科等（2006）将 Voronoi 应用在角规测树中使得蓄积总量估测精度明显高于经典的算术平均法；何瑞珍等（2009）利用样地中的每木定位数据，采用基于泰森多边形得到的 BDDR 指标和人工神经网络为基础的单木生长模型，很好地预测了宝天曼自然保护区内的天然次生栎类的生长状况；汤孟平等（2007，2009）将 Voronoi 图用于群落优势树种的种内种间竞争分析和混交度研究；赵春燕等（2009）通过 Voronoi 图选择相邻木对红树林空间结构分析进行了探讨。刘帅等（2014）引入变异系数量化 Voronoi 多边形面积的变化率，将林木空间格局分析转化为计算 Voronoi 图面积变异系数，用 Monte Carlo 模拟方法分析研究林木格局，但这种方法只有在大尺度取样时才能保持变异系数的稳定性，显然，其面积大小受变异很大的林分密度高低的控制。张弓乔（2015）研究不同林木分布格局的 Voronoi 多边形边数分布的变异规律，提出了以 Voronoi 空间分割方法间接判定林木分布格局的新途径。

①Voronoi 多边形边数分布计算：为了 Voronoi 建模需要，忽略样地的地形、地貌特征，视其为二维平面，样地内所有起测径5cm 以上的林木为该二维平面的点状目标。如图 2-22 所示，实线代表 $P_1 - P_6$ 这六个点的 Delaunay 三角网，虚线表示相对应的 Voronoi 图。假设每株木都为单个点，则其 Delaunay 三角形包含相邻木间的距离信息和角度信息，其边长长度等于参照树与其相邻木的距离。Delaunay 三角网具有唯一的对偶结构 Voronoi 图，两株林木相邻对应的 Voronoi 多边形共享一条边，该边称为公共边。对于非样地边缘林木，其 Voronoi 多边形公共边的条数代表了该林木的相邻木数目，这也是计

算相邻木的基础理论依据。

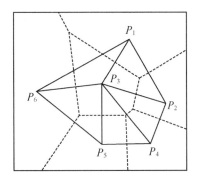

图 2-22　6 个点的 Delaunay 三角网及其对应的 Voronoi 图

利用 R 程序统计不同分布格局林分 Voronoi 图多边形的边数分布频数，通过量化每一块模拟林分的 Voronoi 图多边形边数（计算边数分布频数、分布均值及其分布标准差）来描述该林分 Voronoi 边数的分布规律。

标准差计算公式为：

$$s = \sqrt{\dfrac{\sum\limits_{i=1}^{n}\left(x_i - \bar{x}\right)^2}{n-1}} \tag{2-20}$$

式中：$s$ 为变量 $x$ 的标准差，$\bar{x}$ 为均值，$x_i$ 为第 $i$ 个变量值。

②格局判定对比分析：利用 Stochastic Geometry 软件产生团状、随机和均匀分布的林分并绘制样地林木的 Voronoi 图。Stochastic Geometry 软件是专门的林分分析软件，它不仅用于模拟具有不同结构特征的林分类型，也可以对林分结构进行 Delaunay 三角网、Voronoi 多边形的生成与分析。因此，利用 Stochastic Geometry 软件模拟产生团状、随机和均匀分布类型的密度为 1000 株/公顷的林分，林分分布格局由聚集程度较强的团状分布逐渐过渡到轻微团状分布，再过渡到随机，最后为较为均匀的分布和非常均匀的分布格局（图 2-23）。依据产生的分布格局具有聚集（或均匀）分布梯度性原则，具体按照以下方法产生模拟林分：

团状分布类型：利用 Stochastic Geometry 软件的 point process（点过程）模块中的 Cluster models（聚集模型）以及 MATERN cluster（MATERN 聚集）功能，按每个团的平均株数 1 株、2 株、3 株、4 株和 5 株分别产生 5 种团状分布类型（聚集程度依次增强），各重复 10 次。每个团的平均株数越多，团的聚集程度越大，其林分的分布格局团状更强。

均匀分布格局类型：利用 point process（点过程）模块中的 Hard-]core models（核心模型）以及 MATERN Hard-core（type 2）（MATERN 核心第二类）分别按每株林木最小面积值 0.25、0.22、0.19、0.16、0.13 和 0.10 的设置梯度，每个梯度各产生 10 个重复。林木占据最小面积值越大树种分布越均匀，林木最小面积值越小分布越接近于随机。

完全随机林分类型：point process（点过程）模块中 Completely random models（完全随机模型）以及 BERNOULLI（伯努利）功能模拟 10 次。

均匀分布（林木最小面积值）

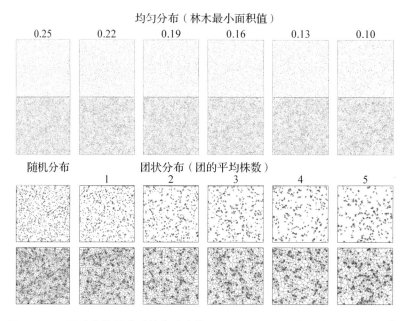

图2-23　不同分布格局类型的点分布格局及 **Voronoi** 图（密度为 1000 株/hm²）

用基于 4 株最近相邻木的角尺度方法进行林木水平分布格局判定并与基于 Voronoi 多边形的格局检验方法进行对比。模拟林分的点分布格局及 Voronoi 图如图 2-23 所示，当样地分布从非常均匀逐渐过渡到随机，再过渡到聚集分布时，其 Voronoi 图形也发生了相应的改变。从直观上看，当林分越分布均匀时，其 Voronoi 图中形成的多边形相对于聚集分布时形成的多边形更加规则。图 2-24 给出了密度为 1000 株/hm² 的不同分布格局林分 Voronoi 多边形边数的分布图。可以发现，不同的分布格局具有相似的分布规律，其边数分布总是呈现近似正态分布。频数最大值基本聚集在 5 株或 6 株；无论何种格局分布，其模拟林分 Voronoi 多边形的平均边数最小值为 5.98，最大值为 6.04，其相差不大，平均值均在 6 株左右；边数标准差的变化存在一定的规律，可见仅凭平均边数并不能区分不同分布格局的林分，但由图 2-24 中可见，团状分布的边数标准差大于随机分布大于均匀分布，因此可以推断，不同分布格局下，Voronoi 多边形边数的标准差存在一定差异。

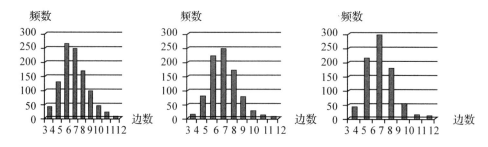

图2-24　不同分布格局类型林分的 **Voronoi** 图多边形边数的分布（密度为 1000 株/hm²）

③不同密度对多边形边数标准差的影响：研究 Voronoi 图中多边形边数在不同的林分密度条件下的变化规律，模拟了密度为 2000 株/hm² 的不同分布的林分类型，得到其相应的 Voronoi 图后计算其多边形边数分布的标准差，研究方法与密度为 1000 株/hm² 模拟林分的研究方法相同。每种分布类型模拟了 10 块样地，其标准差均值见图 2-25。结果表明，两种密度下不同林分空间分布格局的 Voronoi 多边形边数的标准差相差不大。因此认为 Voronoi 图多边形边数的分布与林分密度无关。

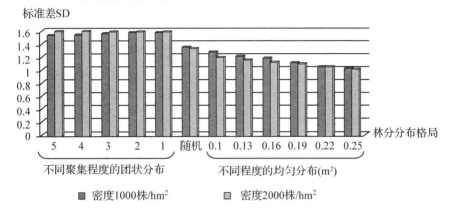

标准差SD

**图 2-25　不同密度下林分空间格局的改变对 Voronoi 多边形边数标准差的影响**

由图 2-25 可以看出，不同的林分分布格局多边形边数的标准差之间存在一定差异。林分的分布格局由团状过渡到随机再过渡到均匀，其多边形边数的标准差呈现下降的趋势。团状分布的标准差值普遍高于随机分布与均匀分布，而随机分布的标准差值又高于均匀分布，处于两者的中间状态。单以团状分布来说，由平均每个团 5 株过渡到平均每个团 1 株，其团状程度由特别团状逐渐过渡到轻微团状时，标准差并没有特别明显的变化。而均匀林分的分布格局的林分中，林分最小面积值由 0.1 一直过渡到 0.25，其均匀程度由较为均匀一直过渡到特别均匀，标准差一直呈现出下降趋势。当林分的均匀程度逐渐增大，其标准差越小，可以总结为 $s_{团状} > s_{随机} > s_{均匀}$。因此可以考虑用标准差来判定并区分不同林分格局。

④基于 Voronoi 多边形的格局检验方法：通过以上分析发现，不同格局下 Voronoi 多边形的边数标准差分布近似正态且有 $s_{团状} > s_{随机} > s_{均匀}$ 的趋势。为此有必要加大样本量深入研究随机分布林分的边数标准差分布规律。模拟了 500 个随机林分并对其边数的标准差分布进行了统计学的分析。经过 Shapiro-wilk 检验得到，500 个林分标准差分布的 $W = 0.9965$，$p\text{-value} = 0.3468$，$p > 0.05$。在应用 Shapiro-wilk 检验时，当 p > 0.05 时，认为该分布遵从正态分布（薛毅，2007）。因此可以认为，随机分布林分的 Voronoi 多边形的边数标准差分布遵从正态分布（图 2-26）。根据正态分布理论，选择以 95.0% 概率为置信区间即采用 1.96 倍标准确定随机分布林分的 Voronoi 多边形标准差分布范围。标准差的平均值 = 1.333，$\sigma = 0.035$，所以有：$\mu \pm 1.96\sigma = 1.333 \pm 0.035 \times 1.96$。由此得到，在随机分布时 Voronoi 多边形标准差 $s$ 取值范围为 $[1.264，1.402]$。因此，当 $s < 1.264$ 时为林分为均匀分布；当 $s > 1.402$ 时为团状分布。

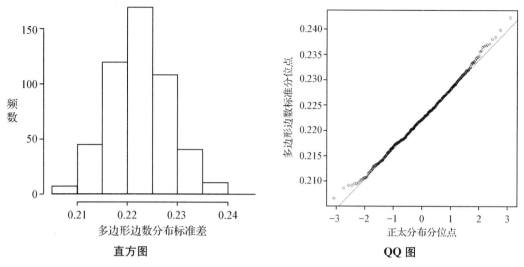

图 2-26　500 个模拟随机分布林分 Voronoi 多边形边数标准差直方图与 QQ 图

⑤实际样地的应用：用于实际验证的林分共 5 块。其中，两块为人工林，3 块为天然林。调查林分内胸径 ≥ 5cm 林木的位置坐标、胸径等，各实际林分概况如表 2-4。

表 2-4　实地调查的各林分概况

| 样地 | 样地大小（m²） | 样地株数 | 平均胸径（cm） | 林分类型 | 实验林分地点 |
| --- | --- | --- | --- | --- | --- |
| 1 | 5700 | 810 | 18.1 | 白皮松纯林 | 中国林科院，北京 |
| 2 | 5500 | 1172 | 10.0 | 侧柏人工林 | 华北林业实验中心，北京 |
| 3 | 10000 | 800 | 18.3 | 阔叶红松林 | 吉林蛟河实验林场 |
| 4 | 10000 | 1186 | 14.7 | 阔叶红松林 | 吉林蛟河实验林场 |
| 5 | 10000 | 756 | 17.6 | 阔叶红松林 | 吉林蛟河实验林场 |

　　计算了 5 块不同分布格局的实际样地林木 Voronoi 图多边形边数标准差，同时给出了林分平均角尺度以观察格局变化并进行比较。以林分角尺度值（$W$）判断水平分布格局类型，$W$ 取值在 [0.475，0.517] 之间可视为随机分布，当 $W > 0.517$ 时为团状分布，$W < 0.517$ 时为均匀分布。

　　从表 2-5 可以看出，样地 1 和样地 2 的 $s$ 均小于 1.264，判定为均匀分布，因此判定该样地林分格局为均匀分布。样地 3 和样地 4 其 $s$ 均在 [1.264，1.402] 范围之内，属于随机分布的置信区间，为随机分布格局的样地类型。样地 5 的 $s$ 大于 1.402 属于聚集分布区间，因此认为其为团状分布的样地。由此可见，利用 Voronoi 多边形标准差判别方法判断这五块实际样地得出的结果与角尺度得到的格局分布结果完全相同。同时，比较两块均匀样地可以发现，当样地中林分分布越均匀，其标准差差值越小，在这个区间内，其均匀程度与标准差值成正比。

表 2-5　实际样地 Voronoi 多边形边数标准差

| 样地 | 林分平均角尺度 | 格局类型 | Voronoi 多边形边数 |
|---|---|---|---|
| 1 | 0.385 | 均匀 | 1.209 |
| 2 | 0.431 | 均匀 | 1.236 |
| 3 | 0.491 | 随机 | 1.287 |
| 4 | 0.499 | 随机 | 1.322 |
| 5 | 0.536 | 团状 | 1.404 |

⑥ 基于 Voronoi 图的格局分析方法的意义：由于 Voronoi 图法在林分格局研究越来越受到重视，一些学者将 Voronoi 图法与空间结构参数相结合，利用 Voronoi 图法灵活确定最近邻木株数分析林分空间结构参数（赵春燕，2010；李俊，2012；郝月兰，2012；武爱彬，2012；安慧君，2003；刘彦君，2011），并与 $n = 4$ 时的固定值作比较发现两者在计算混交度、大小比数时结果有较高的相关性和一致性，但是在分析角尺度时有所差异，也有学者得到了 Voronoi 图多边形面积的变异系数与角尺度正相关的结果（刘帅，2014）。但这些研究都没有非常明确地提出利用 Voronoi 图判定实际林分分布格局的方法。

通过模拟不同密度的林分并计算其 Voronoi 图多边形边数的分布规律，证实了其与密度无关。不同密度下，不同格局分布的林分多边形边数的平均值均为 6，且其频数的分布规律也基本相似。这表明密度对于分析随机分布林分的 Voronoi 多边形边数标准差的置信区间的统计没有影响。

每一个林分分布对应着唯一的 Voronoi 多边形，通过计算这个林分多边形边数分布标准差的数值，分析 500 个随机分布的模拟林分 Voronoi 多边形边数标准差的分布特征，证明其属于正态分布，进而得到随机分布的置信区间。当林分分布特征由聚集逐渐过渡到随机再过渡到均匀时，并没有明显的界限区分，因此选取了 95% 的置信区间来确定随机分布标准差的置信范围。当小于随机的置信区间时，认为林分逐渐趋向于均匀分布，当大于该区间则认定为团状分布。经过实际林分的验证我们发现这种判定方法与角尺度的判定结果一致，说明这种方法在普遍应用到实际林分的林分格局判定具有一定的可行性。因此在研究林木空间关系并评价采伐合理性时也具有一定的应用前景，例如在林分空间结构发生变化之后，其具体的经营效果不仅可以用于林分空间结构参数评价，还可以通过经营前后林分的 Voronoi 图体现出来，这种效果将更容易直观地观察到。同时 Voronoi 多边形边数的标准差也会有所改变，这可以在一定程度上量化经营措施的效果。因此，在确立这种方法可行性的前提下，还可以再进一步将这种方法作为量化经营措施评价中的一个参数，对于林分空间结构重构和调控具有一定的指导意义。

### 2.2.1.4　空间分布格局分析方法比较

林木空间分布格局的判断可以从三个角度进行：在一定面积的样方内林木个体可能的株数分布；单木之间距离的大小及分布；各单木与其周围单木所能构成的夹角大小及其分布。因此，格局研究方法即可分为三类：样方法，距离法和角尺度法（叶芳，1997；

兰国玉，2003；李明辉，2003；惠刚盈，2003）。样方法是一种简单的空间格局分析方法，但是由于它存在基本样方大小和初始样方位置的确定等一些问题，从而使取样带有很大的主观性，影响了研究结果的准确性，所以该方法现在应用较少（安慧君，2003；谢宗强，1999；王太鑫，2005）。目前国际上研究林木空间分布格局主要采用的是距离法中的双相关函数和基于 Ripley K-函数的 L-函数（张会儒，2006；汤孟平，2003；侯向阳，1997；张金屯，1998；Min，2005；Dietrich，1992；Stoyan，1992），以及近十年出现的角尺度方法（胡艳波，2006；范少辉，2005；徐海，2006）。对目前较为流行的三种空间分布格局分析方法即基于 Ripley K-函数的 L-函数、双相关函数和角尺度方法进行比较研究，以期找到一种适应性更强的方法。

（1）基于 Ripley K-函数的 L-函数

Ripley's $K(r)$ 函数分析方法是 Ripley（1977）提出的，它的估计值 $\hat{K}(r)$ 可按下式计算：

$$\hat{K}(r) = A \sum_{i=1}^{n} \sum_{j=1}^{n} \frac{\delta_{ij}(r)}{n^2} ; i,j = 1,2,\cdots,n; i \neq j, r_{ij} \leqslant r \qquad (2\text{-}21)$$

式中：$\delta_{ij}(r) = \begin{cases} 1 & \text{如果 } r_{ij} \leqslant r \\ 0 & \text{如果 } r_{ij} > r \end{cases}$；$A$ 为样地面积；$n$ 为样地内林木株数；$r_{ij}$ 为林木 $i$ 与林木 $j$ 之间的距离；$r$ 为距离尺度。

Ripley's $K(r)$ 函数分析需要检验总体分布格局是否符合随机分布。在森林随机分布的零假设下，以随机选取的一株树木为中心，以 $r$ 为半径的圆内林木株数 $k$ 的期望值是 $\lambda \pi r^2$。由此可知，对随机分布的森林，$\hat{K}(r) = \pi r^2$。Besag 等（1977）提出用 $\hat{L}(r)$ 取代 $\hat{K}(r)$，并对 $\hat{K}(r)$ 作开平方的线性变换，以保持方差稳定，$\hat{L}(r)$ 可表示为：

$$\hat{L}(r) = \sqrt{\frac{\hat{K}(r)}{\pi}} - r \qquad (2\text{-}22)$$

或

$$\hat{L}(r) = \sqrt{\frac{\hat{K}(r)}{\pi}} \qquad (2\text{-}23)$$

$\hat{L}(r)$ 与 $r$ 的关系图可用于检验分布格局的类型，（2-22）式用平行线表示，（2-23）式用对角线表示，该处利用的是（2-23）式对角线的表示方法。当 $\hat{L}(r)$ 落在期望值（即对角虚线）上时，则林木分布是随机分布；当 $\hat{L}(r)$ 落在期望值（即对角虚线）的上方时，则林木分布是团状分布；当 $\hat{L}(r)$ 落在期望值（即对角虚线）的下方时，则林木分布是均匀分布。

（2）双相关函数

双相关函数是一种通过图形函数来表达的格局判定方法。在此将树木密度或强度 $\lambda$ 定义为单位面积的株数，树木密度有如下特性：若随机在林分中选择一个很小的观察面 $dF$，那么，在这个面上发现一个树木的概率就等于 $\lambda dF$，因为在相对小的面上绝不会有多于两个树木的存在。现在考察两个同样小的观察面 $dF_1$ 和 $dF_2$ ，将他们间的距离设定为 $r$ ，在这两个小的观察面上各有一棵树的概率 $P(r)$ ，通常依赖于 $r$ ，用公式表示为：

$$P(r) = \lambda^2 \cdot g(r) \cdot dF_1 \cdot dF_2 \tag{2-24}$$

上式中的函数 $g(r)$ 被称为双相关函数。在一个纯随机分布（泊松分布）的林分中任意距离 $r$ 都会得出 $g(r) = 1$ ，按照概率乘法公式有：

$$P(r) = \lambda \cdot dF_1 \cdot \lambda \cdot dF_2 \tag{2-25}$$

如果树木位置有规则分布的趋势（如人工林），那么对于小的 $r$ 来讲就有 $g(r) = 0$ ，因为树木对在这样小的距离内不存在，这个距离被称作硬距离即最小树木间距 $r_0$ ；对于较大的 $r$ 值就有 $g(r) > 0$ ，并且随着 $r$ 的增大 $g(r)$ 的值趋于 1。如果是团状分布，则对于小的 $r$ 就会有大的 $g(r)$ ，且常常超过 1（如图 2-27 所示）。

（3）角尺度

角尺度 $W_i = 0$ 表示 4 株最近相邻木在参照树周围分布是特别均匀的状态，$W_i = 0.5$ 表示 4 株最近相邻木在参照树周围分布是特别随机的状态，$W_i = 1$ 则表示 4 株最近相邻木在参照树周围分布是特别不均匀的或聚集的状态。角尺度既可用分布图，也可用分布的均值表达，角尺度分布图对称表示林木分布为随机即位于中间类型（随机）两侧的频率相等；若左侧大于右侧则为均匀；若右侧大于左侧则为团状。更为精细的分析可以角尺度均值 $\overline{W}$ 的置信区间为准：随机分布时 $\overline{W}$ 取值范围为

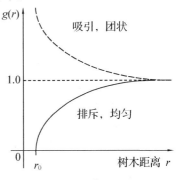

图 2-27　双相关函数

$[0.475，0.517]$ ；$\overline{W} > 0.517$ 时为团状分布；$\overline{W} < 0.475$ 时为均匀分布。$\overline{W}$ 用公式表示为：

$$\overline{w} = \frac{1}{n}\sum_{i=1}^{n} w_i = \frac{1}{4n}\sum_{i=1}^{n}\sum_{j=1}^{4} z_{ij} \tag{2-26}$$

式中：$z_{ij} = \begin{cases} 1，当第 j 个 \alpha 角小于标准角 \alpha_0 \\ 0，否则 \end{cases}$ ；$n$ 为林分内参照树的株数；$i$ 为任一参照树；$j$ 为参照树 $i$ 的 4 株最近相邻木；$W_i$ 为角尺度即描述相邻木围绕参照树 $i$ 的均匀性。

采用实地调查资料和模拟资料分别比较研究三种空间分布格局分析方法。实地调查资料来源于两部分：一是中国吉林省蛟河林业实验区东大坡经营区的 1 $hm^2$ 大的全面调查样地数据，该试验区地理坐标 $43°51' \sim 44°05'$ N，$127°35' \sim 127°51'$ E，气候属温带大陆性季风山地气候，年平均气温 1.7℃，年平均降水量 856.6mm，年相对湿度 75%，土壤为潜育化暗棕壤，植被为天然红松阔叶混交林；二是南美洲厄瓜多尔热带天然林的 4 块 1 $hm^2$ 大样地的调查数据，该区地理坐标为 $0°37'$ S，$77°25'$ W，属于热带雨林，全年湿热多雨，年平均气温 $23 \sim 27$℃，平均年降水量 $2000 \sim 3000$mm。以上 5 块样地均为方形即 100 m × 100 m，依次编号为 1、2、3、4、5。模拟资料是利用空间结构分析软件 Winkelmass 模拟的密度为 1000 株/$hm^2$、面积为 100m × 100m 的样地 30 块，其中随机、均匀和团状各 10 块（图 2-28）。

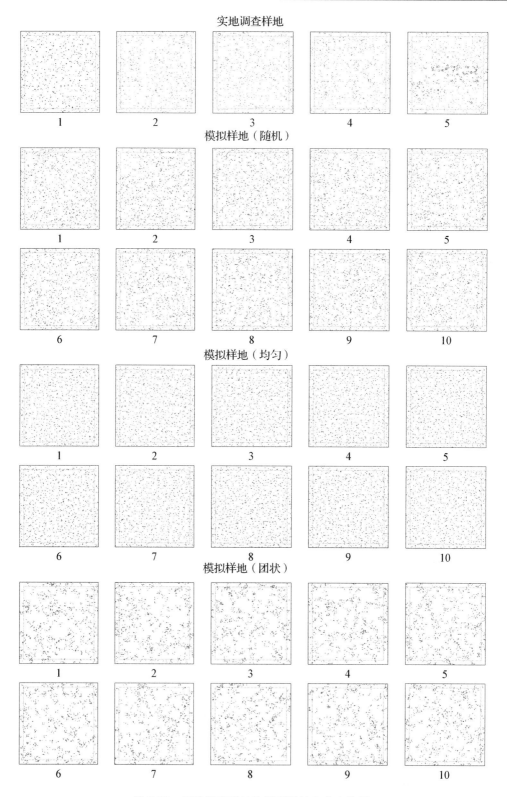

**图 2-28    实地调查样地和模拟样地点分布格局**

　　表 2-6 至表 2-9 显示的是基于 Ripley K-函数的 L-函数、双相关函数和角尺度方法对实地调查样地和模拟样地的研究结果。

**表 2-6　实地调查样地**

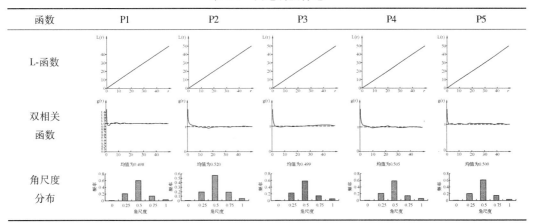

**表 2-7　模拟样地(随机)**

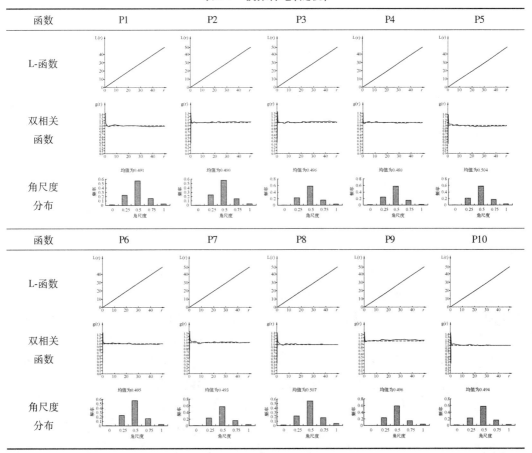

表 2-8　模拟样地(均匀)

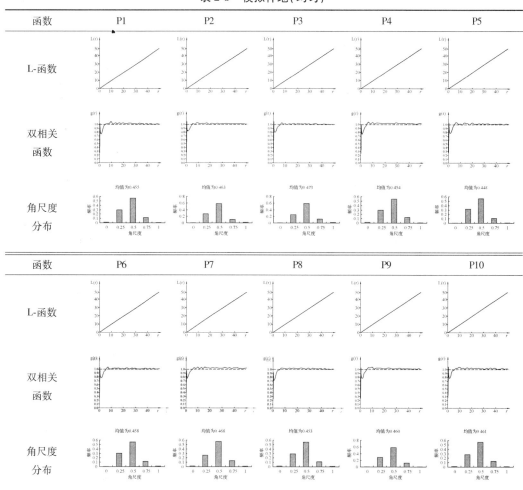

| 函数 | P1 | P2 | P3 | P4 | P5 |
|---|---|---|---|---|---|
| L-函数 | | | | | |
| 双相关函数 | | | | | |
| 角尺度分布 | 均值为0.453 | 均值为0.463 | 均值为0.473 | 均值为0.454 | 均值为0.448 |

| 函数 | P6 | P7 | P8 | P9 | P10 |
|---|---|---|---|---|---|
| L-函数 | | | | | |
| 双相关函数 | | | | | |
| 角尺度分布 | 均值为0.458 | 均值为0.468 | 均值为0.453 | 均值为0.460 | 均值为0.461 |

　　由表 2-6 可知，对于 5 块实地调查样地的林木分布格局类型，L-函数曲线相对于期望值几乎没有偏离，判断结果为随机型；双相关函数的判断结果是样地 1、3、5 为典型的随机型，样地 2、4 稍微有一点偏团状；角尺度分布样地 2 右侧的频率明显大于左侧频率，表现为团状分布，而其他 4 块样地两侧的频率都大致相等，表现为随机分布；5 块样地的角尺度均值 $\overline{W}$ 分别为：0.498、0.520、0.499、0.505 和 0.500，根据角尺度均值 $\overline{W}$ 的置信区间得出样地 2 为团状分布，其余 4 块样地均为随机分布，与从角尺度分布图上的直观判断结果相符。表 2-7 表明，对于 10 块模拟的随机分布样地，L-函数曲线相对于期望值没有出现偏离的情况，表现为随机分布；双相关函数曲线呈现为典型的随机分布；角尺度分布左右两侧的频率都大致相等，判断为随机分布；角尺度均值 $\overline{W}$ 都落在属于随机分布的区间 [0.475，0.517] 内。根据表 2-8 中显示的结果，对于 10 块模拟的均匀分布样地，L-函数曲线相对于期望值有一点点偏离，但很不明显几乎看不到，极易将结果误判为随机分布；双相关函数曲线表现为明显的均匀分布；角尺度分布是左侧频率明显的大于右侧频率，表现为均匀分布；角尺度均值 $\overline{W}$ 均小于 0.475，落在属于均匀

分布的区间内。由表 2-9 可知，对于 10 块模拟的团状分布样地，L-函数曲线相对于期望值能看出有一点偏离，在小 r 时实际值位于期望值的上方，表现为团状分布，但是偏离的程度很小，误判为随机分布的可能性还很大；双相关函数曲线呈现出明显的团状分布特征；角尺度分布是右侧频率明显的大于左侧频率，表现为团状分布；角尺度均值 $\overline{W}$ 都大于 0.517，落在属于团状分布的区间内。

表 2-9 模拟样地(团状)

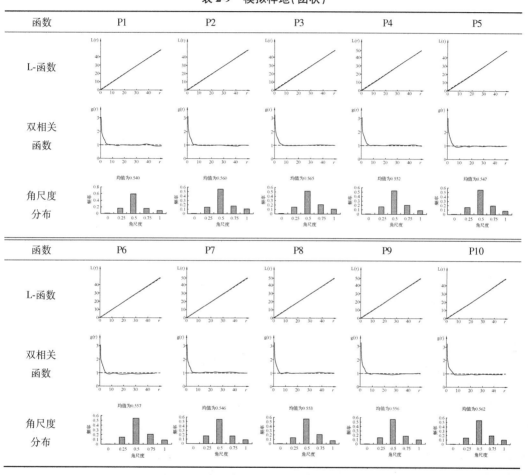

基于 Ripley K-函数的 L-函数和双相关函数均为距离法中判定林木空间分布格局的常用方法，但是从对研究结果的分析知道，它们在判断的准确性方面存在差别，即双相关函数比 L-函数更准确，在模拟的均匀和团状分布样地中，这种差别显得尤为明显，双相关函数曲线能表现出典型的均匀和团状，而 L-函数曲线却一直在随机附近徘徊，均匀和团状分布的特征几乎没有表现出来，可见，双相关函数比基于 Ripley K-函数的 L-函数更敏感。这可能与它们各自的定义有关，K-函数表现一个给定的距离 r 范围内的聚集或者扩散，而双相关函数表现一个给定的距离 r 上的聚集或者扩散，因此，K-函数和累积分布函数类似，而双相关函数和随机变量的概率密度函数有关，双相关函数的额外优点就是它拥有对邻体密度的解释，从而比累积度量更直观，更容易理解。与 L-函数和双

相关函数相比,角尺度对林木空间分布格局类型判定的准确性显而易见。角尺度分布能明显地表现出左右两侧频率大致相等的随机分布,左侧频率大于右侧频率的均匀分布,右侧频率大于左侧频率的团状分布;由角尺度均值 $\overline{W}$ 的置信区间也能做出准确的判定。可以注意到角尺度的一个突出优势就是,除了从角尺度分布图作直观定性的判断外,它还能计算出角尺度均值 $\overline{W}$,然后通过置信区间作定量的判断,增强了判断结果的准确性。

　　L-函数、双相关函数和角尺度在可行性和有效性方面也存在差别,L-函数和双相关函数野外测量林木坐标需要花费更多的时间和人力,使取得调查数据的成本较高,从而降低了它的有效性;而角尺度既可利用林木坐标数据计算,也可以通过抽样调查数据判断和统计由参照树与其相邻木构成的夹角是否大于标准角,来描述相邻木围绕参照树的均匀性,从而获得林木的水平分布格局,角尺度的计算是建立在4株最近相邻木的基础上,即使对较小的团组,它也可以评价出各群丛之间的这种变异,从而清晰地描述了林木个体的分布,从均匀到随机再到团状分布,因此,角尺度比 L-函数和双相关函数更可行有效。

　　总之,双相关函数和角尺度在判断的准确性方面优于 L-函数;角尺度在有效性和可行性方面比 L-函数和双相关函数更强,并且它能利用角尺度分布图和均值同时作定性和定量分析。因此,角尺度是这三种分析空间分布格局的最优方法。

### 2.2.1.5　影响判定空间分布格局的因素——起测径

　　目前,已有一些研究(蓝斌,1995;郑元润,1997;李明辉,2003)表明,有许多因子影响林木分布格局的判定。而起测径是影响调查结果的重要因素,直接影响到对森林结构的合理划分、森林资源的准确计量和对林分内部特征的正确把握(何美成,1998)。鉴于此,利用 Clark & Evans 指数和角尺度法研究不同的起测径对判定林木空间分布格局的影响。

　　以中国吉林省蛟河林业实验区东大坡经营区的一块全面调查样地数据(该实验区地理坐标 N43°51′~44°05′,E127°35′~127°51′,植被为天然红松阔叶混交林)和南美厄瓜多尔热带天然林的三块样地调查资料。4 块样地面积均为 100m × 100m,即 1 hm$^2$(表 2-10);每块样地内所调查乔木的胸径按径阶距 1 cm 从 D 最小逐步往高划分至 20 cm,作为起测径分别进行研究,利用空间结构分析软件—Winkelmass(Hui,2002)计算各起测径下样地内林木的平均角尺度。Winklemass 主要是可以根据林木的调查坐标找到离参照树最近的 4 株相邻木,同时计算每个单元(参照树和周围最近的 4 株相邻木构成一个单元)的角尺度和参照树到这 4 株树木的距离,再根据每个单元的角尺度值计算平均角尺度,参照树到最近那棵树木的距离用于 Clark & Evans 指数的计算,最后利用 Clark & Evans 聚集指数 R(Clark,1954)和平均角尺度(惠刚盈,2003)分别判断林分中各起测径对应的林木空间分布格局。

表 2-10　4 块样地基本情况表

| 样地号 | 地点 | 胸径（cm） | | | 株数 | 断面积（m²/hm²） |
|---|---|---|---|---|---|---|
| | | 最小 | 最大 | 平均 | | |
| 1 | 中国吉林 | 0.5 | 79.2 | 12.2 | 1319 | 28.82 |
| 2 | 厄瓜多尔 | 10 | 120 | 18.7 | 863 | 34.19 |
| 3 | 厄瓜多尔 | 10 | 195 | 18.3 | 871 | 31.97 |
| 4 | 厄瓜多尔 | 10 | 197 | 26.6 | 925 | 87.11 |

　　表 2-11 至表 2-14 显示了 Clark & Evans 指数法和角尺度法对 4 块样地的研究结果。对于 Clark & Evans 指数法，前 3 块样地都出现了随着起测径的不同分布类型也发生变化的情况，样地 1 起测径从 0.5cm 到 5.5cm 时判定的林木空间分布类型是团状，当起测径 ≥6.5cm 时分布类型大部分是随机，但起测径为 14.5cm、15.5cm、17.5cm、18.5cm 和 19.5cm 时呈均匀分布；样地 2 起测径为 10cm 时判定的林木分布类型为团状，其余起测径对应的分布类型均为随机；样地 3 起测径从 10～12cm 判定的林木分布类型为团状，当起测径 ≥ 13 cm 时分布类型大部分表现为随机，但起测径为 18 cm 时却呈团状分布格局（表 2-11、表 2-12、表 2-13）。并且每块样地随着起测径的不同分布类型的变化方式均不一样，样地 1 的分布类型大致是团状→随机→均匀的变化过程；样地 2 的分布类型是团状→随机；样地 3 是随机分布和团状分布相间的变化过程。样地 4 随着起测径的变化分布类型均为团状（表 2-14），但是其团状的程度发生了很大的变化，从与随机非常接近的状态变化至极其聚团的状态，其他 3 块样地也同样存在着分布程度上的变化（图 2-29）。对于角尺度法，样地 1 起测径从 0.5～17.5 cm 时判定的林木空间分布格局为随机分布，当起测径为 18.5 cm 和 19.5 cm 时则呈均匀分布；样地 2 起测径为 11 cm、15 cm 和 16 cm 时判定的林木分布格局为随机分布，其余均为团状分布；样地 3 起测径为 19 cm 时判定的林木分布格局为团状分布，其余均为随机分布；样地 4 起测径为 13 cm、15 cm 和 20 cm 时判定的林木分布格局为团状分布，其余均为随机分布（表 2-11、表 2-12、表 2-13、表 2-14）。4 块样地的起测径和平均角尺度关系图也形状各异，没有形成统一的发展趋势，就每一块样地而言，样地 1 的变化方向是由随机分布到均匀分布；样地 2、3 和 4 都是一种团状分布和随机分布相间的变化状态，没有方向感；并且样地的分布类型随着起测径不同发生变化的同时，在各分布类型内其分布强度也同样在发生着变化（图 2-30）。可见，无论采用 Clark&Evans 指数法还是角尺度法，起测径对林木空间分布格局的判定都有影响，林木空间分布格局类型随着起测径的不同而变化，这种变化在研究的 4 块样地中没有形成统一的规律，而是带有很大的随机性。由此可以确定，起测径对判定林木空间分布格局的影响是必然的，并且对于不同的林区和调查样地其影响的程度也不一样。

　　由此可见，林木空间分布格局的判定与起测径的大小有关，起测径不同分布类型也会有变化，并且这种变化没有规律性。因此，在分析林木空间分布格局时应采用相同的起测径。

表 2-11　样地 1 研究结果

| 起测径 | Clark&Evans 指数 | | | 角尺度 | |
|---|---|---|---|---|---|
| | $R$ | $u$ | 分布 | $\overline{W}$ | 分布 |
| 0.5 | 0.843 | −9.815 | 团状 | 0.516 | 随机 |
| 1.5 | 0.854 | −8.966 | 团状 | 0.517 | 随机 |
| 2.5 | 0.874 | −7.497 | 团状 | 0.509 | 随机 |
| 3.5 | 0.895 | −5.951 | 团状 | 0.509 | 随机 |
| 4.5 | 0.918 | −4.432 | 团状 | 0.501 | 随机 |
| 5.5 | 0.943 | −2.924 | 团状 | 0.495 | 随机 |
| 6.5 | 0.974 | −1.265 | 随机 | 0.489 | 随机 |
| 7.5 | 0.983 | −0.766 | 随机 | 0.485 | 随机 |
| 8.5 | 0.994 | −0.281 | 随机 | 0.481 | 随机 |
| 9.5 | 0.994 | −0.249 | 随机 | 0.478 | 随机 |
| 10.5 | 1.006 | 0.251 | 随机 | 0.478 | 随机 |
| 11.5 | 1.014 | 0.531 | 随机 | 0.478 | 随机 |
| 12.5 | 1.034 | 1.237 | 随机 | 0.486 | 随机 |
| 13.5 | 1.041 | 1.444 | 随机 | 0.489 | 随机 |
| 14.5 | 1.067 | 2.304 | 均匀 | 0.483 | 随机 |
| 15.5 | 1.065 | 2.175 | 均匀 | 0.489 | 随机 |
| 16.5 | 1.053 | 1.711 | 随机 | 0.489 | 随机 |
| 17.5 | 1.064 | 1.986 | 均匀 | 0.475 | 随机 |
| 18.5 | 1.088 | 2.635 | 均匀 | 0.465 | 均匀 |
| 19.5 | 1.082 | 2.379 | 均匀 | 0.457 | 均匀 |

表 2-12　样地 2 研究结果

| 起测径 | Clark&Evans 指数 | | | 角尺度 | |
|---|---|---|---|---|---|
| | $R$ | $u$ | 分布 | $\overline{W}$ | 分布 |
| 10 | 0.919 | −4.034 | 团状 | 0.520 | 团状 |
| 11 | 0.961 | −1.715 | 随机 | 0.515 | 随机 |
| 12 | 0.956 | −1.769 | 随机 | 0.527 | 团状 |
| 13 | 0.957 | −1.643 | 随机 | 0.520 | 团状 |
| 14 | 0.956 | −1.613 | 随机 | 0.519 | 团状 |
| 15 | 0.962 | −1.358 | 随机 | 0.513 | 随机 |
| 16 | 0.957 | −1.473 | 随机 | 0.512 | 随机 |
| 17 | 0.942 | −1.881 | 随机 | 0.521 | 团状 |
| 18 | 0.946 | −1.626 | 随机 | 0.535 | 团状 |
| 19 | 0.976 | −0.661 | 随机 | 0.531 | 团状 |
| 20 | 1.029 | 0.739 | 随机 | 0.539 | 团状 |

表 2-13　样地 3 研究结果

| 起测径 | Clark&Evans 指数 | | | 角尺度 | |
|---|---|---|---|---|---|
| | $R$ | $u$ | 分布 | $\overline{W}$ | 分布 |
| 10 | 0.921 | −3.944 | 团状 | 0.499 | 随机 |
| 11 | 0.950 | −2.361 | 团状 | 0.5 | 随机 |
| 12 | 0.933 | −2.949 | 团状 | 0.501 | 随机 |
| 13 | 0.969 | −1.256 | 随机 | 0.503 | 随机 |
| 14 | 0.980 | −0.755 | 随机 | 0.494 | 随机 |

（续）

| 起测径 | Clark&Evans 指数 | | | 角尺度 | |
|---|---|---|---|---|---|
| | $R$ | $u$ | 分布 | $\overline{W}$ | 分布 |
| 15 | 0.961 | −1.408 | 随机 | 0.495 | 随机 |
| 16 | 0.992 | −0.285 | 随机 | 0.496 | 随机 |
| 17 | 0.967 | −1.063 | 随机 | 0.502 | 随机 |
| 18 | 0.927 | −2.156 | 团状 | 0.507 | 随机 |
| 19 | 0.941 | −1.645 | 随机 | 0.518 | 团状 |
| 20 | 0.962 | −0.995 | 随机 | 0.501 | 随机 |

表 2-14　样地 4 研究结果

| 起测径 | Clark&Evans 指数 | | | 角尺度 | |
|---|---|---|---|---|---|
| | $R$ | $u$ | 分布 | $\overline{W}$ | 分布 |
| 10 | 0.962 | −1.975 | 团状 | 0.5 | 随机 |
| 11 | 0.949 | −2.512 | 团状 | 0.508 | 随机 |
| 12 | 0.934 | −3.061 | 团状 | 0.513 | 随机 |
| 13 | 0.921 | −3.459 | 团状 | 0.519 | 团状 |
| 14 | 0.885 | −4.853 | 团状 | 0.516 | 随机 |
| 15 | 0.878 | −4.947 | 团状 | 0.521 | 团状 |
| 16 | 0.862 | −5.422 | 团状 | 0.514 | 随机 |
| 17 | 0.865 | −5.187 | 团状 | 0.511 | 随机 |
| 18 | 0.859 | −5.285 | 团状 | 0.514 | 随机 |
| 19 | 0.848 | −5.572 | 团状 | 0.513 | 随机 |
| 20 | 0.862 | −4.933 | 团状 | 0.524 | 团状 |

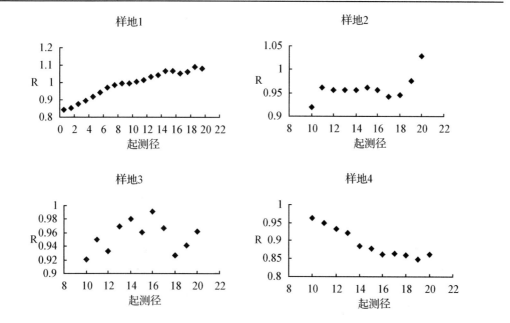

图 2-29　起测径与分布类型关系图

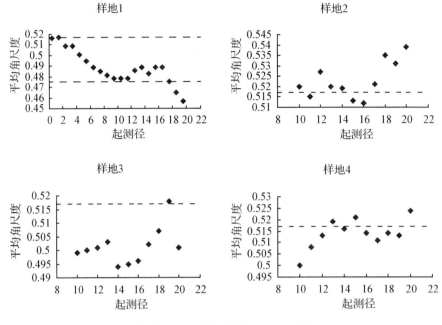

图 2-30  起测径与平均角尺度关系图

## 2.2.2  林木大小差异

### 2.2.2.1  直径分布

林木大小差异程度过去多采用直径分布来表达，林木的胸高直径是便于直接准确测定的数量指标，也是描述林木特征的最基本的测树因子。林分的直径分布是反映林分结构的重要指标之一，能为许多森林经营技术及测树制表提供理论依据。

直径分布不仅给出了最大、最小的林木大小，而且给出了各树种、各径级所占的频率（如图 2-31）。但缺乏空间信息。如图 2-31 中树种 A 和树种 B 可以被理解为他们是单独聚生，也可以被理解为混生在一起。

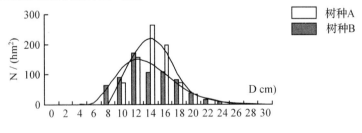

图 2-31  直径分布

将上述的直观图示进行量化的方法通常用变异系数（$CV$），通式为：

$$CV = \frac{s}{\bar{x}} \tag{2-27}$$

其中：$s$ 为标准差；$\bar{x}$ 为平均值。

$$s = \sqrt{\frac{\sum\limits_{i}^{n}(x_i - \bar{x})^2}{n-1}} = \sqrt{\frac{n\sum\limits_{i}^{n}x_i^2 - (\sum\limits_{i}^{n}x_i)^2}{n(n-1)}} \text{ 或 } s = \sqrt{\frac{n\sum\limits_{j}^{k}n_j x_j^2 - (\sum\limits_{j}^{k}n_j x_j)^2}{n(n-1)}}$$

$$(2\text{-}28)$$

$$\bar{x} = \frac{1}{n}\sum\limits_{i}^{n}x_i \text{ 或 } \bar{x} = \frac{1}{n}\sum\limits_{j}^{k}n_j x_j \qquad (2\text{-}29)$$

其中：$n$ 为样本数；$x_i$ 为第 $i$ 个样本值；$x_j$ 为径级中值；$n_j$ 为第 $j$ 个径级的频数（权重）。

下面给出变异系数变化范围及其差异程度（表 2-15）：

**表 2-15　变异系数及其差异程度**

| 变异系数值 | 差异程度 |
| --- | --- |
| $CV < 0.15$ | 较小 |
| $0.15 \leqslant CV < 0.30$ | 中等 |
| $CV \geqslant 0.30$ | 较大 |

## 2.2.2.2　大小分化度

Gadow 等（1992）在对混交林的研究中使用了大小分化度的概念，即用参照树及其相邻木胸径（或者是树高、树冠长度和树冠体积）的相对差数表示，并且总是以两者中的大者作为比较基础。以胸径为例，对于某个特定的单株树木 $i$（$i = 1\cdots i$）的胸径分化度（$T_i$）和它的 $n$ 个最近相邻木 $j$（$j = 1\cdots n$）定义为：

$$T_i = 1 - \frac{1}{n}\sum_{j=1}^{n}\frac{\min(d_i, d_j)}{\max(d_i, d_j)} \qquad (2\text{-}30)$$

其中：$d$ 为胸径（cm），且 $0 \leqslant T_i \leqslant 1$。

大小分化度的原理可以用图 2-32 来说明。第 $i$ 株树的胸径和它的 4 个相邻最近的单株树是一定的，当只考虑靠它最近的第一个单株时 $T_i = 1 - 20/40$，当考虑最近的二个单株树时 $T_i = (1 - 20/40 + 1 - 40/60)/2$。

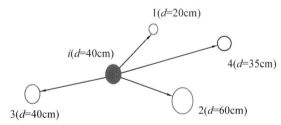

**图 2-32　假设的第 $i$ 个参照树和与其相临最近 4 个单株的胸径关系**

$T_i = 0$，说明相邻单株大小相同。$T_i \approx 1$，表明相邻单株大小相差悬殊。Fueldner（1995）使用分树种计算的大小分化度。但是大小分化度均值有时容易造成混淆，即大小分化度分布信息不能够确切判定参照树是否被更粗的相邻木所包围。图 2-33 设计的例子显示了两株山槭树和一些山毛榉树组成的林分片段。$A$ 情景表示山槭树周围是粗大的山毛榉树；$B$ 情景表示山槭树周围是较小的山毛榉树，但二者却具有相同的大小分化度值。另一个问题是如果同时采用几株最近相邻木的平均值，这将导致潜在的折中混淆。所以，通常采用最近一株作为相邻木进行分树种比较。

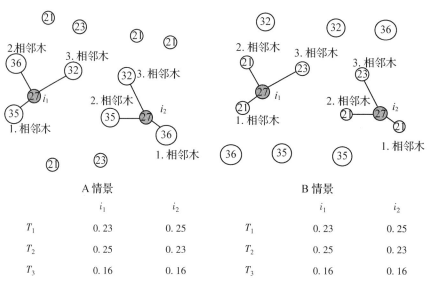

**图 2-33　构造例子的直径分化度**

$i_1$，$i_2$：表示参照树 1 和 2；圆表示树木，其中的数字为该树的直径(cm)；阴影代表山楝，白色代表山毛榉；$T_1$，$T_2$，$T_3$ 分别为第一、第二和第三相邻木直径大小分化度。

### 2.2.2.3　大小比数

为了进一步完善大小分化度，惠刚盈和 Gadow（1998）等提出了大小比数。大小比数量化了参照树与其相邻木的大小相对关系，$U_i$ 值越低，说明比参照树大的相邻木愈少。依树种计算的大小比数分布的均值（$\overline{U}_{sp}$）在很大程度上反映了林分中的树种优势。

$\overline{U}_{sp}$ 的值愈小，说明该树种在某一比较指标（胸径、树高或树冠等）上愈优先，依 $\overline{U}_{sp}$ 值的大小升序排列即可明了林分中所有树种在某一比较指标上的优劣程度。

直径分布和大小比数分布均能够表明树种的优势。然而，直径分布缺乏林分空间结构信息，依树种计算的建立在相邻木关系基础上的大小比数分布，则清楚地表明了空间分布的信息。

### 2.2.3　树种混交程度

#### 2.2.3.1　混交比

混交比用来说明林分中各树种所占比例，简单的可以用株数比例来表达。但通常根据树种断面积或蓄积量占林分总量的比例来确定，以十分法表示。所以，也称其为树种组成系数。计算方法是按林分高度层分组，给出每一层内各树种林木所占的比例。该数值仅给出树种间的比例关系，从林分的角度给出了宏观的尺度，但没有从单木的角度给出树种空间搭配，更不能说明某一树种周围是本树种还是它树种。

#### 2.2.3.2　多样性指数

生态学中用多样性指数来描述森林植物的多样性。自然也可作为度量树种混交程度的一种综合指标。从研究植物群落出发，这里的物种多样性(species diversity)是指一个群落中的物种数目和各物种的个体数目分配的均匀度(Fisher *et al.*，1943)。这是一个很重要的概念，它不仅反映了群落组成中物种的丰富程度，也反映了不同自然地理条件与群落的相互关系，以及群落的稳定性与动态，是群落组织结构的重要特征，但无法说明树种的空间分布。常用的有：Shannon-Wiener 指数，Simpson 指数等。

Simpson 指数(1949)又称优势度指数，是对多样性的反面集中性的度量。假设从包含 N 个个体的 S 个种的集合中，随机抽取两个个体并不再放回，如果这两个个体属于相同种的概率大，则说明集中性高，这也就意味着多样性低。其概率 λ 表示为：

$$\lambda = \sum_{i=1}^{s} \frac{n_i(n_i - 1)}{N(N - 1)}, i = 1, 2, 3 \cdots S \qquad (2\text{-}31)$$

其中：$n_i$ 为第 $i$ 个种的个体数；$N$ 为所有的个体总数。当把群落当做一个完全的总体时，得出的 λ 是一个严格的总体参数，没有抽样误差。显然 λ 是集中性的测度，为了克服由此带来的不便，Greenberg(1956)建议用下式作为多样性测试的指标：

$$D_s = 1 - \sum_{i=1}^{s} \frac{n_i(n_i - 1)}{N(N - 1)} \qquad (2\text{-}32)$$

如果一个群落有两个种，其中一个种有 9 个个体，另一种有 1 个个体，其多样指数($D_s$)等于 0.2；若这两个种，每个种各有 5 个个体，其指数等于 0.4，显然后者多样性较高。

Shannon-Wiener 这个指数是以信息论范畴的 Shannon-Wiener 函数为基础，以计算信息中一瞬间一定符号出现的"不定度"作为群落多样性指数，其一般式为：

$$H' = - \sum_{i=1}^{s} p_i \ln p_i = \ln N - \frac{1}{N} \sum_{i=1}^{s} n_i \ln n_i \qquad (2\text{-}33)$$

其中：$p_i$ 为第 $i$ 种的个体数 $n_i$ 占所有个体总数 N 的比例，即 $p_i = n_i / N$，是一个体属于第 $i$ 种的概率，以其个体占总个体数的十分数表示；用这个公式可以测定从群落中随机抽取个体所属种的平均不定度。当群落中种的数目增至和已存在的种的个体数量分布愈来愈均匀时，这个不定度明显增加，多样性也就愈大。此指数值变动于 0(当群落中只含一个种时)到大数值(群落中包含许多种，而每个种只有少数个体)，但是一般在 1.5~3.5 之间，很少超过 4.5。

例如有如下 4 种比例的混交林：

a)80% 山毛榉和 20% 的橡树；

b)50% 山毛榉和 50% 的橡树；

c)50% 山毛榉、40% 的橡树以及 10% 的欧洲鹅耳枥；

d)33.3% 山毛榉、33.3% 的橡树以及 33.3% 的欧洲鹅耳枥；

相应的多样性指数为：

a)$H' = \sum_{i=1}^{s} p_i \ln p_i = (0.8 \cdot \ln 0.8 + 0.2 \cdot \ln 0.2) = 0.5$

b)$H' = \sum_{i=1}^{s} p_i \ln p_i = (0.5 \cdot \ln 0.5 + 0.5 \cdot \ln 0.5) = 0.69$

c) $H' = \sum_{i=1}^{s} p_i \ln p_i = (0.5 \cdot \ln 0.5 + 0.4 \cdot \ln 0.4 + 0.1 \cdot \ln 0.1) = 0.94$

d) $H' = \sum_{i=1}^{s} p_i \ln p_i = (0.333 \cdot \ln 0.333 + 0.333 \cdot \ln 0.333 + 0.333 \cdot \ln 0.333) = 0.5$

Pielou(1961)提出的分隔指数(Segregation)用于分析种间隔离关系。分隔指数的计算是记录对应的最近相邻个体种类及株数,列表表达为:

相邻最近种

|   | A | B | Σ |
|---|---|---|---|
| A | a | b | m |
| B | c | d | n |
| Σ | r | s | N |

其中: $a$、$b$ 为 A 树种单木的最近相邻木分别属于 A、B 种的株数; $c$、$d$ 为 B 树种单木的最近相邻木分别属于 A、B 种的株数; $m$、$n$ 为做参照树的种 A、种 B 的单木数; $r$、$s$ 为做最近相邻木的种 A 和种 B 的单木数; $N$ 为种 A 和种 B 的总单木数。

$m$、$n$ 和 $r$、$s$ 是不大可能相等的,因为总有些单木不能成为其他单木的最近相邻木,而另外一些单木则可能屡次成为其他单木的最近相邻木。如果两个种有随机分布格局,且大小相当,那么最近相邻木中 A 和 B 的期望比例,可能与参照树种群中的树种比例相同。如果两个种中,某一个种的个体更大一些,或者说该种有更加孤立的趋势,那么该种的个体作为最近相邻木的机会就要小于另一种,最近相邻木中 A 和 B 的期望树种比例,则可能与参照树种群中的树种比例不相同。分隔程度用分隔指数表达:

$$S = 1 - \frac{ON}{EN} \qquad (2\text{-}34)$$

其中: $ON$ 为混合对的观察数; $EN$ 为混合对的期望数; "混合对"表示树种 A 的一个单株的相邻最近单株属于树种 B。或者可以这样表达:

$$S = 1 - \frac{N(b+c)}{ms + nr} \qquad (2\text{-}35)$$

分离指数 $S$ 值变化于 $-1$ 和 $+1$ 之间,若 $S = -1$,表明种 A 和 B 完全不分离,A 总是以 B 的个体为邻,B 也总是以 A 的个体为邻;若 $S = 1$,表明两个种完全分离,各自成团。在完全分离的种群中,没有某一种的单木以另一种的单木为最近相邻木,即 $b = c = 0$,所以, $S = +1$。 $S = 0$,表明两个树种在空间上是随机分布的,他们之间没有确定的关系。因此,当 $S > 0$ 时,就可以认为两个树种出现空间隔离。而当 $S < 0$,则表示两个树种在空间上相互吸引。

### 2.2.3.3　混交度

混交度($M_i$)用来说明混交林中树种空间隔离程度。实际应用混交度比较各林分树种隔离程度时,通常分析各林分的混交度分布,或比较该分布的均值($\bar{M}$),其计算公式见式2-4。

图 2-34 显示了一个由两个树种组成的 5 种典型混交图式。用通常的混交比例表示

即为 1∶1，或者说两树种所占株数比例均为 50%。然而，两树种在林分中的空间分布截然不同。

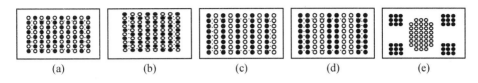

(a)　　　　　　(b)　　　　　　(c)　　　　　　(d)　　　　　　(e)

**图 2-34　树种组成的 5 种典型混交图式**( ● 树种 A，○ 树种 B)

对应于图 2-35 各林分的混交度均值分别为：( a ) $\overline{M} = 1$，表示极强度混交(单株混交)；( b ) $\overline{M} = 0.75$，表示强度混交(双株混交)；( c ) $\overline{M} = 0.5$，表示中度混交(单行混交)；( d ) $\overline{M} = 0.25$，表示弱度混交(双行混交)；( e ) $\overline{M} = 0$，表示零度混交(各自成团分布)。可见，用混交度方法可以表达出树种空间分布信息。下面再分析一个假设由 3 树种组成的混交图式(图 2-35)。

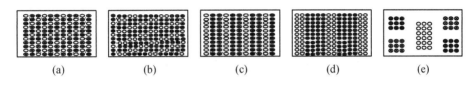

(a)　　　　　　(b)　　　　　　(c)　　　　　　(d)　　　　　　(e)

**图 2-35　3 树种组成的 5 种典型混交图式**( ● 树种 A，○ 树种 B，◎ 树种 C)

显然，对应于图 2-35 的混交度值与对应于图 2-34 的相同，唯一区别在于两类图式的树种组成及其比例不同。图 2-35 显示的是两树种等分林分空间的情景，图 2-35 显示的则是三树种等分的图式。可见，用混交度方法进行树种空间隔离程度表达时还要指明树种组成。另据 Fueldner(1995)的研究，林分平均混交度受混交树种所占比例影响，因此，通常采用树种混交度，即分树种计算混交度。所以用平均混交度表达树种混交程度时必须指明各树种的混交比例。

基于以上分析可见，用平均混交度表示树种空间隔离程度时还需附加说明混交林分的树种组成及其比例，或者指明用 Shannon-Wiener 多样性公式计算的物种多样性的大小，比如，对应于图 2-34 的 Shannon-Wiener 多样性指数为 0.69，而对应于图 2-35 的多样性指数为 1.10。这样就可以将二者明显区分开来。

自然界中存在有极其复杂的、由多树种组成的天然混交林，不妨将其视为由以上所表述的各种各样的结构单元复合而成，只不过分布的规则性及各类型所占比例有极大差异而已。因此，亦可用上面所描述的混交度方法分析树种空间隔离程度。下面举一个热带雨林复杂林分的实例。分析林分为海南岛尖峰岭热带林自然保护区的山地雨林，实验地面积为 100m × 30m，实验地内林木胸径大于 7.5cm 的树木有 245 株，由 81 个树种组成。该群落被认为是干扰甚少的原生群落，其结构及组成具有代表性(张家城等，1996)。对这一原始林的树种混交程度用混交度方法分析结果见图 2-36。

由图 2-36 可见，不足 10%的树木仅有一株与其本身属同种的树为伴，而绝大部分即 90%以上的树木周围均为其他树种。平均混交度 $\overline{M} = 0.98$，这充分表明了海南岛尖

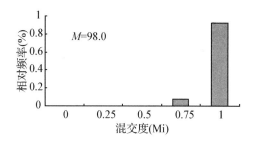

图2-36　海南岛尖峰岭热带原始天然林的混交度分布

峰岭的热带森林具有种类异常复杂的特点。

#### 2.2.3.4　树种空间多样性指数(TSS)

（1）树种空间多样性指数(TSS)与其他多样性指数比较

物种多样性是生物多样性在物种水平上的表现形式，是反映群落组织化水平，继而通过结构与功能的关系间接反映群落功能特征的重要指标(赵士洞等，1997)。对物种多样性的研究旨在揭示生物群落客观存在的物种和结构的多样性，并通过结构和功能间相关关系的分析进而揭示和认识生物群落的功能多样性。生物多样性研究是生态系统研究中的一个非常重要的领域。当前，维持物种多样性已成为森林可持续经营的一个主要内容和重要目标(雷相东等，2000；Hurlbert，1971)，对生物多样性的测度不仅要包括群落中所有物种的多度和丰富度，还应该反映群落之间的生物学上或生态学上的差异；对于森林经营者来说，需要了解森林经营活动前后生物多样性的变化，从而对经营活动做出正确决策和规划，因此，对于生物多样性测度指标的选择就显得十分重要。虽然物种多样性的定量研究在不断深入，但目前的物种多样性计算大多还仅局限于物种丰富度和相对多度的结合，这显然还不能满足森林经营工作的需要，因为仅从不同的森林类型的树种丰富度和各树种相对多度还不能表达森林在结构上的变异，也很难体现经营活动对群落多样性的影响，然而使用不同的多样性模型往往会得出不同的结论。因此，以模拟数据和甘肃小陇山松栎混交林林区固定监测样地数据和抽样调查数据为例，比较分析最新的树种多样性TSS指数和传统的应用最为广泛的 $\alpha$ - 多样性指数的优缺点，以期为森林经营者提供参考。

1)树种多样性的计算方法：惠刚盈等(2011)提出了基于相邻木空间关系的树种空间多样性指数($TSS$)，该指数建立在结构单元参照树与其相邻的物种关系的基础上，其表达方式如下式：

$$TSS = MS_{sp1} + MS_{sp2} + \cdots + MS_{spn} = \sum_{sp=1}^{s} \left[ \frac{1}{5N_{sp}} \sum_{i=1}^{N_{sp}} (M_i \cdot S_i) \right] \quad (2-36)$$

式中：$M_i = \frac{1}{4} \sum_{j=1}^{4} v_{ij}$，$M_i$ 为结构单元中的树种混交度；$Ms_{sp}$ 为各树种的平均空间状态，计算公式如下

$$MS_{spn} = \frac{1}{5N_{sp}} \sum_{i=1}^{N_{sp}} (M_i \cdot S_i) \quad (2-37)$$

其中，$N_{sp}$ 树种为 $sp$ 个体数，$S_i$ 为结构单元中的树种数，$i$ 为以树种 $sp$ 为参照树的结构单元数。

由(2-37)式可知，当群落由 $N$ 个个体、$N$ 个物种组成，也就是说群落中每个物种个体就 1 株时，该群落的物种多样性达最大值，等于物种丰富度($S$)即 $TSS = S$；当群落仅由一个物种的 $N$ 个个体组成时，该群落的物种多样性达最小值即 $TSS = 0$。$TSS$ 与样地大小无关。(2-37)式是群落中所有物种的平均空间状态的集合，是群落中物种多样性的空间测度，故称其为物种空间多样性指数。

应用目前最为广泛的 5 种生物多样性测度指数进行调查林分的乔木层树种多样性计算，计算公式分别为：物种丰富度($S$)

$$S = N \tag{2-38}$$

Shannon-Wiener 指数($H'$)(Shannon and Weaver，1949)

$$H' = -\sum_{i=1}^{s} p_i \ln p_i \tag{2-39}$$

Simpson 指数($D$)(Simpson，1949)

$$D = 1 - \sum_{i=1}^{s} p_i^2 \tag{2-40}$$

MeIntosh 指数($Dm$)(McIntosh，1967)

$$Dm = \left[ N - \left( \sum_{i=1}^{s} x_i^2 \right)^{1/2} \right] / (N - N^{1/2}) \tag{2-41}$$

Fisher 指数($\alpha$)(Fisher et al，1949)

$$S = \alpha \ln\left( 1 + \frac{N}{\alpha} \right) \tag{2-42}$$

式中：$N_i$ 代表第 $i$ 个树种的个体数；$p_i$ 表示第 $i$ 个种的个体占所有个体数的比例。

2)模拟数据比较不同树种多样性指数：为客观评价各物种多样性测度公式的不同，特设计了如下 3 组模拟林分(图 2-37)。第 ⅰ 和 ⅱ 组为二个树种等分空间的情景，第 ⅲ 组为三个树种等分空间的情景。ⅰ 组和 ⅱ 组株数不同，ⅰ 组为 64 株，ⅱ 组为 108 株；ⅱ 组和 ⅲ 组的总计算株数均为 108 株。各组中又分 $a$、$b$、$c$、$d$ 四种情况，其中，$a$ 表示单株混交，$b$ 双株混交，$c$ 单行混交，$d$ 双行混交。在同一类型中，物种空间隔离程度的高低依次为。

表 2-16 列举了 6 种多样性指数对模拟林分数据的计算结果。由表 2-16 可以看出，MeIntosh 指数($D_m$)和 Fisher 指数($\alpha$)计算的物种多样性 ⅰ 比 ⅱ 大，与通常人们对多样性的理解相悖，而物种丰富度指数($S$)、Shannon-Wiener 指数($H'$)和 Simpson 指数($D$)以及物种空间多样性指数($TSS$)计算的 ⅰ 和 ⅱ 的多样性与通常的理解相一致；6 种多样性指数都能够表达出 ⅲ 的多样性比 ⅰ、ⅱ 高这样一个事实，但在 6 种多样性指数中只有物种空间多样性指数($TSS$)能够正确表达出在相同物种数量的群落中，由于物种的空间隔离程度不同，而表现出不同的空间多样性，即在模拟林分中，仅有物种空间多样性指数表达出了物种隔离程度的高低顺序。

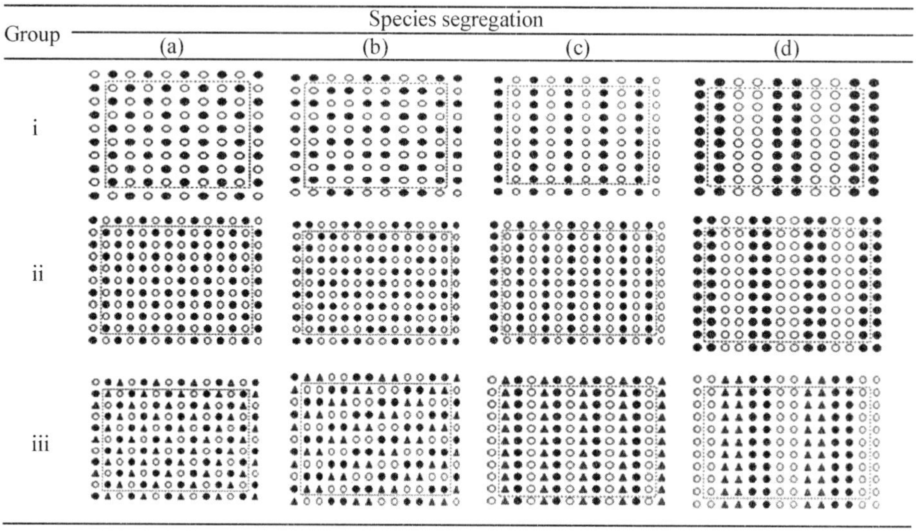

| Group | Species segregation | | | |
|---|---|---|---|---|
| | (a) | (b) | (c) | (d) |
| i | | | | |
| ii | | | | |
| iii | | | | |

图 2-37 模拟林分

表 2-16 模拟林分的物种多样性

| | 类 型 | $S$ | $H'$ | $D$ | $Dm$ | $\alpha$ | $TSS$ |
|---|---|---|---|---|---|---|---|
| | （a） | 2 | 0.693 | 0.500 | 0.335 | 0.392 | 0.80 |
| | （b） | 2 | 0.693 | 0.500 | 0.335 | 0.392 | 0.60 |
| i | （c） | 2 | 0.693 | 0.500 | 0.335 | 0.392 | 0.40 |
| | （d） | 2 | 0.693 | 0.500 | 0.335 | 0.392 | 0.20 |
| | （a） | 2 | 0.693 | 0.500 | 0.324 | 0.348 | 0.80 |
| | （b） | 2 | 0.693 | 0.500 | 0.324 | 0.348 | 0.60 |
| ii | （c） | 2 | 0.693 | 0.500 | 0.324 | 0.348 | 0.40 |
| | （d） | 2 | 0.693 | 0.500 | 0.324 | 0.348 | 0.20 |
| | （a） | 3 | 1.099 | 0.667 | 0.468 | 0.572 | 1.80 |
| | （b） | 3 | 1.099 | 0.667 | 0.468 | 0.572 | 1.35 |
| iii | （c） | 3 | 1.099 | 0.667 | 0.468 | 0.572 | 0.90 |
| | （d） | 3 | 1.099 | 0.667 | 0.468 | 0.572 | 0.30 |

3）现实林分数据比较不同树种多样性指数：现实林分数据来源于甘肃省小陇山林区，小陇山林区位于甘肃省东南部，地处秦岭西端，我国华中、华北、喜马拉雅、蒙新四大自然植被区系的交汇处，地理坐标为 33°30′~34°49′N，104°22′~106°43′E，属暖温带向北亚热带过渡地带，兼有我国南北气候特点，大多数地域属暖温湿润—中温半湿润大陆性季风气候类型。特殊的地理位置与环境条件、生物的地理成分与区系成分复杂多样，使小陇山林区成为甘肃省生物种质资源最丰富的地区之一。在小陇山林区百花林场王安沟设立 1 块 3 600 m² 的锐齿栎天然林样地，在小阳沟营林区设立了 2 块 4 900 m² 的

锐齿栎天然林样地，在李子林场采用无样地抽样技术设立了 9 个不同林分类型临时样地。其中，王安沟样地(样地 1)地理位置较偏僻，周围 2 km 范围内没有取材道，没有发现人为采伐的痕迹。样地内存在大量的枯立(倒)木，枯立木 35 株，胸径在 20 cm 以上的为 11 株，20 cm 以下的为 24 株，枯倒木 162 株，20 cm 以上的 93 株，20 cm 以下的 69 株，可认为是近原始林。小阳沟营林区的 2 块固定样地(样地 2 和样地 3)为锐齿栎天然次生林。样地 4 为 1969 年皆伐后天然更新的锐齿栎天然林，样地 5 为锐齿栎天然林经 2 次择伐后形成的林分，择伐时间分别为 1980 年和 1995 年。样地 6 至样地 12 为小陇山林区不同类型改造模式林分，其中，样地 6 和样地 7 分别为灌木林带状改造华山松和油松模式，样地 8 和样地 9 为锐齿栎天然林皆伐后改造华山松和油松模式，样地 10 至样地 12 为灌木林皆伐后改造华山松、油松和日本落叶松模式。表 2-17 为各调查林分的特征。由表 2-17 可以看出，人为影响较少的锐齿栎天然林(样地 1)的林分密度较大，每公顷林木达到了 1 336 株，树种数则达到了 44 种；锐齿栎天然次生林(样地 1 和样地 3)和皆伐后天然更新的锐齿栎天然林(样地 4)的树种数相对较多，树种数分别达到了 32 种和 29 种；锐齿栎择伐林(样地 5)的树种数为 20 种；天然林人工改造类型(样地 6 至样地 12)的树种数相对较少，林分中以改造树种为主，其中，天然灌林带状改造类型(样地 6 和样地 7)的树种数较锐齿天然林全面改造人工林的树种多，天然灌木全面改造类型(样地 9、样地 10 和样地 11)的树种最少，树种为 7 种。

对 3 块固定监测样地运用 TOPCON 全站仪每木定位并全面调查；对临时样地采用无样地抽样调查，调查内容包括郁闭度、断面积、坡度、林分平均高、树种、直径及其结构参数(包括角尺度、混交度和大小比数)。树种、直径及空间结构参数调查采用点抽样的方法即从一个随机点开始，每隔一定距离(以调查的参照树的最近 4 株相邻木不重复为原则)设立一个抽样点，以激光判角器和角规作为辅助设备，调查距抽样点最近 4 株胸径大于 5 cm 树的树种、胸径级及角尺度、大小比数和混交度等空间结构参数，同时调查参照树与相邻树构成的结构单元的成层性和树种数，并用角规绕测林分断面积，每个样地抽样点为 49 个，每个抽样点涉及 4 株参照树，每个参照树涉及 4 株相邻木，角规绕测点到少 5 个以上。计算机模拟验证、在东北红松阔叶林样地验证以及厄瓜多尔天然林样地验证均表明，采用 49 个点作为天然林林木空间分布格局调查的最小样本量是合理的(徐海等，2007；惠刚盈等，2007)；对于人工林而言，由于组成结构简单，抽样点达到 20 个就能满足调查要求。

表 2-17　不同林分类型的样地概况

| 样地编号 | 林分类型 | 样地面积或抽样点数(m×m) | 密度(株/hm²) | 主要树种 | 树种数 |
|---|---|---|---|---|---|
| 1 | 锐齿栎天然林 | 样地 60×60 | 1 336 | 锐齿栎(*Quercus aliena*)，辽东栎(*Quercus liaotungensis*)，华山松(*Pinus armandii*)，油松(*Pinus tabulaeformis*)，山杨(*Populus davidiana*)，漆树(*Toxicodendron verniciflum*)等； | 44 |

（续）

| 样地编号 | 林分类型 | 样地面积或抽样点数（m×m） | 密度（株/hm²） | 主要树种 | 树种数 |
|---|---|---|---|---|---|
| 2 | 锐齿栎天然林 | 样地 70×70 | 933 | 锐齿栎（*Q. aliena*）、辽东栎（*Q. liaotungensis*）、华山松（*P. armandii*）、油松（*P. tabulaeformis*）、山杨（*Populus davidiana*）、漆树（*T. verniciflum*）等； | 29 |
| 3 | 锐齿栎天然林 | 样地 70×70 | 843 | 锐齿栎（*Q. aliena*）、辽东栎（*Q. liaotungensis*）、华山松（*P. armandii*）、油松（*P. tabulaeformis*）、山杨（*P. davidiana*）、漆树（*T. verniciflum*）等； | 32 |
| 4 | 锐齿栎次生林 | 抽样点 49 | 1 101 | 锐齿栎（*Q. aliena*）、山榆（*Ulmus glabra*）、油松（*P. tabulaeformis*）、五角枫（*Acer mono*）、网脉椴（*Tilia paucicostata*）、水榆花楸（*Sorbus alnifolia*）等； | 29 |
| 5 | 锐齿栎择伐林 | 抽样点 49 | 1 204 | 锐齿栎（*Q. aliena*）、山榆（*U. glabra*）、油松（*P. tabulaeformis*）、五角枫（*A. mono*）、网脉椴（*T. paucicostata*）、水榆花楸（*S. alnifolia*）等； | 20 |
| 6 | 灌木林带状改造华山松 | 抽样点 23 | 2 532 | 华山松（*P. armandii*）、少脉椴（*T. paucicostata*）、油松（*P. tabulaeformis*）、网脉椴（*T. paucicostata*）、千金榆（*Carpinus cordata*）、锐齿栎（*Q. aliena*）等； | 16 |
| 7 | 灌木林带状改造油松 | 抽样点 22 | 2 223 | 油松（*P. tabulaeformis*）、华山松（*P. armandii*）、木梨（*Pyrus xerophila*）、多毛樱桃（*Cerasus polytricha*）等； | 11 |
| 8 | 锐齿栎天然林皆伐营造华山松 | 抽样点 20 | 398 | 华山松（*P. armandii*）、油松（*P. tabulaeformis*）、白桦（*Betula platyphylla*）、桦椴（*Tilia chinensis*）漆树（*T. verniciflum*）等； | 9 |
| 9 | 锐齿栎天然林皆伐营造油松 | 抽样 20 | 596 | 油松（*P. tabulaeformis*）、华山松（*P. armandii*）、白桦（*Betula platyphylla*）、桦椴（*Tilia chinensis*）、黄榆（*Ulmus macrocarpa*）、漆树（*T. verniciflum*）等； | 9 |
| 10 | 灌木林全面改造华山松 | 抽样点 20 | 873 | 华山松（*P. armandii*）、漆树（*T. verniciflum*）、油松（*P. tabulaeformis*）、锐齿栎（*Q. aliena*）、网脉椴（*T. paucicostata*）等； | 7 |
| 11 | 灌木林全面改造油松 formation *Pinus tabulaeformis* | 抽样点 20 | 611 | 油松（*P. tabulaeformis*）、漆树（*T. verniciflum*）、华山松（*P. armandii*）、木梨（*P. xerophila*）等； | 7 |
| 12 | 灌木林全面改造日本落叶松 | 抽样点 20 | 546 | 日本落叶松（*Larix kaempferi*）、油松（*P. tabulaeformis*）、毛梾（*Cornus walteri*）、网脉椴（*T. paucicostata*）、华山松（*P. armandii*）等； | 7 |

本节对各调查林分乔木层树种选择 5 种常用的多样性指数和惠刚盈等（2011）提出的基于相邻木关系的树种空间多样性指数进行了分析（见表 2-18）。

表 2-18　调查林分树种多样性

| 多样性指<br>样地编号 | $S$ | $H'$ | $D$ | $D_m$ | $\alpha$ | $TSS$ |
|---|---|---|---|---|---|---|
| 1 | 44 | 2.883 | 0.890 | 0.701 | 11.786 | 27.215 |
| 2 | 29 | 2.609 | 0.892 | 0.712 | 7.790 | 20.397 |
| 3 | 32 | 2.705 | 0.898 | 0.720 | 8.822 | 22.083 |
| 4 | 29 | 2.608 | 0.865 | 0.681 | 9.404 | 18.501 |
| 5 | 20 | 2.016 | 0.716 | 0.503 | 5.574 | 12.621 |
| 6 | 16 | 1.292 | 0.464 | 0.299 | 5.597 | 8.133 |
| 7 | 11 | 1.153 | 0.485 | 0.316 | 3.318 | 5.448 |
| 8 | 9 | 1.340 | 0.614 | 0.427 | 2.603 | 5.576 |
| 9 | 9 | 1.187 | 0.508 | 0.336 | 2.603 | 3.996 |
| 10 | 7 | 0.836 | 0.367 | 0.230 | 1.846 | 2.010 |
| 11 | 7 | 0.779 | 0.332 | 0.205 | 1.846 | 3.336 |
| 12 | 7 | 0.705 | 0.293 | 0.179 | 1.846 | 2.774 |

由表 2-18 可见，Shannon-Wiener 指数（$H'$）、Simpson 指数（$D$）、MeIntosh 指数（$D_m$）、Fisher 指数（$\alpha$）以及物种空间多样性指数（$TSS$）均随物种丰富度（$S$）的增加而增加，但增加的方式不尽相同，其中，$H'$、$D$ 和 $D_m$ 出现了树种数为 9（森林类型 8 和森林类型 9）反而比树种数 16（森林类型 6）或 11（森林类型 7）的物种多样性高这样令人难以置信的现象；$\alpha$ 在相同的调查株数和相同的树种数量时表现为相同的物种多样性，而没有像其他指数那样反映由于均匀度或多度的不同而出现物种多样性的不同，可见，$\alpha$ 表达的是物种丰富度而并非物种多样性；$TSS$ 对群落物种多样性的计算结果总体上呈现随着树种丰富度的增加而增加，但也出现了个别树种数为 9（森林类型 8）时树种多样性大于树种数为 11（森林类型 7）时的情况。此外，在树种均为 7 种时，出现了 $H'$ 和 $TSS$ 的计算结果相悖的结果，如表 2-18 中森林类型（10）和（11）的情况。由 Shannon-Wiener 指数（$H'$）、Simpson 指数（$D$）和 MeIntosh 指数（$D_m$）的计算公式可以看出，这几个方法均以群落的树种数和每个树种的个体数相结合来表达树种的多样性，为进一步分析各树种多样性测度指标出现上述差异的原因，选择样地 6、7、8、10 和 11 等 5 种森林类型的树种株数分布和多样性指标计算过程进行比较（表 2-19）。

由 Shannon-Wiener 指数（$H'$）的计算公式可知，其计算群落多样性时与树种的个体比例密切相关，但其并不是一个严格递增的函数，即当群落中某个种的比例 $p_i$ 小于 0.367 879 44 时，其对群落的 $H'$ 值的贡献将随 $p_i$ 的增加而增大；当 $p_i$ 大于 0.367 879 44 时，其对群落的 $H'$ 值的贡献随 $p_i$ 增加而减小（岳天祥，1999；2001；）。由表 2-19 可以看出，5 个森林类型中的建群种的比例最少的为 57.5%，随着建群种比例的升高，其对群落多样性的贡献降低，因此，当群落中的树种数一定时，各树种株数分布比例均匀，群落的多样性高，森林类型 10 的树种多样性高于森林类型 11 说明了 Shannon-Wiener 指数这一特点，这也是造成森林类型 8 的多样性高于森林类型 6 和森林类型 7 的原因。此外，由以表 2-19 的计算过程可以看出，群落中某个种的比例很低时，它对 Shannon-Wiener 指数的值的贡献是很小的，这说明 Shannon-Wiener 指数对稀少种并不敏感。同样对

表 2-19　5 种森林类型的树种株数分布及多样性指数计算过程

| 森林类型 | $N_i$ | $P_i$ | $\ln p_i$ | $p_i \cdot \ln p_i$ | $H'$ | $p_i \cdot p_i$ | $D$ | $N_i \cdot N_i$ | $D_m$ | $Ms_{sp}$ | $TSS$ |
|---|---|---|---|---|---|---|---|---|---|---|---|
| (6) | 67 | 0.728 | −0.317 | −0.231 | 1.292 | 0.530 | 0.464 | 4489 | 0.299 | 0.074 | 8.133 |
| | 3 | 0.033 | −3.423 | −0.112 | | 0.001 | | 9 | | 0.617 | |
| | 1 | 0.011 | −4.522 | −0.049 | | 0.000 | | 1 | | 0.400 | |
| | 2 | 0.022 | −3.829 | −0.083 | | 0.000 | | 4 | | 0.300 | |
| | 3 | 0.033 | −3.423 | −0.112 | | 0.001 | | 9 | | 0.400 | |
| | 2 | 0.022 | −3.829 | −0.083 | | 0.000 | | 4 | | 0.625 | |
| | 1 | 0.011 | −4.522 | −0.049 | | 0.000 | | 1 | | 0.400 | |
| | 3 | 0.033 | −3.423 | −0.112 | | 0.001 | | 9 | | 0.617 | |
| | 1 | 0.011 | −4.522 | −0.049 | | 0.000 | | 1 | | 0.400 | |
| | 2 | 0.022 | −3.829 | −0.083 | | 0.000 | | 4 | | 0.300 | |
| | 1 | 0.011 | −4.522 | −0.049 | | 0.000 | | 1 | | 0.400 | |
| | 1 | 0.011 | −4.522 | −0.049 | | 0.000 | | 1 | | 0.400 | |
| | 2 | 0.022 | −3.829 | −0.083 | | 0.000 | | 4 | | 0.600 | |
| | 1 | 0.011 | −4.522 | −0.049 | | 0.000 | | 1 | | 0.800 | |
| | 1 | 0.011 | −4.522 | −0.049 | | 0.000 | | 1 | | 0.800 | |
| | 1 | 0.011 | −4.522 | −0.049 | | 0.000 | | 1 | | 1.000 | |
| (7) | 62 | 0.705 | −0.35 | −0.247 | 1.153 | 0.496 | 0.485 | 3844 | 0.316 | 0.076 | 5.489 |
| | 9 | 0.102 | −2.28 | −0.233 | | 0.01 | | 81 | | 0.222 | |
| | 7 | 0.08 | −2.531 | −0.201 | | 0.006 | | 49 | | 0.557 | |
| | 1 | 0.011 | −4.477 | −0.051 | | 0 | | 1 | | 0.6 | |
| | 3 | 0.034 | −3.379 | −0.115 | | 0.001 | | 9 | | 0.533 | |
| | 1 | 0.011 | −4.477 | −0.051 | | 0 | | 1 | | 0.8 | |
| | 1 | 0.011 | −4.477 | −0.051 | | 0 | | 1 | | 0.6 | |
| | 1 | 0.011 | −4.477 | −0.051 | | 0 | | 1 | | 0.3 | |
| | 1 | 0.011 | −4.477 | −0.051 | | 0 | | 1 | | 0.6 | |
| | 1 | 0.011 | −4.477 | −0.051 | | 0 | | 1 | | 0.6 | |
| (8) | 46 | 0.575 | −0.553 | −0.318 | 1.340 | 0.331 | 0.614 | 2116 | 0.427 | 0.228 | 5.576 |
| | 17 | 0.213 | −1.549 | −0.329 | | 0.045 | | 289 | | 0.365 | |
| | 4 | 0.050 | −2.996 | −0.150 | | 0.003 | | 16 | | 0.850 | |
| | 2 | 0.025 | −3.689 | −0.092 | | 0.001 | | 4 | | 0.600 | |
| | 2 | 0.025 | −3.689 | −0.092 | | 0.001 | | 4 | | 0.700 | |
| | 1 | 0.013 | −4.382 | −0.055 | | 0.000 | | 1 | | 0.600 | |
| | 6 | 0.075 | −2.590 | −0.194 | | 0.006 | | 36 | | 0.633 | |
| | 1 | 0.013 | −4.382 | −0.055 | | 0.000 | | 1 | | 0.800 | |
| | 1 | 0.013 | −4.382 | −0.055 | | 0.000 | | 1 | | 0.800 | |
| (10) | 63 | 0.788 | −0.239 | −0.188 | 0.836 | 0.620 | 0.367 | 3969 | 0.230 | 0.106 | 2.010 |
| | 8 | 0.100 | −2.303 | −0.230 | | 0.010 | | 64 | | 0.338 | |
| | 3 | 0.038 | −3.283 | −0.123 | | 0.001 | | 9 | | 0.167 | |
| | 2 | 0.025 | −3.689 | −0.092 | | 0.001 | | 4 | | 0.400 | |
| | 2 | 0.025 | −3.689 | −0.092 | | 0.001 | | 4 | | 0.500 | |
| | 1 | 0.013 | −4.382 | −0.055 | | 0.000 | | 1 | | 0.100 | |
| | 1 | 0.013 | −4.382 | −0.055 | | 0.000 | | 1 | | 0.400 | |
| (11) | 65 | 0.813 | −0.208 | −0.169 | 0.779 | 0.660 | 0.332 | 4225 | 0.205 | 0.082 | 3.336 |
| | 5 | 0.063 | −2.773 | −0.173 | | 0.004 | | 25 | | 0.425 | |
| | 3 | 0.038 | −3.283 | −0.123 | | 0.001 | | 9 | | 0.617 | |
| | 4 | 0.050 | −2.996 | −0.150 | | 0.003 | | 16 | | 0.412 | |
| | 1 | 0.013 | −4.382 | −0.055 | | 0.000 | | 1 | | 0.600 | |
| | 1 | 0.013 | −4.382 | −0.055 | | 0.000 | | 1 | | 0.600 | |
| | 1 | 0.013 | −4.382 | −0.055 | | 0.000 | | 1 | | 0.600 | |

于 Simpson 指数($D$)和 MeIntosh 指数($D_m$)来说，也只考虑了种在群落中株数比例，稀少种对多样性的贡献不敏感。TSS 指数将群落中种的比例和种间的隔离程度相结合来表达树种空间多样性，由表 2-19 中的计算过程可以看出，建群种在群落中所占的比例越大，其对多样性指数值的贡献越小，也就是说群落的树种空间多样性越小；森林类型 10 和森林类型 11 物种数均为 7 个，但森林类型 11 中稀有种为 3 个，而森林类型 10 中为 2 个，TSS 计算结果表明，森林类型 11 的多样性较森林类型 10 的高，而与 Shannon-Wiener 指数计算的结果相反，这说明 TSS 指数能够明确地体现出稀少种对群落多样性的贡献，即群落中树种数一定的情况下，群落中稀少种的种类越多，群落的多样性越大。

综上所述，模拟数据计算结果表明 $H'$ 和 $D$ 不会因为调查数据的多寡而影响到多样性指数的结果，而 $D_m$ 和 $\alpha$ 则会受到调查株数和多度的影响，$\alpha$ 在相同的调查株数和相同的树种数量时，表现出相同的多样性。实测数据的计算结果也说明了上述多样性指数存在的不足，以物种的丰富度和相对多度相结合计算物种多样性，会出现物种数多，多样性反而低的现象，这是由于样地中各树种所占的比例不同而引起的；实测数据同时也表明，$H'$ 和 $D$ 对群落中稀有种并不敏感，没有表现出在相同树种数的情况下，稀少种越多，多样性越大的自然规律。模拟数据和实测数据都表明，基于相邻木空间关系的树种空间多样性指数(TSS)具有多样性随物种丰富度增大而增大的一般属性，不受调查株数和样地大小的影响，能够反映稀有种的影响，而且该指数能够正确表达出相同物种数量群落的物种空间隔离程度的高低顺序，这是其他指数不具备的特征。但由于 TSS 指数是针对树种多样性的测度指数，这在一定程度上适用范围较其他多样性指数窄，即使能够推广应用于群落的草本层或灌木层多样性测试，也可能会因为调查成本上升而影响到其应用，目前尚未有针对草本层和灌木层的应用实例，但对于测度和了解森林经营中树种的多样性变化来说，完全可以运用 TSS 指数进行测度。

基于相邻木空间关系的树种空间多样性指数(TSS)作为一种新的树种多样性测度指标，它将群落中树种间的空间隔离关系考虑在内，在一定程度上反映了森林结构的差异，而且该指数容易测定，调查成本相对较低，不受样地大小和数量的限制，可以与经营相关的因子联系起来，是一个良好的测度树种多样性的指数，也为森林结构多样性指标的构建提供了一个很好的参考。

(2)树种空间多样性指数(TSS)的简洁预估

惠刚盈等(2011)提出的一种基于相邻木空间关系的新的树种多样性测度方法——树种空间多样性指数(TSS)，与传统的多样性指数对比发现，TSS 具有不受调查株数多少和样地大小影响，对稀有种和群落结构变化反映灵敏的优点，而且它不需要进行复杂的林木位置坐标测量，即通过抽样调查就可获得(Gadow，2012)。同时，对不同样地的物种丰富度($S$)和 TSS 之间的相关性分析发现，TSS 具有随样地树种数增加呈二次曲线增加的趋势，并且两者之间有极显著的相关性(Hui, et al.，2011)。因此，如果 $S$ 与 TSS 之间显著相关性普遍存在，在实际森林调查的过程中我们可以试图仅仅观察样地的树种数来计算树种空间多样性指数，这样不仅可以间接有效的得出 TSS 值，而且能大大减少在 TSS 调查过程中投入的精力和财力，使这种方法更容易地融入到森林群落的树种多样性调查当中。

在东北吉林蛟河林区设置了 4 块 $100 \times 100m^2$ 固定样地,采用全面调查方法,标记林分内所有胸径大于起测径阶(5.0cm)的林木,利用全站仪每木定位,记录每株单木的坐标、树种、胸径、树高和冠幅,同时调查林分的郁闭度、坡度、林分平均高、幼苗更新和枯立木情况等。在甘肃小陇山林区采用无样地点抽样调查方法调查了 2 块临时样地,6 块样地都是林分组成复杂的天然林,样地内树种较多,人为干扰较轻。各样地概况如下(表2-20)。

表 2-20  各样地概况

| 样地号 | 地点 | 林分类型 | 调查方法/大小 | 总株数 | 主要树种 |
|---|---|---|---|---|---|
| 1 | 吉林蛟河 | 阔叶红松林 | 样地 $100 \times 100m^2$ | 1178 | 千金榆(*Carpinus cordata*)、色木槭(*Acer mono*)、榆树(*Ulmus pumila*)、椴树(*Tilia spp.*)、沙松(*Abies holophylla*)等; |
| 2 | 吉林蛟河 | 阔叶红松林 | 样地 $100 \times 100m^2$ | 797 | 色木槭(*Acer mono*)、核桃楸(*Juglans mandshurica*)、千金榆(*Carpinus cordata*)、榆树(*Ulmus pumila*)、白牛槭(*Acer mandshurica*)等; |
| 3 | 吉林蛟河 | 阔叶红松林 | 样地 $100 \times 100m^2$ | 748 | 白牛槭(*Acer mandshurica*)、千金榆(*Carpinus cordata*)、色木槭(*Acer mono*)、核桃楸(*Juglans mandshurica*)、榆树(*Ulmus propinqua*)等; |
| 4 | 吉林蛟河 | 阔叶红松林 | 样地 $100 \times 100m^2$ | 1070 | 白牛槭(*Acer mandshurica*)、色木槭(*Acer mono*)、榆树(*Ulmus pumila*)、核桃楸(*Juglans mandshurica*)、水曲柳(*Fraxinus mandshurica*)等; |
| 5 | 甘肃小陇山 | 锐齿栎次生林 | 点抽样 49 个 | 1101 | 锐齿栎(*Quercus aliena* var. *acuteserrata*)、油松(*Pinus tabulaeformis*)、五角枫(*Acer mono*)、网脉椴(*Tilia dictyoneura*)、水榆花楸(*Sorbus alnifolia*)等; |
| 6 | 甘肃小陇山 | 锐齿栎择伐林 | 点抽样 49 个 | 1204 | 锐齿栎(*Quercus aliena* var. *acuteserrata*)、油松(*Pinus tabulaeformis*)、五角枫(*Acer mono*)、网脉椴(*Tilia paucicostata*)、水榆花楸(*Sorbus alnifolia*)等; |

林分 TSS 的计算公式见式(2-36):

为了比较样地的 *TSS* 指数实测值和预测值之间的差异,分别计算平均误差、平均绝对误差、平均相对误差、平均绝对值相对误差和预测精度等指标对模型的预测能力进行评价,计算公式分别为:

平均误差(*ME*)

$$ME = \sum_{i=1}^{n} \left( \frac{y_i - x_i}{n} \right) \tag{2-43}$$

平均绝对误差(*MAE*)

$$MAE = \sum_{i=1}^{n} \left| \frac{y_i - x_i}{n} \right| \tag{2-44}$$

平均相对误差(*MRE*)

$$MRE = \frac{1}{n} \sum_{i=1}^{n} \left( \frac{y_i - x_i}{x_i} \right) \tag{2-45}$$

平均绝对值相对误差(*MARE*)

$$MARE = \frac{1}{n} \sum_{i=1}^{n} \left| \frac{y_i - x_i}{x_i} \right| \tag{2-46}$$

模型预测精度($P\%$)

$$P\% = \left[ 1 - \frac{t_{0.05} \sqrt{\sum (y_i - x_i)^2}}{\dfrac{\sum x_i}{N} \sqrt{n(n-f)}} \right] \times 100\% \tag{2-47}$$

式中：$y_i$ 为实际观测的 $TSS$ 指数值；$x_i$ 为模型预测的 $TSS$ 值；$n$ 为样本数；$t$ 是置信水平为 $\alpha = 0.05$ 时的 $t$ 分布值；$f$ 为模型的参数个数。

用上述 6 块天然林样地的调查数据验证群落树种空间多样性($TSS$)和物种丰富度($S$)二者之间显著的相关关系($Hui$ et al., 2011)（图 2-38），检验二者关系模型的适用性及预测能力，其中模型表达式为：$TSS = -0.641 + 0.591S + 0.004S^2$，决定系数 $R^2 = 0.997$。

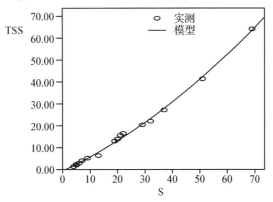

**图 2-38　S 与 TSS 之间的关系**

将每块样地的树种数代入预测模型计算 $TSS$ 预测值，并与实测值进行对比（表 2-21）。可以看出不同样地的 $TSS$ 实测值和预测值没有明显差异，误差最大的是样地 2，其绝对误差和相对误差分别是 1.063 和 0.094，相对误差最小的是样地 3 和样地 5，均为 -0.012。同时对比各样地的相对误差发现，采用点抽样法和采用全面调查两种调查方法产生的相对误差的大小并无明显差异。经过计算，6 块样地的 $TSS$ 预测值和实测值之间的平均误差和平均相对误差分别为 0.04 和 0.014，平均绝对误差和平均绝对值相对误差分别为 0.602 和 0.045，误差较小，模型预估精度高达 92.9%，因此可以认为，在计算树种空间多样性指数($TSS$)值时可直接将树种丰富度代入预估模型即可。

**表 2-21　不同样地 TSS 实测值和预测值之间的吻合程度**

| 样地 | 种数 | 实测值 | 预测值 | 绝对误差 | 相对误差 |
|------|------|--------|--------|----------|----------|
| 1 | 18 | 11.498 | 11.293 | 0.205 | 0.018 |
| 2 | 18 | 12.356 | 11.293 | 1.063 | 0.094 |
| 3 | 21 | 13.368 | 13.534 | -0.166 | -0.012 |
| 4 | 17 | 11.220 | 10.562 | 0.658 | 0.062 |
| 5 | 20 | 12.621 | 12.779 | -0.158 | -0.012 |
| 6 | 29 | 18.501 | 19.862 | -1.361 | -0.069 |

### 2.2.4 林木密集程度

林木是否密集重叠是林分空间结构的重要属性,既反映了林分的拥挤程度,也直观表达了林木之间的竞争状况。传统的描述林分密集程度的指标主要有疏密度、郁闭度和林分株数密度,由于这些指标均是针对林分整体而言,并不适于反映单株林木所处小环境的密集程度。无论是单株选择、异龄混交林研究还是近自然森林经营,当前的精准林业需要了解更多的单木信息。在经营效果评价中也有用林分平均距离与平均冠幅之比作为林分拥挤度的概念(李远发,2012;张连金,2011;),这仍然是针对林分整体拥挤状态的评价的方法。目前有许多描述林分空间结构的方法(Pukkala,2012;Hui,2011),基于相邻木关系的空间结构参数,由于建立在统一的空间结构单元基础上,能够简洁、精准而完整地描述森林结构的三要素即位置、大小和树种多样性,并因此得到广泛应用(Gadow,2005;Albert,1999;Pommerning,2006;惠刚盈,2003;Li,2012)。在目前的结构参数体系中有必要构建与距离有关、能直接表达林木密集程度的结构参数,用以指导经营。

#### 2.2.4.1 密集度

一般认为,当林分的冠层连续时,树冠连接在一起对地面形成覆盖,这时相邻的树冠可能发生垂直方向上的遮挡或水平方向上的挤压,于是相邻树冠水平投影发生全部或部分重叠,这种情况下相邻树木的冠幅半径之和会大于它们的水平间距,此时林木的密集程度较高;反之,如果林分的林冠层不连续,相邻树冠就会保持相对独立,没有遮挡和挤压的情况,树冠水平投影要么相切要么留有空隙,冠幅半径之和小于或等于水平间距,此时林木比较稀疏。因此,从相邻树木的树冠与两者水平距离的关系就可以清楚地判断出林木的密集程度。

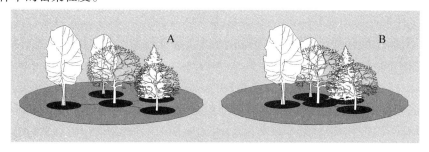

**图 2-39    不同密集程度的空间结构单元**

图 2-39 中 A 和 B 两个空间结构单元的树种组成、空间大小配置和分布格局都是相同的,用混交度、大小比数和角尺度等结构参数分析没有区别,但是 B 单元的林木之间发生了水平挤压和垂直遮挡,密集程度远大于 A。由此可知,对于 2 个在水平分布格局、林分混交程度和大小分化程度上基本相同的林分空间结构单元,密集程度是区别它们的重要标准。在空间结构单元的基础上,根据参照树和其最近相邻木的冠幅与水平距离的关系,构建新的空间结构参数——密集度。

#### 2.2.4.2　密集度的意义

林木密集程度是林分空间结构的重要属性，能够影响林木之间的竞争状况，进而影响经营要求，因此有必要对每一棵树所处空间结构单元的具体密集状况进行直观分析，以利于在经营中有针对性的操作。当考虑参照树周围的 4 株相邻木时，密集度的取值有 5 种，包括很稀疏、稀疏、中等密集、比较密集和很密集，明确地定义了参照树所在的结构单元的林木密集程度，程度的高低以中度级为岭脊，生物意义十分明显。密集度量化了林木树冠的密集程度，取值越大说明参照树所处小环境林木密集程度越高，参照树面临的竞争可能越激烈，林木树冠越连续覆盖在林地上方；取值越小说明林木密集程度越低，参照树所处环境的竞争压力减小，林木越稀疏，出现林隙的可能性增加。在研究林分密集度时需要综合考虑分布格局对于林木占据空间方位的影响。密集度完全能够描述不同类型林分的密集程度。无论是密度相同格局不同的模拟林分，还是格局相同密度不同的江西分宜大岗山杉木人工纯林，以及具有复杂空间结构的吉林蛟河红松阔叶天然林，密集度都能很好地适应。

密集度的提出是对林分空间结构量化分析方法的继续发展，它将林木间与距离有关的竞争关系代入林分空间结构参数体系，为分析林分空间结构与林木竞争的关系提供了一种可行的途径。与其他结构参数相似，密集度的取值分为 5 个等级，易于解释；在实际林分调查和经营中，不需要测距即可通过抽样调查直接获得，易于操作。密集度可直接定量化描述某一经营对象所处小环境的林木密集程度，给出具体空间信息，包括：经营对象与哪几个相邻木发生树冠连接，受到来自哪几个方向的水平挤压和垂直遮挡，是否面临激烈的竞争压力，并据此给出可能的采伐木，因此可以根据密集度信息给出具体到每一株可能的经营对象的经营方案。

#### 2.2.4.3　林分密集度

$C_i$ 值的分布可以反映出一个林分中林木个体所处小环境的密集程度。在研究林分密集度（$\bar{C}$）时，如果仅考虑树冠连接状况，则采用下式：

$$\bar{C} = \frac{1}{n} \sum_{i=1}^{n} C_i \tag{2-48}$$

如果考虑不同水平分布格局中林木能够占据的方位不同，在计算树种或林分的密集度时加入格局因子，则计算公式为：

$$\bar{C} = \frac{1}{n} \sum_{i=1}^{n} C_i \lambda_{W_i} \tag{2-49}$$

式中：$\bar{C}$ 为林分密集度；$C_i$ 为密集度；$n$ 为全林分株数；$\lambda_{W_i}$ 为格局权重因子。

$\lambda_{W_i}$ 的赋值是由不同分布格局中 $C_i$ 均值的代表性决定的。表 2-22 中，$\alpha$ 为相邻木夹角，$\alpha_0$ 为标准角（72°），$W_i$ 为不同林木分布格局的角尺度取值，描述了林木分布从非常均匀到非常不均匀的状态（惠刚盈，2003）。在不同类型的分布格局中，相邻木可能占据的方位是不同的，$C_i$ 均值的代表性也随之发生变化。如果林木分布非常均匀，$W_i = 0$，4 株最近相邻木基本均匀占据了参照树周围的 4 个方位，此时 $C_i$ 均值完全能够代表该参照树所处小环境的疏密程度和竞争压力，因此 $s_M$ 赋值为 1；如果林木分布格局为均匀分

表 2-22　不同分布格局权重因子 $\lambda_{W_i}$ 的赋值

| 角尺度 $W_i$ | 密集度 $C_i$ | | | | | 格局权重因子 $\lambda_{W_i}$ |
|---|---|---|---|---|---|---|
| | 0 | 0.25 | 0.5 | 0.75 | 1 | |
| 0 | $a \geq a_0$ | $a \geq a_0$ | $a \geq a_0$ | $a \geq a_0$ | $a \geq a_0$ | 1 |
| 0.25 | $a < a_0$ | $a < a_0$ | $a < a_0$ | $a < a_0$ | $a < a_0$ | 0.75 |
| 0.5 | $a < a_0$ | $a < a_0$ | $a < a_0$ | $a < a_0$ | $a < a_0$ | 0.5 |
| 0.75 | $a > a_0$ | $a > a_0$ | $a > a_0$ | $a > a_0$ | $a > a_0$ | 0.375 |
| 1 | $a < a_0$ | $a < a_0$ | $a < a_0$ | $a < a_0$ | $a < a_0$ | 0.25 |

布，$W_i = 0.25$，4 株最近相邻木能够占据参照树周围的 3 个方位，此时 $C_i$ 均值能表达参照树所处小环境 3 个方位的疏密和竞争，因此 $\lambda_{W_i}$ 赋值为 0.75；当林木格局为随机分布时，$W_i = 0.5$，4 株最近相邻木能够占据参照树周围的 2 个方位，$C_i$ 均值表达了参照树所处小环境 2 个方位的疏密和竞争，因此 $\lambda_{W_i}$ 赋值为 0.5；当林木分布变为团状时，$W_i = 0.75$，4 株最近相邻木占的方位稍多于 1 个但不到 2 个，因此 $R = \dfrac{\bar{r}_A}{\bar{r}_E}$ 赋值为 0.375；当参照树的所有相邻木都非常拥挤地聚集到一侧时，林木分布为强团状分布，$W_i = 1$，$C_i$ 均值也仅能够代表参照树所处小环境在 1 个方位的疏密程度和竞争压力，因此 $\bar{r}_A$ 赋值为 0.25。

考虑不同水平的分布格局，总体上说，$\bar{r}_E$ 越大说明林分整体密集程度较高，林冠层连续覆盖程度越高，林木间的竞争也较为激烈，反之则林分越稀疏，林分出现林隙的可能性增加，林分整体密集程度和竞争较低。

#### 2.2.4.4　不同林分类型的密集度分析

（1）模拟林分的密集度分析

模拟了一个 10 m × 10 m 的小样地，为避免边缘效应，设置 2 m 宽的缓冲区，样地内共有 10 株树，核心区内有 5 株，缓冲区有 5 株，该林分的郁闭度为 0.8，平均角尺度 $\bar{r}_E = \dfrac{1}{2\sqrt{\rho}} = 0.550$，格局为团状分布（图 2-40）。

从图 2-40 可看以到，部分林木的树冠的确连在一起，有些地方甚至重叠在一起。统计核心区树木的密集度可知，$C_i = 0$ 的林木是 6 号，其树冠孤立于其他林木；9 号树冠与 1 株相邻木连接，$C_i = 0.25$；5 号和 7 号与其周围 2 株最近相邻木树冠连接，$C_i = 0.5$；8 号与其周围 3 株最近相邻木树冠连接，$C_i$ 为 0.75。结合分布格局分析林分的密集程度可知，6 号的相邻木基本均匀分布于其周围，格局赋值为 0.75；7、8 号所处的空间结构单元 $W_i = 0.5$，属于随机分布，$\bar{r}_A = \dfrac{1}{n}\sum_{i=1}^{n} r_i$ 为 0.5；5、9 号处于团状分布格局，其相邻木大部分偏向一侧，$\rho = \dfrac{n}{A}$ 为 0.375。如果不加格局权重，采用公式（2-48）计算林分的密集度为 0.4；加入格局权重，采用公式（2-49）计算林分的平均密集度为 0.181。综合分析表明：该林分的林冠层某些结构单元较为连续但整体上比较稀疏，如图 2-40 所示林中出现大块林隙，林分的密集程度比较低。对照图 2-39 和密集度所描述的情况，发现二者比较吻合，密集度对于结构单元和林分的密集程度的描述都是准确的。

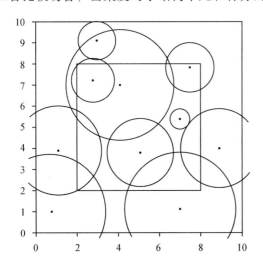

| No | Crown (m) | $c_i$ | $W_i$ | $\lambda_{W_i}$ |
|---|---|---|---|---|
| 5 | 3.2 | 0.5 | 0.75 | 0.375 |
| 6 | 1 | 0 | 0.25 | 0.75 |
| 7 | 2.1 | 0.5 | 0.5 | 0.5 |
| 8 | 5.2 | 0.75 | 0.5 | 0.5 |
| 9 | 2.4 | 0.25 | 0.75 | 0.375 |
| 1* | 1.8 | | | |
| 2* | 3.6 | | $\bar{C}(2) = 0.400$ | |
| 3* | 5.4 | | | |
| 4* | 4.3 | | $\bar{C}(3) = 0.181$ | |
| 10* | 5.3 | | | |

图 2-40　密集度计算示意图及参数值

为说明密集度对不同格局的适应性，模拟密度相同的均匀、随机和团状分布样地各 1 块，面积为 50 m × 50 m，缓冲区宽度为 5 m，样地内总株数为 300 株，或者说密度都是 1 200 株/hm²（图 2-41）。

由图 2-41 可知：$C_i$ 分布明显受到 $W_i$ 分布的影响，均匀分布中相邻木均匀分布时树冠独立或轻度密集的情况比其他 2 种分布类型更明显，随机分布则是相邻木基本占据 2

个方位、树冠基本密集的情况特别明显，而团状分布出现了较多虽然树冠大多密集但相邻木集中于某一个方位的情况。总体上说，随着格局分布均匀性的降低，林木的密集程度也有所降低，林分内出现了较多的林隙。

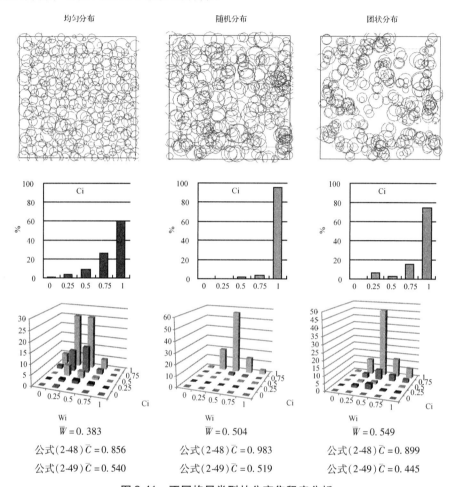

图2-41　不同格局类型林分密集程度分析

如果采用公式(2-48)计算林分的密集度，随机分布的平均密集度偏高，这是由于$W_i$等于0.5的结构单元占据了绝大多数，而均匀和团状的结构单元数量均衡。实际上均匀分布格局的密集程度应该更高。由此可知，还是应该采用公式(2-49)加入格局权重后计算林分的密集度才能更符合不同的格局特征。

（2）人工林的密集度分析

以江西分宜大岗山(114°33′N，27°34′E)设置的2块杉木人工纯林样地，密度分别为1 667株/hm²(株行距2 m×3 m)和3 333株/hm²(株行距2 m×1.5 m)，面积都是600 m²(20 m×30 m)，林分都属于典型的均匀分布(图2-42)。该地区相对海拔250 m左右，该区属亚热带季风型湿润性气候，年平均气温16.8 ℃，年平均降雨量1 656 mm。主要地带性土壤为黄棕壤。

由图2-42可知，研究样地是密度不同、格局相似的均匀分布，这种林分空间结构

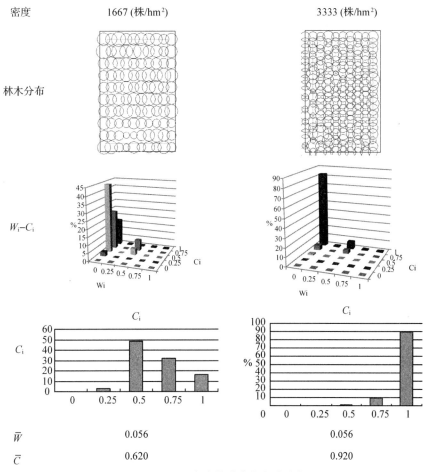

**图 2-42　不同密度林分密集程度分析**

单元里的相邻木多数占据 4 个方位。2 块样地内树冠孤立或仅与 1 株连接的林木($C_i$取值为 0 或 0.25)基本没有;与 2 株最近相邻木树冠接触的林木($C_i$取值为 0.5)在株行距 2 m×3 m 的样地里约占 50%;同一块样地内与 3 株最近相邻木树冠接触的林木($C_i$取值为 0.75)超过 30%;而株行距 2 m×1.5 m 的样地里接近 90% 的林木与周围 4 株最近相邻木的树冠都有接触($C_i$取值为 1)。由于格局的均匀性,随着密度的增大,树冠大于株行距的可能性也增大,林冠层越来越稠密,林分空间结构单元中树冠全部联接在一起的情况越来越明显,林木对营养空间的竞争也越发激烈,林分密集程度不断提高。

(3)天然林的密集度分析

吉林省蛟河林业试验区管理局东大坡自然保护区内(43°51′~44°05′N,127°35′~127°51′E),属于长白山系张广才岭支脉断块中山、吉林省东部褶皱断山地地貌,相对海拔在 800 m 以下。该区气候属温带大陆性季风山地气候,年平均气温 1.7 ℃,年最低气温 −22.2 ℃,年平均降雨量 856.6 mm,年相对湿度 75%。主要地带土壤为暗棕壤。样地面积为 10 000 m²(100 m×100 m),样地坡度 6°,坡向西北。林相为复层、异龄、层次明显。林分郁闭度 0.9,林分密度为 830 株/hm²,平均胸径 17.6cm,林分的断面积为

$30 \text{ m}^2/\text{hm}^2$，林分蓄积量约为 $224.2 \text{ m}^3/\text{hm}^2$。单木共有 22 个针阔叶树种。林分属于随机分布(图2-43)。为避免边缘效应，设置 5 m 宽的缓冲区，其中林木仅作为相邻木参与结构参数的计算，统计核心区内所有起测径(5.0 cm)以上单木的密集度($C_i$)和角尺度($W_i$)，评价林木密集程度(图2-44)。

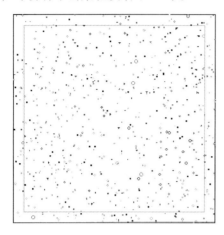

图2-43　东大坡样地单木分布图

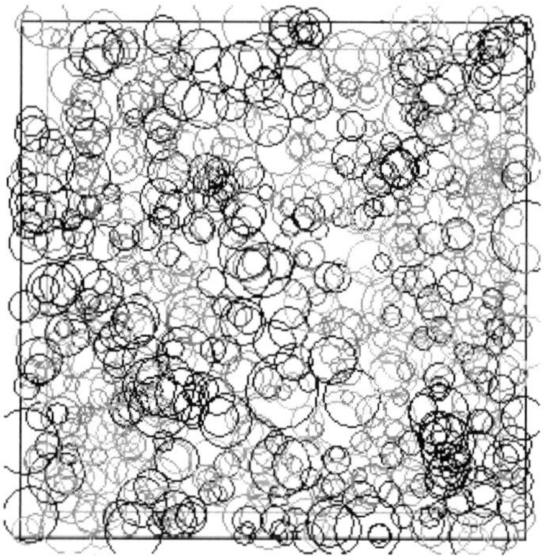

图2-44　林分树冠对空间的利用程度

　　林分核心区内起测径以上的林木共 681 株。由 $C_i$ 的分布图(图 2-45)可知：林内树冠孤立或仅与 1 株连接的林木($C_i$取值为 0 或 0.25)基本没有；与 2 株最近相邻木树冠接触的林木($C_i$取值为 0.5)约占 4%；与 3 株最近相邻木树冠接触的林木($C_i$取值为 0.75)约占 12%；超过 80% 的林木与周围 4 株最近相邻木的树冠都有接触($C_i$取值为 1)，这些林木间的竞争相当激烈。

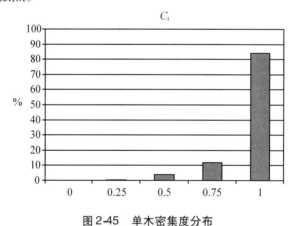

图2-45　单木密集度分布

　　结合林分的空间分布格局分析可知：该林分属于随机分布，$W_i$ 取值为 0.5 的结构单元最多，其中超过 50% 的参照树与周围 4 株相邻木树冠连接($C_i=1$)，相邻木至少占据了参照树周围的两个方位，约 15% 的结构单元至少占据了参照树周围的 3 两个方位。经计算得知林分密集度 $\bar{C}$ 为 0.509，林冠层连续，林分的密集程度相对较高(图2-46)。

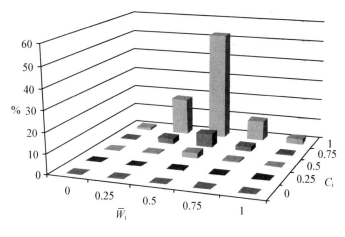

图 2-46　$C_i - W_i$ 分布

## 2.3　森林结构比较方法

　　森林的结构决定了它的功能。研究结构的目的在于深入了解系统的组织形式和运作机制。如果说恰当地描述森林的结构是破译森林之谜的基础，那么合理地进行森林结构的对比分析，就是寻求制定森林经营方案的有效途径。这里介绍有代表性的三种群落结构比较方法：①植被生态学中最常用的样地相似性指数(indes of similarity)，或称为群落相似性系数(similarity of community)；②生物统计学中常用的 K – S (Kolmogoroff-Smirnoff)检验；③群体遗传学中常用的遗传距离(Genetic distance)，或称为差异指数。

### 2.3.1　群落相似系数

　　当人们对一地的植被进行研究时，通常是先在野外做大量的样地调查，而每个样地调查充其量不过代表某个群丛的"群丛个体"，它的归属还是不明确的，因此必须在室内对这些样地资料进行整理，即通过综合的研究，以便达到归类、比较的目的。一种客观的方法是通过数学计算样地间的相似性指数(indes of similarity)，或称为群落相似性系数(similarity of community)。计算相似系数的方法很多，这里我们只介绍两种常用的公式。

　　各种相似系数的计算都要先列出被比较的两个样地的 $2 \times 2$ 联列表，其形式为：

| | 样 | 地 | A | |
|---|---|---|---|---|
| | + | – | $\Sigma$ | 样 |
| + | $a$ | $b$ | $a+b$ | 地 |
| – | $c$ | $d$ | $c+d$ | B |
| $\Sigma$ | $a+c$ | $b+d$ | $a+b+c+d=n$ | |

其中：$a$ 为两个样地共有的种数；$b$ 为样地 $B$ 中独有的种数；$c$ 为样地 $A$ 中独有的种数；

$d$ 为两样地均不存在的种数。

（1）Jaccard 相似性系数

这是比较群落相似性的一个最早最简单的数学方法，这种指数是根据两样地共有种数量与全部种数量的比值来表示：

$$IS_J = \frac{a}{a+b+c} \times 100(\%) \quad \text{或} \quad IS_J = \frac{a}{B+C-a} \times 100(\%) \quad (2\text{-}50)$$

其中，小写的 $a$、$b$ 和 $c$ 同前述，大写的 $B$ 和 $C$，分别表示第一个样地和第二个样地所具有的总种数。

（2）Czekanowski 系数

又称为 Dice(1945)或 Sørensen(1948)系数，其数学式是：

$$IS_C = \frac{2a}{2a+b+c} \times 100(\%) \quad \text{或} \quad IS_C = \frac{2a}{B+C} \times 100(\%) \quad (2\text{-}51)$$

这两个系数的区别在于，在 Jaccard 公式中分子和分母两者会同时变动，而在 Czekannowski 公式中，分母与分子无关。从理论上说，每一个种在两个样地中都有相同出现的机会，因此，分母 $\frac{1}{2}(B+C)$ 的形式代表了按理可能同时出现的种数，而分子 $a$ 则代表实际上同时出现的种数，因此这一系数表达的是两样地上的种类事实上同时出现的情况与理论上可能同时出现的情况之比。由于 Jaccard 系数在群落研究上应用已久，并且根据经验为群丛的划分定出了一个阈值，即 ISJ 大于 25%，小于 50%。这意味着如 ISJ 小于 25%，那就谈不上什么"相似的植物种类成分"，根本不能属于同一群丛；如果 ISJ 值超过 50%，其相似性大到除非要区分群丛以下的小单位。

为了具体说明相似性指数的计算，假设有以下两个样地资料（表 2-23）。

**表 2-23　假设的样地 A 和 B 的物种数量**

| 物种编号 | 1 | 2 | 3 | 4 | 5 | 6 | 7 | 8 | 9 |
|---|---|---|---|---|---|---|---|---|---|
| 样地 A | 1 | 2 | 4 | 10 | 14 | 12 | 5 | 2 | 1 |
| 样地 B | 0 | 1 | 4 | 10 | 14 | 12 | 4 | 2 | 1 |

对表 2-23 的数据用上述公式计算结果为：

$$IS_J = \frac{a}{a+b+c} \times 100(\%) = \frac{8}{8+0+1} \times 100\% = 88.9\%$$

$$IS_C = \frac{2a}{2a+b+c} \times 100(\%) = \frac{2 \times 8}{2 \times 8+0+1} \times 100\% = 88.2\%$$

从上面两种公式计算中可以看出，两样地相似性的比较只和种的存在度有关，并不包含定量的成分在内。这种相似系数公式用于二元数据，而不是用于数量数据，但相似性的关系不仅表现种的有无而且也要把数量特征包括在内，这样又发展出包含种的数量的公式。

（3）Ellenberg 系数

它是 Jaccard 公式的修正，其形式为：

$$IS_E = \frac{Ma/2}{Ma/2 + Mb + Mc} \times 100(\%) \tag{2-52}$$

这个公式中共有种生物量总数除以 2，是因为它们代表的是两组值，但从存在度来说，它们只应代表一组值。仍以上述数据为例：

$$IS_E = \frac{99/2}{99/2 + 0 + 1} \times 100(\%) = 98(\%)$$

### 2.3.2　K-S 检验

两次独立的抽样是否来自同一个总体可用 Kolmogoroff(1933) 和 Smirnoff(1939) 所提出的方法。这个方法能揭示所有种类的分布形式的差异。以待检验的两个抽样的相对累计曲线(从小到大排序再累加)之间的最大的绝对差异为检验变量，与临界值进行比较。具体公式为：

$$\hat{D} = \max \left| \left( \frac{\hat{F}_1}{n_1} - \frac{\hat{F}_2}{n_2} \right) \right| \tag{2-53}$$

其中，$\hat{F}_1$、$\hat{F}_2$ 为两次抽样各自的累计频数；$n_1$、$n_2$ 为两次抽样各自的样本数。

临界值通过下式计算：

$$D_{(\alpha=0.05)} = 1.36 \sqrt{\frac{n_1 + n_2}{n_1 n_2}} \tag{2-54}$$

如果 $\hat{D} \geq D_\alpha$ 则差异显著。否则差异不显著。

仍以表 2-23 的数据为例，得：

$$\hat{D} = \max \left| \left( \frac{\hat{F}_1}{n_1} - \frac{\hat{F}_2}{n_2} \right) \right| = \max \left| \left( \frac{1}{51} - \frac{0}{48} \right), \left( \frac{3}{51} - \frac{1}{48} \right), \cdots\cdots, \left( \frac{51}{51} - \frac{48}{48} \right) \right| = 0.038$$

$$D_{(\alpha=0.05)} = 1.36 \sqrt{\frac{n_1 + n_2}{n_1 n_2}} = 1.36 \sqrt{\frac{51 + 48}{51 \times 48}} = 0.273$$

$\hat{D} < D_\alpha$，统计量远远低于临界值。所以，可以认为二者来自同一总体的可能性很大，这种推断有 95% 的可靠性。

### 2.3.3　遗传距离

遗传学上用遗传距离的方法来比较两个等位基因的差异。这个方法可用来比较两个种群或群落的差异，也可比较(相同等级——对应)两个样地是否来自相同的总体。遗传距离公式如下：

$$d_{xy} = \frac{1}{2} \sum_i^k |x_i - y_i| \tag{2-55}$$

其中：$x_i$ 为在群落 $X$ 中遗传类型 $i$ 的相对频率；$y_i$ 为在群落 $Y$ 中遗传类型 $i$ 的相对频率；$k$ 为遗传类型的数量；$\sum_1^k x_i = 1$ 和 $\sum_1^k y_i = 1$。

遗传距离具有如下重要特性：

$d$ 是一个非负实数。距离对称，也就是说，$d_{xy} = d_{yx}$。

如果 $X$ 和 $Y$ 的遗传结构完全一致，则 $d_{xy} = 0$ ；也就是说有共同的等位基因或具有相同的频率；如果 $X$ 和 $Y$ 的遗传结构完全不一致，则 $d_{xy} = 1$ 。

$d$ 满足三角不等式：$X$ 和 $Y$ 之间的距离受各自与第三者 $Z$ 群落的距离之和限制即 $d_{xy} \leqslant d_{xz} + d_{yz}$。

由此可见：

$$d_{xy} < 2 \cdot \max(d_{xz}, d_{yz}) \tag{2-56}$$

令

$$\max(d_{xz}, d_{yz}) = d_{\max} \tag{2-57}$$

(2-56)式可以写成：

$$d_{xy} < 2 \cdot d_{\max} \tag{2-58}$$

可见，$d_{xy}$ 的最大差异永远小于 $X - Z$、$Y - Z$ 群落遗传距离中最大者的 2 倍。那么差异显著与否的标准（临界值）到底是多少呢？为便于提出临界值，首先给出 $Z$ 群落的定义。

从种群生态学得知，种群中的某个类型占有的频率非常低时，该种群就面临最大的遗传亏损危险。相反，各类型的频率相等，即种群类型为均匀分布时，则该种群具有最低可能的遗传亏损。所以，种群生态学中将种类是否接近均匀分布作为评价种群生态稳定性的标准。据此，可将 $Z$ 群落定义为均匀分布。我们知道，均匀分布时各类型占的相对频率皆为 $\frac{1}{k}$ ，显然 $d_{\max}$ 与 $k$ 的大小有关。换句话讲，临界值也必然与 $k$ 有关。可见，将 $Z$ 群落定义为均匀分布既具有合理性又具有计算简单的特点。由此提出如下假设：

如果计算出的遗传距离大于或等于最大遗传距离减去其本身分配到各等级的均值即 $d_{xy} \geqslant d_\alpha = d_{\max}(1 - 1/k)K_{(\alpha)}$ ，其中，$K_{(\alpha)} = \sqrt{-0.2\ln(\alpha)}$ 。那么就认为差异确实显著。

以上 3 种方法从不同角度来分析两个种群、群落或两次抽样调查样地的差异或相似程度。群落相似系数仅对群落相似性做定性描述，K – S 检验对分布函数的差异能够进行十分有效的比较，但没有具体的差异量，遗传距离既给出了具体差异量，也给出了判断差异是否显著的临界值。

# 2.4 空间结构恢复与重建

量化描述森林结构与多样性是评价和比较不同林分、森林类型和整个森林生态系统的基础。描述森林空间结构的方法显然属于最为基础的研究。林分空间结构的分析与重建已成为林业实践中投入使用以单木为基础的森林生长模拟器最重要的基石。因为在与距离有关的单木模型中模拟开始就需要输入林分结构信息。此外，恢复与重建森林结构也是森林可视化研究的基础和前提。许久以来，采用了不同的途径来进行森林结构的恢复与重建。如点过程中的 Poisson-、Gibbs-过程；规则性如结构模拟器 Strugen、森林资源清查数据系统整体界面（ISIS）和分层控制法；推移法以及演替法（Hui，2003）等。

## 2.4.1　重建方法

森林结构恢复与重建是指利用当代空间技术在计算机平台上重现森林的结构。重建的林分结构应该同抽样调查的现实林分的结构相一致。这里讲的一致并不意味着重建林分的一棵树同现实林分中的同一棵树完全处于相同的位置或具有相同的位置坐标，而是重建的与现实的两个林分的动态特征要互相一致。

森林的结构主要指林木的空间格局及其林木属性如树种、年龄和大小等的分布。重建的关键首先是如何使林木在水平地域上合理排列，其次是林木的属性的有条件交换。对于林木属性的交换目前已有非常成功的范例（Lewandowski und Gadow，1997），而对林木格局的重建则各持己见。按照点的产生或形成过程可将现有的重建森林结构的方法分为两类（图 2-47）：摒弃法和优化法。摒弃法建立在接受任意点的概率与[0，1]之间均匀分布随机数的绝对比较上，若该概率大于这个随机数，则该点被接受，否则重新产生一个新点进入新的决策循环。上面提到的点过程和 $\alpha$-规则性就属于此类。优化法是建立在通过任意一点的暂时消失和新的随机点的产生这一过程对目标方程的贡献大小的相对比较上，也就是说，某点的随机变动若能使其距离分布函数与待重建的林分的距离分布函数相近或使二者的差值变小，则该变动有效，上面提到的推移法就属于此类。

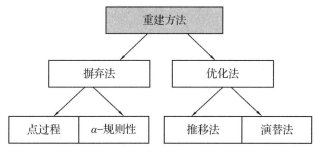

**图 2-47　林木分布格局重建方法**

为更有效地提出森林结构重建方法，有必要简要介绍上面提到的几种主要方法。

（1）Gibbs-过程

林木的坐标被视为一个 Gibbs 点过程的映射（Tomppo，1986；Penttinen et al.，1992；Degenhardt，1998）。最为流行的模拟 Gibbs-点格局的方法是运用空间上的"生"与"死"。在此，人们从任意一个初始的林木分布格局出发，逐步改变其中的点，按照摒弃法使其生或死。精确的定义和应用事例可参见 Stoyan（1992）和 Penttinen et al.（1992）以及 Degenhardt（1998）的研究。按照 Degenhardt（1998）的研究，此种方法在遇到 2 个以上树种混交时有效性将降低。

（2）结构模拟器 Strugen

结构模拟器 Strugen 由 Pretzsch（1993，1997）研制而成。借助于对试验地全面调查的结构信息先分树种进行林木距离函数的拟合，然后借助于该函数进行林木距离预测。林木的位置点可事先随机产生，但产生的点能否接受需要经过多次过滤。Strugen 有宏观和微观结构之分，宏观结构定义林分有关的林木分布格局如单株混交、群团混交、带状混交等。微观结构确定参照树的第一和第二邻居的距离，在此要考虑林木属性如树种、冠径或胸径等，借助估计的距离再对距离的残差进行估计，然后用正态分布函数测定某点的接受概率；如果该概率小于或等于均匀分布的随机数则所估计的参照树与它的最近邻居的距离被视为不可接受，也就是说，一个点能否被最终接受取决于它与它的最近邻居有无可信的距离。该方法的最大局限是地域性太强，因他的距离函数与树种等有关。

（3）森林资源清查数据系统整体界面（ISIS）

森林资源清查数据系统整体界面（ISIS）由 Pommerening（1998）研制而成。这个系统直接应用现有的样圆数据来进行森林结构重建。将来自同一森林类型的所有样圆园组成一个总体，用抽样的方法将样圆随机抽取，并放置于按一定角度旋转的水平地面上，抽样次数由直径分布决定。用这种方法产生宏观结构。样圆之间空隙中的树木按结构模拟器 Strugen 中的微观调控原则进行，唯一不同的是在距离调整中增加了按样圆中树木实际最小和最大距离即 $\alpha$ -规则性（$\alpha_{min}$，$\alpha_{max}$）的附加判定条件。该方法应用的先决条件是必须拥有测定了树木位置坐标的样圆。

（4）分层控制法

Biber(1999)在利用样地信息进行样地边缘树木复制中介绍了分层控制法，控制变量直接来源于样地中的不同层次的树种断面积、混交度等。林木之间的距离用 $\alpha$ -规则性来调节。不同于 Strugen 之处是采用了 $\alpha$ -距离分布，即将观察到的 $\alpha$ 最大和最小距离六等分，并统计各等分的频率。该方法主要用来复制样地边缘带中的林木结构，应用的先决条件显然是样地中心的林木结构为已知。

（5）推移法

在林分结构重建中 Lewandowski 和 Gadow（1997）曾经试用过该方法。按照二位作者的研究此方法由于效率太低而有待改进，而文中的林木属性的交换方法值得推广。

（6）演替法

森林结构重建实质上体现了林木的初始分布格局的产生、点的调节和林木属性的交换过程。显然，林木的初始分布格局对后续的点格局的优化调节速度有直接的影响，而在上面所介绍的方法中对初始的林木分布格局并无任何要求，多数建立在随机分布的模板上。所以，该方法为了提高重建的有效性首先通过抽样调查获得被重建林分的林木分布格局类型。

原则上讲，林木空间分布格局分为随机、均匀和集群 3 种。随机分布指林木在水平地域上以连续等概的方式分布。种群个体的分布相互间没有联系，每个个体的出现都有同等的机会。均匀分布意味着林木之间在水平地域上持有最大的距离；林木在水平空间中的分布是均匀等距的，或者说林木对其最近相邻树以尽可能最大的距离均匀地分布在林地上，林木之间互相排斥。在所有取样单元中接近平均株数的单元最多，密度极大或极小的情形都很少。集群分布比随机分布的林分有更多的超过平均密度的团存在，也就是说，林木之间互相吸引。

林木分布格局类型可通过空间结构参数如 Clark & Evans 指数（Clark and Evans，1954）、L-和双相关函数（Stoyan，1992）以及角尺度（Gadow et al.，1998；Hui and Gadow，

2002)等来表达。与其他的结构变量相比,角尺度由于它的表现力(体现结果的能力)和外业调查简易性等(Albert,1999;Pogoda et al.,1999;Pommerening and Gadow,2000)将愈来愈受到重视。根据 Gadow 和 Hui(2002)新近的研究,若角尺度的平均值 $\overline{W}$ 在范围[0.475,0.517]之中则林木的分布为随机分布;低于此范围的下限值则林木的分布为规则分布;而高于此范围的上限值则林木的分布为集群分布。这一研究为用角尺度判断林木分布格局提供了简单而有效的途径,也为该方法提供了新的契机。

林木分布格局的重建可分两步走:选择初始分布格局和优化分布格局,在此,目标方程为:

$$\sum \{ |\omega_i - \omega_0| + |\theta_i - \theta_0| \} \times 100 \to \min \qquad (2-59)$$

式中:$\omega_i$ 为模拟林分的角尺度相对频率分布;$\omega_0$ 为待重建林分的角尺度相对频率分布;$\theta_i$ 为模拟林分的距离相对频率分布;$\theta_0$ 为待重建林分的距离相对频率分布。

首先根据抽样调查所确定的林木分布格局类型模拟产生若干个(如 100 个)林分,然后按照目标方程选择最接近目标的林分,并将此林木分布格局作为模板。在此模板基础上开始调整或优化点坐标,在此,先得找出要调整的点。这个点必须是处于距离或角尺度频率分布中与待重建林分相差最大的那个点。如果由于这个点的调整(临时取消随后立即随机产生一个新点)能使目标方程的值变小,那么,就接受这个调整(生与死或新旧更替过程)。否则,再将此点放回原处。这个过程很像森林的自然演体,所以,这里将此方法简称为演替法。

虽然选择过程和优化过程有共同的目标方程,但二者有很大的区别。选择是针对群体的,变化快速而彻底;而优化是针对个体的行为,所以,变化相对缓慢且属于渐变。显然,建立在选择基础上的优化是最为有效的。图 2-48 展示了该方法采用的重建模拟流程。

林木格局重建结束后,可仿照 Lewandowski 和 Gadow(1997)的交换法进行林木属性的优化。这里主要针对直径分布、混交度(Füdner,1995;Gadow and Hui,2002)分布和大小比数(Hui et al.,1998;Gadow and Hui,2002)分布进行优化。

## 2.4.2 距离模型

以上介绍的这些方法或者直接需要待重建林分的距离信息或者要事先拟合与树种有关的距离函数。然而,在林业调查实践中通常由于调查费用的缘故而不进行林木之间的距离测定,更何况在林业试验中可供支配的用于树种距离参数化的数据也是有限的。因此,建立与树种无关的预估距离的模型和提出一个普遍有效的恢复与重建森林结构的途径势在必行。

(1)参照树与它的最近第 1 株树的距离分布

Hui 和 Gadow(2002)的模拟研究结果表明,参照树与它的最近第 1 株树的距离分布形状为单峰,这个观察被 Stoyan(1992)对现实云杉、欧洲赤松、欧洲山毛榉和欧洲橡树林分的调查结果所证实。Pommerening(1997)也有类似的观察结果。这预示着距离分布如同直径分布一样可以用经验分布函数来描述。在此人们很自然地就想到了常用来描述直径分布的韦布尔(Weibull)函数。

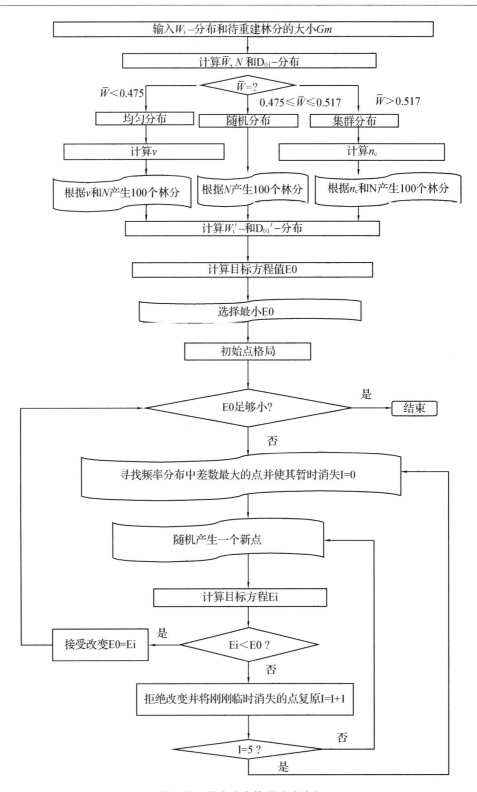

**图 2-48　林木分布格局重建流程**

据此，假设距离分布遵从韦尔分布，韦布尔密度函数表达式为：

$$f(x) = \frac{c}{b} \cdot \left(\frac{x-a}{b}\right)^{c-1} \cdot e^{-\left(\frac{x-a}{b}\right)^c} \tag{2-60}$$

累计分布为：

$$F(x) = 1 - e^{-\left(\frac{x-a}{b}\right)^c} \tag{2-61}$$

式中：$x$ 为最近树距离；$a$ 为位置参数；$b$ 为尺度参数；$c$ 为形状参数。

为了检验距离分布遵从 Weibull 分布这种假设，特地用统计模拟程序 Stochastic Geometry 4.1（Stoyan，1992），产生了 30 个模拟林分。距离用专门的软件（Winkelmass1.0）来计算。并用 Kolmogoroff-Smirnoff（K-S）检验进行分布检验。研究结果见表 2-24。

表 2-24　30 个林分的距离分布检验结果

| 种群分布格局类型 | Nr | Weibull-分布参数 | | | $R^2$ | RMSE | $\hat{D}$ | $D_{0.05}$ |
| --- | --- | --- | --- | --- | --- | --- | --- | --- |
| | | $a$ | $b$ | $c$ | | | | |
| 随机 | 1 | 0 | 3.074 | 2.165 | 0.9989 | 0.01 | 0.032 | 0.081 |
| | 2 | 0 | 2.765 | 2.067 | 0.9997 | 0.01 | 0.014 | 0.074 |
| | 3 | 0 | 2.500 | 1.969 | 0.9988 | 0.01 | 0.030 | 0.067 |
| | 4 | 0 | 2.350 | 2.155 | 0.9993 | 0.01 | 0.021 | 0.064 |
| | 5 | 0 | 2.123 | 2.047 | 0.9990 | 0.01 | 0.028 | 0.059 |
| | 6 | 0 | 1.318 | 1.991 | 0.9986 | 0.01 | 0.033 | 0.077 |
| | 7 | 0 | 1.477 | 2.181 | 0.9985 | 0.01 | 0.028 | 0.088 |
| | 8 | 0 | 1.692 | 1.854 | 0.9974 | 0.02 | 0.056 | 0.102 |
| | 9 | 0 | 1.596 | 2.167 | 0.9976 | 0.02 | 0.040 | 0.092 |
| | 10 | 0 | 1.726 | 2.138 | 0.9994 | 0.01 | 0.022 | 0.099 |
| 团状 | 11 | 0 | 1.933 | 1.619 | 0.9989 | 0.01 | 0.034 | 0.066 |
| | 12 | 0 | 2.043 | 1.601 | 0.9979 | 0.01 | 0.048 | 0.069 |
| | 13 | 0 | 2.209 | 1.656 | 0.9970 | 0.02 | 0.050 | 0.076 |
| | 14 | 0 | 2.129 | 1.772 | 0.9993 | 0.01 | 0.019 | 0.076 |
| | 15 | 0 | 2.132 | 1.591 | 0.9991 | 0.01 | 0.020 | 0.070 |
| | 16 | 0 | 1.830 | 1.507 | 0.9985 | 0.01 | 0.037 | 0.065 |
| | 17 | 0 | 2.034 | 1.562 | 0.9965 | 0.02 | 0.049 | 0.065 |
| | 18 | 0 | 2.076 | 1.713 | 0.9985 | 0.01 | 0.029 | 0.074 |
| | 19 | 0 | 1.947 | 1.624 | 0.9985 | 0.01 | 0.031 | 0.062 |
| | 20 | 0 | 2.042 | 1.726 | 0.9977 | 0.02 | 0.046 | 0.063 |
| 均匀 | 21 | 0 | 2.143 | 2.798 | 0.9931 | 0.03 | 0.052 | 0.108 |
| | 22 | 0 | 2.181 | 3.473 | 0.9994 | 0.01 | 0.044 | 0.107 |
| | 23 | 0 | 2.156 | 3.021 | 0.9989 | 0.01 | 0.042 | 0.104 |
| | 24 | 0 | 2.391 | 4.068 | 0.9984 | 0.02 | 0.045 | 0.109 |
| | 25 | 0 | 1.986 | 2.482 | 0.9993 | 0.01 | 0.043 | 0.107 |
| | 26 | 0 | 2.056 | 2.803 | 0.9963 | 0.02 | 0.043 | 0.107 |
| | 27 | 2.17 | 1.09 | 1.66 | 0.9963 | 0.02 | 0.011 | 0.075 |
| | 28 | 1.05 | 0.53 | 1.46 | 0.9974 | 0.01 | 0.018 | 0.077 |
| | 29 | 0.69 | 0.71 | 1.45 | 0.9992 | 0.01 | 0.014 | 0.077 |
| | 30 | 1.20 | 1.45 | 1.42 | 0.9978 | 0.01 | 0.017 | 0.075 |

注：$a$，$b$，$c$ 为 weibull-函数的参数；$R^2$ 为相关指数；RMSE 为标准差；$\hat{D}$ 为最大差的绝对值；$D_{0.05}$ 为 $K-S$ 临近值，显著水平为 0.05。在均匀分布中编号 27~30 的林分模拟时采用了低的变异（方形网格变异数在 40% 以下）。

由表 2-24 可见，拟合的相关指数很高并且标准差小。绝对最大差异没有一个超过 K – S – 临近值，显著水平达 $\alpha = 0.05$。这表明最近距离分布可以用 Weibull 函数很好地予以描述。此外还可以看出，通常最近距离可用 2 参数予以描述，只有对于林木水平分布格局为特别均匀时才有必要用 3 参数来描述，而这种林木水平格局为特别均匀在天然林中是不常见的。图 2-49 显示了上面 30 个模拟林分中部分林分的距离分布图式。

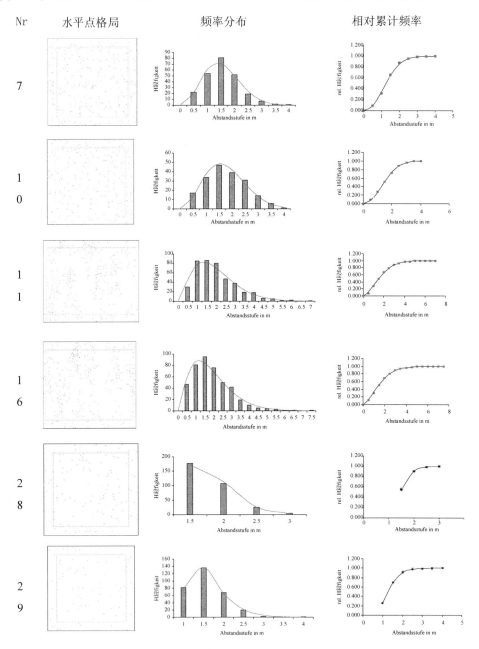

图 2-49  最近距离(实际和理论)分布图式

（2）Weibull 分布参数 $b$ 和 $c$ 的预测

任何种群都有自己适合的分布形式。通常而言，均值和标准差是分布的最重要的特征。在直径分布研究时，Gadow（1987）指出，Weibull 函数的参数 $b$ 和 $c$ 可以通过均值和标准差很好地预估，所以完全有可能将这种研究应用于最近距离预测。

为了建立参数 $b$ 和 $c$ 的预估方程，特模拟了 115 林分，其中，50 个随机分布林分，50 个团状分布林分，15 个均匀分布的林分。图 2-50 显示了 $b$，$c$ 和 $D_{01}$ 与 $D_{01}/S_{01}$ 的关系。在此，$D_{01}$ 表示平均最近距离，$S_{01}$ 表示最近距离标准差。

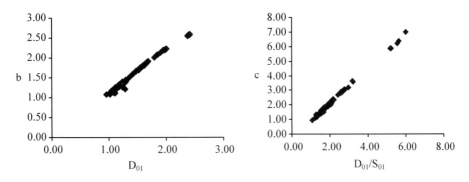

**图 2-50　$b$，$c$ 和 $D_{01}$ 与 $D_{01}/S_{01}$ 的关系**

由图 2-50 可以看出，$b$，$c$ 和 $D_{01}$ 与 $D_{01}/S_{01}$ 为直线关系。可用下式来表达：

$$b = a_1 + a_2 D_{01} \tag{2-62}$$

其中：$a_1 = 0.027739$，$a_2 = 1.128747$，（$R^2 = 0.987$；$RMSE = 0.043$；$n = 115$）。

$$c = a_1 + a_2 \left( \frac{D_{01}}{S_{01}} \right) \tag{2-63}$$

其中：$a_1 = 0.321487$，$a_2 = 1.206536$，（$R^2 = 0.997$；$RMSE = 0.059$；$n = 115$）。

（3）估计 $D_{01}$ 和 $S_{01}$

通常 $D_{01}$ 和 $S_{01}$ 是未知的，所以必须通过在林业实践中经常使用的变量（借助于抽样调查可以获得）来预测，显然，$D_{01}$ 和 $S_{01}$ 与种群密度及其分布格局有关。

有无数的量化描述林木格局分布的方法，其中，角尺度（Gadow et al.，1998；Hui u. Gadow，2002）具有其他指数无法比拟的优点。比如，可通过抽样调查且无需昂贵的距离测量；在结果的表达上既可以用测量值的分布也可以用很具说服力的平均值（Albert，1999；Pommerening and Gadow，2000）。因此，这里用角尺度来描述林木分布格局。

为建立 $D_{01}$ 和 $S_{01}$ 的预测方程，特模拟产生了总数达 9900 个模拟林分。表 2-25 显示了模拟林分的初始值组合。

上述模拟林分的角尺度的测定、参照树与它的第 1 最近邻居间的平均距离及其标准差的计算均是通过模拟软件进行。为避免边缘效应的影响，所有样地均设有 5 m 的缓冲区。

**表 2-25  9900 个研究林分的初始值及其组合**

| 分布格局类型 | | | | | | | | | | |
|---|---|---|---|---|---|---|---|---|---|---|
| 团状 | | | | 均匀 | | | | 随机 | | |
| nc | Gm | nm | N | v | Gm | nm | N | Gm | nm | N |
| 5 | $75 \times 75$ | 120 | 213 | 40 | $60 \times 60$ | 180 | 500 | $60 \times 60$ | 180 | 500 |
| 10 | $60 \times 60$ | 120 | 333 | 50 | $50 \times 50$ | 200 | 800 | $50 \times 50$ | 200 | 800 |
| 20 | $60 \times 60$ | 180 | 500 | 60 | $50 \times 50$ | 300 | 1200 | $50 \times 50$ | 300 | 1200 |
| 30 | $50 \times 50$ | 200 | 800 | 70 | $50 \times 50$ | 400 | 1600 | $50 \times 50$ | 400 | 1600 |
| 40 | $50 \times 50$ | 300 | 1200 | | $50 \times 50$ | 500 | 2000 | $50 \times 50$ | 500 | 2000 |
| 50 | $50 \times 50$ | 400 | 1600 | | $50 \times 50$ | 600 | 2400 | $50 \times 50$ | 600 | 2400 |
| 60 | $50 \times 50$ | 500 | 2000 | | | | | | | |
| 70 | $50 \times 50$ | 600 | 2400 | | | | | | | |
| 80 | | | | | | | | | | |
| 90 | | | | | | | | | | |

注: nc 为团数; Gm 为模拟面积大小($m^2$); nm 为在模拟面积 Gm 上的株数; N 为每公顷株数; v 为方形网格点的变异(%)。

完成了这些基本计算以后，其它的统计分析利用软件包 STATISTICA 完成。提出了平均距离(模型 2-64)及其标准差(模型 2-65)预测模型。作为评价模型的标准，我们采用了相关指数($R^2$)、标准差($RMSE$ oder $S_{y.x}$)以及残差分析。结果如下:

$$D_{01} = a_0 \overline{W}^{a_1} D_T{}^{a_2 \overline{W}a_3} \qquad (2\text{-}64)$$

式中: $D_{01}$ 为距离均值(m); $\overline{W}$ 为角尺度均值; $D_T$ 为随机分布时的期望距离(m), 即 $D_T = \dfrac{1}{2\sqrt{N/10000}}$; N 为密度(公顷株数); $a_0 = 0.260085$; $a_1 = -1.80374$; $a_2 = 0.824596$; $a_3 = -0.283366$($n = 9900$; $R^2 = 0.925$; $w = 0.19$)。

$$S_{01} = a_0 \overline{W}^{a_1} D_T{}^{a_2 \overline{W}a_3} D_{01}{}^{a_4} \qquad (2\text{-}65)$$

式中: $S_{01}$ 距离标准差(m); $a_0 = 1.672161$; $a_1 = 1.694028$; $a_2 = 0.176981$; $a_3 = -1.41291$; $a_4 = 0.521439$($n = 9900$; $R^2 = 0.922$; $RMSE = 0.11$)。

相应的残差分布如图 2-51 所示。参数化的结果表明，模型具有很高的相关指数和很低的偏离。残差为正态分布，均值在零的附近，而且预测值残差分布为椭圆状，无明显的偏离倾向。这一切都表明所研制的模型与拟合数据的很好吻合。

(4)模型验证

① 模拟林分验证: 为了进一步验证所研制的统计模型，重新又产生模拟团状林分 2905、随机分布林分 500 个、均匀分布的林分 700 个。并用一系列的统计指标进行评价(Pretzsch u. Dursky, 2001):

$$相对误差 \quad \bar{e}(\%) = \frac{\bar{e}}{\overline{X}} \times 100 = \frac{\sum\limits_{i=1}^{n} e_i/n}{\overline{X}} \times 100 = \frac{\sum\limits_{i=1}^{n} (x_i - X_i)/n}{\overline{X}} \times 100 \qquad (2\text{-}66)$$

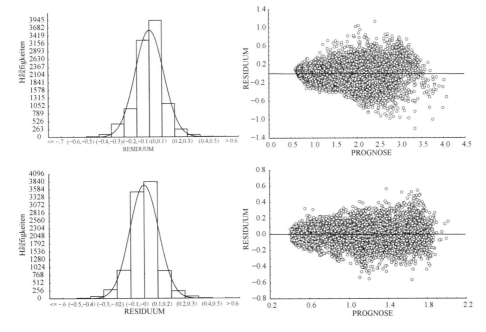

图 2-51　模型 (2-64)、(2-65) 的残差分布

式中：$\bar{e}$ 为误差；$\bar{x}$ 为平均的观察值；$X_i$ 为第 $i$ 个样本的观察值；$x_i$ 为第 $i$ 个预测值；$n$ 为样本数。

$$相对准确度 \quad s_e(\%) = \frac{s_e}{\bar{X}} \times 100 = \frac{\sqrt{\sum_{i=1}^{n}(e_i - \bar{e})^2 / (n-1)}}{\bar{X}} \times 100 \qquad (2\text{-}67)$$

式中：$s_e$ 为准确度。

$$相对精度 \quad m_x(\%) = \frac{m_x}{\bar{X}} \times 100 = \frac{\sqrt{s_e^2 + \bar{e}^2}}{\bar{X}} \times 100 \qquad (2\text{-}68)$$

式中：$m_x$ 为精度。

$$有效性 \quad EF = 1 - \frac{\sum_{1}^{n}(x_i - X_i)^2}{\sum_{1}^{n}(X_i - \bar{x})^2} \qquad (2\text{-}69)$$

这里对有效性作进一步说明。有效性的取值为 $-\infty$ 到 1。有效性值为 1，表明，模型和观察值完全一致。而有效性值为 0 表明用模型预测还不如用平均值好。有效性值为负数则意味着模型比平均值还要差即模型存在系统误差（Sterba *et al.*，2001）。表 2-26 显示了验证结果。

由表 2-26 可见，所研制的模型预测精度很高，实测数据与预测值吻合很好，最大误差仅为 $-0.12\text{m}$；相对误差仅为 $10.28\%$，预测准确度最大相差 $0.17\text{m}$，模型的有效性均超过 $0.80$。

②现实林分验证：作为对模拟林分的补充，验证又采用了 3 块试验地的天然林资

料。其中，2 块为中国东北红松阔叶林试验地（林木分布为随机），1 块为墨西哥爱萨萄的以云冷杉为主的天然混交林试验地（林木分布为聚集）。验证林分的共同特点为多树种天然混交林。表 2-27 显示了这些林分的重要特征。

表 2-26　验证结果

| 分布类型 | | 团状 | | 随机 | | 均匀 | |
|---|---|---|---|---|---|---|---|
| 模型 | | （2-64） | （2-65） | （2-64） | （2-65） | （2-64） | （2-65） |
| 误差 | 绝对 | 0.01 | -0.01 | -0.12 | -0.01 | -0.03 | -0.01 |
| | 相对(%) | 0.68 | -1.12 | -7.20 | -1.49 | -1.34 | -1.28 |
| 预估准确度 | 绝对 | 0.11 | 0.08 | 0.12 | 0.07 | 0.17 | 0.08 |
| | 相对(%) | 10.03 | 10.28 | 6.88 | 7.85 | 9.06 | 10.20 |
| 精度 | 绝对 | 0.11 | 0.08 | 0.17 | 0.07 | 0.17 | 0.08 |
| | 相对(%) | 10.06 | 10.34 | 9.96 | 7.99 | 9.15 | 10.28 |
| 有效性 | | 0.89 | 0.86 | 0.80 | 0.88 | 0.90 | 0.89 |

表 2-27　3 个验证林分的特征值

| 编号 | 试验地 | 样地面积 [$m^2$] | 密度 （N/$hm^2$） | 分布类型 | 树种 |
|---|---|---|---|---|---|
| 1 | 蛟河 （Jiaohe 1） | 900 | 800 | 随机 | *Pinus koraiensis*，*Fraxinus mandshurica*，*Abies holophylla*，*Acer mono* 等 13 个树种 |
| 2 | 蛟河 （Jiaohe 2） | 900 | 1044 | 随机 | *Pinus koraiensis*，*Juglans mandschurica*，*Abies holophylla*，*Tilia amurensis*，*Acer mono*，*Acer manshurica* 等 13 个树种 |
| 3 | 杜兰哥 （Durango） | 2500 | 628 | 聚集 | *Picea chihuahuana*，*Abies duranguensis*，*Pseudotsuga menziesii* 等 9 个树种 |

　　验证结果表明距离分布确实遵从 Weibull 分布；用上述距离（2-64）和标准差（2-65）模型所计算的结果与实际值非常接近；且其分布参数 $b$、$c$ 可直接用距离均值和标准差来进行估计（表 2-28 和图 2-52）。

表 2-28　3 块试验林分的验证结果

| Nr | RCE | $\overline{W}$ | $b$ | $c$ | $R^2$ | RMSE | $D_{01}$ | $S_{01}$ | $\hat{D}_{01}$ | $\hat{S}_{01}$ | $\hat{b}$ | $\hat{c}$ | $\hat{D}_{0.05}$ | $D_{0.05}$ |
|---|---|---|---|---|---|---|---|---|---|---|---|---|---|---|
| 1 | 1.049 | 0.4906 | 2.10 | 2.39 | 0.997 | 0.02 | 1.77 | 0.86 | 1.67 | 0.89 | 1.86 | 1.94 | 0.142 | 0.187 |
| 2 | 0.967 | 0.4911 | 1.86 | 1.96 | 0.997 | 0.02 | 1.65 | 0.89 | 1.46 | 0.80 | 1.62 | 1.87 | 0.130 | 0.181 |
| 3 | 0.887 | 0.5177 | 2.03 | 1.59 | 0.998 | 0.02 | 1.82 | 1.17 | 1.69 | 1.02 | 1.88 | 1.68 | 0.069 | 0.114 |

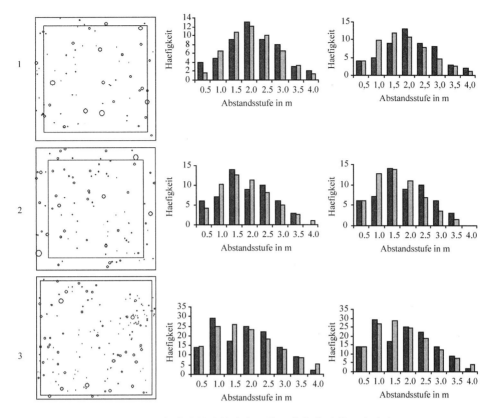

图2-52　3个试验林分的分布及其拟合与估计的距离分布

## 2.5　基于混交度的林木种群分布格局测度方法

混交度用来说明混交林中树种空间隔离程度，表明了混交林中任意一株树的最近相邻木为其他种的概率。迄今为止，国内外研究中尚未见到有关直接利用在表达树种隔离程度方面科学明了、在数据获取方面简单有效的混交度来成功分析种群分布格局的报道。通过研究树种混交度期望值与观测值的关系，提出了一种新的基于混交度的种群分布格局测度方法 DM，并给出了统计显著性检验方法。

实验林分位于中国西北甘肃小陇山林业实验局百花林场，地理坐标为33°30′~34°49′N，104°22′~106°43′E，海拔1700m，属暖温带向北亚热带过渡地带。林分类型为松栎针阔混交林，林分密度为888 株/公顷，平均胸径19.5cm，平均树高14m，树种数量高达33 种，主要树种有锐齿栎(*Quercus aliena* var. *acuteserrata* Maxim.)、太白槭(*Acer giraldii* Pax)、茶条槭(*Acer ginnala* Maxim.)、山榆(*Ulmus glabra* Huds.)、华山松(*Pinus armandii* Franch.)、白檀(*Symplocos paniculata* (Thunb.) Miq.)、甘肃山楂(*Crataegus kansuensis* Wils.)和多毛樱桃(*Cerasus polytricha* (Koehne) Yü et Li)等。

## 2.5.1  混交度判定种群分布的理论基础与方法

Gadow and Füldner 提出了描述混交林树种空间隔离程度的混交度 $\left( P_a = \dfrac{V_m}{W_d} \right)$ 概念，他被定义为参照树 $i$ 的 4 株最近相邻木 $j$ 与参照树不属同种的个体所占的比例（Gadow，1992；Gadow，1993；Füldner，1995；Pommerening，2002；Aguirre，2003；Hui，2011），其表达式见式（2-3）。林分平均混交度的表达式见式（2-4）。

混交林中树种混交度（$\bar{M}_{sp}$）的计算公式为：

$$\bar{M}_{sp} = \frac{1}{N_{sp}} \sum_{i=1}^{N_{sp}} M_i \tag{2-70}$$

式中：$N_{sp}$ 表示林分内 $sp$ 树种的株数（消除边缘效应后，该树种的有效个体数）。

根据超几何分布的原理，树种随机分布时其混交度的数学期望为（Lewandowski，1997；Pommerening，1997）：

$$\bar{M}_E = \frac{N - N_{sp}}{N - 1} \tag{2-71}$$

这里构建一个统计量 $D_M$：

$$D_M = \frac{\bar{M}_{sp}}{\bar{M}_E} \tag{2-72}$$

我们认为，在混交林中如果一个树种格局是随机的，那么，$D_M$ 的数学期望为 1，如果种群是聚集分布，则有 $D_M < 1$；如果种群个体分布比随机分布排列得更均匀（即为均匀分布），则有 $D_M > 1$。这是因为在树种株数组成（混交林中各树种的株数比例）一定的情况下，树种团状分布时，由于同树种相遇的机会大，也就是说该树种单木的最近相邻木为其他树种的概率变小，按照混交度公式计算，就会得出该树种平均混交度的值比该树种随机分布时林木的平均混交度值小；同样，均匀分布时，由于同树种相遇的机会小，就使得其树种的混交度大于随机分布树种的混交度。

下面举例说明上述推论。假设有一个人工模拟的随机分布的森林群落，模拟窗口大小为 100 m × 100 m，模拟株数为 1 000 株。这个群落由 3 个树种组成，各树种株数均等即各占 1/3，且每个树种都有不同的分布格局类型，如树种 a 的点格局为随机分布、树种 b 的点格局为均匀分布、树种 c 的点格局为聚集分布（图 2-53）。用软件 Winkelmass 计算这个人工模拟的森林群落的树种混交度（表 2-29），缓冲区设置为 5m（即将样地内距离每条林分边线 5 m 之内的环形区域设为缓冲区，其中的林木只做相邻木，缓冲区环绕的区域为核心区，其中的所有林木作为参照树而参与混交度计算）。

表 2-29 的结果十分清晰地证实了上述推论。随机分布的种群 a 在群落中的混交度与期望值几乎相等，其比值接近 1；均匀分布的种群 b 在群落中的混交度大于期望值，而在群落中聚集分布的种群 c 有较低的混交度，且其值与期望值之比小于 1。

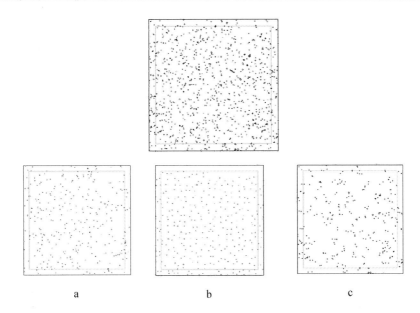

**图 2-53　一个假设由 3 个树种组成的森林群落及种群分布点格局**

**表 2-29　树种混交度、期望值及比值**

| 树种代码 | 格局类型 | 核心区株数 | $\bar{M}_{sp}$ | $\bar{M}_E$ | $D_M$ |
|---|---|---|---|---|---|
| $a$ | 随机 | 277 | 0.663 | 0.659 | 1.01 |
| $b$ | 均匀 | 263 | 0.815 | 0.676 | 1.20 |
| $c$ | 聚集 | 271 | 0.558 | 0.667 | 0.84 |

实测的树种混交度均值与该树种随机分布时的混交度期望值的差异显著程度可利用 $t$-分布进行检验：

$$t = \frac{\left| M_{-sp} - M_{-E} \right|}{s_{\bar{M}}} \tag{2-73}$$

$$s_{\bar{M}} = \frac{s}{\sqrt{N_{sp}}} = \frac{\sqrt{\dfrac{N - N_{sp}}{N - 1}\left(1 - \dfrac{N - N_{sp}}{N - 1}\right)\left(\dfrac{N - 4}{N - 1}\right)}}{\sqrt{N_{sp}}} \tag{2-74}$$

式中：$s_{\bar{M}}$ 代表树种 $sp$ 随机分布时其混交度遵从超几何分布的标准误，$s$ 为树种 $sp$ 随机分布时其混交度的标准差（Sachs，1992）。

按照 $t$-分布检验的原则：若 $t \leqslant t_{\alpha=0.05, \nu=N_{sp}-1}$，则可判断为随机分布；若实际 $t > t_{\alpha=0.05, \nu=N_{sp}-1}$，当 $D_M < 1$ 时，判断为聚集，当 $D_M > 1$ 时，判断为均匀分布。将这种用混交度检验格局的方法称为 $D_M$ 法。为检验该方法的有效性，特将其与聚集指数 $R$ 进行对比。

聚集指数 $R$ 是相邻最近林木距离的平均值与随机分布下期望的平均距离之比，通常也被称为最近邻体分析法（Nearest neighbor analysis，NNA）。聚集指数 $R$ 的计算公式为（Clark，1954）：

$$R = \frac{\bar{r}_A}{\bar{r}_E} \tag{2-75}$$

若 $R = 1$，则林木为随机分布；若 $R > 1$，则林木为均匀分布，最大值可以达到 2.1491；若 $R < 1$，则林木为聚集分布，$R$ 趋向于 0，表明树木之间的距离越来越密集。实测与预测的偏离程度可用正态分布进行检验（Kint et al.，2000）：

$$u = \frac{\bar{r}_A - \bar{r}_E}{\sigma_E} \tag{2-76}$$

$$\sigma_E = \sqrt{\frac{4 - \pi}{4\pi\rho\, n}} = \frac{0.26136}{\sqrt{\rho\, n}} = \frac{0.26136}{\sqrt{n^2/A}} \tag{2-77}$$

式中：$\sigma_E$ 是一个密度为 $\rho$ 符合 Poisson 分布的 $\bar{r}_E$ 标准差。

按照正态分布检验的原则：若 $|u| < 1.96$，则可判断为随机分布；若实际 $|u| > 1.96$，当 $R < 1$ 时，判断为聚集，当 $R > 1$ 时，判断为均匀分布。

### 2.5.2  $D_M$ 方法在天然混交林中的应用

将基于混交度建立的种群格局判定方法——$D_M$ 应用于西北甘肃小陇山天然林。研究分析了两块（样地 A 和 B）、面积为 70m×70m 的每木定位长期监测试验样地林分中主要树种（株数 >30 株）的林木分布格局即种群分布格局（图 2-54）。这两块固定试验地均记录了样地内胸径 $D >= 5\mathrm{cm}$ 的林木树种名称、胸径、树高、冠幅等。用 Winkelmass 软件计算林分空间结构参数混交度，缓冲区 5m。按照 $D_M$ 方法进行试验林分的种群分布格局检验（表 2-30）。

表 2-30  天然混交林的主要树种分布格局检验结果

| 样地号 | 群落/种群 | 核心区株数 | $\bar{M}_{sp}$ | $\bar{M}_E$ | $D_M$ | $t$ 值/格局类型 | $R$/格局类型 | $u$ | 一致性 |
|---|---|---|---|---|---|---|---|---|---|
| A | 锐齿栎 | 73 | 0.733 | 0.777 | 0.943 | 0.927/随机 | 0.884/随机 | −1.899 | Ok |
| | 太白槭 | 41 | 0.841 | 0.876 | 0.960 | 0.701/随机 | 1.036/随机 | 0.437 | Ok |
| | 华山松 | 41 | 0.732 | 0.876 | 0.835 | 2.920/团状 | 0.895/随机 | −1.291 | No |
| | 山榆 | 22 | 0.932 | 0.935 | 0.997 | 0.065/随机 | 0.976/随机 | −0.217 | Ok |
| | 甘肃山楂 | 24 | 0.688 | 0.929 | 0.740 | 4.929/团状 | 0.511/团状 | −4.579 | Ok |
| | 白檀 | 24 | 0.615 | 0.929 | 0.662 | 6.419/团状 | 0.585/团状 | −3.886 | Ok |
| B | 锐齿栎 | 59 | 0.750 | 0.820 | 0.915 | 1.434/随机 | 0.925/随机 | −1.103 | Ok |
| | 太白槭 | 63 | 0.468 | 0.807 | 0.580 | 7.000/团状 | 0.497/团状 | −7.641 | Ok |
| | 山榆 | 26 | 0.856 | 0.922 | 0.928 | 1.353/随机 | 0.821/随机 | −1.749 | Ok |
| | 茶条槭 | 30 | 0.900 | 0.910 | 0.989 | 0.201/随机 | 1.028/随机 | 0.289 | Ok |
| | 多毛樱桃 | 23 | 0.783 | 0.932 | 0.840 | 3.049/团状 | 0.635/团状 | −3.353 | Ok |

由表 2-30 可知，两种格局检验方法对树种格局的检验结果基本一致。两种方法仅对样地 1 中树种华山松的分布的判断结果出现了不一致的情况。实际上，样地 1 中华山松种群的分布明显为团状（见图 2-54），用 $D_M$ 判断为聚集（团状），聚集指数 R 则判断为随机，属于误判。可见，混交度方法 $D_M$ 能准确判断种群分布格局，克服了聚集指数 R 的理论缺陷，即树木最近邻体几乎总是在树木组（团）内（Cox，1971；Füldner，1995）。格局检验的混交度方法 $D_M$ 与经典的聚集指数 R 的符合率达 91%，而准确率达 100%。

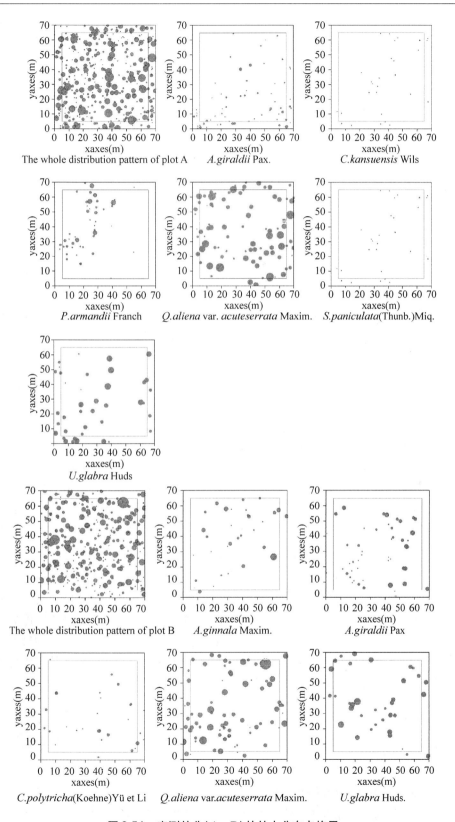

The whole distribution pattern of plot A

*A.giraldii* Pax.

*C.kansuensis* Wils

*P.armandii* Franch

*Q.aliena* var. *acuteserrata* Maxim.

*S.paniculata*(Thunb.)Miq.

*U.glabra* Huds

The whole distribution pattern of plot B

*A.ginnala* Maxim.

*A.giraldii* Pax

*C.polytricha*(Koehne)Yü et Li

*Q.aliena* var.*acuteserrata* Maxim.

*U.glabra* Huds.

**图 2-54　实测林分(A、B)的林木分布点格局**

Gadow 的混交度不仅是一个重要的表述树种隔离程度的空间结构指数，也是能够进行种群（树种）分布格局类型精准测度的指标。Lewandowski and Pommerening（1997）研究了随机分布林分混交度与观测的混交度的关系，按照超几何分布的原理，给出了随机分布林分的树种混交度期望值计算公式，但并没有给出统计量 $D_M$。我们认为，在混交林中如果一个树种格局是随机的，那么，统计量 $D_M = \overline{M}_{sp}/\overline{M}_E$ 的数学期望为 1，如果种群是聚集分布，则有 $D_M < 1$；如果种群个体分布比随机分布排列得更均匀（即为均匀分布），则有 $D_M > 1$。这是因为在树种株数组成一定的情况下，树种团状分布时，由于同树种相遇的机会大，也就是说该树种单木的最近相邻木为其他树种的概率变小，按照混交度公式计算，就会得出该树种平均混交度的值比树种随机分布时林木的平均混交度值小；同样，均匀分布时，由于同树种相遇的机会小，就使得其树种的混交度大于随机分布树种的混交度。表 2-30 的例子进一步证实了我们的分析。为检验统计量 $D_M$ 与 1 的差异程度，该处还给出了 t 显著性检验方法。将这一方法应用于我国西北甘肃小陇山天然混交林中树种分布格局检验，与经典的聚集指数 R 的符合率达 91%，而准确率达 100%，明显克服了聚集指数 R 的理论缺陷。这一方法的提出不仅发展了混交度理论、扩大了混交度的应用范围，而且进一步完善了基于相邻木关系的林分空间结构研究。

# 2.6　空间结构参数二元分布

复杂的森林结构通常意味着稳定而持久的生态功能，因而森林结构和组成对森林经营和生态功能有着特殊的意义，准确的分析方法是破译森林结构奥秘的关键。林分是森林结构最重要的水平层次之一。当前已有大量的林分结构描述方法，但一些分析指标的表达能力欠佳，如物种多样性指数，由于它们自身能力的不足而需要补充其他指标来加强对空间结构多样性的分析。一些指标的准确性不高，如复杂性指数和林分多样性指数，它们只是将结构的几方面特征进行机械的组合，自然很难反映林分真实的结构状况，亦很难应用至指导森林经营中去，如采伐木的选择。此外，还有少数指标的应用潜力尚未被充分的挖掘，如结构参数角尺度、混交度和大小比数之间的内在联系以及它们在表达结构上的频率优势均未被很好的应用，这些方法都只能够刻画林分的整体（宏观）结构特征。基于这些认识，目的是从描述林分结构的诸多方法中探寻简捷有效、实践可行的分析途径并对它们的关系进行深入研究，试图提出林分的微观结构分析新方法，旨在为森林可持续经营提供更加精细的结构分析和调整途径。

## 2.6.1　二元分布概念及数学描述

一元或二元分布指一维（元）离散型随机变量及其分布和二维（元）离散型随机变量及其分布（盛骤等，2009）。

（1）一维（元）离散型随机变量及其分布

离散变量即全部可能取值是有限个或可列无限多个的随机变量。设一维离散型随机

变量 $X$ 所有可能的取值为 $x_k(k=1，2，\cdots)$，$X$ 取各个可能值的概率为：

$$P\{X = x_k\} = p_k \tag{2-78}$$

式中：$p_k$ 满足如下两个条件：$p_k \geqslant 0$，$k=1，2，\cdots$，$\sum\limits_{k=1}^{\infty} p_k = 1$。

离散变量 $X$ 分布规律可以用表 2-31 表示。

**表 2-31　随机变量 $X$ 取各个值的概率的规律**

| $X$ | $x_1$ | $x_2$ | $\cdots$ | $x_n$ | $\cdots$ |
|---|---|---|---|---|---|
| $P$ | $p_1$ | $p_1$ | $\cdots$ | $p_n$ | $\cdots$ |

相应地，一维随机变量 $X$ 的分布函数表达式为：

$$F(x) = P(X \leqslant x) = \sum\nolimits_{x_k \leqslant x} p\{X = x_k\} \tag{2-79}$$

式中：$-\infty < x < \infty$。

它可以描述离散型和连续型随机变量，对于任意实数 $x_1$，$x_2(x_1 < x_2)$，则有：$P\{x_1 < X \leqslant x_2\} = P\{X \leqslant x_2\} - P\{X < x_1\} = F(x_2) - F(x_1)$。$F(x)$ 是一个不减函数，取值范围 $0 \leqslant F(x) \leqslant 1$。

（2）二维（元）离散型随机变量及其分布

设 $(X，Y)$ 是二维随机变量，对于任意实数 $x$，$y$ 二元函数可以表示为：

$$F(x，y) = P\{X \leqslant x\} \cap (Y \leqslant y)\} \tag{2-80}$$

记为 $P = \{X \leqslant x，Y \leqslant y\}$，称为二维随机变量 $(X，Y)$ 的分布函数，或称为随机变量 $X$ 和 $Y$ 的联合分布函数。如果二维随机变量 $(X，Y)$ 全部可能取得值是有限对或可列无限多时，则称 $(X，Y)$ 是离散的随机变量。设二维离散型随机变量 $(X，Y)$ 所有可能的值为 $(x_i，y_j)$，$i，j=1，2，\cdots$，记为 $P\{X=x_i，Y=y_j\}=p_{ij}$，$i，j=1，2，\cdots$，则有：$p_{ij} > 0$，$\sum\limits_{i=1}^{\infty}\sum\limits_{j=1}^{\infty} p_{ij} = 1$。

$$F(x，y) = \sum\nolimits_{x_i \leqslant x}\sum\nolimits_{y_j \leqslant y} p_{ij} \tag{2-81}$$

其中和式是对一切满足 $x_i \leqslant x$，$y_j \leqslant y$ 的 $i$，$j$ 的求和，离散变量 $(X，Y)$ 的联合概率分布可以用表 2-32 表示。

**表 2-32　随机变量 $X$ 和 $Y$ 的联合概率分布（引自盛骤等，2009）**

| $Y$ ＼ $X$ | $x_1$ | $x_2$ | $\cdots$ | $x_i$ | $\cdots$ |
|---|---|---|---|---|---|
| $y_1$ | $p_{11}$ | $p_{21}$ | $\cdots$ | $p_{i1}$ | $\cdots$ |
| $y_2$ | $p_{12}$ | $p_{22}$ | $\cdots$ | $p_{i2}$ | $\cdots$ |
| □ | □ | □ | | □ | |
| $y_i$ | $p_{1j}$ | $p_{2j}$ | $\cdots$ | $p_{ij}$ | $\cdots$ |
| □ | □ | □ | | □ | |

## 2.6.2　结构参数二元分布

因素的频率分布可提供更加丰富和具体的结构信息。例如，根据点格局分析可判断出样方内任意尺度上的格局分布，而由 Clark & Evans 指数仅能知道样方整体的格局分布。再如，混交度的一元分布提供了不同混交状态林木的比例，而它的均值仅能反映林分的整体混交状况。相似的情况同样存在于其他指标之间。因此，一个逻辑性的推理就是分析两个结构因素之间的频率关系，可能有助于进一步揭示林分结构的内在关联。由上述分析可知，迄今为止无论是非空间分析方法还是空间分析方法都仅能提供林分或种群的单方面或整体的结构特征，而无法提供林分内具有某类共同特征的林木的微观结构特征，例如优势木，中庸木或劣势木等。这种微观结构特征或者说相邻木的空间多样性无论是对需要特定生长微环境的物种保护还是对森林经营都具有十分重要的意义。目前林业上已有少数文献（e. g. , Tewari & Gadow，1999；Zucchini et al，2001；Wang & Ren-nolls，2007；Wang et al，2008；Petrauskas & Rupšys，2010）研究了两个变量之间的联合概率分布（主要集中在树高与胸径之间的关系），即二元分布，并发现二元分布描述同龄林的树高 - 直径数据可为人们提供许多有用的信息（Hafley & Schreuder，1977；Wang et al，2008）。然而，现有的二元分布研究主要关注树高与胸径之间的关系，其研究目的基本思想仍是以木材生产为中心，研究方法多是基于一个被称为 Johnsson SB 的边际函数（Johnsson，1949a，1949b；Wang et al. ，2008），用它拟合出胸径、树高或年龄的二元分布函数，似乎很难反映林分的微观结构状况。

　　Gaodw 和 Hui（1993）在总结前人研究的基础上，认为林分空间结构主要包括不同种类林木在林地上的分布方式，不同大小林木个体之间的分化程度以及树种之间的混交状态。目前为止，这一提议已经得到普遍认可并被广泛应用到森林空间结构分析和经营效果评价中（Pommerening，2002；Aguirre et al，2003；Graz，2006；Pommerening，2006；Li et al，2012）。分布方式即在林木个体的垂直投影在水平面上的分布格局（图 2-55），从总体上决定了林分内的光照分配体系和更新方式，并强烈地影响树木的生长和木材产量的蓄积；不同树种数量和分布状况构成了混交度，它描述的是不同树种的个体在林地上的相互位置关系（图 2-56），决定了林分内部光照条件和枯落物成分，并控制许多生物和非生物的过程；大小分化描述的是相邻木个体之间在胸径（周长）、树高、冠幅或是根幅等方面的差异（图 2-57）。林分空间的这 3 方面结构特征可以用一组基于最近相邻木空间关系的结构参数角尺度、混交度和大小比数分别描述。它们的表达方式完全相同（有 5 个固定的取值等级），理论基础亦相似（均以同一个结构单元为基础，围绕一株树与其周围相邻木之间的空间关系）。

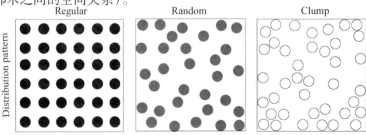

图 2-55　3 种典型的分布格局图

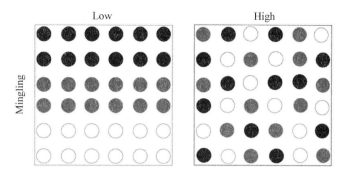

图 2-56　2 种不同的树种混交度图（引自 Graz, 2006）

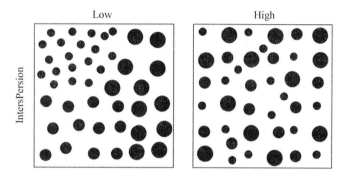

图 2-57　3 种不同大小林木的大小混交度图（引自 Gadow, 1999）

　　根据上述对角尺度、混交度和大小比数的具体分析可知，在一个由 5 株树构成的基本结构单元（Structural Group of Five）中，参照树和它的最近 4 株相邻木之间的树种关系、大小关系以及分布关系各有 5 种。实际上，任何一个结构单元都同时包含分布格局，树种和大小这 3 方面的因素，各因素的不同取值构成了多种多样的结构单元，也就是当同时将分布格局、树种和大小都考虑进结构单元中后可能得到许多种不同组合的结构单元（共有 125 种组合）。例如，两个结构单元的大小比数相同，但角尺度和混交度可能完全不同；或是角尺度相同，但混交度和大小比数完全不同；或者是混交度相同，但角尺度和大小比数不同。许许多多的不同结构单元共同构成了森林的有机整体。然而，在当利用结构参数的一元分布的方法（e. g., Aguirre et al, 2003; Graz, 2004; Laarmann et al, 2009）分析林分空间结构特征时，它们只能够各自独立地提供林分整体单方面的特征，即角尺度分布图仅展示林分整体的分布状况，而与混交度或大小比数没有任何关系；混交度分布图仅能够提供林分整体的混交状态，而不涉及直径大小或分布；直径大小比数分布图仅能说明树木大小分化，而与另外两个指标无关。因此，结构参数的一元分布无法展示结构单元中其他两种属性分布状况，这将不利于对林分空间结构的深刻认识。但应注意到角尺度、混交度和大小比数这 3 个结构参数之间是相互独立的，即上述提及的 3 个指标之间各自描述不同的林分空间属性，且每个结构参数均有相同的取值等级（也就是，0.00, 0.25, 0.50, 0.75, 1.00），这两个特征（独立和取值等级相同）为它们之间数学上的两两联合提供了必要条件（见表 2-32）。3 个结构参数的两两联合后可得到角尺度和混交度、角尺度和大小比数和混交度和大小比数 3 种不同的结构组合即 3 种二元分布，这些二元分布（本文将其命名为结构参数二元分布）能允许进一步认识林分空间结构特征。

### 2.6.3 群落空间结构二元分布特征

以 2007～2009 年的 6～9 月期间，在吉林省蛟河市东大坡自然保护区的 52、53 和 54 林班内，选择了能够代表红松阔叶林基本特征的三类典型林分，沿着张广才岭西北面建立了 6 块面积均为 100m × 100m 的永久性固定标准地样地，并将样地依次编号为 a、b、c、d、e 和 f。每一块样地代表研究区内不同林分类型，其中，样地 a 代表椴树红松针阔混交林，样地 b、d 和 e 代表桃楸红松针阔混交林，样地 c、f 代表水曲柳红松针阔混交林。利用全站仪（TOPCON-GTS-602AF）对胸径（1.3m 处）大于或等于 5cm 的每株林木进行定位，并进行全林每木测径、挂牌、记录树种名称和健康状况。同时，以随机点抽样的方式调查了样地中部分树高、幼苗更新数量和种类、林分郁闭度、枯立木等状况，此外，还详细地记录了海拔、坡度、坡向、坡位以及枯立木等基本状况（表 2-33）。所使用分析林分空间结构参数二元分布的资料皆为采伐前第一次测量的数据，这些组合的结果将以三维空间的形式展示红松阔叶林林分的空间结构特征。

**表 2-33　红松阔叶林 6 块样地林分基本特征**

| 样地 | 坡向 | 坡度（°） | 平均海拔（m） | 郁闭度 | 密度（株/hm²） | 平均树高（m） | 平均胸径（cm） | 树种数量 |
|---|---|---|---|---|---|---|---|---|
| a | 西北坡 | 17 | 600 | 0.85 | 1178 | 12.865 | 18.115 | 20 |
| b | 西北坡 | 9 | 600 | 0.90 | 797 | 13.733 | 22.455 | 19 |
| c | 西北坡 | 9 | 600 | 0.90 | 816 | 13.598 | 21.391 | 22 |
| d | 西北坡 | 9 | 600 | 0.80 | 808 | 13.873 | 20.780 | 19 |
| e | 西北坡 | 12 | 600 | 0.85 | 748 | 13.063 | 21.708 | 22 |
| f | 西北坡 | 9 | 600 | 0.90 | 936 | 13.858 | 19.604 | 19 |

（1）混交度和大小比数的二元分布

红松阔叶林 6 块标准地（a～f）的混交度和大小比数的二元分布共包含 5 × 5 = 25 组结构组合（图 2-58）。在同一大小比数等级上，频率值随着混交度等级的减少（Mingling = 1.00→0.00）而逐渐减少，当混交度等级为零（Mingling = 0.00）时，每列大小比数上的频率值也接近或等于 0，也就是说，Mingling = 1.00 时，各样地每列大小比数等级上的频率均值保持在 0.0858 – 0.1148；Mingling = 0.75 时，各大小比数等级上的频率均值保持在 0.0578～0.0698，Mingling = 0.50 时，各大小比数等级上的频率均值保持在 0.0249～0.0319，Mingling = 0.25 时，各大小比数等级上的频率均值保持在 0.0032～0.0124，Mingling = 0.00 时，各大小比数等级上的频率均值保持在 0.00132～0.00748。在同一混交度等级上，不同优劣状态的林木的数量相近，例如样地 b 中混交度等级为 0.75 的轴线上的 5 个频率值之间的最大差异仅有 0.021，再如样地 f 中混交度等级为 0.50 的轴线上的 5 个频率值之间的最大差异仅有 0.020，相同的情形也出现在同一个混交等级的其他结构组合之间。

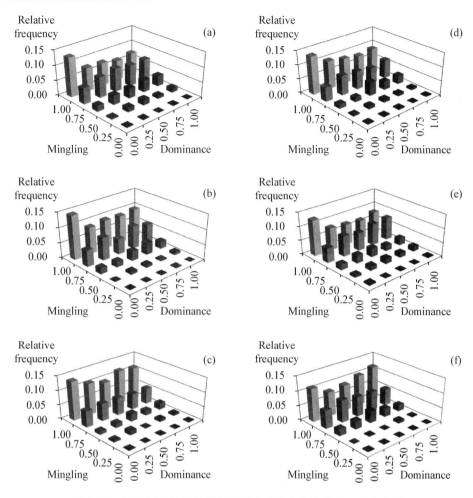

图 2-58　红松阔叶林 6 块样地的混交度和大小比数的二元分布图

（2）混交度和角尺度的二元分布

混交度和角尺度的二元分布图（图 2-59）表现出极大的相似性，即所有红松阔叶林的标准地（a ~ f）的最高频率值均出现在结构组合（Mingling = 1.00，Uniform angle index = 0.50）上，也就是说参照树周围最近 4 株相邻木为其他树种且呈随机分布的结构单元占样地全部结构单元的份额最高，分别为 0.248、0.289、0.345、0.258、0.248 和 0.311，而每块样地的其他结构组合频率均值都在 0.0316 以下，两者差距达 8 倍以上。除了角尺度等级为零（Uniform angle index = 0.00）以外，每列角尺度上的频率值均随着混交度等级的降低（Mingling = 1.00→0.00）而减小，并在混交度等级为零（Mingling = 0.00）时十分接近或等于 0。其中，角尺度等级越靠近随机分布轴（Uniform angle index = 0.50），频率值减幅越大；随着角尺度等级的提高（Uniform angle index = 0.00→1.00），每行混交度对应的频率值先增大后减小（除了 Mingling = 0.00 以外），并在中度混交等级（Mingling = 0.50）时达最大值。

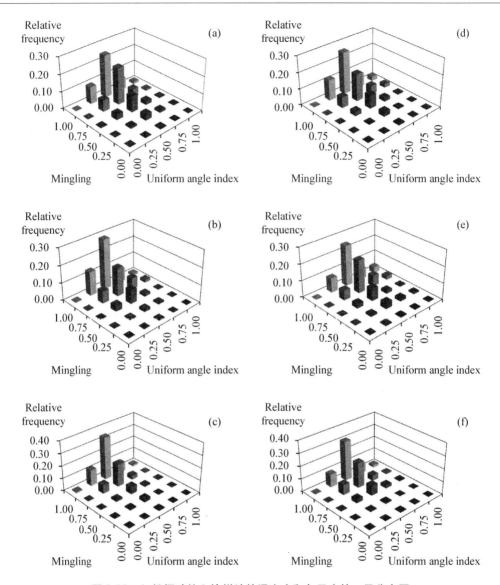

图 2-59　红松阔叶林 6 块样地的混交度和角尺度的二元分布图

（3）大小比数和角尺度的二元分布

红松阔叶林 6 块标准地（a－f）的大小比数和角尺度的二元分布图大致以中庸轴（Dominance＝0.50）和随机分布轴（Uniform angle index＝0.50）为中心呈两侧基本对称（图 2-60）。即随着角尺度等级的增加（Uniform angle index＝0.00→1.00），每行大小比数对应的频率值均先增加、到达最大值后再依次减小，整体呈近似常态分布。即处于随机分布轴（Uniform angle index＝0.50）的频率值占绝大多数，它在各样地中每行上的频率值均保持在 0.091～0.135 之间，而其他任何组合上的频率值都在 0～0.065 之间，两者相差甚远。实际上，任何两块样地之间的不同大小比数等级（Dominance＝0.00→1.00）上的林木的分布格局极其相似。为进一步了解不同优劣态势树木的分布格局，对每行大小比数对应的频率分布进行深入分析，发现所有标准地的中庸轴（Dominance＝

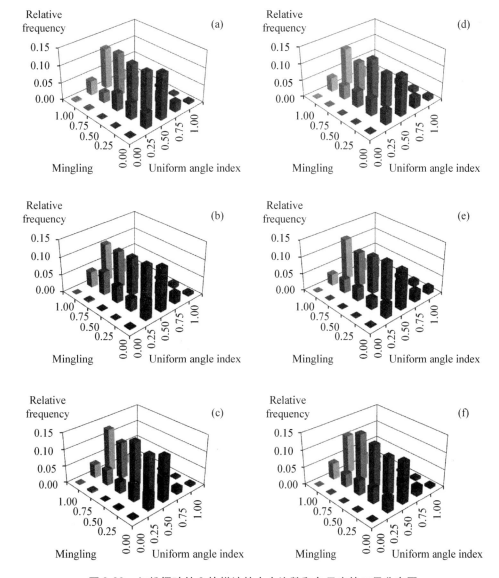

图 2-60 红松阔叶林 6 块样地的大小比数和角尺度的二元分布图

0.50）对应的平均角尺度（$\overline{W}$）均落在随机分布区间［0.475～0.517］（Hui & Gadow，2002），也就是说，这些林木整体处于随机分布状态。从东北天然红松阔叶林的结构参数二元分布中看出大部分林木处于强度混交和随机分布状态，几乎没有 5 棵同种树木聚生在一起的情况；不同优劣态势的林木个体多数与其他树种伴生，处于随机分布状态的林木其周围一般都是其他树种和处于中庸状态的林木在林分中以随机分布形式存在。这些结构特征可能透露了红松针阔混交林空间结构的高度异质性。它们很容易在实地考察中被发现，并可能在认识和经营森林的过程中起到十分重要的作用。

## 2.6.4 种群空间结构二元分布特征

水核林是天然红松阔叶林中典型的地带性顶级植被类型之一（Shao et al，1994；王业蘧，1995；谢小魁等，2011），它是以水曲柳和核桃楸两个种群共同作为顶级树种红松的主要伴生树种的植物群落（种群点格局分布见图2-61）。与其他种群相比，无论是个

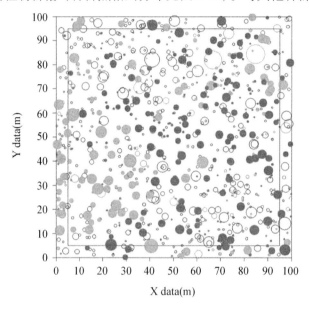

**图 2-61　水曲柳、核桃楸和暴马丁香种群在水核林中的分布格局**

注：空心圆圈为其他树种的分布格局。图形包括两个方框，它们之间的距离是 **5 m**（全林分树木之间的平均距离小于 **5 m**）。当计算林分结构参数时，两框之间的面积为缓冲区即其中的林木个体仅作为相邻木，而不作为参照树。为更清晰展示它们的分布情景，在保持圆心不变的前提下，放大所有林木的比例至 5 倍。

体数量还是大小，水曲柳和核桃均占据明显优势（表2-34），相对多度分别为15.17% 和13.99%，平均胸径（mean DBH）分别为 23.09cm 和 25.55cm。而暴马丁香是水核林中最常见的下层小乔木，相对多度和平均胸径分别为 6.196% 和 7.655cm（相对多度占前10 的种群的径阶箱式图见图2-62）。

**表 2-34　水核林中主要树种及其数量特征**

| 树种 | 株数 | 相对多度（%） | 公顷断面积（m²/hm²） | 平均胸径（cm） | 直径变异系数 |
|---|---|---|---|---|---|
| 沙松（A. holophylla） | 14 | 1.495 | 1.493 | 28.771 | 0.830 |
| 白牛槭（A. mandshuricum） | 149 | 15.918 | 1.978 | 11.327 | 0.553 |
| 色木槭（A. mono） | 119 | 12.713 | 2.514 | 13.540 | 0.686 |
| 青楷槭（A. tegmentosum） | 5 | 0.534 | 0.026 | 8.120 | 0.182 |
| 唐李（A. sinica） | 1 | 0.106 | 0.0038 | 7.000 | 0.000 |

（续）

| 树种 | 株数 | 相对多度（%） | 公顷断面积（m²/hm²） | 平均胸径（cm） | 直径变异系数 |
| --- | --- | --- | --- | --- | --- |
| 枫桦（*B. costata*） | 18 | 1.923 | 0.654 | 19.772 | 0.442 |
| 千金榆（*C. cordata*） | 39 | 4.166 | 0.283 | 8.725 | 0.468 |
| 水曲柳（*F. mandshurica*） | 142 | 15.170 | 7.345 | 23.092 | 0.486 |
| 核桃楸（*J. mandshurica*） | 131 | 13.995 | 7.221 | 25.547 | 0.276 |
| 稠李（*P. racemos*） | 3 | 0.320 | 0.022 | 9.633 | 0.104 |
| 黄波罗（*P. amurense*） | 6 | 0.641 | 0.143 | 16.466 | 0.385 |
| 红松（*P. koraiensis*） | 40 | 4.273 | 3.047 | 26.622 | 0.649 |
| 杨树（*Populus* spp.） | 1 | 0.106 | 0.0471 | 24.500 | 0.000 |
| 蒙古栎（*Q. mongolica*） | 2 | 0.213 | 0.0058 | 6.000 | 0.235 |
| 花楸（*S. pohuashanensis*） | 1 | 0.106 | 0.002 | 5.600 | 0.000 |
| 暴马丁香（*S. amurensis*） | 58 | 6.196 | 0.279 | 7.655 | 0.218 |
| 椴树（*T. amurensis*） | 50 | 5.341 | 1.159 | 14.844 | 0.589 |
| 白皮榆（*U. japonica*） | 91 | 9.722 | 1.698 | 12.900 | 0.657 |
| 裂叶榆（*U. laciniata*） | 66 | 7.051 | 0.812 | 10.410 | 0.672 |

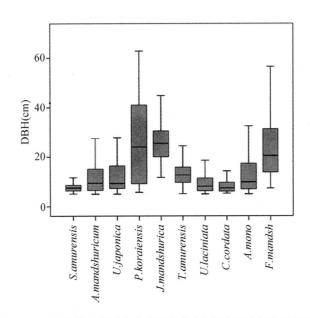

图 2-62　水核林中相对多度排列在前 10 的种群的径阶箱式图

　　为了比较同一种群内部不同大小林木之间的结构差异，以各种群的直径均值为分界，进一步划分为：水曲柳大树（DBH ≥ 23cm）和水曲柳小树（23cm ＞ DBH ≥ 5cm）；核桃楸大树（DBH ＞ 25cm）和核桃楸小树（25cm ＞ DBH ≥ 5cm）；暴马丁香大树（DBH ≥ 8cm）和暴马丁香小树（8cm ＞ DBH ≥ 5cm）（胸径分布见图 2-63）。

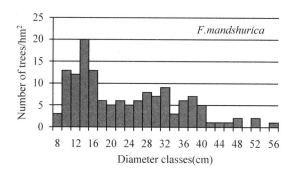

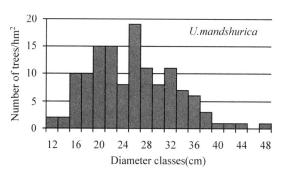

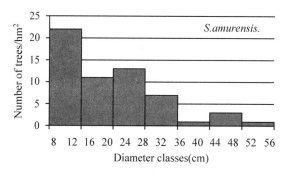

**图 2-63　水核林中水曲柳、核桃楸和暴马丁香 3 个种群的径阶分布图**

（1）水曲柳种群的空间结构二元分布特征

图 2-64 展示了水曲柳种群的 3 个结构参数两两联合后得到的二元分布图，由混交度和大小比数的二元分布可知，大部分（0.772）频率值分布在中至高的混交等级轴（Mingling = 0.50→1.00）与低至中的大小比数等级轴（Dominance = 0.00→0.50）相交的结构 9 个结构组合上，而分布在低的混交等级（Mingling = 0.00→0.25）和高的大小比数等级（Dominance = 0.75→1.00）上的频率值较少，共有 0.228；由混交度和角尺度的二元分布可知，多数频率值同时分布在两种结构组合 [（Mingling = 0.75，Uniform angle index = 0.50）、（Mingling = 1.00，Uniform angle index = 0.50）] 上，它们占整个种群的 0.445，均值是其他 23 个结构组合均值的 9 倍。整体上，每列角尺度等级上的频率值随混交度等级的降低（Mingling = 1.00→0.00）而逐渐减少，并趋向于 0（图 2-64）；在大小比数和角尺度的二元分布图中，每列角尺度等级（Uniform angle index = 0.25→0.75）

上的频率值随着大小比数等级的增加（Dominance = 0.00→0.50）而逐渐减少，而每行大小比数等级（Dominance = 0.00→1.00）上的频率值随着角尺度等级的增加（Uniform angle index = 0.00→1.00）呈现增加后减少，即最高频率值均出现在随机分布轴（Uniform angle index = 0.50）中，共占全部种群的 0.582。

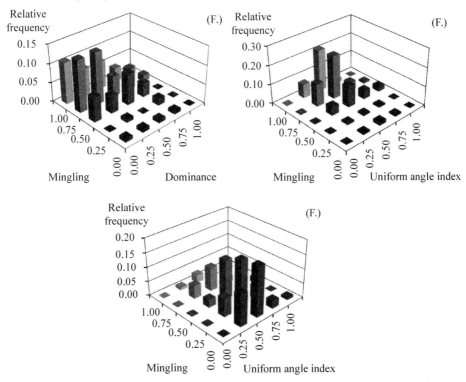

图 2-64 水曲柳种群的结构参数二元分布图

（2）核桃楸种群的空间结构二元分布特征

类似于水曲柳种群的空间结构（图 2-64），核桃楸种群的混交度和大小比数的二元分布图中（图 2-65），多数频率值（0.756）亦同时分布在高混交（Mingling = 0.75→1.00）和低的大小比数等级（Dominance = 0.00→0.25）的交叉组合中，并且在结构组合（Mingling = 1.00，Dominance = 0.00）上有最大值 0.296，而在其他 21 个结构组合上的频率总值很小（0.244），许多结构组合种并没有任何频率分布；在混交度和角尺度的二元分布中（图 2-65），每列角尺度上的频率值随着混交度等级的减少（Mingling = 1.00→0.00）而逐渐减少并趋向于 0；除了混交度等级为零以外（Mingling = 0.00），每行混交度等级上的频率值随着角尺度等级的增加（Uniform angle index = 0.00→1.00）呈先升后降的趋势。也就是说，多数（0.60）频率值分布在随机分布轴（Uniform angle index = 0.50）上，并集中在该轴线上的 2 个结构组合 [（Mingling = 1.00，Uniform angle index = 0.50），[（Mingling = 0.75，Uniform angle index = 0.50)]，分别占整个种群的 0.217 和 0.296；大小比数和角尺度的二元分布图大致以随机分布轴（Uniform angle index = 0.50）为中心，向侧逐渐减少（0.00←0.50→1.00）并接近 0.00（图 2-65），即一半以上的频率分布在 Uniform angle index =0.50 上，并在结构组合（Dominance =0.00，Uniform angle index =0.50）上有最大频率值 0.330。同时，每列角尺度等级上的频率值随着大小比数等级的升高（Dominance）而逐渐降低，最终趋向于 0.00。

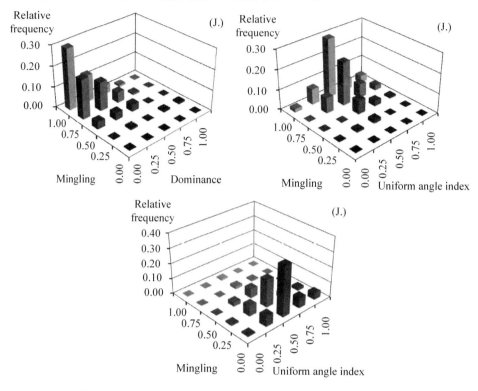

图2-65　核桃楸种群的结构参数二元分布图

（3）暴马丁香种群的空间结构二元分布特征

与水曲柳和核桃楸种群的混交度和大小比数的二元分布相反（图2-66），暴马丁香种群的频率值主要（0.538）分布在高混交等级（Mingling =0.75→1.00）和高大小比数等级上（Dominance =0.75→1.00），并且在结构组合（Mingling =1.00，Dominance =0.75）和（Mingling =1.00，Dominance =1.00）上有相近的最大值，分别为 0.211 和 0.173。除了大小比数等级为零以外，每列大小比数等级上的频率值随着混交度等级的降低（Mingling =1.00→0.00）而逐渐减少，并趋向于 0；在混交度和角尺度的二元分布中，暴马丁香的频率分布与水曲柳和核桃楸的频率值分布十分相似，即多数频率值同时分布在高混交等级（Mingling =0.75→1.00）和随机分布轴（Uniform angle index =0.50）上。其中，0.692 的频率值分布在随机分布轴（Uniform angle index =0.50）上，最高频率值 0.366 也出现在结构组合（Mingling =1.00，Uniform angle index =0.50）中，是剩余其他 24 个结构组合均值的 13.8 倍；与其混交度—角尺度的二元分布相似，在暴马丁香的大小比数和角尺度的二元分布图中（图2-66），最高频率值出现在结构组合 [（Dominance =1.00，Uniform angle index =0.50）、（Dominance =0.75，Uniform angle index =0.50）] 中，分别占整个种群的 0.211 和 0.307，为其他 23 个结构组合的平均值的 10.1

和 14.7 倍。

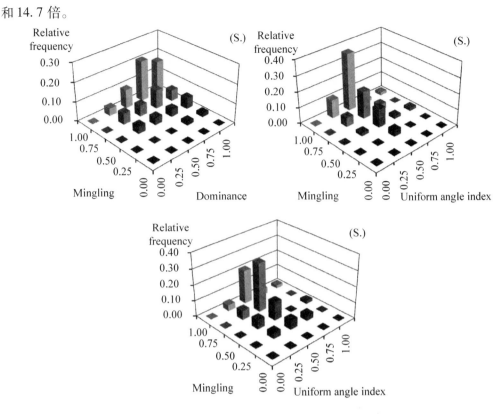

图 2-66　暴马丁香种群的结构参数二元分布图

（4）水曲柳种群不同大小林木的结构参数二元分布

水曲柳种群小树和大树的混交度和大小比数的二元分布（图 2-67）的相似之处在于，0.90 以上的频率值都分布在中等混交等级以上（Mingling = 0.50→1.00）上。但两者在不同大小比数等级上（Dominance = 0.00→1.00）的分布情形相差很大，即小树的频率值几乎均匀地分布在各大小比数等级上（Dominance = 0.00→1.00），而大树的频率值却集中分布在绝对优势等级（Dominance = 0.00）上，占据总量的 0.659；在水曲柳小树和大树的混交度和角尺度的二元分布图中（图 2-67），小树的频率值集中（0.667）分布在随机分布轴（Uniform angle index = 0.50）上，而大树的多数频率值（0.829）却分布在均匀分布轴（Uniform angle index = 0.25）和随机分布轴（Uniform angle index = 50）；在水曲柳小树和大树的大小比数和角尺度的二元分布图中（图 2-67），小树的频率值主要同时分布在随机分布轴（Uniform angle index = 0.50）和不同大小比数等级上（Dominance = 0.00→1.00），而大树的频率值却集中分布在 2 种结构组合上，即（Dominance = 0.00，Uniform angle index = 0.25）和（Dominance = 0.00，Uniform angle index = 0.50），占全部结构组合的 0.244 和 0.317，它们的均值是其他 23 种结构组合均值的 12.7 和 16.6 倍。

（5）核桃楸种群不同大小林木的结构参数二元分布

图 2-68 展示了不同直径核桃楸的结构参数二元分布。由混交度和大小比数的二元分布图可以看出，无论个体大小，核桃楸的频率值通常分布在高混交等级（Mingling =

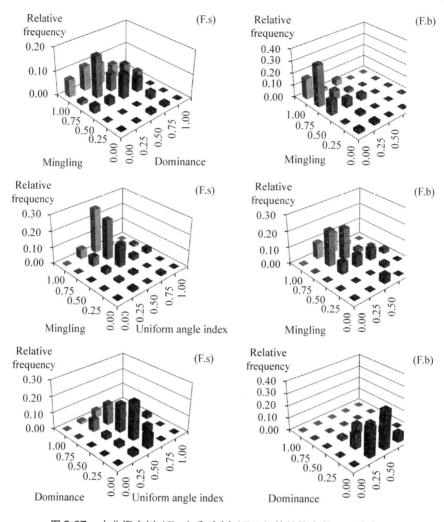

图 2-67　水曲柳小树（F. s）和大树（F. b）的结构参数二元分布图

0.75，1.00）上，但大树的频率分布比小树更加集中，即 0.672 的频率值分布在结构组合在（Mingling = 0.75，Uniform angle index = 0.00）和（Mingling = 1.00，Dominance = 0.00）上；在混交度和角尺度的二元分布中（图 2-68），尽管核桃楸小树和大树的多数频率值（0.463 − 0.557）均集中分布在两个相同的结构组合［（Mingling = 0.75，Uniform angle index = 0.50）、（Mingling = 1.00，Uniform angle index = 0.50）］上，但小树（0.204）在均匀分布轴（Uniform angle index = 0.25）上的频率值比大树（0.131）多；与核桃楸的混交度—大小比数的二元分布相似，在核桃楸种群的大小比数和角尺度的二元分布图中（图 2-68），大树的频率值比小树的频率值更加集中，0.475 大树分布在结构组合（Dominance = 0.00，Uniform angle index = 0.50）上，是其他 24 个结构组合均值的21 倍。小树的 2 个最高频率值出现在结构组合（Dominance = 0.25，Uniform angle index = 0.50）和（Dominance = 0.00，Uniform angle index = 0.50）中，占全部结构组合的 0.426，它们的均值仅是其他 23 个结构组合均值的 8.5 倍。

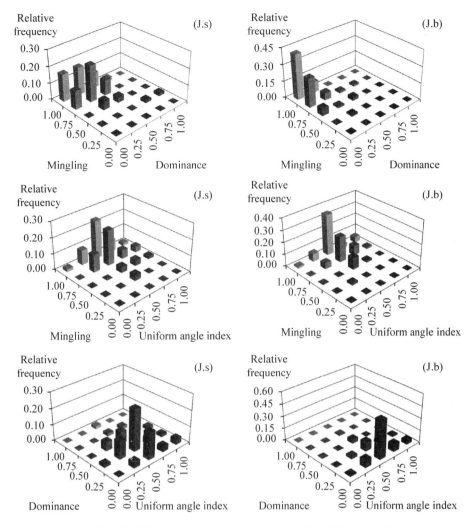

**图 2-68　核桃楸小树（J. s）和大树（J. b）的结构参数二元分布图**

（6）暴马丁香种群不同大小林木的结构参数二元分布

暴马丁香小树和大树的混交度和大小比数的二元分布相似（图 2-69），即绝大多数频率值多（0.933－1）分布在中等以上混交等级（Mingling＝0.50→1.00）上，且相差甚小（0.0667）。但在大小比数等级（Dominance＝0.25→1.00）上，两者的频率分布有所不同，小树的频率值更趋向于分布在较高的大小比数等级（Dominance＝0.75，1.00）上，并随着大小比数等级的增加而增加，在结构组合（Mingling＝1.00，Dominance＝1.00）时达最大值 0.233。而 0.864 大树的多数频率值分布在中等大小比数等级及其周围（Dominance＝0.25→0.75）上，并在结构组合（Mingling＝1.00，Dominance＝0.75）上有最高值 0.273；大树和小树的混交度和角尺度的二元分布亦相似（图 2-69），即它们的多数频率值同时分布在高混交等级（Mingling＝0.75→1.00）和随机分布轴上（Uniform angle index＝0.50）上，并且两者在结构组合（Mingling＝1.00，Uniform angle index＝0.50）上均达到最大值 0.364 和 0.367。稍有不同的是大树在均匀分布轴（Uniform angle index = 0.25）上的频率值比小树多 0.218；在大小比数和角尺度的二元分布图中（图 2-69），0.667 的小树的频率值集中在结构组合（Dominance = 0.75，Uniform angle index = 0.50）和（Dominance = 1.00，Uniform angle index = 0.50）中，分别是其他 23 种结构组合均值的 25 和 20 倍。而大树所占的结构类型较多，除了绝对优势等级以外（Dominance = 0.00），其他大小比数等级（Dominance = 0.25→1.00）都有频率分布。两者的共同特征是 0.6 以上的频率值分布在随机分布轴（Uniform angle index = 0.50）上。

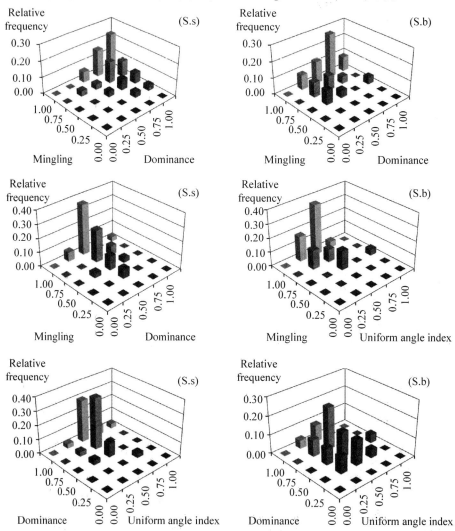

图 2-69　暴马丁香小树（S. s）和大树（S. b）的结构参数二元分布图

以往研究种群结构特征时，总是试图将种群从群落中单独提取出来后，再进行独立的分析（e. g, Swamy et al, 2000；Bhuyan et al, 2003；Rasingam & Parathasarathy, 2009；Sahoo et al, 2009；Schumann et al, 2010）。一些研究在分析种间或种内关联时，考虑了距离和大小关系，但这层关系也并没有限制在最近邻体之间（e. g., Wiegand et al, 2000；He et al, 2006；Hao et al, 2007），也就是说，分析很少或者没有完整的考虑种群与其最近邻体之间的相互关系。实际上任何一个个体和他最近邻体之间的关系是非常紧密的，无论是对环境资源的竞争还是种间的依赖与共存（Hegyi，1974；Biging & Dobbertin，1992；Trepl，1994；1995；Gadow & Hui，1998），或是生理生化作用如化感［allelopathy，（Romagni *et al*，2000；Yang *et al*，2010）］、生物场（biological field）等都是发生在十分有限的范围内。分析种群结构特征时，结构参数角尺度、混交度和大小比数涉及种群最近相邻木的树种的空间属性（这里主要指种间隔离、大小分化以及分布情形，它们也是最重要的种间关系之一），即分析对象既包括对象种群的属性，也包括它的最近相邻木的属性（Laarmann *et al*，2009；Hui *et al*，2011；Li *et al*，2012）。这一点显著的不同于传统的研究方法，也就是说以参照树及其最近 4 株相邻木构成的结构单元为基本研究对象替代了传统的仅以林木个体本身为基本单元的统计方法，这意味着结构参数二元分布分析考虑了种群的生存微空间结构特征。

　　结构参数二元分布以 6 组 5 × 5 = 25 个频率组合的形式展示了水核林中水曲柳、核桃楸和暴马丁香 3 个种群不同优势个体的混交度或分布格局，也刻画了不同分布格局下这些林木的混交状况。它们的结构多样性具体表现在：种群间（interspecies），多数水曲柳、核桃楸和暴马丁香同时处于高度混交和随机分布状态，只有少数个体处于团状或均匀分布。同一种群中处于团状或均匀分布的林木数量基本相等并且具有相似的混交度和优劣态势。暴马丁香种群在林分中处于中庸或劣势状态，而大部分水曲柳和核桃楸处于优势状态，但核桃楸的优势更明显（图 2-64，2-65，2-66）。种群内（intraspeices），水曲柳的小树和大树常被其他树种包围，小树为随机分布的非优势木，而大树为偏规则分布的优势木（图 2-67）。核桃楸的小树和大树的周围通常是其他树种并且这些相邻木随机地围绕在它们的周围，但小树多为亚优势木，而大树呈典型的优势木（图 2-68）。暴马丁香的小树和大树也常被其他树种包围，它的小树为呈随机分布的劣势木，而大树中仅有少部分为优势木且整体偏向规则分布（图 2-69）。

# 第3章
# 林分状态调查与分析

要阐明森林群落的种类组成、群落结构、种间相互关系、群落和环境相互关系以及群落生产、群落动态、类型划分和地理分布等，就必须从植被的野外调查做起。因为，野外调查是植被研究的起点，也是一切植被研究的基础。获取森林空间结构信息同样也离不开野外调查。野外调查首先面临的是森林群落地段的识别和确定调查面积的大小。然后就是确定进行何种方式的调查，比如全面调查或抽样调查，就抽样调查而言，还要明确是采用无样地技术(点抽样)还是利用样地(样方)技术，最后还必须确定相应的调查内容，因不同的调查方法需要测定的内容不同，数据处理的方法自然也就不同。

## 3.1 森林群落的识别

在进行外业调查时首先面临的是植物群落识别问题。一个植物群落，首先应有大体均匀一致的种类组成，或者说植被的同质性和总体上的一致性；其次应有一致的外貌和结构，也就是说垂直层次结构一致，外貌、季相相同，群落内的小群落水平镶嵌相似；另外应占有大体一致的地形部位和相应一致的生境条件，包括一致的光、温、水和土壤等条件，以及相同的人为活动影响；最后应具备一定的面积，一株树木和它周围的低等植物并不能构成一个完整的森林群落，虽然由小型的草本植物为主构成的群落与以高大乔木为主构成的群落所需的面积不同，但总要有一个足以表现全部群落特征和维持其存在的面积。

## 3.2 群落最小面积的确定

### 3.2.1 植被生态学方法

植被生态学在研究群落种类组成时采用了植被的最小面积(minimal area)的概念

Mueller-Dombois 和 Ellenberg(1974)将最小面积定义为："在该面积里，群落的组成得以充分的表现"。

最小面积的确定通常采用在群落地段的中央，逐步成倍扩大样方面积(如图 3-1)，统计随着面积扩大增加的种数，用种的数目与样方面积增加的关系，绘制出种-面积曲线（species-area curve），即以种的数目作纵坐标($Y$ 轴)，样方的面积作横坐标($X$ 轴)，把每次种的数目和样方面积的关系标绘在坐标图中，各点的连线即构成了种-面积曲线（图 3-2)。曲线的特征是，起初陡峭上升，而后慢慢趋于平缓，这是因为开始的几个样方中出现许多种，而后来扩大的样方中增添的种数就不多了，曲线开始平伸的一点即群落的最小面积。

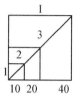  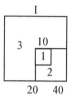

**图 3-1　样地扩大的顺序**

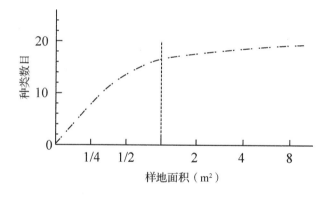

**图 3-2　群落种类 – 面积曲线示意图**

运用模型和数学途径确定种 – 最小面积。即通过令模型二阶导数为零或近似为零($1 \times 10^{-6}$)来确定，从而有效解决上述技术中种 – 面积曲线变平缓的标准不易确定的缺陷。具体方法如下：

采用 Monod 模型表征所述样方的种-面积关系：

$$S = \frac{aA}{1 + bA}$$ 　　式中，a、b – 参数；S – 种数；A – 面积。

对所述 Monod 模型求二阶倒数：

$$S'' = \frac{2ab}{(1 + bA)^3} \tag{3-1}$$

当 $S''$ 小于等于设定的阈值时(如小于等于 $1 \times 10^{-6}$)，所对应的面积 Amin 即为所述森林群落的最小调查面积。下面给出具体实例。

采用 5 块大样地进行分析，这 5 块大样地分别来源于中国、蒙古、缅甸、南非和德国。其中南非样地属于亚热带天然阔叶林，面积为 11 850m²，中国样地属于温带落叶混交林，样地面积 10 000m²，德国样地为温带落叶混交林，样地面积为 5 740m²，蒙古样地为泰加林，样地面积为 2 500m²，缅甸样地为热带森林，样地面积为 10 000m²。这些数据包含所有林木的空间位置坐标和树种组成。

计算面积从大样地中心开始选取 10m×10m 的中心样地，中心样地的大小也可以小于或大于 10m×10m，然后按 20m×20m、30m×30m、40m×40m、45m×45m、50m×50m、55m×55m、60m×60m、70m×70m、80m×80m、90m×90m，逐渐扩大，并依次进行树种计数。其中，每次扩大时的步长可以为 5~15m，如 10m 等。

5 块大样地种数与面积关系(表 3-1)。

表 3-1　种-面积关系

| 样地面积(m²) | 种数 | | | | |
| --- | --- | --- | --- | --- | --- |
| | 缅甸/Sinthwat | 南非/Knysna | 中国/Jiaohe | 德国/Bovenden | 蒙古/Sangstai |
| 100 | 2 | 2 | 3 | 3 | 2 |
| 400 | 3 | 6 | 8 | 3 | 3 |
| 900 | 10 | 9 | 11 | 4 | 4 |
| 1600 | 14 | 16 | 13 | 5 | 4 |
| 2500 | 19 | 18 | 15 | 6 | 4 |
| 3600 | 26 | 20 | 17 | 6 | |
| 4900 | 27 | 22 | 19 | 7 | |
| 6400 | 28 | 22 | 19 | | |
| 8100 | 30 | 22 | 20 | | |

如表 3-2 所示，应用表 1 中的种-面积对应值，用回归的方法确定所述参数 $a$、$b$ 的值。然后，通过本发明的方法可求最大种数 $S_{max}$ 和最小面积 $A_{min}$。

表 3-2　估计的模型参数、最大种数和最小面积

| 试验地 | a | b | R² | Smax | Amin |
| --- | --- | --- | --- | --- | --- |
| 缅甸 | 0.016059 | 0.000428 | 0.976 | 38 | 3261 (60×60m²) |
| 南非 | 0.01974 | 0.000748 | 0.977 | 26 | 2795 (55×55m²) |
| 中国 | 0.025969 | 0.001202 | 0.98 | 22 | 2468 (50×50m²) |
| 德国 | 0.012793 | 0.001671 | 0.752 | 8 | 1494 (40×40m²) |
| 蒙古 | 0.051352 | 0.012529 | 0.894 | 4 | 788 (30×30m²) |

从上述数据中研究表明，种－面积关系可用 Monod 模型来表达，各大样地的相关系数 $R^2$ 均很高；模型估计的最大种数表现为热带最大、亚热带和温带次之、寒温带最小，这与树种多样性的气候特征相一致；参数 b 越大，最大种数 Smax 的值越小。

实际上，除了用种－面积曲线确定群落最小面积外，还有格局和密度最小面积。下面给出由密度和结构的异质性所决定的最小调查面积。

对林木分布的格局而言，随机分布的最小面积总是大于团状和均匀分布，换句话讲，用较小的面积上的调查数据就可以识别出整体林木的分布，这是由分布的定义所决定的。随机分布（random distribution）是指种群个体的分布相互间没有联系，每个个体的出现都有同等的机会，与其他个体是否存在无关，林木的位置以连续而均匀的概率分布在林地上。对于任意两个不重叠的样地，其上的林木数量是一个随机变量且相互独立。也就是说，林木与其本身所处的位置互不发生影响。均匀分布（regular distribution），是指林木在水平空间中的分布是均匀等距的，或者说林木对其最近相邻树以尽可能最大的距离均匀地分布在林地上，林木之间互相排斥。在所有取样单元中接近平均株树的单元最多，密度极大或极小的情形都很少。集群分布又称为团状分布（clumped distribution）、聚集分布（aggregated distribution）或超常态分布（hyper distribution over dispersion）。与随机分布相比，林木有相对较高的超平均密度占据的范围，也就是说，林木之间互相吸引。

基于此认识，对随机分布的林分进行了研究。用 Winkelmass 软件模拟产生了 120 个随机分布的林分。分 6 种密度，即每公顷株数分别为 500，1000，1500，2000，3000 和 5000，每种密度 20 次重复。为确定最小面积，计算面积从样地中心开始按 10m×10m，20m×20m，30m×30m，40m×40m，45m×45m，50m×50m，55m×55m，60m×60m，70m×70m，80m×80m，90m×90m（图 3-3）依次进行。计算每一个小样地的角尺度的均值并统计其内的公顷株数。

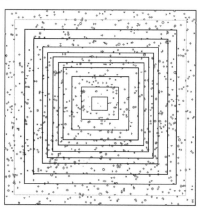

图 3-3　模拟设计

表 3-3 展示了 120 个模拟林分中的 60 个的角尺度均值，每一个模拟林分有 11 个大小不同（$100\sim8100$ m²）的调查面积。图 3-4 更清楚地显示了角尺度均值随调查窗口的变化。小的调查窗口上得出的调查结果变动很大，角尺度均值时而落在团状分布的范围，

表 3-3　60 个模拟林分的角尺度均值

**N = 500**

| | 1 | 2 | 3 | 4 | 5 | 6 | 7 | 8 | 9 | 10 |
|---|---|---|---|---|---|---|---|---|---|---|
| 100 | 0.563 | 0.750 | 0.625 | 0.531 | 0.688 | 0.350 | 0.536 | 0.500 | 0.625 | 0.531 |
| 400 | 0.515 | 0.488 | 0.559 | 0.509 | 0.556 | 0.458 | 0.500 | 0.548 | 0.477 | 0.513 |
| 900 | 0.516 | 0.459 | 0.494 | 0.509 | 0.529 | 0.495 | 0.494 | 0.517 | 0.469 | 0.500 |
| 1600 | 0.500 | 0.470 | 0.535 | 0.497 | 0.516 | 0.488 | 0.487 | 0.500 | 0.481 | 0.485 |
| 2025 | 0.500 | 0.490 | 0.528 | 0.490 | 0.520 | 0.491 | 0.505 | 0.495 | 0.479 | 0.483 |
| 2500 | 0.496 | 0.487 | 0.515 | 0.486 | 0.519 | 0.506 | 0.511 | 0.487 | 0.479 | 0.484 |
| 3025 | 0.511 | 0.492 | 0.505 | 0.486 | 0.502 | 0.505 | 0.505 | 0.488 | 0.477 | 0.497 |
| 3600 | 0.509 | 0.490 | 0.500 | 0.493 | 0.496 | 0.504 | 0.508 | 0.492 | 0.494 | 0.503 |
| 4900 | 0.503 | 0.496 | 0.503 | 0.493 | 0.495 | 0.498 | 0.503 | 0.488 | 0.493 | 0.505 |
| 6400 | 0.498 | 0.494 | 0.504 | 0.498 | 0.497 | 0.506 | 0.502 | 0.494 | 0.504 | 0.505 |
| 8100 | 0.501 | 0.493 | 0.504 | 0.499 | 0.497 | 0.505 | 0.501 | 0.493 | 0.508 | 0.492 |

**N = 1000**

| | 1 | 2 | 3 | 4 | 5 | 6 | 7 | 8 | 9 | 10 |
|---|---|---|---|---|---|---|---|---|---|---|
| 100 | 0.625 | 0.536 | 0.458 | 0.500 | 0.500 | 0.475 | 0.542 | 0.429 | 0.600 | 0.406 |
| 400 | 0.588 | 0.476 | 0.505 | 0.493 | 0.493 | 0.520 | 0.514 | 0.569 | 0.556 | 0.507 |
| 900 | 0.527 | 0.482 | 0.514 | 0.484 | 0.484 | 0.500 | 0.476 | 0.519 | 0.527 | 0.509 |
| 1600 | 0.515 | 0.476 | 0.505 | 0.503 | 0.503 | 0.503 | 0.487 | 0.518 | 0.503 | 0.488 |
| 2025 | 0.515 | 0.473 | 0.510 | 0.500 | 0.500 | 0.517 | 0.493 | 0.515 | 0.507 | 0.482 |
| 2500 | 0.513 | 0.481 | 0.512 | 0.493 | 0.493 | 0.516 | 0.490 | 0.513 | 0.500 | 0.484 |
| 3025 | 0.513 | 0.482 | 0.511 | 0.490 | 0.490 | 0.526 | 0.493 | 0.505 | 0.498 | 0.483 |
| 3600 | 0.506 | 0.482 | 0.512 | 0.498 | 0.498 | 0.523 | 0.494 | 0.503 | 0.494 | 0.487 |
| 4900 | 0.499 | 0.491 | 0.510 | 0.489 | 0.489 | 0.518 | 0.501 | 0.502 | 0.489 | 0.486 |
| 6400 | 0.497 | 0.489 | 0.512 | 0.493 | 0.493 | 0.518 | 0.494 | 0.507 | 0.491 | 0.483 |
| 8100 | 0.499 | 0.489 | 0.510 | 0.490 | 0.490 | 0.512 | 0.489 | 0.503 | 0.492 | 0.487 |

**N = 2000**

| | 1 | 2 | 3 | 4 | 5 | 6 | 7 | 8 | 9 | 10 |
|---|---|---|---|---|---|---|---|---|---|---|
| 100 | 0.536 | 0.513 | 0.558 | 0.417 | 0.464 | 0.450 | 0.370 | 0.417 | 0.609 | 0.526 |
| 400 | 0.506 | 0.513 | 0.500 | 0.467 | 0.487 | 0.500 | 0.474 | 0.471 | 0.519 | 0.505 |
| 900 | 0.497 | 0.493 | 0.511 | 0.487 | 0.477 | 0.497 | 0.490 | 0.484 | 0.501 | 0.494 |
| 1600 | 0.487 | 0.490 | 0.507 | 0.489 | 0.486 | 0.490 | 0.494 | 0.483 | 0.506 | 0.497 |
| 2025 | 0.487 | 0.486 | 0.493 | 0.490 | 0.487 | 0.490 | 0.497 | 0.486 | 0.504 | 0.493 |
| 2500 | 0.499 | 0.496 | 0.495 | 0.493 | 0.490 | 0.491 | 0.497 | 0.484 | 0.503 | 0.492 |
| 3025 | 0.497 | 0.494 | 0.499 | 0.491 | 0.492 | 0.493 | 0.499 | 0.488 | 0.501 | 0.488 |
| 3600 | 0.500 | 0.499 | 0.500 | 0.494 | 0.501 | 0.491 | 0.497 | 0.494 | 0.500 | 0.491 |
| 4900 | 0.503 | 0.502 | 0.497 | 0.497 | 0.501 | 0.495 | 0.503 | 0.495 | 0.501 | 0.493 |
| 6400 | 0.505 | 0.498 | 0.498 | 0.494 | 0.502 | 0.495 | 0.500 | 0.498 | 0.500 | 0.497 |
| 8100 | 0.501 | 0.496 | 0.499 | 0.493 | 0.500 | 0.496 | 0.498 | 0.497 | 0.496 | 0.496 |

**N = 3000**

| | 1 | 2 | 3 | 4 | 5 | 6 | 7 | 8 | 9 | 10 |
|---|---|---|---|---|---|---|---|---|---|---|
| 100 | 0.544 | 0.465 | 0.568 | 0.469 | 0.513 | 0.500 | 0.440 | 0.477 | 0.419 | 0.509 |
| 400 | 0.518 | 0.510 | 0.510 | 0.480 | 0.523 | 0.491 | 0.493 | 0.507 | 0.466 | 0.492 |
| 900 | 0.512 | 0.509 | 0.493 | 0.481 | 0.500 | 0.487 | 0.505 | 0.487 | 0.480 | 0.490 |
| 1600 | 0.508 | 0.499 | 0.491 | 0.479 | 0.494 | 0.489 | 0.509 | 0.496 | 0.490 | 0.494 |
| 2025 | 0.504 | 0.500 | 0.487 | 0.484 | 0.498 | 0.494 | 0.510 | 0.488 | 0.489 | 0.492 |
| 2500 | 0.505 | 0.500 | 0.489 | 0.491 | 0.495 | 0.501 | 0.505 | 0.490 | 0.490 | 0.490 |
| 3025 | 0.501 | 0.498 | 0.491 | 0.495 | 0.492 | 0.501 | 0.502 | 0.492 | 0.490 | 0.493 |
| 3600 | 0.500 | 0.500 | 0.494 | 0.497 | 0.492 | 0.501 | 0.501 | 0.494 | 0.486 | 0.493 |
| 4900 | 0.497 | 0.500 | 0.490 | 0.497 | 0.492 | 0.505 | 0.501 | 0.495 | 0.493 | 0.490 |
| 6400 | 0.494 | 0.496 | 0.493 | 0.496 | 0.494 | 0.504 | 0.499 | 0.493 | 0.499 | 0.492 |
| 8100 | 0.494 | 0.496 | 0.496 | 0.497 | 0.494 | 0.502 | 0.498 | 0.494 | 0.499 | 0.496 |

（续）

| | N=1500 | | | | | | | | | | N=5000 | | | | | | | | | |
|---|---|---|---|---|---|---|---|---|---|---|---|---|---|---|---|---|---|---|---|---|
| 100 | 0.458 | 0.400 | 0.423 | 0.485 | 0.472 | 0.404 | 0.476 | 0.544 | 0.422 | 0.575 | 0.515 | 0.529 | 0.483 | 0.485 | 0.500 | 0.464 | 0.490 | 0.505 | 0.483 | 0.505 |
| 400 | 0.514 | 0.504 | 0.489 | 0.500 | 0.513 | 0.468 | 0.496 | 0.521 | 0.500 | 0.532 | 0.507 | 0.479 | 0.507 | 0.475 | 0.483 | 0.475 | 0.491 | 0.497 | 0.515 | 0.487 |
| 900 | 0.534 | 0.519 | 0.502 | 0.486 | 0.510 | 0.483 | 0.520 | 0.498 | 0.506 | 0.511 | 0.500 | 0.473 | 0.497 | 0.492 | 0.490 | 0.483 | 0.492 | 0.494 | 0.502 | 0.499 |
| 1600 | 0.532 | 0.512 | 0.490 | 0.490 | 0.512 | 0.483 | 0.510 | 0.489 | 0.500 | 0.496 | 0.494 | 0.478 | 0.495 | 0.497 | 0.498 | 0.491 | 0.496 | 0.498 | 0.506 | 0.493 |
| 2025 | 0.525 | 0.510 | 0.493 | 0.490 | 0.505 | 0.480 | 0.504 | 0.495 | 0.495 | 0.492 | 0.496 | 0.479 | 0.496 | 0.492 | 0.499 | 0.494 | 0.497 | 0.496 | 0.502 | 0.491 |
| 2500 | 0.507 | 0.509 | 0.495 | 0.497 | 0.507 | 0.488 | 0.507 | 0.500 | 0.493 | 0.488 | 0.497 | 0.479 | 0.493 | 0.492 | 0.498 | 0.496 | 0.497 | 0.500 | 0.499 | 0.493 |
| 3025 | 0.503 | 0.509 | 0.489 | 0.494 | 0.510 | 0.492 | 0.505 | 0.496 | 0.496 | 0.489 | 0.501 | 0.479 | 0.493 | 0.492 | 0.495 | 0.494 | 0.497 | 0.495 | 0.492 | 0.493 |
| 3600 | 0.502 | 0.506 | 0.489 | 0.487 | 0.513 | 0.493 | 0.503 | 0.497 | 0.498 | 0.487 | 0.500 | 0.484 | 0.496 | 0.493 | 0.495 | 0.493 | 0.496 | 0.497 | 0.492 | 0.495 |
| 4900 | 0.500 | 0.504 | 0.499 | 0.489 | 0.513 | 0.503 | 0.503 | 0.502 | 0.495 | 0.489 | 0.497 | 0.486 | 0.497 | 0.496 | 0.498 | 0.491 | 0.494 | 0.500 | 0.492 | 0.495 |
| 6400 | 0.504 | 0.507 | 0.495 | 0.489 | 0.506 | 0.504 | 0.500 | 0.502 | 0.496 | 0.490 | 0.495 | 0.491 | 0.496 | 0.498 | 0.500 | 0.490 | 0.493 | 0.500 | 0.494 | 0.495 |
| 8100 | 0.500 | 0.508 | 0.500 | 0.487 | 0.503 | 0.501 | 0.498 | 0.502 | 0.491 | 0.491 | 0.494 | 0.491 | 0.496 | 0.497 | 0.500 | 0.490 | 0.494 | 0.500 | 0.496 | 0.494 |

时而落在均匀的范围，只有当调查面积扩大到一定的大小时角尺度均值才趋于稳定，才能显示出该模拟林分的实际分布–随机分布。这种变化局势与密度级无关。对全部 120 个模拟林分的统计分析(表 3-4)发现，当调查窗口的大小为 2500 m² 或以上时，正确表达率才能达到 95% 以上。可见，从分布格局的角度来看，2500m² 为结构最小取样面积。

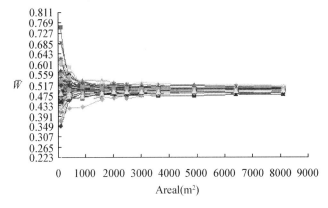

图 3-4　120 个模拟林分的角尺度均值与调查窗口大小的关系

表 3-4　各调查窗口大小所获得的结果能表达出为随机分布的频率

| Areal( m² ) | 100 | 400 | 900 | 1600 | 2025 | 2500 | 3025 | 3600 | 4900 | 6400 | 8100 |
|---|---|---|---|---|---|---|---|---|---|---|---|
| ρ | 45 | 85 | 90 | 113 | 112 | 118 | 117 | 117 | 118 | 119 | 120 |
| ρ(%) | 37.5 | 70.8 | 75.0 | 94.2 | 93.3 | 98.3 | 97.5 | 97.5 | 98.3 | 99.2 | 100 |

　　下面再从密度变异来分析最小调查面积。表 3-5 显示了 120 个模拟林分中的 60 个林分的结果。图 3-5 更清楚地展示了 120 个林分随模拟窗口大小所得到的公顷密度的变化。

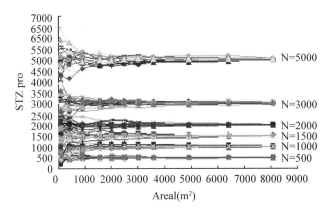

图 3-5　120 个模拟林分的各 11 个调查窗口大小与估计密度的关系

表 3-5　60 个模拟林分在不同窗口下所估计出的密度变化

**N = 500**

| | 1 | 2 | 3 | 4 | 5 | 6 | 7 | 8 | 9 | 10 |
|---|---|---|---|---|---|---|---|---|---|---|
| 100 | 400 | 200 | 600 | 800 | 400 | 500 | 700 | 300 | 600 | 800 |
| 400 | 425 | 525 | 425 | 675 | 450 | 450 | 600 | 525 | 550 | 500 |
| 900 | 511 | 478 | 456 | 589 | 478 | 567 | 478 | 500 | 544 | 533 |
| 1600 | 469 | 519 | 450 | 481 | 494 | 500 | 481 | 550 | 488 | 525 |
| 2025 | 440 | 504 | 435 | 484 | 489 | 519 | 514 | 538 | 474 | 514 |
| 2500 | 456 | 520 | 472 | 484 | 472 | 528 | 532 | 536 | 476 | 508 |
| 3025 | 473 | 496 | 466 | 486 | 493 | 502 | 516 | 539 | 476 | 496 |
| 3600 | 464 | 467 | 478 | 483 | 511 | 508 | 508 | 517 | 469 | 483 |
| 4900 | 512 | 471 | 500 | 492 | 500 | 520 | 504 | 510 | 451 | 486 |
| 6400 | 509 | 491 | 500 | 502 | 500 | 527 | 497 | 489 | 467 | 505 |
| 8100 | 505 | 505 | 504 | 500 | 491 | 515 | 488 | 505 | 477 | 506 |

**N = 1000**

| | 1 | 2 | 3 | 4 | 5 | 6 | 7 | 8 | 9 | 10 |
|---|---|---|---|---|---|---|---|---|---|---|
| 100 | 1200 | 1400 | 1200 | 1300 | 800 | 1000 | 600 | 700 | 500 | 800 |
| 400 | 1350 | 1300 | 1325 | 875 | 750 | 1275 | 900 | 900 | 1225 | 875 |
| 900 | 1256 | 1244 | 1000 | 878 | 778 | 1089 | 922 | 1011 | 1133 | 933 |
| 1600 | 1119 | 1088 | 1000 | 956 | 925 | 975 | 925 | 981 | 1125 | 944 |
| 2025 | 1101 | 1022 | 963 | 988 | 869 | 948 | 923 | 909 | 1057 | 933 |
| 2500 | 1088* | 1016 | 980 | 992 | 908 | 912 | 972 | 916 | 1032 | 984 |
| 3025 | 1088 | 1015 | 1012 | 985 | 902 | 912 | 952 | 916 | 1058 | 992 |
| 3600 | 1108 | 1019 | 1044 | 1000 | 967 | 928 | 947 | 928 | 1069 | 981 |
| 4900 | 1090 | 990 | 1033 | 984 | 996 | 957 | 963 | 969 | 1024 | 961 |
| 6400 | 1041 | 1013 | 1006 | 953 | 1025 | 963 | 992 | 984 | 1000 | 984 |
| 8100 | 1017 | 1005 | 978 | 993 | 1014 | 981 | 1011 | 988 | 1012 | 972 |

**N = 2000**

| | 1 | 2 | 3 | 4 | 5 | 6 | 7 | 8 | 9 | 10 |
|---|---|---|---|---|---|---|---|---|---|---|
| 100 | 2100 | 2000 | 3000 | 2400 | 2800 | 2500 | 2300 | 1800 | 1600 | 1900 |
| 400 | 2025 | 1925 | 2075 | 2050 | 1975 | 1950 | 2150 | 1950 | 2025 | 2325 |
| 900 | 2033 | 1956 | 2211 | 1889 | 1933 | 2022 | 1967 | 1933 | 2078 | 2378 |
| 1600 | 2013 | 2056 | 2138 | 1931 | 2063 | 2113 | 1975 | 1950 | 2063 | 2206 |
| 2025 | 1960 | 1995 | 2030 | 1872 | 1931 | 2198 | 1936 | 2015 | 2005 | 2193 |
| 2500 | 2000 | 1984 | 2076 | 1856 | 1980 | 2204 | 1916 | 1960 | 1992 | 2224 |
| 3025 | 1970 | 1947 | 2089 | 1891 | 1957 | 2122 | 1934 | 2010 | 2003 | 2142 |
| 3600 | 2028 | 1981 | 2092 | 1931 | 1992 | 2103 | 1944 | 1981 | 2022 | 2117 |
| 4900 | 2008 | 2016 | 2055 | 1982 | 2029 | 2027 | 1996 | 1978 | 2067 | 2080 |
| 6400 | 2031 | 2020 | 1997 | 1989 | 2006 | 1994 | 1984 | 2031 | 2047 | 2059 |
| 8100 | 2002 | 2017 | 2009 | 2014 | 2009 | 2010 | 1989 | 2014 | 2031 | 1998 |

**N = 3000**

| | 1 | 2 | 3 | 4 | 5 | 6 | 7 | 8 | 9 | 10 |
|---|---|---|---|---|---|---|---|---|---|---|
| 100 | 2300 | 3600 | 3300 | 3200 | 2900 | 2500 | 2500 | 2200 | 3100 | 2700 |
| 400 | 3200 | 3075 | 3125 | 3150 | 2725 | 2900 | 2725 | 2600 | 3325 | 3175 |
| 900 | 3033 | 3178 | 3089 | 2922 | 3000 | 2978 | 2656 | 2744 | 3078 | 3178 |
| 1600 | 2975 | 3063 | 3019 | 3006 | 3094 | 3044 | 2719 | 2806 | 3138 | 3094 |
| 2025 | 2998 | 3017 | 2998 | 2938 | 3131 | 3101 | 2785 | 2933 | 3151 | 3175 |
| 2500 | 3028 | 3012 | 3020 | 3100 | 3176 | 3128 | 2812 | 2904 | 3084 | 3096 |
| 3025 | 3091 | 3021 | 3048 | 3055 | 3147 | 3147 | 2780 | 2975 | 3041 | 3018 |
| 3600 | 3061 | 3017 | 3039 | 3072 | 3128 | 3044 | 2836 | 3000 | 3006 | 3036 |
| 4900 | 2998 | 2998 | 2976 | 3063 | 3071 | 3069 | 2955 | 2973 | 2955 | 3027 |
| 6400 | 2966 | 2981 | 2953 | 3013 | 3075 | 3067 | 2956 | 2958 | 2955 | 3030 |
| 8100 | 2949 | 2990 | 2996 | 3007 | 3035 | 3012 | 3019 | 2981 | 3000 | 3020 |

（续）

| | N=1500 | | | | | | | | | | N=5000 | | | | | | | | | |
|---|---|---|---|---|---|---|---|---|---|---|---|---|---|---|---|---|---|---|---|---|
| 100 | 1200 | 1500 | 1300 | 1700 | 1800 | 1300 | 2100 | 1700 | 1600 | 1000 | 5100 | 4300 | 5900 | 5100 | 3900 | 4800 | 5000 | 5300 | 4300 | 4700 |
| 400 | 1350 | 1450 | 1725 | 1475 | 2000 | 1575 | 1450 | 1525 | 1325 | 1350 | 4825 | 4775 | 5775 | 5150 | 5025 | 4525 | 4900 | 5425 | 4125 | 5200 |
| 900 | 1411 | 1456 | 1578 | 1611 | 1622 | 1589 | 1411 | 1478 | 1500 | 1478 | 4967 | 4867 | 5322 | 5344 | 5167 | 4544 | 5300 | 5144 | 4567 | 4933 |
| 1600 | 1381 | 1450 | 1556 | 1469 | 1769 | 1500 | 1556 | 1556 | 1581 | 1438 | 5000 | 4994 | 5313 | 4988 | 5013 | 4856 | 5063 | 5025 | 4738 | 4875 |
| 2025 | 1427 | 1452 | 1491 | 1472 | 1664 | 1570 | 1595 | 1570 | 1620 | 1462 | 5047 | 5037 | 5170 | 5072 | 5007 | 4825 | 4919 | 5126 | 4770 | 4820 |
| 2500 | 1472 | 1492 | 1468 | 1512 | 1632 | 1624 | 1560 | 1544 | 1628 | 1524 | 5028 | 5008 | 5112 | 5048 | 5036 | 4828 | 4812 | 5080 | 4788 | 4960 |
| 3025 | 1478 | 1527 | 1540 | 1484 | 1593 | 1610 | 1554 | 1517 | 1630 | 1481 | 4982 | 5058 | 5078 | 4995 | 5051 | 4817 | 4866 | 5038 | 4780 | 4955 |
| 3600 | 1464 | 1519 | 1522 | 1483 | 1542 | 1564 | 1558 | 1511 | 1564 | 1461 | 5042 | 4958 | 5078 | 4908 | 5053 | 4872 | 4894 | 5092 | 4864 | 4900 |
| 4900 | 1469 | 1535 | 1496 | 1512 | 1488 | 1504 | 1486 | 1512 | 1535 | 1461 | 5024 | 4996 | 5049 | 4920 | 4971 | 4978 | 4949 | 4984 | 4890 | 4931 |
| 6400 | 1502 | 1513 | 1484 | 1519 | 1481 | 1542 | 1491 | 1513 | 1509 | 1469 | 5047 | 5017 | 5058 | 5008 | 4984 | 4998 | 4981 | 4995 | 4953 | 4964 |
| 8100 | 1505 | 1535 | 1511 | 1517 | 1517 | 1522 | 1491 | 1501 | 1519 | 1486 | 5017 | 4986 | 5068 | 4993 | 5028 | 4998 | 5010 | 5022 | 4970 | 4974 |

表 3-6　各调查窗口下获得的结果能表达出给定实际密度(允许误差 10%)的频率

| Areal(m²) | 100 | 400 | 900 | 1600 | 2025 | 2500 | 3025 | 3600 | 4900 | 6400 | 8100 |
|---|---|---|---|---|---|---|---|---|---|---|---|
| $\rho$ | 38 | 82 | 98 | 113 | 111 | 115 | 118 | 119 | 120 | 120 | 120 |
| $\rho$ (%) | 31.7 | 68.3 | 81.7 | 94.2 | 92.5 | 95.8 | 98.3 | 99.2 | 100 | 100 | 100 |

由表 3-6 可以清楚地看出,调查窗口太小时,正确估计密度的可能性很小。只有当调查窗口在 2500 m² 及其以上时,估计的正确率才达 95% 以上。可见,从密度估计的角度,必须有一个一定大小的调查窗口才能够对密度作出正确的估计。该研究结果为 2500 m²。

## 3.2.2　统计学方法

前面讲的种 - 面积曲线在植被生态学中应用较广。其缺点是工作量太大。近来在一些地统计学中开始利用统计原理确定群落的最小面积。

我们知道,对于泊松分布来讲,如果有 $m$ 个数值 $X_1$,…,$X_m$,平均值 $\mu$ 可用下式来估计:

$$\hat{\mu} = \frac{1}{m}\sum_{i=1}^{m} X_i = \bar{x} \tag{3-2}$$

对于大量的数值 $m\bar{x}$ 来讲,在可靠性为 $1-\alpha$ 时估计平均数的有效置信区间为:

$$\frac{1}{m}\left[\frac{z_{\alpha/2}}{2} - \sqrt{m\bar{x}}\right]^2 \leqslant \mu \leqslant \frac{1}{m}\left[\frac{z_{\alpha/2}}{2} + \sqrt{m\bar{x}+1}\right]^2 \tag{3-3}$$

在此,$z_{\alpha/2}$ 为标准正态分布变量,$z_{\alpha/2} = 1.65$,　1.96,　2.58 分别对应于 $\alpha = 0.10$,0.05,　0.01。

这个置信区间可用来确定调查所需的最小面积。我们知道,泊松分布仅依赖于参数 $\lambda$。$\lambda$ 为平均点密度或称强度。如果它是已知的,其他变量均可求出。$\lambda$ 可用最大似然法来估计:

$$\hat{\lambda} = \frac{N(W)}{A(W)} \tag{3-4}$$

其中,$W$ 表示域(窗口);$N(W)$ 表示在此域中的点数;$A(W)$ 表示此域的面积。

$\lambda$ 是遵从期望的并且随窗口面积的增大精度有提高的趋势。也可以用距离方法来估算 $\lambda$。

在此充分利用了 $N(W)$ 是随机分布,其参数为 $\lambda A(W)$。按上面置信区间公式有:

$$\left[\frac{z_{\alpha/2}}{2} - \sqrt{N(W)}\right]^2 \leqslant \lambda A(W) \leqslant \left[\frac{z_{\alpha/2}}{2} + \sqrt{N(W)+1}\right]^2 \tag{3-5}$$

这个置信区间就可以用来确定在给定的精度下的窗口(取样面积)$A(W)$ 的大小。如果事先给定的置信区间的允许幅度为 $\delta$,那么,相应的 $A(W)$ 可由下式算出:

$$\left[\frac{z_{\alpha/2}}{2} + \sqrt{\lambda A(W)}\right]^2 - \left[\frac{z_{\alpha/2}}{2} - \sqrt{\lambda A(W)}\right]^2 / A(W) = \delta \tag{3-6}$$

化简为:

$$A(W) \approx \frac{4\lambda z_{\alpha/2}^2}{\delta^2} \qquad (3-7)$$

在这个公式中，只有参数 $\lambda$ 是未知数。可通过事先调查或预研究解决此问题。

以图 3-6 林木随机分布的格局为例进行最小面积的估计方法如下：样方面积 $A(W)$ 为 $144\text{m}^2$，林木株数为 53 株，$N(W) = 53$。

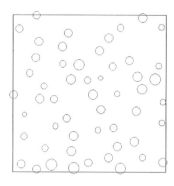

根据此例,可估计出点密度或强度:$\hat{\lambda} = \dfrac{N(W)}{A(W)} = \dfrac{53}{144} = 0.368$（株 $/\text{m}^2$）

如果给定 $\alpha = 0.05$，允许幅度为 $\delta = 0.06$，那么需要的调查面积大小应为：

**图 3-6　林木分布格局**

$$A(W) \approx \frac{4\lambda z_{\alpha/2}^2}{\delta^2} = \frac{4 \cdot 0.368 \cdot 1.96^2}{0.06^2} = 1570.8\text{m}^2$$

所以，必须选择一个大小为 40m×40m 样地进行调查。

可见，应用地统计方法确定群落最小调查面积的准确程度取决于群落的密度估计精度。也就是说要事先解决种群密度估计误差问题。

# 3.3　数据调查方法

数据信息是一切科研生产的基础，如何获得林分真实的状态信息，关键是调查内容和方法。森林空间结构量化分析方法获得林分特征信息的方法灵活多样，可根据现实林分所处地段的地形特征以及调查目的、人力、物力等条件选择不同调查方法。主要方法包括大样地法、样方法和无样地法 3 种。

## 3.3.1　大样地法

对研究区林分进行集中试验研究或长期定位监测时采用大样地法。

（1）样地面积和数量

面积至少在 $2500\text{m}^2$ 以上（最小调查面积相关研究见《结构化森林经营技术指南》附录5）的固定大样地 1 个。

（2）调查内容

长期固定监测样地调查因子除包括传统森林调查如土壤状况、林分郁闭度、林下更新等外，还要对胸径大于 5cm 的林木进行每木编号定位，记录林木属性，如树种、胸径、树高、健康状况及相对水平位置坐标($x$，$y$ 坐标)，以便计算非空间结构参数如公顷断面积、蓄积、直径分布以及空间结构参数如树种混交度、角尺度、大小比数、林层数等。

（3）调查工具

主要调查工具包括皮卷尺、围尺、测高仪、全站仪或罗盘仪。

（4）调查方法

林分常规因子调查方法与传统调查方法相同，幼苗更新调查采用小样方法，样方面积取 10m×10m，样方数量为 5 个以上，并用测绳标出边界，调查因子有更新乔木树种的种类、高度级、起源、生长状况和更新株数等（对于植物名称不确定的种类，应采集标本，拴上标签，写明样地号及标本编号）。

林木的相对位置可使用全站仪、罗盘仪进行定位，对于矩形样地也可以通过采用网格法用皮卷尺进行每木定位。3 种方法简介如下：

1）全站仪每木定位：采用先进的 TOPCON 电脑型全站仪可以替代手工测量、记录的方法。在全站仪中运行测量应用软件，采用激光反射原理自动测量并记录林分中林木位置，数据可直接传回计算机处理。定位时可同步输入该单木的其他相关信息如：树种、胸径、树高、冠幅等，操作十分简单。该仪器全面融合了测量技术与计算机技术，使测量内外业一体化；将该仪器应用于林业野外调查，改变了原始的手工测量方式，实现了林业调查数据的采集和处理自动化，提高数据准确度和工作效率，促进传统林业向现代林业转变。

全站仪每木定位主要包括以下步骤：① 建立合适的坐标系，包括选择坐标原点和设定坐标轴方向。坐标原点应尽量选在视野开阔，地势平坦，可以尽量多地观察到待测树木的地点。在没有任何已知点的情况下第一个测站点就可以作为坐标原点，坐标原点与坐标轴方向即为样地的起点与方向。从该点出发确定一个合适的方向作为后视方向，即 N(X)轴，E(Y)轴将自动产生。可以通过输入该方向上的一个已知点坐标或直接给定后视角确定后视方向。② 测出前视点坐标，以备在迁站时将其作为新的测站点。选择前视点的原则与选择测站点的原则相同（图 3-7）。③ 测量每棵树所在点的坐标，通过测站点和后视点的相对坐标计算各株树的位置坐标，并编号记录，同时输入该树的其他信息，如树种、胸径、健康状况等信息（图 3-8）。④ 迁站，即从一个测站点向另一个测站点的搬移。迁站时仪器要关机，仪器自动保存测量数据。新的测站点坐标应已知，迁站时选择前视点作为新的测站点，上一个测站点则为新的后视点。以后再迁站时，前一个测站点都将作为新后视点，新测站点的位置另行测量。

**图 3-7　全站仪每木定位**

图 3-8　林木标记

2）罗盘仪每木定位：对于圆形样地可采用极坐标测量。其方法是：以圆点中心为测点，以北向为基准，顺时针方向测定每株树的极角及到测点的距离（图 3-9）。

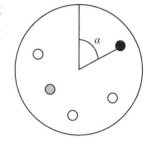

将测量结果记入表 3-7 中。由表 3-7 可以绘制出树木位置图并可进一步计算出各个树木的位置坐标，计算公式为：

$$x = l \times \sin(\alpha \times \pi / 180°) \tag{3-8}$$
$$y = l \times \cos(\alpha \times \pi / 180°) \tag{3-9}$$

图 3-9　圆形标准地树木定位图测定方法示意图

任意两棵树之间的距离可用两点间距离公式计算，计算公式为：

$$d = \sqrt{(x_2 - x_1)^2 + (y_2 - y_1)^2} \tag{3-10}$$

表 3-7　极坐标法测量树木位置图记录表

| 样地号 | 树号 | 树种名 | 极角（°） | 圆点到被测树距离（m） | 胸径（cm） | 树高（m） | 备注 |
|---|---|---|---|---|---|---|---|
|  |  |  |  |  |  |  |  |
|  |  |  |  |  |  |  |  |
|  |  |  |  |  |  |  |  |

调查地点：　　　　　调查人：　　　　　调查日期：

3）皮卷尺每木定位：对于方形或矩形样地也可以利用三角形原理进行测量（也可以用极坐标测量）。具体方法是以样地的边线端点为出发点用皮尺或测距仪量测到每株树的距离（图 3-10）。测量记录载入树木位置测量表（表 3-8）。被测树的 X、Y 坐标可通过下式计算：

$$X = \frac{A^2 + C^2 - B^2}{2C} \tag{3-11}$$

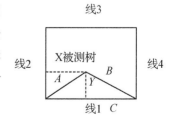

图 3-10　三角形原理测量示意图

$$Y = \frac{1}{2C} \sqrt{2A^2C^2 + 2A^2B^2 + 2B^2C^2 - A^4 - B^4 - C^4} \qquad (3\text{-}12)$$

此外，对于矩形标准地也可采用网格法。此法是将标准地用网格等分，并按顺序编号。然后，依次量测各网格内的树木距网边的垂直距离即可。表 3-8 为树木位置测量记录表

**表 3-8　树木位置测量记录表**

| 样地号 | 树号 | 树种名 | 样地边线号 | 左端点到被测树距离 | 右端点到被测树距离 | 胸径（cm） | 树高（m） | 备注 |
|---|---|---|---|---|---|---|---|---|
|  |  |  |  |  |  |  |  |  |
|  |  |  |  |  |  |  |  |  |
|  |  |  |  |  |  |  |  |  |

调查地点：调查人：　　　　　调查日期：

（5）注意事项

1）在设置样地时，必须设置在同一林分中，不能跨越河沟、林道和伐开的调查线等特殊地形，且应远离林缘，划分出缓冲区。

2）调查中丛生林木的处理。具体的处理方法是：以林地地面为准，如果各林木基干已经明显分开，则视为孤立单株，与其他正常林木一样处理；如果各林木均出自同一个基干且基干高度在 1.3m 以上，那么，只量测基干的位置坐标，记载平均属性大小（基干粗度相差特别悬殊的小树干可忽略不计）。

## 3.3.2　样方法

样方法在群落学调查中应用得较多，其特点是首先用主观的方法选择群落地段，然后在其中设置小样方，方式有随机地（或机械）设置小样方、五点式、对角线式、棋盘式、平等线式以及"Z"形等；通过随机设置的相当多的小样方的调查结果，较精确地去估计这个群落地段，从而掌握该群落数量的特征。样方法在结构化森林经营林分特征调查中除传统的调查因子外，主要是增加了林分空间结构参数的调查。

（1）样方面积及数量

如表 3-9 所示，样方面积与数量关系相关研究见《结构化森林经营技术指南》附录6。

**表 3-9　样方面积与样方数量**

| | 样方面积 | | | | |
|---|---|---|---|---|---|
| | 10m×10m | 15m×15m | 20m×20m | 25m×25m | 30m×30m |
| 样方数 | 36 | 25 | 12 | 9 | 4 |

（2）调查内容

除传统森林调查如土壤状况、林分郁闭度、林下更新等外，还要调查样方内胸径大于 5cm 林木的树种、胸径、树高、健康状况，空间结构参数，包括树种混交度、角尺度、大小比数、林层数等。

（3）调查工具

主要调查工具包括皮卷尺、围尺、测高仪、激光判角器。

（4）调查方法

将样方内所有胸径大于 5cm 的林木作为参照树，记录林木属性，如树种、胸径、树高、健康状况等，并运用激光判角器作为辅助工具，调查该株树与其最近 4 株相邻木组成的结构单元的结构参数。幼树幼苗更新调查根据所设置的样方大小和数量来确定，调查方法同大样地法。

（5）激光判角器的使用方法

抽样调查或大样地调查时，如果没有林分每木坐标定位数据时，需要使用激光判角器（图 3-11）作为辅助工具进行林木分布格局调查，即角尺度调查。

图 3-11　激光判角器

运用角尺度判断林木分布格局是通过统计结构单元中参照树的角尺度来进行的，即从参照树出发，任意两株最近株相邻木构成的小角小于标准角的个数占所考察的 4 个角的比例；将样地或样方内所有的大于起测直径的林木分别作为参照树，统计每株参照树的角尺度值，最后通过所有参照树的角尺度平均值来判断林木分布格局。激光判角器能

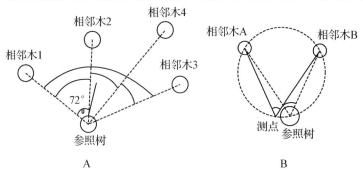

图 3-12　判角器工作原理（俯视）

够发射三个激光点，它们的夹角分别为 72°和 90°；72°用来判断两株最近相邻木与参照树构成的夹角与标准角的大小关系，90°则可用来在设置矩形样方和更新调查样方时判断样方边线的方向。在进行角尺度测量时，调查员手持判角器，使判角器 72°光点方向的一条线与参照树及其 1 株最近相邻木的连线重合，判断判角器 72°光点另一条光线与参照树及其另一株最近相邻木构成的连线所形成的夹角是否小于 72°。如图 3-12A 中相邻木 1-2 与参照树构成的 $\alpha_{12}$ 小于 72°，相邻木 2-4、3-4 与参照树构成的 $\alpha_{24}$ 和 $\alpha_{34}$ 也都小于 72°，而相邻木 1-3 与参照树构成的 $\alpha_{13}$ 则大于 72°，由此可知该参照树的 $W_i$ 为 0.75。由于树干本身有粗度，为避免误判，调查员可以站在参照树旁边利用圆周角相等的原理判断 $\alpha$ 角与 72°的关系(图 3-12B)。

### 3.3.3　无样地法

在进行林分状态调查时，并不是都需要设置固定典型样地进行长期监测，在大多数情况下，特别是对于一些地形条件较为复杂的研究区来说，设置典型大样地不可行，只能抽取一部分进行研究，即所谓的抽样调查。无样地抽样调查——点抽样与典型样地不同之处在于调查单位与面积无关，不需要测量样地面积，也不需要测量每棵树的位置坐标。

（1）抽样点数量

天然林抽样点数为 49 个以上，人工林结构较为简单，抽样点在 20 个以上(无样地抽样调查点数确定的相关研究参见《结构化森林经营技术指南》附录 7)。

（2）调查内容

林分土壤状况、林分郁闭度、林下更新、抽样点最近 4 株胸径大于 5cm 林木的属性，包括树种、胸径、树高、健康状况及其与最近 4 株相邻木组成有结构单元的结构参数，包括树种混交度、角尺度、大小比数、林层数等。

（3）调查工具

主要调查工具包括皮尺、围尺、测高仪、激光判角器、角规

（4）调查方法

在林分中从一个随机点开始，在林分中走蛇形线路，每隔一定距离(以调查的参照树的最近 4 株相邻木不重复为原则)设立一个抽样点。以激光判角器作为辅助设备，调查距抽样点最近 4 株胸径大于 5cm 的单木的空间结构参数，包括角尺度、大小比数、混交度及其属性(树种名称、胸径大小)，同时调查参照树与最近 4 株相邻木构成的结构单元的成层性和树种数(图 3-13)。林分断面积调查可采用在抽样点绕测 360°的方法进行调查，角规测点数随机选取 5 个以上。

幼树幼苗更新调查采用随机设立小样方的方法，即在进行抽样点设置时，每隔一定的距离设置一个更新调查样方，样方大小为 10m × 10m，样方数量为 5 个以上，并用测绳标出边界，调查因子有更新乔木树种的种类、高度级、起源、生长状况和更新株数等(对于植物名称不确定的种类，应采集标本，拴上标签，写明样地号及标本编号)。更新调查记录和点抽样调查记录表见表 3-10 和表 3-11。

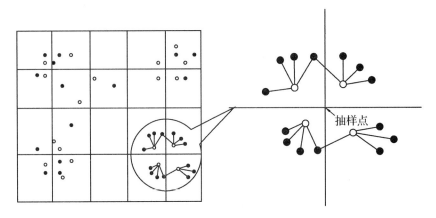

图 3-13　点抽样示意图

表 3-10　抽样调查简表

| 抽样<br>点号 | 参照<br>树号 | 树种名 | 胸径<br>（cm） | 树高<br>（m） | 枝下高<br>（m） | 冠幅<br>（m） | 角尺度 | 混交度 | 大小比数 | 林层数 | 郁闭度 | 断面积 | 备注 |
|---|---|---|---|---|---|---|---|---|---|---|---|---|---|
| | 1 | | | | | | | | | | | | |
| 1 | 2 | | | | | | | | | | | | |
| | 3 | | | | | | | | | | | | |
| | 4 | | | | | | | | | | | | |

调查地点：　　　　　　　　　调查人：

表 3-11　幼苗更新调查表

标准地号：　　　　　日　期：　　　　　　调查人：
样方面积：　　　　　样方个数：

| 样方号 | 树种名 | 实生苗 | | | | | 萌生苗 | | | | |
|---|---|---|---|---|---|---|---|---|---|---|---|
| | | 当年<br>生苗 | 30cm<br>以下 | 30～<br>50cm | 50cm<br>以上 | 合计 | 当年<br>生苗 | 30cm<br>以下 | 30～<br>50cm | 50cm<br>以上 | 合计 |
| | | | | | | | | | | | |
| | | | | | | | | | | | |

# 3.4　状态分析

众所周知，作为森林分子的林分通常既有疏密之分，也有长势之别，林分中的林木既有高矮、粗细之分，也有幼树幼苗、小树大树之别，更有树种、竞争能力和健康状况的差异，林木并非杂乱无章的堆积而是有其内在的分布规律。这就是人们对森林的直观认识，也是人们对森林的结构和活力等自然属性的认知。可见，林分状态可从林分空间结构(林分垂直结构和林分水平结构)、林分年龄结构、林分组成(树种多样性和树种组成)、林分密度、林分长势、顶极树种(组)或目的树种竞争、林分更新、林木健康等方面加以描述(图 3-14)。

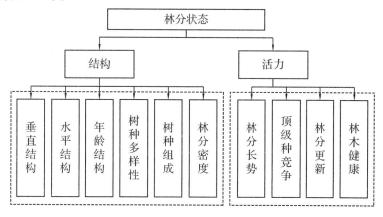

**图 3-14　林分状态指标体系**

### 3.4.1　林分空间结构

林分空间结构用垂直结构和水平结构衡量。垂直结构用林层数表达,林层数按树高分层。树高分层可参照国际林联(IUFRO)的林分垂直分层标准,即以林分优势高为依据把林分划分为 3 个垂直层,上层林木为树高 ≥ 2/3 优势高,中层为树高介于 1/3 ~ 2/3 优势高之间的林木,下层为树高 ≤ 1/3 优势高的林木。可采用两种方法之一来计算林层数。①按树高分层统计:如果各层的林木株数都 ≥ 10%,则认为该林分林层数为 3,如果只有 1 个或 2 个层的林木株数 ≥ 10%,则林层数对应为 1 或 2。②按结构单元统计:统计由参照树及其最近 4 株相邻树所组成的结构单元中,该 5 株树按树高可分层次的数目,统计各结构单元林层数为 1、2、3 层的比例,从而可以估计出林分整体的林层数。林层数 ≥ 2.5,表示多层;林层数 < 1.5 表示单层;林层数在[1.5,2.5)之间,表示复层。

### 3.4.2　林分年龄结构

林分年龄结构是植物种群统计的基本参数之一,通过年龄结构的研究和分析,可以提供种群的许多信息。统计各年龄组的个体数占全部个体总数的百分数,其从幼到老不同年龄组的比例关系可表述为年龄结构图解(年龄金字塔或生命表),分析种群年龄组成可以推测种群发展趋势。如果一个种群具有大量幼体和少量老年个体,说明这个种群是迅速增长的种群;相反,如果种群中幼体较少,老年个体较多,说明这个种群是衰退的种群。如果一个种群各个年龄级的个体数目几乎相同,或均匀递减,出生率接近死亡率,说明这个种群处在平衡状态,是正常稳定型种群。也就是说,从年龄金字塔的形状可辨识种群发展趋势,钟形是稳定型;正金字塔形是增长型;倒金字塔形是衰退型。在进行乔木树种年龄结构研究时,由于许多树木材质坚硬,难以用生长锥确定树木的实际

年龄，或者为了减少破坏性，常常用树木的直径结构代替年龄结构来分析种群的结构和
动态。

### 3.4.3  林分密度

林分密度用林分拥挤度($K$)描述。林分拥挤度用来表达林木之间拥挤在一起的程
度，用林木平均距离($L$)与平均冠幅($CW$)的比值表示，即

$$K = \frac{L}{CW} \tag{3-13}$$

显然，$K > 1$，表明林木之间有空隙，林冠没有完全覆盖林地，林木之间不拥挤；
$K = 1$表明林木之间刚刚发生树冠接触；只有当$K < 1$时表明林木之间才发生拥挤，其
程度取决于$K$值，$K$越小越拥挤。

### 3.4.4  林分长势

林分长势用林分优势度或林分潜在疏密度表达。林分优势度用下式来表示：

$$S_d = \sqrt{P_{U_i = 0} * \frac{G_{max}}{G_{max} - \overline{G}}} \tag{3-14}$$

其中，$P_{U_i = 0}$为林木大小比数取值为 0 等级的株数频率；$G_{max}$为林分的潜在最大断面积，
这里将其定义为林分中50%较大个体的平均断面积与林分现有株数的积；$\overline{G}$为林分断面
积。林分优势度的值通常在[0，1]之间，愈大愈好。林分疏密度是现实林分断面积与
标准林分断面积之比。鉴于"标准林分"在实际应用中的难度，所以本文用林分潜在疏
密度替代传统意义上的林分疏密度。用$B_0 = \overline{G}/G_{max}$表示，其值在[0，1]之间，愈大
愈好。

### 3.4.5  顶极种的竞争

顶极种的竞争用顶极或目的树种的树种优势度表达。树种优势度用相对显著度
($D_g$)或树种空间优势度$D_{sp} = \sqrt{D_g \cdot (1 - \overline{U_{sp}})}$表达，其中，$\overline{U_{sp}}$为树种大小比数均值。
树种优势度的值在[0，1]之间，愈大愈好。

### 3.4.6  森林更新

森林更新是一个重要的生态学过程，一直是生态系统研究中的主要领域之一。森林
更新状况的好坏是关系到森林可持续发展与生态系统稳定的一个关键因素，同时也是衡
量一种森林经营方式好坏的重要标志之一。不同的森林类型有着不同的更新规律，不同
的树种从结实开始，到幼苗幼树成长建立为止也有自己特定的更新特点，这是森林群落
长期自然选择的结果。林木的更新过程是形成林分结构动态的基础，影响着森林群落的
结构和演替；研究林木更新的重要意义在于可以揭露林分中各种林木更新的规律性和它
们与立地条件、干扰事件以及各种人为经营措施的关系，是我们制定不同树种经营措
施，特别是确定它们主伐方式和更新方式的基础(徐化成，2004)。

林分更新采用《森林资源规划设计调查技术规程》(国标 GB/T 26424 – 2010)来评价,即以苗高 > 50 cm 的幼苗数量来衡量,若 ≥ 2 500 表示更新良好; < 500 表示更新不良;[500, 2 500)之间表示更新一般。

### 3.4.7 林分树种组成分析

树种组成是森林的重要林学特征之一,常作为划分森林类型的基本条件。对于森林群落来说,高等植物是群落的最重要组成者,能够反映该群落结构、生态、动态等基本特征,揭示群落的基本规律。森林群落的主要层片是乔木,而乔木层片中的优势树种是森林群落的重要建造者,在森林生态功能的发挥中也起着主导作用,也是开展森林经营的主体目标。因此,在分析经营区林分树种组成时以乔木树种为主要分析对象,通过分析构成各林分主要树种的数量特征,包括各树种的公顷株数、断面积、平均胸径、相对多度和相对显著度等数量指标,了解现有林的树种组成特征,并以此作为划分林分类型和调整树种组成的依据。

### 3.4.8 林分直径分布

在林分内不同直径大小林木的分布状态,称为林分直径结构。林分直径结构是最重要、最基本的林分结构。林分直径结构反映了各径级林木的株数分布,其规律性很早就受到林学家们的关注,直径的变化规律可作为制定、检查经营技术措施的依据之一。关于直径分布的研究,大体上可分为两个阶段,即静态拟合阶段和动态预测阶段。在林分直径中,又以研究同龄纯林的直径结构规律及其在营林技术中的作用为基础。不同类型同龄纯林的直径分布的具体形状略有不同,但其直径结构都是形成一条以林分算术平均直径为峰点、中等大小的林木株数占多数、向其两端径阶的林木株数减少的单峰左右对称的山状曲线,近似于正态分布曲线。林学家们对同龄林的直径结构进行了大量的研究,并运用正态分布函数进行拟合、描述同龄林的直径分布。复层异龄混交林的直径结构规律较为复杂,与同龄林有着明显的不同,常见的是小径阶的林木株数量多,随着径阶的增大,林木株数减少,即株数按径阶的分布呈倒“J”形,株数按径级依常量 $q$ 值递减;Liocourt 认为理想的异龄林株数按径级常量 $q$ 值在 1.2 ~ 1.5 之间,也有研究认为,$q$ 值在 1.3 ~ 1.7 之间;但是由于异龄林的直径结构规律受林分自身演替过程、树种组成、树种特性、立地条件、更新过程以及经营措施、自然灾害等的影响,直径结构分布曲线类型多样而复杂。直径分布曲线的拟合方法较多,常用的有正态分布,Weibull 分布、负指数分布函数等。

起测直径不仅对直径分布有影响,而且对林木分布格局的判定有重要影响,对于森林经营而言,经营调整对象多以中、大径木为主,较小径阶林木可作为森林更新幼树来考虑,因此,参照我国国家森林资源清查的相关规定,结构化森林经营方法中分析直径分布以胸径 5.0cm 及以上的乔木为对象,5.0cm 以下的林木则作为更新来分析。

### 3.4.9 林分树种多样性

生态系统功能取决于生态系统的结构、生物多样性和整合性。目前生物多样性已成为全球生态学研究的热点问题，而生物资源则是生物多样性的物质体现。生物多样性是生态系统生产力的核心（赵士洞等，1997），也是一个群落结构和功能复杂性的度量（谢晋阳等，1994）。生物多样性表现在 3 个层面，即遗传多样性、物种多样性和生态系统多样性。生物群落是在一定地理区域内，生活在同一环境下的不同种群的集合体，其内部存在着极为复杂的相互关系。群落多样性就是指群落在组成、结构、功能和动态方面表现出的丰富多彩的差异，其中群落在组成和结构上表现出的多样性是认识群落的组织水平，甚至功能状态的基础，也是生物多样性研究中至关重要的方面（马克平，1993，1994，1995；史作民等，2002）。群落物种多样性（往往指植物种的多样性）作为生态系统多样性最直接和最易于观察研究的一个层次，一直受到重视（贺金生等，1998）。物种多样性是一个群落结构和功能复杂性的度量，它不仅可以反映群落或生境中物种的丰富度、均匀度和时空变化，表征群落和生态系统的特征及其变化演替的规律，也可反映不同的自然地理条件及人为因素与群落的相互关系（马晓勇等，2004）。研究植物群落的物种多样性，能更好地认识群落的组成、结构、功能、演替规律和群落的稳定性。维持物种多样性已成为森林经营研究的一个主要内容（Hurlbert，1971；雷相东等，2000）。

　　综合大多数学者的分析方法，以乔木层树种的个体数为基础，选择反映物种丰富程度的 Margalef 丰富度指数、反映多样性程度的 Shannon-Wiener 多样性指数、反映优势树种集中性的 Simpson 优势度指数和反映各物种个体数目在群落中分配的均匀程度的 Pielou 均匀度指数，来体现研究林分的树种多样性和各树种在林分中的分配状况。

### 3.4.10　林分各树种优势度分析

　　物种的竞争与共存一直是生态学研究的核心问题，群落结构的组建、生产力的形成、系统的稳定性以及群落物种多样性的维持等都与这一问题密切相关（汤孟平，2003）。一般认为，植物之间的竞争是生物间相互作用的一个重要方面，是指两个或多个植物体对同一环境资源和能量的争夺中所发生的相互作用（张思玉等，2001），竞争导致了植物个体生长发育上的差异。竞争指数在形式上反映的是树木个体生长与生存空间的关系，但其实质是反映树木对环境资源需求与现实生境中树木对环境资源占有量之间的关系（马建路等，1994）。竞争指数反映林木所承受的竞争压力，取决于：① 林木本身的状态（如胸径、树高、冠幅等）；② 林木所处的局部环境（邻近树木的状态）（唐守正等，1993）。

　　结构化森林经营方法在进行树种竞争关系调节时主要针对顶极树种和主要伴生树种，将不断提高顶极树种的竞争态势，减少其竞争压力视为己任。通过分析树种优势度，充分考虑各树种间的竞争关系，从而在制定经营措施时有所侧重，提高顶极树种及主要伴生树种或乡土树种的优势程度，加速林分进展演替，促进森林向健康稳定状态发展。

　　传统的表达树种优势度的指标为重要值，重要值可以用某个种的相对多度、相对显著度和相对频度的平均值表示，重要值越大的树种，在群落结构中就越重要。相对显著度反映的是种在群落中的数量对比关系，没有体现该种的空间状态。树种在空间上某一测度（如直径、树冠、树高等）的优势程度可用树种大小比数来衡量，它能够反映了种的全部个体的空间状态。这里我们在评价树种的优势度时用相对显著度和树种大小比数结合来表达(惠刚盈等，2007)。

### 3.4.11　林分空间结构参数计算

运用空间结构分析程序 Winkelmass 计算样地内林木的空间结构参数——角尺度、混交度及大小比数。对于具有每木定位数据样地的林分空间结构分析可直接将样地树木株数、大小及每株树木的坐标($x$，$y$)、胸径及树种编号按图 3-15 的记事本文件格式组织生成 Winkelmass 原始文件，然后在 Winkelmass 程序中打开原始文件，程序自动计算分析每株林木的角尺度、大小比数、混交度，筛选出每株林木的最近 4 株相邻木，并计算出每株林木与最近 4 株相邻间的距离、角度。Winkelmass 程序在最后部分计算出林分总体的分布格局、平均大小比数及混交度，并将参与计算的林木进行统计(落入核心区

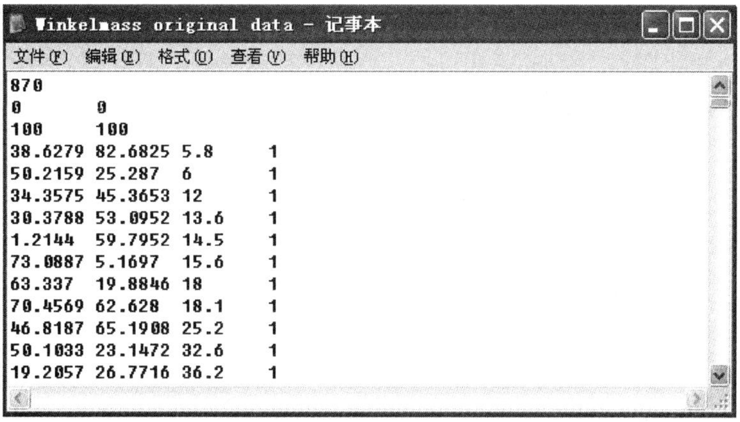

图 3-15　Winkelmass 原始数据记事本文件格式

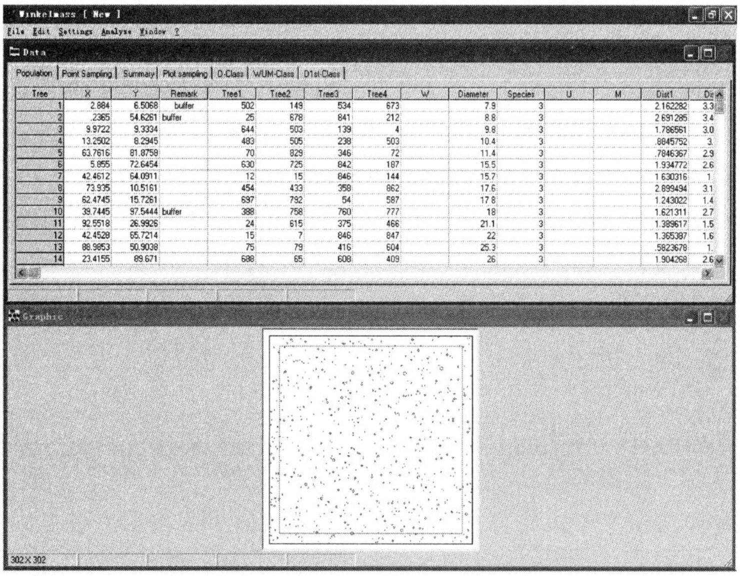

图 3-16　Winkelmass 程序界面

内的林木），包括角尺度、大小比数和混交度在各值的分布情况。在计算空间结构参数时，为避免边缘效应，要设置缓冲区，其大小根据样地的大小情况来设置，一般将样地内距每条林分边线 5m 之内的环形区设为缓冲区，其中的标记林木只作为相邻木，缓冲区环绕的区域为核心区，其中所有的标记单木作为参照树，统计各项指数。Winkelmass程序能够统计核心区内的林木株数，并产生各林木在林分中的分布图（图 3-16）。对于没有每木定位的样地和抽样调查林分的结构参数运用 EXCEL 和相关统计分析软件分析计算，其原理与分析程序 Winkelmass 一致，是通过统计参照树各结构参数值的频率分布，计算其平均值来分析林分的空间结构特征。

### 3.4.12　林分自然度评价

　　森林自然度是指现实森林的状态与地带性原始群落或顶极群落在树种组成、结构特征、树种多样性和活力等方面的相似程度以及人为干扰程度的大小，它不仅包括森林的树种组成、水平结构特征、空间结构特征，而且包括森林的更新能力、生产能力及人为干扰程度，是描述和划分现实森林状态类型的一项重要指标，也是制订森林经营、恢复和重建方案的重要依据。林分是区划森林的最小地域单位，也是进行生产实践的最基本单元。通过对林分特征的研究，掌握森林的特征，才能正确认识和经营管理森林，因此，对林分自然度进行评价和研究更具有应用意义，按照森林生长规律和演替过程对不同林分类型提出有针对性经营措施才能实现培育健康稳定森林和森林可持续发展的目标。

　　（1）林分自然度评价指标

　　评价林分自然度的指标有很多，由于不同的学者关注的重点和研究的方向不同，所选择的指标也有所不同。但总体来说，评价林分自然度所选择的指标应该能够从根本上体现林分的特征，各指标对于不同的林分自然度表达具有一定的敏感性，也就是说能够体现出林分自然度的差别。因此，评价林分自然度的指标体系必须遵循一定的原则，力求评价指标体系科学、合理、可行。在构建林分自然度评价指标体系时应该遵循科学性和可操作性的原则；科学性即林分自然度评价指标体系应当客观、真实地反映森林的特征，并能体现出不同的林分类型或处于不同演替阶段的森林群落间的差别，能够准确反映现实林分的状态与原始群落或顶极群落的差距，指标体系建立过程中尽量减少主观性，增加客观性，力求所选择的指标比较全面、具代表性、针对性和可比性；可操作性原则即森林自然度评价指标内容应该简单明了，含义明确，易于量化，数据易于获取，指标值易于计算，便于操作，对于经营单位或有关评价部门易于测度和度量，简单实用，容易被广泛理解和接受，指标体系易于推广，对实践工作有所帮助。

　　综合不同学者对健康森林、顶极群落特征及森林自然度或干扰度评价的研究，林分自然度的评价从林分的树种组成、结构特征、树种多样性、活力和干扰程度等 5 个方面进行考查。树种组成主要考虑林分中各树种或树种组的组成情况，包括各树种（组）的株数组成和断面积组成；结构特征包括的指标有直径分布、林木分布格局、树种隔离程度、顶极树种优势度和林分的林层结构；树种多样性用 Simpson 多样性指数和 Pielou 均匀度指数来表达；活力指标包括林分更新状况、蓄积量和郁闭度；干扰程度则主要从林分中的枯立木和采伐强度两个方面进行评价，如图 3-17 所示。

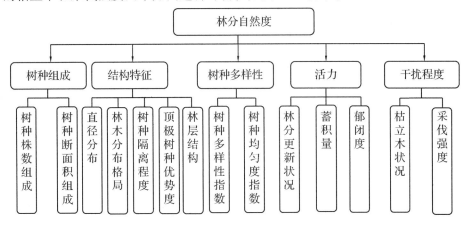

图 3-17　林分自然度度量指标体系

（2）林分自然度评价方法

根据目前评价自然度的两种途径分 3 种方法评价林分的自然度：一种是当研究区存在历史上经历了轻微干扰的并经过长时间恢复的原始群落或顶极群落时，以该群落的特征为参照系，选择具有能够从本质上反映群落特征的指标，通过比较被评价林分与参照系相对应指标的差异来表达林分的近自然程度；第二种是当研究区找不到合适的参照系，但在同一地区有较多类型林分的研究资料时，选择能反映林分特征的指标最优值组成一个理想的参照系，然后比较现有各林分类型与理想参照系的差异来评价研究区林分的自然度；第三种方法是当研究区不存在合适的参照系和大量的数据资料时，以能够表达原始林或顶极群落一般特征的指标取值为标准值，通过调查能够从本质上反映群落特征的指标，应用层次分析法和熵权法计算指标权重系数，结合实际调查值进行定性和定量分析来评价林分的自然度。

① 存在参照系时林分自然度度量：当研究区存在合适的参照系时，即研究区存在原始林或以地带性植被组成为主的顶极群落。首先对参照系和评价林分从树种组成（$cN$）、结构特征（$sN$）、树种多样性（$dN$）、林分活力（$vN$）和干扰程度（$hN$）5 个方面的指标进行调查，调查方法见林分状态特征数据调查方法，然后进行各指标值的计算，对于具有分布特性的指标运用遗传绝对距离公式比较被评价林分与参照林分的特征的差异，对于非分布属性的指标运用被评价林分与参照林分的特征的相对差异比率来比较，然后将二者相结合进行森林自然度评价，即森林自然度为评价各指标与参照系对应指标的相似程度之和，用下式表达：

$$SN = 1 - \left( \sum_{j=1}^{m} \left| \frac{y_j - x_j}{\max(x_i, y_j)} \right| + \sum_{j=1}^{n} d_{x_j y_j} \right) / (m + n) \qquad (3\text{-}15)$$

式中：$y_j$ 为原始林或顶极群落的第 $j$ 个特征；$x_j$ 为现有林的第 $j$ 个特征；$m$ 为特征值数目（包括结构指标中的分布格局、顶极树种优势程度，多样性指标、活力指标和干扰程度指标）；$n$ 为分布类型的数目（包括树种组成、林层结构、树种隔离程度和直径分布）；$d_{xy}$ 为遗传绝对距离公式。

遗传绝对距离公式是 Gregorius 提出来的一种比较等位基因差异的方法（Gregorius，1974，1984），该方法可用来比较两个种群或群落的差异，也可比较两个样地是否来自相同的总体。遗传绝对距离公式如下：

$$d_{xy} = \frac{1}{2} \sum_{i}^{k} |x_i - y_i| \tag{3-16}$$

式中：$x_i$ 为群落 $X$ 中遗传类型 $i$ 的相对频率，满足 $\sum_{1}^{k} x_i = 1$；$y_i$ 为群落 Y 中遗传类型 $i$ 的相对频率，满足 $\sum_{1}^{k} y_i = 1$；$k$ 为遗传类型的数量。

遗传距离的临界值（$d_\alpha$）为：

$$d_\alpha = d_{max}(1 - 1/k) \sqrt{-0.2 \cdot \ln(\alpha)} \tag{3-17}$$

式中：$\alpha$ 位显著性水平；若 $d_{xy} > d_\alpha$，则认为种群 X 与种群 Y 差异是显著的；否则，差异不显著。

② 不存在参照系时林分自然度度量：当研究区不存在原始林或顶极群落，且调查资料相对较少时，林分自然度的评价指标也是从树种组成（$cN$）、结构特征（$sN$）、树种多样性（$dN$）、林分活力（$vN$）和干扰程度（$hN$）5 个方面来选取，与存在参照林分时评价指标相同，只是对各指标的处理方法有所差异，主要是在对森林自然度各项评价指标的权重确定和实测数据的处理方面，权重采用熵权修正层次分析法进行评价。

$$SN = \sum_{j=1}^{n} \lambda_j B_j \qquad (j = 1,2,\cdots n) \tag{3-18}$$

其中：$\lambda_j$ 为约束层各指标修正后的权重；$B_j$ 为指标层相对于目标层的评价值。

（3）林分自然度划分标准和系统

为了在生产应用中便于操作，根据林分自然度的含义和原始林或顶极群落的树种组成、结构特征、树种多样性、活力等方面的一般特征，采用定性与定量相结合的方法把林分自然度划分为一定的等级，以区分不同林分类型状态特征与原始林或顶极群落状态特征的差异，并依据不同等级林分自然度制订相应的经营方案和措施。在借鉴国内外在自然度研究成果的基础上，依据以上两种自然度度量方法和自然度的取值范围，将自然度划分为 7 个等级，其命名则根据林分的状态和接近自然的程度相结合（表 3-12）。

表 3-12　林分近自然度等级划分

| SN 值 | 林分状态特征 | 自然度等级 |
|---|---|---|
| < =0.15 | 疏林状态（在荒山荒地、采伐迹地、火烧迹地上发育的植物群落，或是地带性森林或人工栽植而成的林分由于持续的、强度极大的人为干扰，植被破坏殆尽后形成的林分；乔木树种组成单一且郁闭度较小；林内生长大量的灌木、草本和藤本植物，偶见先锋种；林分垂直层次简单，迹地生境特征还依稀可见，但已经不明显） | |

（续）

| SN 值 | 林分状态特征 | 自然度等级 |
|---|---|---|
| 0.15~0.30 | 外来树种人工纯林状态（在荒山荒地、采伐迹地、火烧迹地上以种植外来引进树种形成的林分，树种组成单一，多为同龄林，林层结构简单，多为单层林，树种隔离程度小，多样性很低，林木分布格局为均匀分布） | 2 |
| 0.30~0.46 | 乡土树种纯林或外来树种与乡土树种混交状态（在采伐迹地、火烧迹地上种植乡土树种形成人工纯林或乡土与外来树种的混交林，树种组成单一，多为同龄林，林层结构多为单层林，树种隔离程度小，多样性低；林木分布格局多为均匀分布） | 3 |
| 0.46~0.60 | 乡土树种混交林状态（在采伐迹地、火烧迹地上种植乡土树种为主形成的林分，树种相对丰富，同龄林或异龄林，林层结构多为单层林，多样性较低，林木分布格局多为均匀分布） | 4 |
| 0.60~0.76 | 次生林状态（原始林受到重度干扰后自然恢复的林分，有较明显的原始林结构特征和树种组成，郁闭度一般在 0.7 以上；树种组成以先锋树种和伴生树种为主，有少量的顶极树种，林层多为复层结构，同龄林或异龄林，林木分布格局以团状分布居多，树种隔离程度较高，多样性较高，林下更新良好或一般） | 5 |
| 0.76~0.90 | 原生性次生林状态（原始林有弱度的干扰影响，如轻度的单株采伐，是原始林与次生林之间的过渡状态，树种组成以顶极树种为主，有少量先锋树种，郁闭度在 0.7 以上，异龄林，林层为复层结构，林木分布格局多为轻微团状分布或随机分布，树种隔离程度较高，多样性较高，有一些枯立（倒）木，但数量较少，林下更新良好） | 6 |
| >0.90 | 原始林状态（自然状态，基本没有受到人为干扰或影响，树种组成以稳定的地带性顶极树种和主要伴生树种为主，偶见先锋树种，郁闭度在 0.7 以上，异龄林，林层为复层结构，顶极树种占据林木上层，林木分布格局为随机分布，树种隔离程度较高，多样性较高，林内有大量的枯立（倒）木，林下更新良好） | 7 |

### 3.4.13　林分经营迫切性评价

　　林分的经营迫切性反映了现实林分状态与健康林分状态的符合程度，是指从健康稳定森林的特征出发，充分考虑林分的结构特点和经营措施的可操作性，从林分空间特征和非空间特征两个方面来分析判定林分是否需要经营，为什么要经营，调整哪些不合理的林分指标能够使林分向健康稳定的方向发展。

　　（1）经营迫切性评价指标

　　森林经营迫切性指标的选择应当遵循以下原则，一是科学性原则，即经营迫切性评价指标应当客观、真实地反映森林的状态特征，并能体现出不同的林分类型或处于不同演替阶段的森林群落间的差别，能够准确反映现实林分的状态与健康稳定森林的差距，指标体系建立过程中尽量减少主观性，增加客观性，力求所选择的指标比较全面、具代表性、针对性和可比性；二是具有可操作性，即经营迫切性评价指标内容应该简单明了，含义明确，易于量化，数据易于获取，指标值易于计算，便于操作，对于经营单位或有关评价部门易于测度和度量，简单实用，容易被广泛地理解和接受，指标体系易于推广，对实践工作有所帮助。根据以上原则，以培育健康稳定、优质高效的森林为终极目标，其状态特征主要体现在其混交性、异龄性、复层性、密集性及优质性几个方面，因此，考虑森林经营迫切性评价指标也应该从这几个方面着手。混交性主要考虑森林的树种组成和多样性；复层性指森林的垂直结构，包括其分层及天然更新情况；异龄性则考虑森林中林木个体的年龄结构；密集性是反映森林密度的指标，包括森林整体的拥挤程度及林木个体的密集程度；优质性则体现森林整体的生产力和个体的健康状况，包括林木个体分布格局、健康状况、林分长势及目的树种的竞争等方面。图 3-18 给出了森林经营迫切性评价指标，共包括 11 个指标。在这里需要表明的是，在对人工林进行经营迫切性评价时，要充分考虑人工林的经营目标，也就是说，如果人工林是短周期工业用材，而不是异龄、复层、混交林的健康稳定的森林生态系统时，该评价系统并不适用；而对于培育目标要从用材林转变为健康稳定的森林的人工林完全可用该评价系统，在评价时可能大多数指标需要调整的现象，这对于人工林来说是正常的，因为人工林本身结构比较简单。

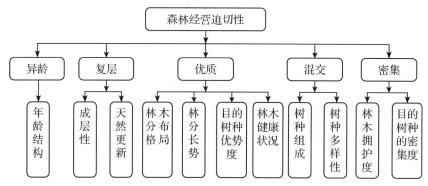

**图 3-18  森林经营迫切性评价指标体系**

（2）经营迫切性指标评价标准

①年龄结构：林分年龄结构是植物种群统计的基本参数之一，通过年龄结构的研究和分析，可以提供种群的许多信息。统计各年龄组的个体数占全部个体总数的百分数，其从幼到老不同年龄组的比例关系可表述为年龄结构图解（年龄金字塔或生命表），分析种群年龄组成可以推测种群发展趋势。如果一个种群具有大量幼体和少量老年个体，说明这个种群是迅速增长的种群；相反，如果种群中幼体较少，老年个体较多，说明这个种群是衰退的种群。如果一个种群各个年龄级的个体数目几乎相同，或均匀递减，出生率接近死亡率，说明这个种群处在平衡状态，是正常稳定型种群。也就是说，从年龄金字塔的形状可辨识种群发展趋势，钟型是稳定型或正金字塔形是增长型时，年龄结构不需要进行调整；当年龄结构为倒金字塔形时为衰退型，森林需要经营。在进行乔木树种年龄结构研究时，由于许多树木材质坚硬，难以用生长锥确定树木的实际年龄，或者为了减少破坏性，常常用树木的直径结构代替年龄结构来分析种群的结构和动态。林分的径级结构是林分内不同大小的林木按径阶分配的状态，其无论在理论上还是在实际上，都是最重要、最基本的林分结构，不仅因为林分直径便于测定，而是因为林分内各种大小直径的树木的分配状态，将直接影响树木的树高、干形、材积、材种及树冠等因子的变化，其在一定程度上也代表了林木的年龄结构。在林分直径结构中，同龄纯林直径结构较为简单，多为近似正态分布的单峰有偏分布，而复层异龄混交林的直径结构规律要复杂得多。研究认为大多数天然林或异龄混交林的直径分布为近似比曲线的反"J"形分布，或为不对称的单峰或多峰山状曲线。也有研究认为，异龄混交林的径级结构是

各径阶林木株数按径级依常量 $q$ 值递减，理想的直径分布应该保持这种统计特性，Lio-court 认为，$q$ 值一般在 1.2～1.5 之间，也有研究认为，$q$ 值在 1.3～1.7 之间。异龄混交林相对于人工林而言更加稳定健康，因此，把异龄混交林的径级结构的 $q$ 值是否落在 1.2～1.7 之间作为林分是否需要经营的评价标准，即当 $q$ 值没有落在该区间内则林分的直径分布需要调整。对于人工林要培育为健康稳定的森林，径级结构必然要调整，通过补植，更换树种等措施，使其径级结构向异龄林径级结构发展。

②成层性：森林植物地上同化器官（枝、叶）在空中的排列成层现象为森林的垂直结构。在发育完整的森林中，一般可分为乔木、灌木、草本和苔藓地衣 4 个基本层次，每层又可按高度分为若干个亚层。乔木层是森林中最主要的层次，它对林中其他各层次具有重要的影响作用，森林的垂直结构常可按乔木层的结构分为单层林和复层林，本研究中只考虑森林的乔木层结构，用林层数来表达。林层数的定义为由参照树及其最近相邻 4 株树所组成的结构单元中，该 5 株树按树高可分层次的数目，树高分层可参照国际林联（IUFRO）的林分垂直分层标准，即以林分优势高为依据把林分划分为 3 个垂直层，上层林木为树高 ≥2/3 优势高，中层为树高介于 1/3～2/3 优势高之间的林木，下层为树高 ≤1/3 优势高的林木。统计各结构单元林层数为 1、2、3 层的比例，从而可以估计出林分整体林层数。林层数 ≥2，表示复层，垂直结构合理，不需要经营，否则需要提高森林层次结构的复杂性。

③天然更新：森林更新是一个重要的生态学过程，一直是生态系统研究中的主要领域之一。森林更新状况的好坏是关系到森林可持续发展与生态系统稳定的一个关键因素，同时也是衡量一种森林经营方式好坏的重要标志之一。国家林业局资源司在《森林资源连续清查技术规定》中对幼苗更新的等级规定（见表 3-13）。

表 3-13　幼苗更新等级

| 等级 | 幼苗高度级（cm） | | | 代码 |
|---|---|---|---|---|
| | < 30 | 30～49 | ≥50 | |
| 良好 | ≥5000 | ≥3000 | ≥2500 | 1 |
| 中等 | 3000～4999 | 1000～2999 | 500～2499 | 2 |
| 不良 | < 3000 | <1000 | < 500 | 3 |

将林下更新是否达到了中等或中等以上作为评价标准，即当天然更新为中等或良好时，不需要经营，否则，需要经营。

④林木分布格局：众多研究表明，在自然界中，由于人为干扰、自然演替等多种因素的想出在，大多数群落的分布格局为团状分布，均匀分布的格局则很少见，多见于人工群落。但对一个发育完善的顶极群落而言，其优势树种总体的分布呈现随机格局，各优势树种也呈随机分布格局镶嵌于总体的随机格局之中。显然，对于森林群落而言，林木分布格局的随机性将成为判断林分是否需要经营的一个尺度。判断林木分布格局有很多种方法，在实际操作中，可根据调查数据选择不同的判断方法，如样方法、距离法等，其中，由于样方法存在基本样方大小和初始样方位置的确定等一些问题，影响了研

究结果的准确性，所以该方法现在应用较少。距离分析法经过几十年的发展，先后出现了使用"最近距离邻木法"来检验当前分布与随机分布的差异（李海涛，1995）、聚集指数 $R$、$K(d)$ 函数（Ripley，1977；Diggle，1983）以及双相关函数（Penttinen，et al.，1992；Degenhardt，1993；Stoyant，et al，1992）等众多方法，目前已成为国际上分析林木空间分布格局的主要方法，但距离法的根本问题是野外需要耗时费力的林木位置坐标测定。近十年来出现的角尺度（惠刚盈，等，1998）方法，通过判断和统计由参照树与其相邻木构成的夹角是否大于标准角来描述相邻木围绕参照树的均匀性，不需精密测距就可以获得林木的水平分布格局（惠刚盈等，2003；Kint，2000；Gadow and Hui；2002；Hui，ct al，2003；2004）。角尺度作为 个简洁而可靠的判断林木分布格局的方法，其在经营实践中更具有实用性。角尺度的计算是建立在 n 个最近相邻木的基础上，因此，即使对较小的团组，用角尺度也可评价出各群丛之间的这种变异，从而清晰地描述了林木个体分布格局。其优点除了直观的图形表达（与距离法中双相关函数和 Ripley 函数一样）外，还可用均值表达，更重要的是所用的数据可通过抽样调查直接获得。目前利用角尺度进行分布格局检验时大都采用了以 为标准所确定的置信区间[0.475，0.517]进行林木分布格局判断，这对全面调查的群落，且株数在 1000 株左右的林分评判林木格局结果的简洁方法。由于置信区间与样本大小有直接关系，所以，采用统一的置信区间显然不适用于评判抽样调查或群落中数量较少的种群的分布格局。胡艳波等给出了随机分布林分角尺度的置信区间，赵中华等依据随机分布林分角尺度的置信区间提出了角尺度判断林木分布格局的正态分布检验方法，进一步完善了角尺度方法在林木分布格局分析中应用。因此，在应用角尺度法判断林分密度在 1000 株左右时直接运用林分的平均角尺度是否落在[0.475，0.517]为评判标准；林分密度较在或较少时，可以运用赵中华等提出的角尺度正态分布检验方法，也可以根据胡艳波等提出的置信区间方法进行判断：

95% 的置信限为：$[\,0.5-1.96\sigma_W,0.5+1.96\sigma_W\,]$

99% 的置信限为：$[\,0.5-2.58\sigma_W,0.5+2.58\sigma_W\,]$

其中，$\sigma_W=0.21034N^{-0.48872}$，$N$ 为样地密度。

⑤林分长势：林分长势为反映林木对其所占空间利用程度的指标。传统的表达林分长势的指标用林分疏密度，即用单位面积（一般为 $1hm^2$）上林木实有的蓄积量，或胸高总断面积对在相同条件下的标准林分（或称模式林分）的每公顷蓄积量，或胸高总断面积的十分比表示。在经营迫切性评价中，如果可以得到评价地区标准林分蓄积量，则可以运用林分疏密度来反映林分长势力，将疏密度是否大于 0.5 作为评价标准，即林分疏密度小于 0.5，则需要采用经营措施来提高林分的长势。其实，在实际应用中，很难得到标准林分的蓄积量，因此疏密度指标的应用存在一定的困难。林分优势度也可以用下式来表达：

$$S_d=\sqrt{P_{U_i=0}\frac{G_{max}}{G_{max}-\overline{G}}} \tag{3-19}$$

式中，$P_{U_i=0}$ 为林木大小比数取值为 0 等级的株数频率；$G_{max}$ 为林分的潜在最大断面积，这里将其定义为林分中 50% 较大个体的平均断面积与林分现有株数的积; $\overline{G}$ 为林分断面积。

林分优势度的值通常在 $0 \sim 1$ 之间, 当 $S_d > 0.5$ 时, 林分不需要经营, 否则需要采取促进林分生长的措施。

⑥目的树种(组)的优势度: 将林分中的培育树种或乡土树种统称为目的树种, 进行森林经营的目标就是提高目的树种的优势程度, 获得更大的生态和经济效益。大小比数反映林木个体的大小分化程度, 将大小比数与树种的相对显著度相结合, 依树种统计可分析林分内不同树种的优势程度。可用下式来表达:

$$D_{sp} = \sqrt{D_g \cdot (1 - \overline{U}_{sp})} \tag{3-20}$$

式中: $D_{sp}$ 树种(组)优势度, $D_g$ 相对显著度, $\overline{U}_{sp}$ 树种(组)大小比数, 其中, 相对显著度为林分中该树种(组)的断面积占全部树种的断面积的比例。树种优势度的值在 $0 \sim 1$ 之间。接近 1 表示非常优势, 接近 0 表示几乎没有优势。本研究以林分中顶极树种(组)或乡土树种的优势度是否大于 0.5 作为林分是否进行经营的评判标准, 大于 0.5 不需要经营, 否则需要提高培育树种的优势程度。

⑦林木健康状况: 林分内林木的健康状况主要是通过林木体态表现特征如虫害、病腐、断梢、弯曲等来识别。这里以不健康的林木株数比例是否超过 10% 为评价标准, 即当不健康林木株数比例超过 10% 时需要对林分进行经营, 否则不需要经营。

⑧树种组成: 树种组成是森林的重要林学特征之一, 林分树种组成用树种组成系数表达, 即各树种的蓄积量(或断面积)占林分总蓄积量(或断面积)的比重, 用十分法表示; 当组成系数表达式中够 1 成的项数大于或等于 3 项时则不需要经营, 否则, 需要经营。

⑨树种多样性: 物种多样性包括物种丰富度和物种均匀度两个方面的含义。物种丰富度是对一定空间范围内的物种数目的简单描述; 物种均匀度则是对不同物种在数量上接近程度的衡量。一般认为, 林分的树种多样性越高, 林分越稳定。树种多样性可以用反映物种多样性程度的 Simpson 多样性指数来表达, 该指数的值在 $[0, 1]$ 之间, 是一个正向指标, 越大树种多样性越高。林分的 Simpson 指数大于 0.5 则不需要经营, 否则需要采用提高林分树种多样性的措施。树种多样性也可以采用林分修正的林分混交度($\overline{M}'$)与林分平均混交度的比值来表达。林分修正的林分混交度表达式如下:

$$\overline{M}' = \frac{1}{5N} \sum (M_i n'_i) \tag{3-21}$$

林分平均混交度($\overline{M}$)的公式(见式 2-4)。

$$M_D = \frac{\overline{M}'}{\overline{M}} \tag{3-22}$$

林分的平均混交度反映林分内树种的隔离程度, 从 $\overline{M}'$ 的计算公式中可以看出, $\overline{M}'$ 是对传统混交度的修正, 他既包含了每个结构单元中的树种之间的混交关系, 也反映了结构单元中的树种数, 克服了林分平均混交度应用中需要特别指出树种组成及比例的缺陷, 因此, $\overline{M}'$ 不仅可以反映林分的树种隔离程度, 也可以反映的树种多样性。$M_D$ 的比值在[0，1]之间，越大表明林分混交度、树种多样性越高，以 $M_D = 0.5$ 作为林分是否需要进行经营的评判标准，即当 $M_D$ 大于 0.5 时，森林不需要经营。需要指出的是，在对天然纯林这种特殊的森林类型进行经营迫切性评价时，树种多样性指标可以不予考虑；对于人工林而言，如果培育目标是短周期工业用材林，在经营迫切性评价时也不需要考虑；只有当人工林的培育目标转变为异龄、混交、复层的健康稳定森林时才考虑该指标。

⑩林木拥挤程度：林分密度与林木的胸径、树高，木材质量等具有密切的关系，是森林经营中必须考虑的因素。传统的森林经营常用密度管理图来调控林分的密度，这对人工林来说可能是较好的方法，但对于天然林来说，简单地用密度管理图进行调控并不能解决这一问题。本研究用林分拥挤度（$K$）描述，用来表达林木之间拥挤在一起的程度，其被定义为用林木平均距离（$L$）与平均冠幅（$CW$）的比值表示，即

$$K = \frac{L}{CW} \tag{3-23}$$

显然，当 $K$ 大于 1 时表明林木之间有空隙，林冠没有完全覆盖林地，林木之间不拥挤；$K = 1$ 表明林木之间刚刚发生树冠接触；只有当 $K$ 小于 1 时表明林木之间才发生拥挤，其程度取决于 $K$ 值，$K$ 越小越拥挤。林分拥挤度在[0.9 - 1.1]之间表示密度适中，不需要进行密度调整；当 $K$ 值大于 1.1，则表明林分密度较小，林间有空地，需要进行补植，当 $K$ 小于 0.9 时，表明林分密度较大，需要减小林分密度。

⑪目的树种的密集度：林木密集程度是林分空间结构的重要属性，反映林木的疏密程度，包含一定的竞争信息，同时直观表达了林冠层对林地是否连续覆盖。如何通过构建空间结构参数准确量化单株林木周围和林分整体的密集程度？以相邻木空间关系为基础，采用模拟林分数据和实际林分调查数据相结合的方法，提出了一种新的与林木距离有关的林分空间结构参数———密集度，它以林分空间结构单元为基础，通过判断林分空间结构单元中树冠的连接程度分析林木的密集程度。密集度的定义及计算公式见 2.2.4.3。

对于培育的目的树种而言，可以直接统计林分中每棵目的树种的密集度，然后求平均值，即可得到目的树种的密集度，计算公式如下：

$$\overline{C_{sp}} = \frac{1}{n} \sum_{i=1}^{n} C_{sp\ i} \tag{3-24}$$

判断 $\overline{C_{SP}}$ 是否大于 0.5，大于则需要对其进行调整，否则不需要经营。

表 3-14 为林分经营迫切性评价森林空间结构和非空间结构指标取值标准。

表3-14　经营迫切性指标评价标准

| 评价指标 | 直径分布 | 成层性 | 天然更新 | 林木分布格局 | 林分长势 | 目的树种（组）优势度 | 健康林木比例 | 树种组成 | 树种多样性 | 林木拥挤程度 | 目的树种密集度 |
|---|---|---|---|---|---|---|---|---|---|---|---|
| 取值标准 | $\in[1.2, 1.7]$ | 林层数 ≥2 | 更新等级 ≥中等 | 是否随机 | $Sd > 0.5$ | ≥0.5 | ≥90% | 组成系数 ≥3 项 | ≥0.5 | [0.9, 1.1] | ≤0.5 |

（3）评价指数

以上给出了针对结构的某一方面进行调整的标准，而对林分整体的经营则需要综合考虑，为此，特提出了林分经营迫切性指数（ $M_u$ ），该指数被定义为考察林分结构因子中不满足判别标准的因子占所有考察因子的比例，其表达式为：

$$M_u = \frac{1}{n} \sum_{i=1}^{n} S_i \tag{3-25}$$

式中：$M_u$ 为经营迫切性指数，它的取值介于 0 到 1 之间；$S_i$ 为第 $i$ 个林分结构指标的取值，其值取决于各因子的实际值与取值标准间的关系，当林分结构指标实际值不满足于标准取值，其值为 1，否则为 0。

经营迫切性指数量化了林分经营的迫切性，其值越接近于 1，说明林分需要经营的迫切性越强，可以将林分经营迫切性划分为 7 个等级（表 3-15）。

表 3-15　林分经营迫切性等级划分

| 迫切性等级 | 迫切性描述 | 迫切性指数值 |
|---|---|---|
| 0 | 结构因子均满足取值标准，为健康稳定的森林，不需要经营 | 0 |
| 1 | 结构因子大多数符合取值标准，只有 1 个因子需要调整，可以经营 | 0.1 |
| 2 | 有 2 个结构因子不符合取值标准，应该经营 | 0.2 |
| 3 | 有 3 个结构因子不符合取值标准，需要经营 | 0.3 |
| 4 | 有 4 个结构因子不符合取值标准，需要经营 | 0.4 |
| 5 | 有一半结构因子不符合取值标准，林分远离健康稳定的森林的特征，特别需要经营 | 0.5 |
| 6 | 林分绝大多数的结构特征因子都不符合取值标准，林分远离健康稳定森林的结构特征，必须经营 | ≥0.6 |

# Chapter 4
# 第4章

# 森林生长模型

　　森林经营成功的关键是对林木生长过程具有专门的了解，模拟森林生长的目标之一是为营林者提供一种能比较各种营林措施的工具，能够对林木和林分的生长做出合理预测。森林生长模型是林业信息化的基础与核心技术之一，是定量研究林木生长过程的有效手段。它既能对林木生长作出现实的评价，也能预估将来各测树因子的变化；既是编制和修订各种数表的基础，也是森林经营中各项经营措施实施的依据。此外，生长模型由于能够提供森林的一些难以感触的特征动态变化的重要信息(如一个处于工业污染影响环境中的森林的稳定性和抗逆性以及森林结构的美学价值)，成为评价一种特殊的经营行为对某个重要的自然资源(如林地生态系统)未来发展所产生的结果的前提条件。

　　森林立地与密度是影响森林生长模型的两个因子。因此，本章在详细阐述生长模型后，对森林立地与密度进行了详细介绍。

## 4.1　生长模型

　　Avery 和 Burkhart 于1983 年把生长模型定义为：依据森林群落在不同立地、不同发育阶段的现实状况，经一定的数学方法处理后，能间接地预估森林生长、死亡及其他内容的图表、公式和计算机程序等(Avery and Burkhart, 1983)。

　　1987 年世界林分生长模型与模拟大会上提出林分生长模型和模拟的定义(Bruce and Wensel, 1987)：林分生长模型是指用来描述林木生长与森林状态和立地条件关系的一个或一组数学函数。模拟是使用生长模型估计林分在各个特定条件下的发展。这里明确指出了林分生长模型不同于林区级模型，例如林龄空间模型，收获调整模型，广林龄转移模型(唐守正等，1986)，轮伐预估模型等；也不同于单木级模型，如解析木生长分析等。该定义也同时说明了模型与模拟的关系，例如系统动力学方法是一种模拟技术，其使用的具体方程式及其参数才是模型。此外，这个定义还说明了一个好的林分生长模型可以估计在各种特定条件下林分的发展（唐守正等，1993）。

## 4.1.1　数据要求

大多数生长模型是在收集各种生长试验数据的基础上建立的。根据数据来源的不同可将数据分为：永久样地数据，临时样地数据和间隔样地数据。在中欧相当普遍的永久生长系列，长期以来一直受到重视并且加以再测定。由于存在各种年龄分布和立地的情况，临时样地有时候被用来弥补永久生长系列所需的长期等待的缺陷。间隔样地属以上两种试验数据的中间类型，因间隔样地只需测定二次。

一定立地上的林木群体生长发育过程，是在林木未受干扰的自然生长期并伴随由疏伐引起的密度和结构发生周期性变化的演替期内进行的。森林生长是各种疏伐类型和疏伐强度的直接反应，并受许多立地因素的影响。因此，模拟需要两种不同的经验数据。首先是描述由疏伐引起状态变量变化的数据；其次是描述由自然生长引起状态变量变化的数据。生长数据或许可从各种野外试验中获得，为不同目的而设计的最常见的试验类型：在特定立地上评价外来树种或特殊种源的适应性的种源试验、调查可能改善生长与施肥效应的施肥试验和评估不同栽植密度和疏伐作业对林木生长作用的密度和疏伐试验。

### 4.1.1.1　生长试验设计

根据时间水平可将生长试验分为三种类型：①建立永久样地（Permanent plots），是为特定的营林项目收集生长与收获数据，样地通常每隔一定时间进行测定直到林木收获；②临时样地（Temporary plots）只测一次，它们提供以年龄为根据的相关的变量信息，用来编制收获表并假定是采用标准的或者典型的营林措施；③间隔样地（Interval plots）重复测定一次，它们能提供在一定初始条件下的平均变化率。它们或许在一个测定间隔期后就被放弃。

（1）永久固定样地

对生长样地长期观测能为建立生长模型提供非常重要的数据集。在一个相当长的时期内，对同一个样地上林木的数量和质量属性反复进行评估，由此获得的数据可用来建立在一定有限条件下的生长模型，许多收获表就是用这种长期数据集建成的。

从永久样地上获得数据的优点之一是通过分别评价每块样地的数据，以及把高生长模型参数表达为立地指数函数或特殊立地变量的函数，具有了描述多形生长方程的潜力。用这种方法，有可能建立相交多形立地指数模型（Clutter et al. , 1983；Kahn，1994）和非相交多形立地指数方程，这些模型可用来描述整个年龄阶段的林分优势高生长（见图 4-1）。

一个应用广泛的描述整个年龄阶段林木生长发育的模型为查曼·理查德方程（Chapman-Richards），可由下式表示：

$$H = a_0 \cdot \left[ 1 - e^{-a_1 \cdot t} \right]^{a_2} \tag{4-1}$$

式中：$H$ 为林分优势高（m）；$t$ 为林龄（a）；$a_0$、$a_1$、$a_2$ 为经验模型参数。

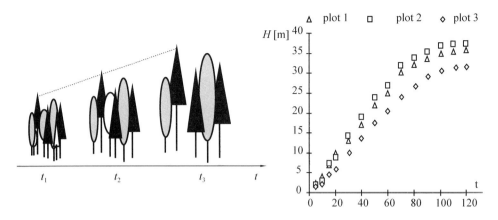

**图4-1** 三次连续测定的永久样地(图中白色标记的林木在疏伐作业中已除去,时间轴线为 t)(左)和从这三块永久样地上获得的假设数据系列(右)

利用永久样地,有可能计算出每个样地的独立参数。如果决定生长曲线 $a_1$ 和 $a_2$ 形状的参数可表达为立地指数函数(在一定基准年龄时所期望的高度),或者表达为特殊立地变量的函数,如土壤深度、地质构成或平均降水量,这样的模型为多形模型(Polymorphic model)。比如,Jansen 等人(1996)提出的多形高生长模型就是其中一例。现存许多收获表也是在永久样地资料的基础上编制的(Schober,1987;Jansen et al,1996;Rojo and Montero,1996)。

永久样地设计的缺陷是维持研究设施的费用高,获取数据费时长,试验目的经常达不到,因为样地可能遭风或火等破坏,或者受到非经允许的砍伐。

(2)临时样地

如果森林生长情况未知,临时样地可能可以提供快速答案。临时样地只测一次,但要包括各个龄级和不同立地,因此,时间上重复观测序列可由空间上对同时存在点(point)的观测来代替。这个方法在 19 世纪相当流行(Kramer,1988;Assmann,1955;Wenk et al,1990)。

在永久样地数据不能获得的情况下,临时样地仍用来建立生长模型(Lee,1993;Biber,1996)。这原则可用图4-2 来说明,在图中不同年龄的样地被一条垂线分开,t 表示时间轴,x 轴线为林木位置的简单表示方式。

利用临时样地调查和树干分析,可重建不受竞争状态影响的变量发展过程。与此同时,某些变量的重建也可能会出现问题,例如,为了解释直径生长变化,必须再建林木的近邻群木图。从图4-2 的左边可见,3 号样地上带有问号的先前的竞争者,对其状况一无所知,除非留有残桩。

战后欧洲许多国家利用临时样地数据建立收获表(Parde,1961)。英国(Hamilton y Christie,1971)、法国(Vanniere,1984)和西班牙(Madrigal et al,1992)所用的收获表便是例子。然而,这些收获表限于自然状态下,是代表标准营林作业的生长,而不能预测选择的疏伐作业对森林生长的影响(Alder,1980)。临时样地主要局限性是不能提供一种已知的初始状态变化率的信息。因此,某些用微分方程系统来模拟生长的更为有效的当

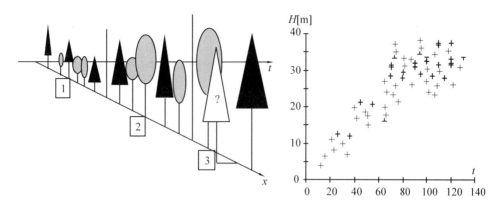

**图 4-2**　左边：不同年龄阶段的三块临时样地。$X$ 轴表示林木位置；符号 $t$ 表示时间轴（引自 Biber，1996）。右边：从临时样地获得的独立的树高一年龄数据

代技术不能被应用（Garcia，1988）。

（3）间隔样地

间隔样地介于永久样地和临时样地之间。它保持了二者的优点，亦即在短期内可获得已知初始状态的变化率，并能反映出初始状态的变异性。间隔样地概念具有灵活性，因为在完成一次间隔观测目标后，样地随时可能被放弃，不要求永久的研究设施。

间隔样地测定要求两次的间隔时间足够长，以能观测到反常极端气候的短期影响。在大多数情况下，五年间隔较为恰当。间隔期即是未受干扰影响的时期，所以两次测定之间的间隔期不允许进行营林作业。观测应与疏伐作业同时进行，这样获得的数据不仅包括林木生长，也包括由疏伐作业引起的状态变量变化的情况。疏伐效果的评估可在初始（$t_1$）或最终（$t_2$）时测定，或者这两种情况都兼而有之。

为了能够利用间隔样地研制模型，必须拥有描述初始状态与状态变量变化的数据以及合适的研建方法。有两种途径，一是 Garcia（1988）提出的微分方程的多维系统，在该系统中森林未来的生长只依赖于当前状态。另一种是合适生长方程的代数差分形式（algebraic difference form of a growth function），许多学者都应用了它（Clutter et al，1983；Ramirez-Maldorado et al，1988；Forss et al，1996）。间隔样地，观测两次，涉及各种生长立地、生长发育阶段和各种营林措施，综合了永久样地和临时样地的优点，在最短的间隔期后能获得用于模拟的合适数据。因此，已知初始状态及其变化率就可以对未来的生长加以评估。

### 4.1.1.2　基于林分状态特征的森林经营试验设计

田间试验设计是控制试验误差的主要手段（陈魁，2005）。通常所讲的田间试验设计是指根据试验地的具体条件，将各试验小区做最合理的设置与排列（马育华，1982）。自从 Fisher（1923）提出随机区组和拉丁方试验设计以来便有了试验设计的概念。常用的田间试验设计按照小区在重复区内的排列方式，分为顺序排列和随机排列两大类。顺序排列是指试验中的各个处理在各重复区内按一定的顺序进行排列。这种设计的优点是，设计方法简单，观察记载及田间操作较方便（李慧贤，1995）；其缺点是，对试验地及

试材等要求均匀一致，在土壤及其他非试验条件有明显的方向性梯度变化时易受系统误差的影响。更重要的是，不能正确估计试验误差，所以无法采用以概率论为基础的统计分析方法进行试验结果的显著性测验(续九如，1995)。随机排列指各试验处理以及对照在一个重复区中的排列是随机的。这种试验设计一般是按照试验设计的三条基本原理而设计的(李慧贤，1995)。其优点在于，能克服土壤及其他非试验因素造成的系统误差的影响，提高试验的正确性，有正确的误差估计，获得的试验结果能够进行显著性测验。如完全随机设计，其采用抽签法或查随机数表法来实现试验小区的随机排列，以避免试验环境(土壤条件)不完全一致而造成的影响(马育华，1982)。另一种常用的田间试验设计方法是随机区组设计，这种方法根据"局部控制"的原则，将试验地按土壤肥力程度设置重复(区组)，然后在每个区组内划分小区，区组内各处理随机排列。这种设计是随机排列设计中一种最常用、最基本的试验设计方法(胡良平，2011)。区组或重复在田间排列时，应考虑试验的精确度，为了降低试验误差，可将不同区组安排在有土壤差异的不同地段上，而同一区组内的土壤差异应尽可能小。但当试验受地段限制时，一个试验的所有区组不能够排在一块地上，可将少数区组放在另一地段。因此随机区组的方法只能在一定程度上减小误差，而不能完全避免这种差异(王致和，2002)。以上试验设计方法针对的是假设试验条件一致或是已知某种状况(如土壤条件)差异情况下定性安排试验的排列。虽然在随机试验设计中试验小区的排列方式是通过抽签、查随机数表或计算机模拟获得，但实质上是对所要安排的试验小区编号的数学随机化过程，且均是有限的随机过程，虽有优化方法中的约束条件但缺失目标函数，因此并非是优化的试验设计，无法确保试验设计后的试验组与对照组具有非常小的林分状态差异，这里所讲的林分状态指的是在一定立地条件下的林分基本因子如平均直径、树高、断面积和林分空间结构参数(角尺度、大小比数、混交度)等。

林业田间试验与农田、室内沙盘控制试验以及苗圃地布置试验大为不同。现存的森林通常分布在山地。山地森林所处的环境复杂多样，即使在同一山坡上也存在立地条件、树种组成和林分结构的差异。在这种复杂多样的山地划分小区后，通常忽视了安排试验时处理间林分状态的差异分析，造成各个处理间的林分差异增大，使得试验在开始前已经存在误差。而这种试验前的误差使得开始的试验条件不一致，最终导致试验数据不准确。消除这种误差较为普遍的做法是设置对照与处理固定试验地并进行一定的重复，也可以使用降低变异误差的田间试验设计方法，例如为了降低土壤差异可以使用随机区组设计。但至今还没有一种能比较并缩小试验林分各处理间林分状态特征(特别是林分空间结构)差异的田间试验设计方法。因此，找到一种田间试验设计方法，在试验开始前，通过找到小区最合理的排列，尽可能消除各个处理间的林分状态差异，尽可能地缩小试验前各处理间的差异具有重要意义。

(1)基于林分状态特征的完全随机优化设计

完全随机设计要求其将同质的受试对象随机地分配到各处理中进行同期平行观察。研究效率通常不高，小样本时可能均衡性较差，抽样误差大(马育华，1982；陈魁，2005；Klaus，2008)。随机区组设计只能控制一个方向的土壤差异，且要求区组内受试对象数与处理数相等，处理数过多时局部控制的效率降低。而且完全随机设计与随机区组设计中随机的次序由抽签法、查随机数表或计算机模拟得到一次的试验方案。这种随机抽取的次数是有限次的，且没有考虑到各个处理间的林分状态差异，因此无论是完全随机设计还是随机区组设计，都不能保证试验设计完成后各个处理间的林分状态一致。

①基于林分状态特征的完全随机优化设计目标函数：描述林分状态特征的参数很多，本研究主要选取了3个林分基本参数（平均胸径、平均树高、小区总断面积）和3个林分空间结构参数（角尺度、大小比数、混交度）（Moeur，1993；Füldner，1995；Hui，1998；Gadow，1999；惠刚盈，1999；Pommerening，2006）。首先将 q 定义为处理间林分状态特征（林分基本参数与林分空间结构参数）各参数的累计差值（式4-2），优化方法是在1000次随机的小区排列方案中找到最小 q 值（式4-3），它所对应的小区排列方案即为最优设计方案。公式（4-3）即为所构造的优化目标函数。公式（4-2）中由于林分空间结构参数的取值范围为［0，1］（惠刚盈，2003），而林分基本参数具有不同的量纲，所以对林分基本参数值进行了标准化处理，方法是将林分基本参数值与其相应参数的最大值相比。

$$q = \sum_{i=1}^{n}\sum_{j=1}^{n} |\overline{W}_i - \overline{W}_j| + \sum_{i=1}^{n}\sum_{j=1}^{n} |\overline{U}_i - \overline{U}_j| + \sum_{i=1}^{n}\sum_{j=1}^{n} |\overline{M}_i - \overline{M}_j| +$$
$$\sum_{i=1}^{n}\sum_{j=1}^{n} \left|\frac{\overline{D}_i - \overline{D}_j}{\overline{D}_{max}}\right| + \sum_{i=1}^{n}\sum_{j=1}^{n} \left|\frac{\overline{R}_i - \overline{R}_j}{\overline{R}_{max}}\right| + \sum_{i=1}^{n}\sum_{j=1}^{n} \left|\frac{\overline{G}_i - \overline{G}_j}{\overline{G}_{max}}\right| \tag{4-2}$$

$$Q = \min(q_1, q_2, q_3 \cdots q_{1000}) \tag{4-3}$$

式中：$n$ 为试验的处理个数；$m$ 为每个处理的重复（小区）数；$\overline{W}_i$ 或 $\overline{W}_j = \frac{1}{m}\sum_{k=1}^{m}\overline{W}_k$；$\overline{W}_i$、$\overline{W}_j$ 为第 $i$ 个或第 $j$ 个处理的角尺度均值；$\overline{W}_k$ 为第 $k$ 个小区的角尺度均值；$\overline{U}_i$ 或 $\overline{U}_j = \frac{1}{m}\sum_{k=1}^{m}\overline{U}_k$；$\overline{U}_i$、$\overline{U}_j$ 为第 $i$ 个或第 $j$ 个处理的大小比数均值；$\overline{U}_k$ 为第 $k$ 个小区的大小比均值；$\overline{M}_i$ 或 $\overline{M}_j = \frac{1}{m}\sum_{k=1}^{m}\overline{M}_k$；$\overline{M}_i$、$\overline{M}_j$ 为第 $i$ 个或第 $j$ 个处理的混交度均值；$\overline{M}_k$ 为第 $k$ 个小区的混交度均值；$\overline{D}_i$ 或 $\overline{D}_j = \frac{1}{m}\sum_{k=1}^{m}\overline{D}_k$；为第 $i$ 个或第 $j$ 个处理所有重复小区的胸径均值；$\overline{D}_k$ 为第 $k$ 个小区的胸径均值；$\overline{H}_i$ 或 $\overline{H}_j = \frac{1}{m}\sum_{k=1}^{m}\overline{H}_k$ 为第 $i$ 个或第 $j$ 个处理所有重复小区的树高均值；$\overline{H}_k$ 为第 $k$ 个小区的树高均值；$\overline{G}_i$ 或 $\overline{G}_j = \frac{1}{m}\sum_{k=1}^{m}\overline{G}_k$ 为第 $i$ 个或第 $j$ 个处理所有重复小区的断面积均值；$\overline{G}_k$ 为第 $k$ 个小区的断面积均值；$\overline{D}_{max}$ 为试验所有处理中胸径均值的最大值；$\overline{H}_{max}$ 为试验所有处理中树高均值的最大值；$\overline{D}_{max}$ 为试验所有处理中断面积均值的最大值。

②完全随机优化设计的算法：若试验有 $n$ 个处理（经营措施），每个处理 $m$ 个试验小区（重复），一共可划分 $n \times m$ 个试验小区。对全部小区编号，共有 $n \times m$ 个数字。用 $R$ 语言编写计算程序，将这个数字序列打乱并重新排列组成新的数列。将这个新数列依

次划分为 $n$ 组，也就是 $n$ 个新的处理，每组仍为 $m$ 个数字，则这 $m$ 个数字就是新处理中的全部小区（重复）编号。例：假设试验有 3 个处理，每个处理有 5 个试验小区（重复），即 $n=3$，$m=5$；则首先将 15 个小区编号为 $1\sim15$ 号；然后随机生成由这 15 个数字组成的新排列；最后重新划分为 3 组，每组生成一个新的处理，仍为 5 个数字，则得到了新试验设计方案。这个过程重复一遍类似于经典的随机化方法。具体过程见图 4-3。

图 4-3　随机数列的小区分组过程示意图

这个随机过程自动进行 1000 次，将会得到 1000 次不同的试验设计方案，每个方案可以得到一个 $q$ 值，从中找到处理间差异最小，即 $q$ 值最小的方案。图 4-4 为实现该过程的流程图。

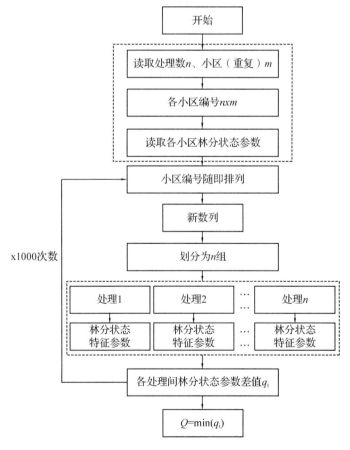

图 4-4　基于林分状态特征的完全随机优化设计流程示意图

以下为完全随机优化设计 R 程序的主要指令：

```
#读取各小区林分状态特征参数数据
setwd("xxx")
Data1 = read. table(file = "xxx. txt", header = TRUE)
#产生1000组小区排列方式,n 为小区总数
for (i in 1: 1000) {
    Data2 = rnorm(n)
    ……}
#n 个小区划分为 m 组,m 为处理数
for (i in n * 1000/m) {
    M1 = Data2[(m * i - (m - 1)), ]
    M2 = Data2[(m * i - (m - 2)), ]
    ……
    Mm = Data2[m * i]}
#m 个处理间差值比较
for (i in 1: 1000) {
    Diff = (M1 - M2) + (M1 - M3)… + (M1 - Mm) + …(M2 - M3)… + (M2 - Mm)… +
(M(m-1) - Mm)}
    #找到 Diff 的最小值并代回数列则为最佳小区排列
    Data2[min(Diff)]
```

（2）试验林分经营设计

为验证所提出的试验设计新方法，对甘肃小陇山锐齿栎天然林进行了森林经营试验设计优化研究，同时与传统方法：顺序设计法、拉丁方设计法以及随机区组设计法进行了对比分析。

试验林分位于甘肃小陇山大杆子沟。甘肃小陇山位于甘肃省东南部、秦岭西端，地处我国华中、华北、喜马拉雅、蒙新四大自然植被区系的交汇处，地理坐标为 $33°31'\sim34°41'N$，$104°23'\sim106°43'E$，海拔在 $700\sim2\,500\,m$ 之间。该区处于我国暖温带南缘与北亚热带的过渡地带，气候温暖湿润，大多数地域属暖温湿润－中温半湿润大陆性季风气候类型。年平均气温 $7\sim12℃$，年均降雨量 $600\sim900\,mm$，林区相对湿度达 78%，年日照时数 $1\,520\sim2\,313\,h$，无霜期 $130\sim220\,d$，属湿润和半湿润类型。土壤为黄褐土。植被以锐齿栎（*Quercus aliena* var. *acuteserrata*）和辽东栎（*Quercus liaotungensis*）为主。该试验地属"十二五"国家科技支撑计划"西北华北森林可持续经营技术研究与示范"课题所建立，本研究基于课题组对试验地的林木每木定位和全面调查数据，利用林分空间结构分析软件 Winkelmass 进行试验林分各小区的空间结构参数计算。计算机程序采用 R 语言进行编写、调试与结果的处理（赵培信，2012；梁一池，1995）。

在甘肃小陇山大杆子沟锐齿栎天然林 3 号小班试验地内，计划进行包含 4 个处理（代号为 A、B、C、D）的森林经营试验。4 个处理分别为结构化经营（Montgomery，

1998)、近自然经营、次生林综合培育以及对照。每种处理均设置 4 个重复(A1 – A4、B1 – B4、C1 – C4、D1 – D4),共 4×4 = 16 个小区,依次编号(1 – 16 号)(图 4-5),该试验地田间试验设计的处理数 $n = 4$,$m = 4$,共有小区 $n \times m = 16$ 个。小区面积均为 20m ×20m = 400m² 。

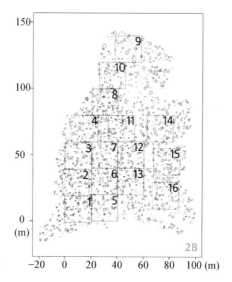

**图 4-5  甘肃小陇山锐齿栎天然林小区分布示意图**

在对锐齿栎天然林划分小区后,计算了各小区林分空间结构与林分基本参数,见表 4-1。

**表 4-1  甘肃小陇山锐齿栎天然林各小区林分状态特征参数**

| 小区编号 | 空间结构参数 | | | 林分基本参数 | | |
|---|---|---|---|---|---|---|
| | $W$ | $U$ | $M$ | $D$ | $H$ | $G$ |
| 1 | 0.500 | 0.519 | 0.697 | 12.234 | 11.667 | 1.240 |
| 2 | 0.527 | 0.511 | 0.614 | 10.924 | 11.953 | 1.133 |
| 3 | 0.525 | 0.480 | 0.656 | 11.755 | 12.090 | 1.260 |
| 4 | 0.531 | 0.515 | 0.700 | 10.183 | 11.805 | 1.090 |
| 5 | 0.511 | 0.483 | 0.636 | 11.985 | 11.803 | 0.956 |
| 6 | 0.496 | 0.539 | 0.629 | 11.173 | 12.149 | 1.162 |
| 7 | 0.469 | 0.496 | 0.759 | 11.638 | 11.605 | 1.256 |
| 8 | 0.500 | 0.503 | 0.623 | 11.762 | 11.804 | 1.570 |
| 9 | 0.506 | 0.512 | 0.774 | 11.973 | 11.334 | 0.960 |
| 10 | 0.471 | 0.478 | 0.802 | 12.244 | 10.894 | 1.011 |
| 11 | 0.503 | 0.478 | 0.589 | 10.322 | 10.814 | 1.116 |
| 12 | 0.556 | 0.514 | 0.597 | 11.193 | 11.912 | 1.155 |
| 13 | 0.468 | 0.504 | 0.579 | 11.017 | 11.907 | 1.051 |
| 14 | 0.529 | 0.510 | 0.740 | 12.150 | 10.887 | 1.085 |
| 15 | 0.462 | 0.485 | 0.746 | 11.766 | 11.289 | 1.303 |
| 16 | 0.500 | 0.492 | 0.754 | 11.532 | 11.998 | 1.213 |
| 均值 | 0.50 | 0.501 | 0.681 | 11.491 | 11.620 | 1.160 |

（3）完全随机优化试验设计应用结果

从表 4-1 可见，试验林分各小区林分状态特征有非常明显差异。例如，混交度最小值为 0.579，最大值则为 0.802，混交强度不一。在各参数差异明显的情况下划分处理进行试验，势必导致各处理间林分状态特征不一致的情况。

应用基于林分状态特征的完全随机优化设计方法，对其进行实际样地的小区布设。1000 次随机的小区排列方案编号为第 1～1000 组，计算出这 1000 组得到的 q 值，表 4-2 列出了该试验地 q 值相对较小的前 5 组的方案编号、相应的 q 值及其顺序。根据表 4-2 可见，在这 1000 组随机小区排列方案中，具有最小 q 值的为第 766 组。为了进一步比较分析，分别给出了两块试验地 q 值相对较小的前 5 组小区排列后各处理的具体数值及其差值见表 4-3。

**表 4-2　甘肃小陇山锐齿栎天然林 q 值相对较小的前 5 组排序及方案其编号**

| 方案编号 | q 值 | 排序 |
|---|---|---|
| 第 265 组 | 0.652 | 4 |
| 第 270 组 | 0.617 | 2 |
| 第 465 组 | 0.646 | 3 |
| 第 600 组 | 0.655 | 5 |
| 第 766 组 | 0.586 | 1 |

**表 4-3　甘肃小陇山锐齿栎天然林，前 5 组小区排列方案各处理数值与差值**

| | 林分状态特征 | | | | | |
|---|---|---|---|---|---|---|
| | 空间结构参数 | | | 基本参数 | | |
| | $W$ | $U$ | $M$ | $D$ | $H$ | $G$ |
| 优化分组 | 第 766 组 | | | | | |
| A 处理 | 0.506 | 0.500 | 0.693 | 11.500 | 11.591 | 1.139 |
| B 处理 | 0.500 | 0.507 | 0.667 | 11.315 | 11.657 | 1.183 |
| C 处理 | 0.512 | 0.503 | 0.693 | 11.967 | 11.457 | 1.142 |
| D 处理 | 0.496 | 0.496 | 0.670 | 11.180 | 11.773 | 1.176 |
| A 差值 | 0.44% | 0.29% | 1.75% | 0.08% | 0.25% | 1.81% |
| B 差值 | 0.67% | 1.19% | 2.03% | 1.53% | 0.32% | 1.95% |
| C 差值 | 1.64% | 0.17% | 1.85% | 4.15% | 1.40% | 1.51% |
| D 差值 | 1.41% | 1.07% | 1.58% | 2.70% | 1.32% | 1.38% |
| | 第 270 组 | | | | | |
| A 处理 | 0.506 | 0.500 | 0.693 | 11.497 | 11.590 | 1.139 |
| B 处理 | 0.500 | 0.507 | 0.667 | 11.313 | 11.663 | 1.183 |
| C 处理 | 0.508 | 0.498 | 0.706 | 11.521 | 11.444 | 1.108 |
| D 处理 | 0.500 | 0.500 | 0.658 | 11.631 | 11.784 | 1.210 |
| A 差值 | 0.44% | 0.29% | 1.75% | 0.08% | 0.25% | 1.81% |
| B 差值 | 0.67% | 1.19% | 2.03% | 1.53% | 0.32% | 1.95% |
| C 差值 | 0.96% | 0.60% | 3.66% | 0.26% | 1.49% | 4.46% |
| D 差值 | 0.73% | 0.31% | 3.38% | 1.18% | 1.41% | 4.32% |

（续）

| | 林分状态特征 | | | | | |
| | 空间结构参数 | | | 基本参数 | | |
| | $W$ | $U$ | $M$ | $D$ | $H$ | $G$ |
|---|---|---|---|---|---|---|
| | 第 465 组 | | | | | |
| A 处理 | 0.492 | 0.481 | 0.710 | 11.937 | 11.517 | 1.133 |
| B 处理 | 0.500 | 0.507 | 0.667 | 11.313 | 11.663 | 1.183 |
| C 处理 | 0.520 | 0.508 | 0.678 | 11.472 | 11.590 | 1.157 |
| D 处理 | 0.501 | 0.509 | 0.669 | 11.240 | 11.711 | 1.168 |
| A 差值 | 2.24% | 3.97% | 4.27% | 3.89% | 0.87% | 2.36% |
| B 差值 | 0.67% | 1.19% | 2.03% | 1.53% | 0.32% | 1.95% |
| C 差值 | 3.33% | 1.29% | 0.49% | 0.12% | 0.26% | 0.23% |
| D 差值 | 0.42% | 1.48% | 1.75% | 2.24% | 0.80% | 0.65% |
| | 第 265 组 | | | | | |
| A 处理 | 0.516 | 0.510 | 0.709 | 11.521 | 11.456 | 1.176 |
| B 处理 | 0.497 | 0.498 | 0.652 | 11.338 | 11.893 | 1.176 |
| C 处理 | 0.506 | 0.513 | 0.681 | 11.705 | 11.650 | 1.143 |
| D 处理 | 0.494 | 0.484 | 0.681 | 11.399 | 11.480 | 1.147 |
| A 差值 | 2.61% | 1.78% | 4.19% | 0.23% | 1.39% | 1.37% |
| B 差值 | 1.23% | 0.72% | 4.29% | 1.37% | 2.32% | 1.31% |
| C 差值 | 0.47% | 2.28% | 0.03% | 1.92% | 0.31% | 1.55% |
| D 差值 | 1.84% | 3.34% | 0.06% | 0.78% | 1.23% | 1.13% |
| | 第 600 组 | | | | | |
| A 处理 | 0.500 | 0.504 | 0.711 | 11.423 | 11.553 | 1.230 |
| B 处理 | 0.512 | 0.501 | 0.647 | 11.460 | 11.711 | 1.132 |
| C 处理 | 0.509 | 0.496 | 0.687 | 11.582 | 11.833 | 1.146 |
| D 处理 | 0.493 | 0.504 | 0.679 | 11.497 | 11.383 | 1.132 |
| A 差值 | 0.74% | 0.54% | 4.40% | 0.61% | 0.53% | 6.08% |
| B 差值 | 1.72% | 0.02% | 4.96% | 0.26% | 0.77% | 2.39% |
| C 差值 | 1.15% | 1.00% | 0.84% | 0.84% | 1.81% | 1.29% |
| D 差值 | 2.13% | 0.48% | 0.28% | 0.02% | 2.05% | 2.39% |

由表 4-3 可见，甘肃小陇山试验地由于为天然林，林分空间结构参数与林分基本参数相差都较大，完全随机设计得到的 5 组试验最大差值出现在第 600 组，其 $q$ 值排第 5 位，其断面积差值达到 6.08%，其它组的所有差值都在 5% 以下。

根据目标函数，我们只选取具有最小 $q$ 值的小区排列方案。甘肃小陇山锐齿栎天然林具有最小值的小区设计方案为第 766 组，$q_{766}=0.586$。其排列方式见图 4-6。由表 4-3 可见，第 766 组设计方案中，四组处理的所有林分状态特征参数差值都小于 5%，大部分控制在 2% 以内。每组处理都与平均值相差很小，说明各处理间的林分状态基本相同。只有林分各处理间的林分状态相似，才能保证试验开始条件一致，而不会因为试验前的处理差异影响试验结果。

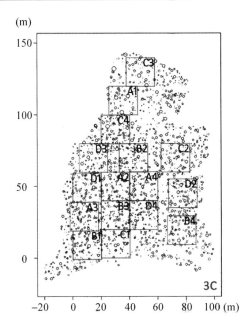

**图 4-6　甘肃小陇山锐齿栎天然林应用完全随机优化设计小区排列示意图(第 766 组)**

　　研究还对甘肃小陇山锐齿栎天然林的小区排列应用传统的设计方法：顺序设计、拉丁方设计、随机区组设计进行了模拟设计，并与本文提出的完全随机优化设计结果进行比较，得到的处理间差值值见表 4-4。在小陇山锐齿栎天然林的试验设计比对结果中可以看到：三种传统方法得到的小区布设使得处理间一些林分状态特征参数的最大差值分别达到了 8.38%(混交度)、11.71%(断面积)与 14.10%(断面积)。拉丁方设计有 4 个参数的差值在 5% 以上，顺序设计和随机区组设计分别有 3 个。顺序设计和拉丁方设计既不能保证林分空间结构特征的差异最小，也不能保证林分基本特征相一致；随机区组设计虽然能保证处理间的林分空间结构特征相似，却不能保证林分基本特征相似，其中断面积的最大差值达到了 14.10%。只有完全随机优化设计的差值都控制在 5% 以内。因此我们认为，顺序设计、拉丁方设计、随机区组设计都不能保证天然林处理组与对照组间的林分状态特征一致性。只有完全随机优化设计可以确保试验前的林分状态条件相似从而达到提高试验精度的目的。

**表 4-4　甘肃小陇山分别进行完全随机优化设计、顺序法设计、拉丁方设计以及随机区**
**组设计后各处理林分状态特征参数差异比较**

| | 林分状态特征 | | | | | |
| | 空间结构参数 | | | 基本参数 | | |
| | $W$ | $U$ | $M$ | $D$ | $H$ | $G$ |
| 完全随机优化设计 | | | | | | |
| A | 0.44% | 0.29% | 1.75% | 0.08% | 0.25% | 1.81% |
| B | 0.67% | 1.19% | 2.03% | 1.53% | 0.32% | 1.95% |
| C | 1.64% | 0.17% | 1.85% | 4.15% | 1.40% | 1.51% |
| D | 1.41% | 1.07% | 1.58% | 2.70% | 1.32% | 1.38% |

（续）

| 林分状态特征 | | | | | |
| --- | --- | --- | --- | --- | --- |
| 空间结构参数 | | | 基本参数 | | |
| W | U | M | D | H | G |
| 顺序设计 | | | | | |
| A | 3.32% | 0.78% | 0.87% | 2.20% | 1.76% | 5.55% |
| B | 0.54% | 2.27% | 8.38% | 3.74% | 1.31% | 1.54% |
| C | 0.68% | 1.10% | 3.82% | 1.03% | 0.80% | 6.93% |
| D | 3.46% | 4.15% | 3.69% | 2.57% | 2.27% | 0.15% |
| 拉丁方设计 | | | | | |
| A | 5.64% | 0.87% | 1.82% | 0.98% | 0.15% | 7.64% |
| B | 2.94% | 1.67% | 4.39% | 0.73% | 1.32% | 11.71% |
| C | 2.32% | 1.37% | 7.51% | 0.82% | 0.06% | 0.57% |
| D | 0.38% | 2.18% | 1.30% | 0.57% | 1.11% | 3.50% |
| 随机区组设计 | | | | | |
| A | 1.52% | 0.11% | 2.56% | 1.07% | 1.84% | 14.10% |
| B | 2.96% | 0.57% | 1.50% | 2.33% | 1.08% | 10.91% |
| C | 0.58% | 0.31% | 1.69% | 2.88% | 0.09% | 7.18% |
| D | 2.02% | 0.99% | 2.76% | 0.51% | 0.85% | 3.99% |

注：$W$ 为小区平均角尺度；$U$ 为小区平均大小比；$M$ 为小区平均混角度；$D$ 为小区平均胸径；$H$ 为小区平均树高；$G$ 为小区总断面积。

　　传统田间试验设计方法如顺序设计、拉丁方设计以及随机区组设计方法虽定性的考虑了林分立地、土壤或肥力等方面的差异（蒙哥马利，1998），但这些方法都不能保证试验开始前处理间林分状态特征的一致，且随机设计方法都是有限次的随机过程。本研究首次提出基于林分状态特征的完全随机优化设计方法，并构造了相应的目标函数。在进行实际林分的田间试验设计时，只需将试验地分为若干小区，利用计算机程序可得到最佳的试验方案，使每组处理的林分分布差异和树种组成差异降到最低。这种完全随机优化设计的方法普遍适用于森林经营田间试验设计。

　　该研究将基于林分状态特征的完全随机优化设计方法应用到甘肃小陇山大杆子沟天然林进行了森林经营试验设计优化研究。同时与传统方法：顺序设计法、拉丁方设计法以及随机区组设计法进行了对比分析并采用了最优小区排列方案。结果表明，这种方法完全可以保证试验地各个处理间或处理与对照间的林分状态差异小于5%，从而确保试验前处理间林分状态的一致性。而应用顺序设计、拉丁方设计与随机区组设计不论是林分基本特征还是林分空间结构参数其差异都远大于完全随机优化设计方案。

　　在完全随机优化设计的目标函数中，林分空间结构参数与林分基本参数合并在一起计算，为了避免量纲、单位不一致的问题，必须对基本参数数值进行标准化处理。鉴于田间试验设计侧重点不同，本研究认为可以根据实际情况进行类似的完全随机优化设计。例如当试验偏重于优化林分空间结构时，则以林分空间结构参数为主，使试验地处理组与对照组的空间结构参数基本保持一致。因此在优化时，可采用优先比较各处理间的空间结构参数，再比较基本特征参数的方法。计算 1000 组不同小区排列方案得到的空间结构参数的差异，得到具有最小值的小区排列方案，再在这些最小值的小区排列方案中找到基本参数差异最小的排列方式。这种方法更有利于衡量不同处理间林分空间结构特征的一致性。

## 4.1.2 全林分模型

全林分生长模型是指描述林分总量(如断面积、蓄积量)及平均单株木生长过程(如平均直径生长过程)的生长模型。该模型是应用最广泛的模型，特点是模型方程中的自变量是林分的平均因子或总计因子。该模型最早产生于欧洲，德国的林学家采用图形方法模拟森林的生长量与林分产量，这种方法一直沿用了很长时间，直到统计分析方法和机械计算机互相结合，才产生更有效的编制收获表或材积表的方法，而数学模型及模拟技术的发展到近代才被林业研究者使用。因此，林分生长、收获模型的发展与数学、计算技术的发展是分不开的。该模型可分为固定密度的全林分模型和可变密度的全林分模型两类。

①固定密度全林分模型：固定密度的全林分模型产生于 19 世纪末期，依据模型所描述的林分密度情况分为两类：正常收获模型(即正常收获表)及经验收获模型(即经验收获表)。正常收获表是指反映正常林分各主要调查因子生长过程的数表，其中正常林分是指适度郁闭(疏密度为 1.0 或完满立木度)，林木生长健康且林木在林地上分布较为均匀的林分。编表的数据来源于同一自然发育体系的林分。德国首次发表正常收获表(Clutter *et al.*，1983)后，各国才广泛地研究收获表(翁国庆，1989)。而经验收获表是指以现实林分中具有平均密度状态的林分为基础所编制的收获表。以上两类收获表都是根据某一种特定密度状态的林分而编制的，但是，由于现实林分在其生长过程中，林分密度是不断变化的，而林分密度是影响林分生长的重要因素之一，且林分密度控制又是营林措施中一个有效的手段。因此，为了预估不同林分密度条件下的林分生长动态，有必要将林分密度因子引入到全林分模型中。

②可变密度全林分模型：可变密度的全林分模型是指以林分密度为主要自变量反映平均单株木或林分总体的生长量和收获量的动态模型。

从 20 世纪 30 年代末开始出现了把密度引入收获方程(Schumacher，1939)，首次提出了含有林分密度的收获模型，即：

$$\ln(V) = \beta_0 + \beta_1 A^{-1} + \beta_2 f(S) + \beta_3 g(D_e) \tag{4-4}$$

式中：$V$ 为单位面积上林分收获量；$A$ 为林分年龄；$f(S)$ 为地位指数 $S$ 的函数；$g(D_e)$ 为林分密度 $D_e$ 的函数。

由于该模型中 $g(D_e)$ 的估计是建立在正常林分的基础上，并且在经营的整个期间其经营管理的思想制度也是一成不变的，因此该模型的实用意义不大。接着 Buell 建立了基于胸径的异龄林的生长模型(Buell，1945)，Nelson 建立了火炬松的断面积生长方程(Nelson，1963)。以上收获方程或生长方程都忽略了生长与收获之间的关系，这可能导致可持续生长总量与收获量的不一致性，但是有些研究者注意到这两者之间一致性关系已经很久了（Bertalanffy，1949）。

到20世纪60年代后，随着多元分析理论和计算技术的迅速发展，出现了具有实际应用意义的可变密度生长模型。Buckman发表了美国第一个根据林分密度直接预估林分生长量方程，然后对生长量方程积分而求出相应的林分收获量的可变密度收获预估模型系统（Buckman，1962）。自此，可变密度的全林分模型受到了各国林学家的重视，对所建模型的理论基础和实用程度的要求越来越高。后来，Clutter改编Schumacher提出的方程为（Clutter，1963）：

$$\ln V = \beta_0 + \beta_1 S_{h,t} + \beta_2 \ln G + \beta_3 t^{-1} \tag{4-5}$$

式中：$V$为$t$时刻林分的蓄积量；$G$为$t$时刻林分的断面积；$S_{h,t}$为地位指数。

该公式通过变形就导出了5个一致性方程，即现在林分蓄积量、断面积增加量与蓄积生长量预估将来断面和蓄积收获量。

Sullivan和Clutter将生长量模型与收获量模型之间的一致性进行了数量化，并指出两者之间的互换条件（Sullivan and Clutter，1972），这种建模方法保证了生长量模型与收获量模型之间的一致性，以及未来与现在收获模型之间的统一性，应用较广。

由于理论生长方程（Mitcherlich，1919；Richards，1959）能够在保证生长模型与收获模型之间一致性的基础上表达林分的生长或收获方程，而且这些方程是基于一定的生物学理论或假设而推导出来的，参数中的方程具有一定的生物学意义，可以从生物学角度进行解释。因此，从20世纪70年代开始许多研究者研究方程中的参数与林分密度之间的关系，并将林分密度指标引入到这些方程中，预估各种不同密度林分的生长过程，但是要求所引入的密度指标要独立于林分年龄，以这种方法成功地建立可变密度收获模型有很多。

张少昂假设林分断面积或林木平均胸径的总生长量可用 Von Bertalanffy 生长模型描述，而且平均单株直径生长潜力的发挥程度随其所占有的林地空间的减少而下降。在此基础上，将林分密度指数（SDI）引入到 Richards 生长方程，建立林分收获模型，编制了兴安岭落叶松天然林可变密度收获表（张少昂，1986）。

$$D_g = A \{1 - \exp[-K(SDI/10000)^{-b} \cdot (t - t_0)]\}^{\gamma} \tag{4-6}$$

式中：$D_g$为林分平均直径；$t$为林龄；$t_0$为树木生长到胸高时平均所需的年数；$A,K,b,\gamma$为模型参数。

李希菲等在张少昂的基础上，将立地因子（SI）引入 Richards 生长方程中，形成了一个完整的可变密度收获表的编制方法（李希菲等，1988）。

$$D_g = ASI^B \{1 - \exp[-K(SDI/10000)^{-b} \cdot (t - t_0)]\}^{\gamma} \tag{4-7}$$

$$G = b_1 SI^{b_2} \{1 - \exp[-b_4 S^{b_5}(t - t_0)]\}^{b_3} \tag{4-8}$$

式中：$G$为断面积；$B,b_1,b_2,b_3,b_4,b_5$为模型参数；其余符号意义同式（4-6）。

杨荣启（1981）利用树冠竞争因子（CCF）为密度指标，将其引入 Richards 生长方程中，根据柳杉资料编制了柳杉林分可变密度收获模型。

$$V = [\alpha(CCF)^{\theta} + \beta]^{\gamma} \tag{4-9}$$

式中: $V$ 为蓄积量; $CCF$ 为树冠竞争因子; $\alpha, \theta, \gamma$ 为模型参数。

唐守正等利用树冠竞争因子($CCF$)能稳定反映林分竞争水平的特性, 确定 $CCF$ 与林分密度指数和单位面积林木株数之间的函数关系式, 建立了基于林分密度指标、年龄和立地质量指标的 Richards 型断面积生长模型(唐守正等, 1999)。

Oscar 等利用森林资源连续清查的 20 年数据, 建立了基于 Richards 方程西班牙加利西亚省桉树矮林的林分生长模型(Oscar and Federico, 2003); Till 等基于 Richards 差分方程, 用状态矢量空间法建立了亚马逊河中心的次生林林分生长模型(Till and Santos, 2005); Kurinobu 等先后建立了马占相思及南洋楹的林分生长模型系统, 该系统由 Richards 地位指数方程, 密度效应导数方程和自然稀疏方程组成(Kurinobu *et al.*, 2006; Kurinobu *et al.*, 2007); Marcos 和 Hortensia 建立了基于 Korf 和 Richards 方程的西班牙中北部 I-214 无性系杨的动态生长模型系统, 包括优势高、断面积和蓄积量生长模型(Marcos and Hortensia, 2008)。

以上这些模型很好地反映了林分总体的平均生长变化规律, 却忽略了林木个体之间及样地之间的差异。混合模型不仅能反映总体的平均变化趋势, 还可以提供数据方差、协方差等多种信息来反映个体之间的差异。在处理不规则及不平衡数据和分析数据的相关性方面具有很大优势, 在分析重复测量和纵向数据及其满足假设条件时体现出较强的灵活性(李春明, 2009), 随着混合模型软件的发展, 在林业上得到广泛的应用, Biging 首次将线性混合效应模型引入林业中的地位指数曲线(Biging, 1985); Gregoire 等基于永久样地数据建立了两个树种的断面积混合效应模型(Gregoire *et al.*, 1995); 接着 Gregoire 和 Schabenberger 建立了香脂树的非线性混合模型(Gregoire and Schabenberger, 1996)。Fang 等利用非线性混合模型首先预测了不同经营方式下美国乔治亚州和佛罗里达州沼泽松的优势高生长模型和林分断面积模型, 然后利用估计的优势木平均高和林分断面积来预测林分的蓄积, 结果使林分的蓄积误差减少到 5.8%(Fang and Bailey, 2001; Fang *et al.*, 2001); Nothdurft 等建立了基于非线性分层混合的挪威云杉树高生长模型(Nothdurft *et al.*, 2006)。

总之可变密度全林分模型应用较广, 但形式各不相同, 采用的密度指标也各有千秋。

### 4.1.2.1　优势高生长方程

优势高被定义为林分中若干株最大树的平均高, 通常以每公顷 100 株最粗树的平均高来计算, 它是林分最重要的特征, 由于其生长与林分密度关系相对较小, 并主要依赖于立地质量, 所以常将其视为评定立地质量的综合指标。此外, 在模拟林分生长动态时, 常将优势高作为独立变量而引入其它模型, 故优势高生长预估属于林分生长与收获模拟中的首要问题。

优势高生长的大小取决于立地质量的优劣。一定立地的生产潜力是用立地指数即由一定基准年龄的优势高来量度。所以, 考虑优势高生长时必须明确立地条件。通常情况下, 一个立地指数对应一条树高生长曲线, 然而不同立地指数上的树高生长曲线不是独立存在的, 从而就有同形与多形之别。根据构建优势高模型的方法, 可将其分为三类:

差分方程途径、参数预估途径和微分方程途径。

(1)差分方程途径

差分方程途径利用了不同时点方程参数不变性的特点。同时在研制立地指数曲线时隐含有不同立地的优势高生长具有相同模型参数的假设。

通常采用的基本方程是理查德(Richards),如方程:

$$H = \alpha_0 (1 - e^{-\alpha_1 t})^{\alpha_2} \tag{4-10}$$

式中:$H$ 为优势木高(m);$t$ 为林分年龄(a);$\alpha_0$、$\alpha_1$、$\alpha_2$ 为模型参数。

用独立变量 $H$ 的单位表达的尺度参数 $\alpha_0$ 决定渐近线高度。参数 $\alpha_1$ 调节时间轴,而 $\alpha_2$ 提供未来生长曲线形状的柔性。下面分别给出消去尺度参数 $\alpha_0$ 和消去形状参数 $\alpha_2$ 导出依赖于立地指数的优势高生长方程。

①消去尺度参数 $\alpha_0$:立地指数(SI)可由立地指数基准年龄替代方程(4-10)中的变量 $t$ 来获得。例如,指数年龄 100 年时的立地指数可由(4-11)确定。

$$SI = \alpha_0 (1 - e^{-\alpha_1 100})^{\alpha_2} \tag{4-11}$$

消去方程(4-10)和(4-11)中的同一参数 $\alpha_0$,整理后便得到:

$$H = SI \left[ \frac{1 - e^{-\alpha_1 t}}{1 - e^{-\alpha_1 100}} \right]^{\alpha_2} \tag{4-12}$$

②消去形状参数 $\alpha_2$:在 Chapman – Richards 模型的例子中,最好保持渐近值和约束参数 $\alpha_1$,这可利用方程(4-10)的对数形式来实现。

$$\ln\left(\frac{H}{\alpha_0}\right) = \alpha_2 \ln(1 - e^{-\alpha_1 \cdot t}) \tag{4-13}$$

在林龄为 $t_1$ 和 $t_2$ 时的两个高度比率独立于参数 $\alpha_2$:

$$\frac{\ln\left(\dfrac{H_2}{\alpha_0}\right)}{\ln\left(\dfrac{H_1}{\alpha_0}\right)} = \frac{\ln(1 - e^{-\alpha_1 \cdot t_2})}{\ln(1 - e^{-\alpha_1 \cdot t_1})} \tag{4-14}$$

其简化为:

$$H_2 = \alpha_0 \left(\frac{H_1}{\alpha_0}\right)^{\frac{\ln(1 - e^{-\alpha_1 \cdot t_2})}{\ln(1 - e^{-\alpha_1 \cdot t_1})}} \tag{4-15}$$

方程(4-12)和(4-15)可用来描述一定立地指数的优势高生长,它可特别用来确定同形立地指数曲线系统。具有渐近线的方程(4-15)在长期预测中比方程(4-12)更为合适。

许多学者也用舒马赫函数(Schumacher)作为树高模型,形如方程(4-16):

$$H = \alpha_0 e^{-\frac{\alpha_1}{t}} \tag{4-16}$$

式中:$H$ 为优势木高(m);$t$ 为林分年龄(a);$\alpha_0$、$\alpha_1$ 为模型参数。

舒马赫函数的两个参数可由树高—年龄数据估计。有效数据的"平均"曲线,亦即"导向曲线"可将方程(4-16)中 $\alpha_0$ 和 $\alpha_1$ 的估计值代入后获得。

该模型简单明了,能很好地适合基于生长间隔数据的树高模型的差分方程方法。图 4-7 给出了有关此问题的几何解释。点 $A$ 表示具有坐标 $[1/t_1, \ln(H_1)]$ 的初始测值,点

$B$ 具有坐标 $[1/t_2,\ \ln(H_2)]$，是在若干年间隔后 $(t_2 - t_1)$ 再测而得到的。

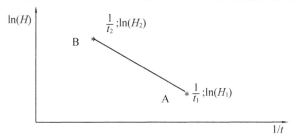

图 4-7　舒马赫生长曲线上的始点 A 和第二个观测点 B 的坐标

该两点成直线，斜率为 $\alpha_1$，可由下式得出：

$$\alpha_1 = \frac{\ln(H_2) - \ln(H_1)}{(1/t_2) - (1/t_1)} \tag{4-17}$$

方程(4-18)是方程(4-17)的另一种表达形式，适用于从立地指数和林龄估计林分高，或根据高观测值和林分年龄来计算立地指数。

$$\ln(H_2) = \ln(H_1) + \alpha_1\left(\frac{1}{t_2} - \frac{1}{t_1}\right) \tag{4-18}$$

根据树干分析和复测的数据，参数 $\alpha_1$ 可利用模型 $Y = \alpha_1 X$ 的线性回归来估计，其中 $Y = ln(H_2) - ln(H_1)$ 和 $X = 1/t_2 - 1/t_1$。

上面即为同形曲线方法。该类方法是假定模型参数对于任何生长立地不变的，也就是生长曲线的形状是独立的，与环境因子无关。这种假设已在多形高生长模型中被抛弃（图4-8）。在多形高生长模型中，与时间轴相关的生长曲线的性状、方向取决于立地指数。

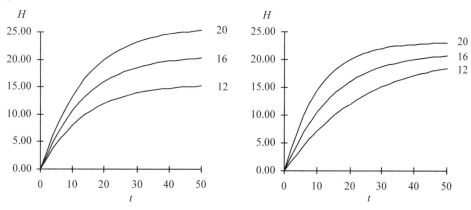

图 4-8　同形(左)、多形(右)树高生长曲线(SI =12、16 和 20，T =20 年)

建立多形高模型的前提条件是能获得合适的优势高 – 年龄数据。这些数据不是来自树干分析就是来自永久生长试验，对其观测至少达到立地指数参考年龄，足够的立地范围也是需要的，包括最佳和最差的生长条件。

（2）参数预估途径

该途径认为优势高的生长遵从以上基本方程（4-10）和（4-16）的原始形式，只是不同立地的高生长模型参数不同。即参数是立地的函数。从而有：

$$\alpha_0 = aSI^b \tag{4-19}$$

和（或）

$$\alpha_1 = aSI^b \tag{4-20}$$

和（或）

$$\alpha_2 = a + bSI + cSI^2 \tag{4-21}$$

这类构造多形曲线模型或建模方法不满足描述树高生长曲线族（地位指数曲线族）的特性，即：① 零点具结点的特性，各曲线应有共同的起始点。同时，$x$ 轴为所有曲线的切线；② 每条曲线具有各自的拐点，且由这些拐点可组成一条（$x$，$y$）曲线（近似为一条双曲线）；③ 每条曲线具有各自的渐近线，且均与 $x$ 轴平行；④ 通过任意一点（$x$，$y$）只有唯一的一条曲线（即曲线之间不相交）。

目前描述生物有机体生长的著名微分方程如 Bertalanfy、Chapman-Richards、Gompertz 和 Logistic 以及 Korf 等，对于描述树木有机体（树高、胸径、材积等）的生长比较恰当，但用以描述树高生长曲线族则不适宜。如：

微分方程——Bertalanfy：

$$\frac{dy}{dx} = ny^{2/3} - ky \tag{4-22}$$

式（4-22）属贝努利微分方程类，其积分通式为：

$$y = \left( \frac{n}{k} + ce^{-\frac{k}{3x}} \right)^3 \tag{4-23}$$

由此得出，仅有一条唯一的曲线通过初始点（0，0）。这与上述条件①不符。其他 Chapman-Richards、Gompertz 和 Logistic 方程均属此类。这类方程的共同特点是微分方程中有机体的生长速度仅与自身的大小有关，没有考虑年龄对于生长速度的影响。

再如微分方程 - Korf：

$$\frac{dy}{dx} = b \frac{y}{x^a} \tag{4-24}$$

其积分形式为：

$$y = ce^{\frac{b}{(a-1)x^{(a-1)}}} \tag{4-25}$$

此方程只有在拐点轨迹与 y 轴平行时才能得到满意的结果（即同形曲线），这不符合上述条件②。

（3）微分方程途径

德国著名生物统计学家 Sloboda 根据上述条件①－④，利用数学分析手段，推导出了如下树高生长微分方程：

$$\frac{dH}{dt} = \frac{\beta \cdot H}{t^\alpha} \ln\left( \frac{\gamma}{H} \right) \tag{4-26}$$

式中：$H$ 为优势木高（m）；$t$ 为林分年龄（a）；$\alpha$，$\beta$，$\gamma$ 为模型参数（$\alpha>1$，$\beta>0$，$\gamma>0$）。

方程（4-26）的特点是满足具有某些传统上用于高模型的理论条件（零点，拐点和渐近值，非相交生长曲线）微分方程（4-26）的一般解由（4-27）给出。

$$H = \gamma \exp\left[ -C\exp\left( \frac{\beta}{(\alpha-1)t^{(\alpha-1)}} \right) \right] \tag{4-27}$$

$C$ 为积分常数。可由初始条件即所选定的参考年龄（$t_o$）时的高等于立地指数（$SI$）确定。即可得到：

$$SI = \gamma \exp\left[ -C\exp\left( \frac{\beta}{(\alpha-1)t_o^{(\alpha-1)}} \right) \right] \tag{4-28}$$

和

$$-C = \ln\left( \frac{SI}{\gamma} \right) \exp\left( \frac{-\beta}{(\alpha-1)t_o^{(\alpha-1)}} \right) \tag{4-29}$$

将方程（4-29）中的 $-C$ 代入到方程（4-27），便得方程（4-30）。

$$H = \gamma \left( \frac{SI}{\gamma} \right)^{\exp\left( \frac{-\beta}{(\alpha-1)t_0^{(\alpha-1)}} + \frac{\beta}{(\alpha-1)t^{(\alpha-1)}} \right)} \tag{4-30}$$

方程（4-30）可用来描述具有一定立地指数的林分高生长，或建立立地指数曲线族。为了直接从年龄和优势高计算立地指数，方程（4-30）可用下式表达：

$$SI = \gamma \left( \frac{H}{\gamma} \right)^{\exp\left( \frac{-\beta}{(\alpha-1)t^{(\alpha-1)}} + \frac{\beta}{(\alpha-1)t_0^{(\alpha-1)}} \right)} \tag{4-31}$$

由方程（4-30）可知，若 $t=t_0$，则有 $H=SI$。这意味着，用方程（4-30）作为多形指数模型时，将不会产生标准年龄时树高值与指数值不一致的矛盾。下面分析方程（4-30）能否确保拐点所表示的生物意义：

令方程（4-26）的二阶导数为零，便得到：

$$H = \frac{\gamma}{e} e^{-\frac{\alpha}{\beta}t^{\alpha-1}} \tag{4-32}$$

（4-32）式表明，$H$ 愈大、$t$ 愈小，即立地条件愈高，生长愈好（$H$ 值愈大），拐点来得愈早（$t$ 愈小）；反之，$H$ 愈小、$t$ 愈大，即立地条件愈差，生长愈差，拐点出现的愈迟。这充分反映了好的立地速生期到来的早的生物学规律。

可见，该模型是一个很好的描述树高生长的理论方程。下列用江西大岗山所调查的资料来拟合方程（4-30）。其拟合结果为：$\alpha=1.1234$；$\beta=0.3026$；$\gamma=443.3$；（$R^2=0.913$，$MSE=1.595$，$n=474$）。由此产生的立地曲线系统如图4-9。图4-9说明高生长的最大值出现在年龄 $3\sim5$ 之间，该结果和俞新妥（1982）对该树种提出的经验证据一致，这一结果也符合一般经验即高生长顶点在较好的立地上出现得较早，但是达到高峰生长点后，优良立地的高生长下降得更快。

## 4.1.2.2　直径和断面积预估方程

直径和断面积是两个重要的林分参数，形成了林分和单木生长预估的核心。因此，

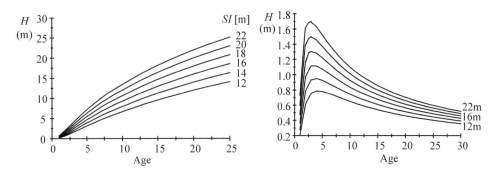

图4-9　江西大岗山杉木立地指数系统(左图)和相应的优势高生长过程(右图)

研制林分直径和断面积预估模型在森林生长研究中具有重要意义。对于林分模型来讲，重要性在于选择与直径和断面积有关的独立的建模变量。对于人工林而言，林分模型较现有使用的单木模型更精确。因此，精确预估直径和断面积是首要条件。

模型之间的循环预估是目前林分模型的一个大问题。这种循环预估将导致产生系统误差。出路在于正确选择变量和研制可变密度收获模型。下面介绍两种主要的建模途径。

Hui 和 Gadow(1993)提出了依赖于优势高和现实林分密度的描述林分断面积平均直径发展的模型。形如：

$$D_g = a_1 H_o{}^{b_1} N^{-a_2 H_o{}^{b_2}} \tag{4-33}$$

式中：$D_g$ 为断面积平均直径(cm)；$H_o$ 为优势高(m)；$N$ 为每公顷株数；$a_1$，$b_1$，$a_2$，$b_2$ 为模型参数。

这个模型使已知优势高和现实林分密度的情况下预估林分断面积发展成为可能。重要的实际应用价值在于借助于他可以方便地得到断面积差分方程，即：

$$G_2 = G_1 N_2^{1-2a_2 H_{o_2}{}^{b_2}} N_1^{2a_2 H_{o_1}{}^{b_2}-1} \left(\frac{H_{o_2}}{H_{o_1}}\right)^{2b_1} \tag{4-34}$$

式中：$a_2$，$b_1$，$b_2$ 为相同于方程(4-49)中的参数；$H_{o1}$，$N_1$，$G_1$ 为时点 1 时的优势高、株数和断面积；$H_{o2}$，$N_2$，$G_2$ 为时点 2 时的优势高、株数和断面积。

利用江西、福建的杉木密度材料对方程(4-34)进行拟合得到参数值：$a_1 = 0.74986$；$b_1 = 2.14603$；$a_2 = 0.07107$；$b_2 = 0.60109$，相关指数($R^2$)为 0.979，均方误($MSE$)为 0.226。计算的 $F$ 值等于 0.0002，远远小于临近值 $F_{0.05}(2, 196) = 3.04$。这表明，所建模型能代表所用的数据。

用方程(4-33)可以模拟相同立地条件下不同造林密度的林分平均直径的发展(图4-10)，或者相同造林密度不同立地条件下的林分平均直径的发展(图4-11)。

上面的模拟途径利用了综合变量优势高($H_0$)是立地和林龄的函数这一特性，从而简化了模型本身的结构。与此比较的是下面的多变量模拟途径。

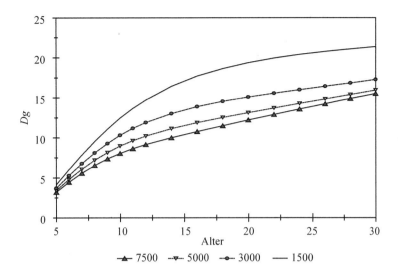

图 4-10　利用模型(4-33)模拟的 18 指数不同造林密度林分平均直径的发展过程

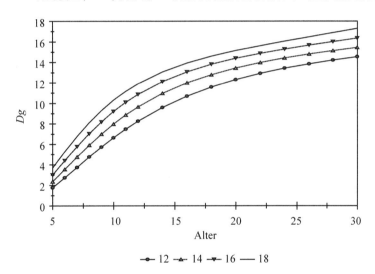

图 4-11　利用模型(4-33)模拟的造林密度为每公顷 3000 株的不同
立地指数林分平均直径的发展过程

　　按照 Richards 一般化著名的 Bertalanffy 生长方程的生长理论，可将林分平均断面积直径的生长方程表述如下：

$$\frac{dD_g}{dt} = c_1 \left( c_2 D_g{}^m - c_3 D_g \right) \tag{4-35}$$

式中：$dD_g/dt$ 为实际的生长速率；$c_2 D_g{}^m$ 为潜在的同化速率；$c_3 D_g$ 为潜在的异化速率；$c_1$ 为转化系数；$c_2$ 为同化系数；$c_3$ 为异化系数；$m$ 为形状参数。

　　在此只是利用了 Richards 方程的形式，对其参数不加限制。假设转化系数($c_1$)与密度指数($S$)有关，形式为方程(4-36)，而同化系数与立地指数有关，形式如模式(4-37)。

$$c_1 = c_4 S^{c_5} \tag{4-36}$$

$$c_2 = c_6 SI^{c_7} \tag{4-37}$$

式中：$c_4$，$c_5$，$c_6$，$c_7$ 为模型参数。

把方程(4-36)与(4-37)代入方程(4-35)得：

$$\frac{dD_g}{dt} = c_4 S^{c_5}(c_6 SI^{c_7} D_g{}^m - c_3 D_g) \tag{4-38}$$

积分上式并将初始值 $t = t_0$ 和 $D_g = 0$ 代入，整理后得：

$$D_g = a_1 SI^{a_2} [1 - e^{-a_3 S^{a_4}(t-t_0)}]^{a_5} \tag{4-39}$$

式中：$a_1 = \left(\dfrac{c_6}{c_3}\right)^{\frac{1}{1-m}}$；$a_2 = \dfrac{c_7}{1-m}$；$a_3 = c_3 c_4 (1-m)$；$a_4 = c_5$；$a_5 = \dfrac{1}{1-m}$。

方程(4-39)的形式在变量立地指数($SI$)和密度指数($S$)独立于时间变量($t$)的情况下是正确的。每公顷现实密度($N$)、Reineke's 密度指数($SDI$)和相对密度百分数($RS$)在林分成长过程中不是常数，而是有所变化。看来，以上密度指数代入此方程是欠妥当的。

对于人工林而言，造林密度(初始每公顷株数 $N_0$)倒是一个独立于时间的一个变量，同时他对生长与收获产生很大影响。所以，造林密度($N_0$)是一个很好的密度指标。

替代方程(4-39)中的 S，将 $N_0$ 代入得方程(4-40)：

$$D_g = a_1 SI^{a_2} [1 - e^{-a_3 N_0{}^{a_4}(t-t_0)}]^{a_5} \tag{4-40}$$

使用与上面拟合方程(4-33)同样的数据，来拟合方程(4-40)，得如下参数值(在此 $t_0 = 3$)：$a_1 = 0.96545$；$a_2 = 1.06244$；$a_3 = 5.94074$；$a_4 = -0.55822$；$a_5 = 0.54881$。相关指数($R^2$)为 0.951，均方误($MSE$)为 0.527。计算的 F 值等于 0.014，亦小于临近值 $F_{0.05}(2,196) = 3.04$。这也表明，所建模型能代表所用的数据。

图 4-12 和图 4-13 分别显示了相同立地条件下不同造林密度的林分平均直径的发展和相同造林密度不同立地条件下的林分平均直径的发展。

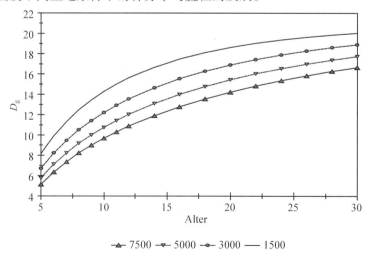

图 4-12　利用模型(4-39)模拟的 18 指数不同造林密度林分平均直径的发展过程

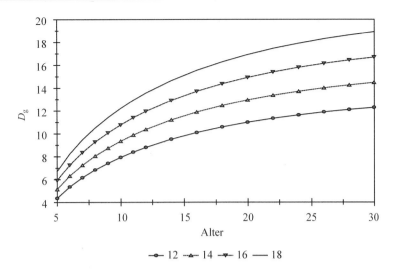

**图 4-13　利用模型( 4-39 )模拟的造林密度为每公顷 3000 株的不同立地
指数林分平均直径的发展过程**

从图 4-10，图 4-11 和图 4-12，图 4-13 的比较中就会发现，两个模型所计算出的林分平均直径生长过程不一致。看来很有必要对以上两类途径作进一步检验分析。检验所用的数据材料应独立于建模时所用材料。为此，用另一套来自福建莱州和卫闽的密度试验数据以及江西嘈下的间伐对照样地材料( 表 4-5 )进行适应性检验。

**表 4-5　用于适应性检验的密度材料**

| No | $A$ | $N$ | $Ho$ | $SI$ | $Dg$ | No | $A$ | $N$ | $Ho$ | $SI$ | $Dg$ |
|---|---|---|---|---|---|---|---|---|---|---|---|
| Jx3 | 11 | 2610 | 11.6 | 16 | 11.0 | Fja3 | 6 | 1667 | 6.4 | 22 | 8.6 |
| | 12 | 2610 | 12.0 | 16 | 11.3 | | 7 | 1667 | 8.1 | 22 | 11.4 |
| | 13 | 2610 | 12.5 | 16 | 11.5 | | 8 | 1667 | 9.7 | 22 | 13.0 |
| | 16 | 2610 | 13.7 | 16 | 12.6 | | 9 | 1667 | 11.2 | 22 | 14.8 |
| | 19 | 2610 | 15.1 | 16 | 13.3 | Fjb1 | 6 | 3333 | 5.2 | 14 | 5.8 |
| | 21 | 2610 | 15.3 | 16 | 13.5 | | 7 | 3317 | 6.1 | 14 | 7.1 |
| | 25 | 2415 | 16.2 | 16 | 14.5 | | 8 | 3317 | 6.7 | 14 | 8.0 |
| Jx6 | 11 | 2415 | 12.0 | 16 | 12.5 | | 9 | 3333 | 7.7 | 14 | 9.1 |
| | 12 | 2385 | 12.3 | 16 | 13.3 | Fjb2 | 6 | 3333 | 6.4 | 20 | 7.0 |
| | 13 | 2355 | 13.1 | 16 | 13.5 | | 7 | 3317 | 7.6 | 20 | 8.7 |
| | 16 | 2310 | 14.1 | 16 | 14.9 | | 8 | 3317 | 9.0 | 20 | 9.6 |
| | 19 | 2265 | 15.6 | 16 | 15.9 | | 9 | 3317 | 10.2 | 20 | 10.8 |
| | 21 | 2160 | 16.2 | 16 | 16.2 | Fjb3 | 6 | 3333 | 6.0 | 18 | 7.1 |
| | 25 | 2025 | 17.0 | 16 | 17.1 | | 7 | 3333 | 7.3 | 18 | 9.0 |
| Jx12 | 11 | 2445 | 12.2 | 16 | 12.8 | | 8 | 3333 | 8.2 | 18 | 9.7 |
| | 12 | 2430 | 12.6 | 16 | 13.3 | | 9 | 3333 | 9.2 | 18 | 11.1 |
| | 13 | 2415 | 12.8 | 16 | 13.7 | Fjc1 | 6 | 5000 | 5.6 | 16 | 5.4 |
| | 16 | 2370 | 14.5 | 16 | 15.1 | | 7 | 5000 | 6.6 | 16 | 6.6 |
| | 19 | 2340 | 16.2 | 16 | 15.9 | | 8 | 5000 | 7.6 | 16 | 7.4 |
| | 21 | 2340 | 17.0 | 16 | 16.1 | | 9 | 5000 | 8.4 | 16 | 8.3 |
| | 25 | 2070 | 17.0 | 16 | 17.4 | Fjc2 | 6 | 5000 | 5.6 | 18 | 5.3 |

（续）

| No | A | N | Ho | SI | Dg | No | A | N | Ho | SI | Dg |
|---|---|---|---|---|---|---|---|---|---|---|---|
| Fj11 | 8 | 2505 | 8.4 | 16 | 8.1 | | 7 | 5000 | 6.9 | 18 | 6.7 |
| | 9 | 2490 | 9.5 | 16 | 9.8 | | 8 | 5000 | 8.7 | 18 | 7.4 |
| | 10 | 2490 | 10.4 | 16 | 10.7 | | 9 | 5000 | 9.0 | 18 | 8.7 |
| | 11 | 2490 | 11.2 | 16 | 11.3 | Fjc3 | 6 | 5000 | 6.0 | 18 | 6.5 |
| | 12 | 2490 | 11.7 | 16 | 12.6 | | 7 | 5000 | 7.4 | 18 | 8.1 |
| | 20 | 2475 | 15.3 | 16 | 16.2 | | 8 | 4983 | 8.9 | 18 | 8.4 |
| Fj21 | 8 | 3495 | 7.8 | 16 | 8.2 | | 9 | 4967 | 9.5 | 18 | 9.5 |
| | 9 | 3495 | 9.2 | 16 | 9.2 | Fjd1 | 6 | 6650 | 5.3 | 16 | 5.4 |
| | 10 | 3450 | 9.8 | 16 | 9.8 | | 7 | 6650 | 6.5 | 16 | 6.3 |
| | 11 | 3450 | 10.6 | 16 | 10.5 | | 8 | 6650 | 7.3 | 16 | 6.6 |
| | 12 | 3450 | 11.4 | 16 | 11.5 | | 9 | 6633 | 8.3 | 16 | 7.8 |
| | 20 | 2850 | 15.4 | 16 | 15.4 | Fjd2 | 6 | 6667 | 5.4 | 16 | 4.9 |
| Fj31 | 8 | 4650 | 7.9 | 16 | 7.9 | | 7 | 6633 | 6.6 | 16 | 6.3 |
| | 9 | 4605 | 9.3 | 16 | 8.5 | | 8 | 6617 | 7.3 | 16 | 7.2 |
| | 10 | 4560 | 10.2 | 16 | 9.2 | | 9 | 6617 | 8.2 | 16 | 8.1 |
| | 11 | 4470 | 11.0 | 16 | 9.8 | Fjd3 | 6 | 6667 | 4.9 | 16 | 5.3 |
| | 12 | 4380 | 11.7 | 16 | 10.6 | | 7 | 6667 | 6.3 | 16 | 6.0 |
| | 20 | 3900 | 15.1 | 16 | 13.3 | | 8 | 6667 | 7.0 | 16 | 6.8 |
| Fj41 | 8 | 5160 | 7.3 | 16 | 7.5 | | 9 | 6667 | 8.0 | 16 | 7.4 |
| | 9 | 5115 | 8.0 | 16 | 8.4 | Fje1 | 6 | 10000 | 5.2 | 14 | 4.8 |
| | 10 | 5070 | 9.0 | 16 | 9.2 | | 7 | 10000 | 6.1 | 14 | 5.4 |
| | 11 | 4920 | 9.8 | 16 | 9.6 | | 8 | 9983 | 7.0 | 14 | 5.7 |
| | 12 | 4710 | 10.5 | 16 | 10.1 | | 9 | 9967 | 7.7 | 14 | 7.1 |
| | 20 | 4305 | 15.0 | 16 | 12.6 | Fje2 | 6 | 10000 | 6.2 | 18 | 5.2 |
| Fja1 | 6 | 1650 | 5.8 | 20 | 7.0 | | 7 | 10000 | 7.4 | 18 | 6.0 |
| | 7 | 1650 | 6.9 | 20 | 8.9 | | 8 | 9983 | 8.1 | 18 | 6.4 |
| | 8 | 1650 | 8.2 | 20 | 10.0 | | 9 | 9917 | 9.4 | 18 | 7.3 |
| | 9 | 1650 | 8.8 | 20 | 11.2 | Fje3 | 6 | 10000 | 4.5 | 14 | 4.2 |
| Fja2 | 6 | 1667 | 6.0 | 20 | 7.8 | | 7 | 10000 | 5.4 | 14 | 5.4 |
| | 7 | 1667 | 7.6 | 20 | 10.2 | | 8 | 10000 | 6.6 | 14 | 5.6 |
| | 8 | 1667 | 8.3 | 20 | 11.6 | | 9 | 9983 | 6.9 | 14 | 6.4 |
| | 9 | 1667 | 9.9 | 20 | 13.5 | | | | | | |

注：$No$：样地号；$A$：林龄；$N$：每公顷株数；$H_o$：优势高；$SI$：立地指数；$D_g$：断面积平均直径。

检验方法仍采用前述的 F 检验。检验结果见表 4-6。

表 4-6 F 检验结果

| Modell | a | b | F | R | MSE | n | $F_{0.05}(2, 103)$ | $F_{0.01}(2, 103)$ |
|---|---|---|---|---|---|---|---|---|
| Gl. (4-39) | 0.47174 | 0.95498 | 3.193 | 0.963 | 0.403 | 105 | 3.09 | 4.82 |
| Gl. (4-40) | -0.55827 | 0.99331 | 20.158 | 0.906 | 1.025 | 105 | 3.09 | 4.82 |

注：$a$：截距；$b$：斜率；$F$：计算的 $F$ 值；$R2$：相关指数；$MSE$：均方误；$n$：样地数；$F0.05(2, 103)$：$\alpha = 0.05$ 时的 F 临近值；$F_{0.01}(2, 103)$：$\alpha = 0.01$ 时的 F 临近值。

由上表可以看出，模型(4-39)的 $F$ 值等于 3.193，略大于 $F_{0.05}(2, 103) = 3.09$，但

小于 $F_{0.01}(2，103)=4.82$。并且模型(4-39)的参数用于断面积预测时其 $F=1.829$，小于 $F_{0.05}(2，103)=3.09$。而模型(4-40)的 $F$ 值远远大于 $F_{0.01}(2，103)=4.82$。这表明模型(4-39)优于模型(4-40)。可见，对于林分平均断面积直径模拟应采用综合变量的途径。

### 4.1.2.3　林分株数自然发展过程

林分密度是影响林木直径和林地生产力的重要因素，它是评定立地生产力的、仅次于立地质量的第二个重要因子，也是森林经营实践中可以有效控制的主要因子。对用材林的经营，尤其对于林分生长量和收获量的预估，与树高有关的林木株数是个很有用的林分密度测度指标。

探索株数自然发展规律是进行优化密度控制的前提。为了总结株数自然发展规律，必须借助长期观测的密度试验数据，收集不同发育阶段的临时样地数据用于模拟株数自然发展是不适宜的。

根据大量植距试验材料，不难发现林分密度变化的总的规律是：①株数的减少过程总是出现于人工纯林中。一方面人工建造的种群由不同的遗传素质的个体组成，个体之间总有大小的差异；另一方面造林地不可能完全相同，从而就出现了高矮差异。这种差异在林分未郁闭前，就已形成，此时期林木的生长是个体生长。林分郁闭以后，形成森林群体，林木的生长不仅是个体生长，还有群体之间的相互作用，地上部分和地下部分都发生了剧烈的竞争，争夺营养空间。自然，一开始略处于高矮优势的个体显出了竞争优势，占领了上方空间。从而对处于下方的个体产生不利影响。随着时间的推移，弱小的个体必然死亡。②自然死亡现象在达到理论最大断面积之前也已发生。这一死亡过程出现的迟早与种群初始密度有关。造林密度愈大，死亡出现的愈早。③株数自然减少率依赖于种群密度和立地。密度愈大，立地条件愈好，则减少率愈大。④实际林分株数的自然稀疏不是连续的、而是一个间断式的推移过程。

有许多数学途径描述株数的自然发展过程。当然，多数是采用一种简化的做法即将其作为连续性的过程加以讨论。在许多情况下，研建枯损率模型最有效的途径是首先建立一个适当的微分方程，因为，一个表现有预期特性的枯损率模型可通过积分得到相应的差分方程，而推导最大密度的方法总是有问题和争议的。下面是一些典型的例子：

Hamilton（1974）采用的枯损函数形如方程(4-41)：

$$P = \frac{1}{1 + \exp(a - bG + cD)} \tag{4-41}$$

式中：$P$ 为一棵树死亡的概率；$G$ 为每公顷断面积；$D$ 为树木直径；$a$，$b$，$c$ 为参数。

Chilmi（1966）的株数比方程(4-42)：

$$N = N_E \left(\frac{N_0}{N_E}\right)^{\exp(\alpha(A-A_0))} \tag{4-42}$$

式中：$\alpha$ 为自疏系数；$N$ 为年龄 $A$ 时的实际株数；$N_E$ 为自疏终止时的株数；$N_0$ 为自疏开始($A_0$)时的株数。

Clutter 等（1983）的微分方程途径(4-43)：

$$\frac{1}{N}\frac{dN}{dA} = k, N_2 = N_1 e^{k(A_2-A_1)} \tag{4-43}$$

式中：$K$ 为参数；$N_1$ 为年龄 $A_1$ 时的株数；$N_2$ 为年龄 $A_2$ 时的株数。

Pienaar 和 Shiver（1981）的微分方程途径（4-44）：

$$\frac{1}{N}\frac{dN}{dA} = \alpha A^{\beta}, N_2 = N_1 \exp(\beta_1(A_2^{\beta_2} - A_1^{\beta_2})) \tag{4-44}$$

式中：$\alpha, \beta$ 为参数；$\beta_1$ 为 $\alpha/(\beta+1)$；$\beta_2$ 为 $\beta+1$。

Clutter 等（1983）的微分方程途径（4-45）：

$$\frac{1}{N}\frac{dN}{dA} = \beta_0 + \beta_1 A^{-1} + \beta_2 SI, N_2 = N_1 \left(\frac{A_2}{A_1}\right)^{\beta_1} \exp((\beta_0 + \beta_2 SI)(A_2 - A_1)) \tag{4-45}$$

式中：$\beta_0, \beta_1, \beta_2$ 为参数；$SI$ 为立地指数。

Clutter 和 Jones（1980）的微分方程途径（4-46）：

$$\frac{1}{N}\frac{dN}{dA} = \alpha A^{\beta} N^{\gamma}, N_2 = (N_1^{\beta_1} + \beta_2(A_2^{\beta_3} - A_1^{\beta_3}))^{\frac{1}{\beta_1}} \tag{4-46}$$

式中：$\alpha, \beta, \gamma, \beta_{1\cdots3}$ 为参数；$\beta_1 = -\beta$；$\beta_2 = -\alpha\beta/(\gamma+1)$；$\beta_3 = \gamma+1$。

Didkovski（1968）的微分方程途径（4-47）：

$$\frac{1}{N}\frac{dN}{dH} = b, N_2 = N_1 \exp(b(H_2 - H_1)) \tag{4-47}$$

式中：$b$ 为参数；$N_1$ 为林分平均高度 $H_1$ 时的株数；$N_2$ 为林分平均高度 $H_2$ 时的株数。

按照上面所提及的模拟株数发展的模型可以将其区分为概率、株数比以及微分方程途径。

概率途径建立在单个树木死亡的概率基础上描述林分株数发展。有许多人采用了与 Hamilton 相似的方法。尤其在单木模型中广为应用。此类途径用于林分株数发展模拟的先决条件是要拥有不同条件下的大量的长期观察的单木资料。

株数比途径建立在初始和终期的林木株数基础上描述林分的株数发展。如 Chilmi（1966）的模型。应用的最大难点在于如何确定终期的林木株数。

微分方程途径建立在林分株数减少率（死亡率）的基础上描述林分株数发展。依参照基础的不同又可分为年龄变量或生物变量如树高两类。前者如方程（4-43）至（4-46）。该类方程随着林龄的不断加大株数将无休止的减少。这与实际情况不符。可选择的途径到是后者即以生物变量为基础的 Didkovski（1968）的途径。他的优点在于随着树高生长的结束林分株数的减少将终止。然而，就其本身方程右边为常数的假设来讲也是不合理的。

为了能够符合实际的描述林分株数的自然发展，有必要首先对林分株数开始减少的时点进行预估，然后再模拟林分株数的自然发展过程。

惠刚盈（1998）对江西大岗山的杉木造林密度试验的研究发现，造林密度与林分开始发生自然稀疏时的优势高有关，如图 4-14 所示。

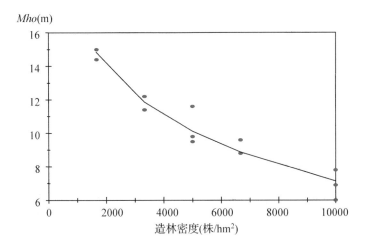

**图 4-14　造林密度($N_0$)与林分开始发生自然稀疏时的优势高($Mh_0$)的关系**

图 4-14 表明，林分开始发生自然稀疏时的优势高($Mh_0$)随造林密度($N_0$)的增加而降低。可用对数方程(4-48)来描述。

$$Mh_o = a + b\ln(N_0) \tag{4-48}$$

式中：$a$，$b$ 为参数。

借助非线形回归模拟结果为：$a = 46.689$，$b = -4.294$，$R^2 = 0.936$，$MSE = 0.504$，$n = 13$。

在明了林分发生自然稀疏的开始期的情况下，接下来的任务就是模拟株数的发展过程。根据前面对模拟途径的分析认为，以生物变量(Ho)为比较尺度的单位面积林木株数的变化率依赖于种群密度($N$)和优势高($H_o$)，即：

$$\frac{1}{N}\frac{dN}{dH_o} = \alpha H_o^\beta N^\gamma \tag{4-49}$$

式中：$\alpha$，$\beta$，$\gamma$为参数（$\alpha < 0$；$\beta$，$\gamma > 0$）。

方程(4-49)表明，死亡率随着林分种群密度和优势高的增加而增加。利用优势高的优点在于有可能模拟不同立地林分的株数发展。因为优势高是立地和林龄的函数。

积分(4-49)式得：

$$-\frac{1}{\beta}N^{-n} = \frac{\alpha}{\gamma+1}H_o^{\gamma+1} + c \tag{4-50}$$

用 $H_{o_1}$ 与 $H_{o_2}$ 替换 $H_o$，并用 $N_1$ 与 $N_2$ 替换 $N$，则有：

$$-\frac{1}{\beta}N_1^{-\beta} = \frac{\alpha}{\gamma+1}H_{o_1}^{\gamma+1} + c \tag{4-51}$$

与

$$-\frac{1}{\beta}N_2^{-\beta} = \frac{\alpha}{\gamma+1}H_{o_2}^{\gamma+1} + c \tag{4-52}$$

式中：$H_{o_1}$ 为预估始期的优势高；$N_1$ 为预估始期的每公顷株数；$H_{o_2}$ 为预估末期的优势高；$N_2$ 为预估末期的每公顷株数。

消去以上方程中的常数 $c$，便获得：

$$N_2^{-\beta} = \frac{-\alpha\beta}{\gamma+1}H_{o_2}^{\gamma+1} + \left(N_1^{-\beta} + \frac{\alpha\beta}{\gamma+1}H_{o_1}^{\gamma+1}\right) \tag{4-53}$$

令 $\beta_1 = -\beta$，$\beta_2 = -\alpha\beta/(\gamma+1)$ 和 $\beta_3 = \gamma+1$，则有：

$$N_2 = (N_1^{\beta_1} + \beta_2(H_{o_2}^{\beta_3} - H_{o_1}^{\beta_3}))^{\frac{1}{\beta_1}} \tag{4-54}$$

方程(4-54)表明，如果 $H_{o_2} = H_{o_1}$，那么，$N_2 = N_1$。这满足当树高生长停止时林分自然稀疏也结束的边缘条件。

利用已出现死亡的试验地材料，拟合方程(4-54)得：

$\beta_1 = -2.22151$；$\beta_2 = 1.1552*10-15$；$\beta_3 = 5.2624$；判别系数($R^2$)为 0.996，$n =$ 77，平均相对误差为 0.54%。$F$ 值等于 1.516，小于临近值 $F_{0.05}(2, 75) = 3.12$。故方程(4-54)可以精确模拟林分的株数发展。

借助方程(4-48)和(4-54)既可以模拟相同立地不同造林密度林分株数的自然发展(图4-15)，也可以模拟相同密度不同立地的林分的株数的自然发展(图4-16)。

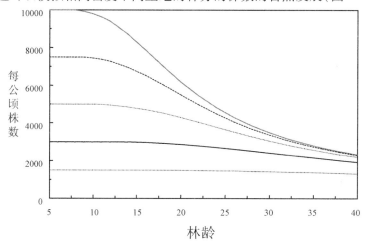

图4-15    以16指数级立地为例不同造林密度林分株数的自然发展

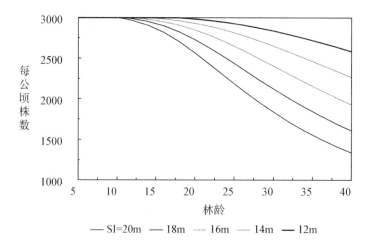

图4-16    以每公顷3000株造林密度为例不同立地林分株数自然发展

这两个图清楚地表明了利用方程(4-54)并结合(4-48)模拟林分株数自然发展符合无数造林密度试验结论。

### 4.1.2.4　广义干曲线方程

干曲线方程用来描述林木树干各部位直径随树干高度的变化过程,对确定林木干形、材积及出材量等方面具有重要意义。很早人们对表达树干曲线的公式就有所研究,如 Hoejer(1903)、Behre(1923)、大隅真一(1959)、Prodan(1965)、Madsen(1982)等提出的树木干曲线。这些干曲线式虽各有特点,但都只能表达出某一树干中上部的形态,对树干基部适应性较差,也很难在其基础上作进一步的发展。20 世纪 80 年代中,Sloboda(1984)研制出了林分干曲线模型,90 年代末,惠刚盈和 Gadow(1997)提出了广义干曲线方程。广义干曲线方程能够描述不同林分的林木树干各部位直径随树干高度的变化过程,即用来描述不同立地、不同密度和不同年龄林分的林木树干任一高度处直径的变化。

虽然利用样条函数(Hradetzky,1980)和线性模型(Sloboda,1984;Gaffrey,1996)对特定树木的干形或对单个林分的各个树木的干形能进行精确的模拟,但由于该类模型中的参数多而难以实现树木干形的普遍化。从而也就无法确定营林措施对干形的影响。目前国际上对此方面的研究方向是以广义的干曲线替代早些时候的仅适合于单株树木的树木干曲线和适合于单一林分的林分干曲线。

根据 Brink 和 Gadow(1986)的研究,理论上,树木的干形由干上部和干下部两部分组成(图 4-17)。

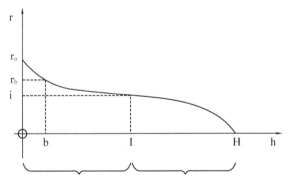

**图 4-17　理论干形目标形状**

$h$ 表示树干高度;$r$ 表示树干半径;$b$ 是胸高(1.3m);$rb$ 是胸高半径($r_{13}$);$H$ 是全树高;$r_0$ 是树干基部半径(初始半径)。

因此,如果我们把 $r$ 视为 $h$ 的函数,则有:$r(0) = r_0$,$r(b) = rb$、$r(H) = 0$。该目标形状是单调递减的,曲线在开始时是逆时针变化,接着在拐点处曲率为 0,然后是顺时针变化。图 4-17 中,拐点位于 $(I, i)$ 处,此时树干高度为 $I$、半径为 $r(I)$ 即 $i$。我们称目标形状在 $0 \leqslant h \leqslant I$ 的部分为树干下部(初始部分),而树高在 $I \leqslant h \leqslant H$ 的部分为树干上部(末端部分)。

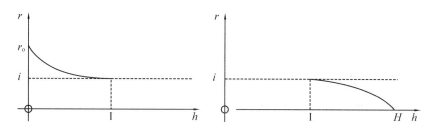

**图 4-18　树干初始部分和末端部分的衰减过程**

根据 Brink 和 Gadow(1986)，这两部分（图 4-18）均可以用经典的衰减函数来描述。衰减方程可用下式表示：

$$\frac{dy}{dx} = k(y - B) \tag{4-55}$$

该方程假设 $y$（作为 $x$ 的函数）的变化率直接与 $y$ 和某一常量（上限或下限）极限值 $B$ 的差值成比例。

利用(4-56)式，我们把 $\alpha$ 作为 $h$ 的函数来模拟树干的初始形状，$i$ 为下限，故有：

$$\frac{d\alpha}{dh} = -p(\alpha - i) \tag{4-56}$$

积分并代入初值条件 $r_{(1.3)} = r_b$ 得：

$$\alpha(h) = i + (r_b - i)e^{-p(b-h)} \tag{4-57}$$

类似地，我们把 $\beta$ 作为 $h$ 的函数来模拟树干的末端形状，$i$ 为上限，其微分方程形式为：

$$\frac{d\beta}{dh} = -q(i - \beta) \tag{4-58}$$

显然，上面方程中，均与极限常量有关。这样做的结果势必造成二者都没有准确地通过拐点。为了使方程 $\alpha$ 的图形（见图 4-19）向下弯曲以穿过水平轴因而也能模拟末端部分的形状变化，故用一个下限变量来代替方程(4-56)中的下限常量。实际上，满足这一条件的下限变量就是利用 $\beta$。

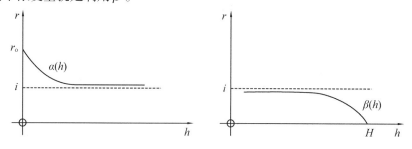

**图 4-19　树干初始部分与末端部分干形模型**

在(4-56)式中，我们把 $i$ 替换为 $\beta$、$\alpha$ 改写为 r，得到如下微分方程：

$$\frac{dr}{dh} = -p(r - \beta) \tag{4-59}$$

改写为如下形式：

$$\frac{dr}{dh} + pr = p\beta(p > 0) \tag{4-60}$$

显然(4-60)式是一阶线性微分方程。运用该类微分方程的标准解法以及加入初值条件 $r_b = r_{(1.3)} = r_{13}$，可以得到：

$$r(h) = i - \frac{pi}{p+q}e^{q(h-H)} + \left[ r_{13} - i + \frac{pi}{p+q}e^{q(1.3-H)} \right]e^{p(1.3-h)} \tag{4-61}$$

变形得：

$$r(h) = i + (r_{13} - i)e^{p(1.3-h)} - \frac{pi}{p+q}\left[ e^{q(h-H)} - e^{q(1.3-H)+p(1.3-h)} \right] \tag{4-62}$$

式中：$r(h)$ 为树干任一高度处 $h(m)$ 所对应的半径(cm)；$H$ 为树干总高度(m)；$r13$ 为胸高半径(cm)；$i$ 为参数(统一渐近线)；$p$ 为参数(下部)；$q$ 为参数(上部)。

该模型似乎是从经典衰减方程(4-54)式中减去一个辅助方程而得到。模型中参数 $p$ 表示树干下部的向外弯曲程度，参数 $q$ 表示树干上部的向内弯曲程度，参数 $i$ 为共同的渐近线。

可见，此模型简单明了且参数具有生物意义。故可认为是一个良好的用于描述树木干形的理论方程。然而，当 $h = H$ 时，方程(4-62)不为零即 $r(H) \neq 0$。所以，Riemer *et al.* (1996)对方程(4-62)进行了修正。修正后的模型为：

$$r(h) = u + v \cdot e^{-ph} - w \cdot e^{qh} \tag{4-63}$$

式中：$u = \dfrac{i}{1 - e^{q(1.3-H)}} + (r_{13} - i)\left(1 - \dfrac{1}{1 - e^{p(1.3-H)}}\right)$；$v = \dfrac{(r_{13} - i) \cdot e^{p \cdot 1.3}}{1 - e^{p(1.3-H)}}$；$w = \dfrac{i \cdot e^{-qH}}{1 - e^{q(1.3-H)}}$；其余符号意义与方程(4-62)相同。

大量的研究表明，修正后的模型即方程(4-63)能很好地表征树木干形。

应用广义干曲线方程的目的在于对不同林分环境条件下的林木干形进行精确的预测。为此，首先应在所选干形方程的基础上建立林分干曲线模型。根据 Gadow 等(1996)的研究，方程(4-63)中的参数 $i$ 随胸径的增加而增加，参数 $q$ 随树高($H$)的增加而减少。Steingass(1996)的研究认为，参数 $p$ 与树高和胸径的大小无关。因此，可以假设：

$$i = k_1 D^{k_2} \tag{4-64}$$

$$q = k_3 H^{k_4} \tag{4-65}$$

式中：$D$ 为林木胸径；$H$ 为林木树高；$k_1 \cdots k_4$ 为参数。

将此两式代入方程(4-63)，从而便可获得林分干曲线模型。

为了建立全林区或广义干曲线方程，有必要将林分重要特征值引入林分干曲线模型中。我们知道，断面积平均直径是一个重要的林分特征，也是林分调查中必测因子。所以，引入林分特征因子($Dg$)将有助于广义干曲线模型的建立并有利于简化模型结构。在此假设，方程(4-63)的参数 $p$ 和 $q$ 受 $Dg$ 的影响如下：

$$k_3 = k_5 e^{\frac{k_6}{Dg}} \qquad (4\text{-}66)$$

$$p = e^{\frac{k_7}{Dg}} \qquad (4\text{-}67)$$

式中：$k_3$ 为方程（4-65）中的参数；$k_5 \cdots k_7$ 为参数。

将此两式代入上面的林分干曲线模型，从而得到广义干曲线模型。

为验证上面提出的模拟途径，特用来自江西、湖南的 63 块样地的 223 株杉木解析木的材料拟合，获得如下参数值：$k_1 = 0.40788$；$k_2 = 1.03702$；$k_5 = 10.43850$；$k_6 = -1.41743$；$k_4 = -1.50117$；$k_7 = 1.79624$，相关指数为 0.968，$n = 2158$，均方误为 0.397。$F$ 值等于 2.521。因为 $F = 2.521 < F_{0.05}(2, 2156) = 3$，故所建广义干曲线模型不存在系统误差。也就是说，以上建立广义干曲线的方法是可行的。图 4-20 显示了模拟的和观测的（在林分断面积平均直径为 $Dg = 15.2\text{cm}$ 的情况下，一株直径为 $D = 15.6\text{cm}$、树高为 $H = 15.2\text{m}$ 杉木）干形。

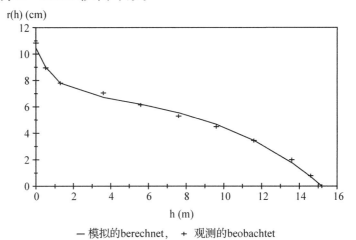

— 模拟的berechnet， + 观测的beobachtet

图 4-20　模拟的和观测的干形比较（$Dg = 15.2\text{cm}$，$D = 15.6\text{cm}$，$H = 15.2\text{m}$）

广义干形方程的最简单的应用在于计算不同林分各立木的材积。计算公式为：

$$F(H) - F(0) = \pi\left( u^2 H + \frac{v^2}{2p}(1 - e^{-2pH}) - \frac{w^2}{2q}(1 - e^{2qH}) + \frac{2uv}{p}(1 - e^{-pH}) \right.$$

$$\left. + \frac{2uw}{q}(1 - e^{qH}) - \frac{2vw}{p-q}(1 - e^{(q-p)H}) \right) \qquad (4\text{-}68)$$

对于任意立木在其树干高度 $h_1$ 与 $h_2$ 区间的材积 $V(h_1, h_2)$ 可用其旋转体计算公式计算，即：

$$V(h_1, h_2) = F(h_2) - F(h_1)$$

$$\text{其中 } F(h) = \int f(h)\, dh \text{ 和 } f(h) = \pi \cdot (r(h))^2 \qquad (4\text{-}69)$$

具体到上面修正的广义干曲线方程就有：

$$F(h) = \pi \int u^2 + v^2 e^{-2ph} + w^2 e^{2qh} dh + 2\pi \int uve^{-ph} - uwe^{qh} - vwe^{(q-p)h} dh$$

$$= \pi \left( u^2 h - \frac{v^2}{2p} e^{-2ph} + \frac{w^2}{2q} e^{2qh} - \frac{2uv}{p} e^{-ph} - \frac{2uw}{q} e^{qh} + \frac{2vw}{p-q} e^{(q-p)h} \right)$$

$$(4-70)$$

当然，广义干曲线的重要用途在于实现按材种规格造材。上面介绍的广义干曲线模型不仅能精确描述任意一个树干干剖面，而且能反映干形随林分的变化而变化的规律。

建立广义干曲线方程是模拟不同林分环境条件下林木干形变化的有效途径，也是进一步精确计算立木材积和确定商品材出材量的基础。昔日的树种材积表仅反映了一种大范围的平均状态。准确计算立木材积还有待于建立高精度的干曲线方程。由于林木干曲线随林木的大小和林分环境的不同而有所不同，所以有必要建立广义干曲线方程。广义干曲线方程无论在人工纯林模拟系统还是在天然混交林模拟系统中都将是一个不可缺少的重要模块。所以，应加强这方面的系统研究。显然，构建广义干曲线方程时首先要选择好能够描述树干干形的基本方程，不妨采用文中提到的理论干曲线方程，然后，寻找其变化规律，进而建立广义干曲线方程。

### 4.1.3　直径分布模型

随着森林经营集约化程度的提高，生产中迫切需要更加详尽的林木大小的资讯。这就要利用先进的手段来研究林木群体结构。林分结构主要包括林分直径结构、树高结构、材积结构的变化规律等。其中，林分直径变化规律是林分结构的基础。在林分生长过程中，其直径结构遵循一定的变化规律。林分直径结构不仅是林分树高、断面积和材积等结构的基础，而且也是估算林分材种出材量、确定合理经营周期和准确评定生产力的基础。

林分直径结构反映了各径级木的株数分布，其规律性很早就受到林学家们的关注。关于直径分布的研究，大体上可分为两个阶段即静态拟合阶段和动态预测阶段。

在静态拟合阶段(20 世纪 70 年代前)，起初的研究大都侧重于相对(累计)频率，如 Fekete 用不同断面积平均直径计算了云杉林的相对累计频率，之后，Schiffel 在 Fekete 方法基础上，用相对直径反映云杉林直径分布一般规律。然而由于这一方法拟合的精度太低而未得到进一步发展。取而代之的是用概率密度函数，如正态分布(Schumacher，1928；Meyer，1930；仓田吉雄，1939 等)；对数正态分布(Bliss & Reinker，1964 等)、$\gamma$ 分布(Nelson，1964 等)、$\beta$ 分布(Clutter & Bennett，1965；Zoehrer，1969 等)和 SB 分布(Hafley &Schreuder，1977 等)以及被广泛应用的 Weibull 分布(Bailey & Dell，1973；Hyink，1979 等)等，来表征径级株数的分布规律。

在动态预测阶段(70 年代后)，采用了参数预测 (PPM)、参数回收(PRM)以及概率转移矩阵等技术建立林分直径结构动态预测模型等。概率转移矩阵模型是建立在一定假设前提下来预测直径分布的进一步发展。然其假设合理与否直接影响到动态预测精度，未来的模型应尽可能少地基于假设，而应尽可能多的应用广泛的可靠性试验资料。就参数预测和参数回收而言，Hyink 和 Moser 提出，与其用经验函数预估分布参数，倒不如用以胸径分布表示的林分特征值来"恢复"参数。进入 80 年代以后，研究直径分布模型时，参数回收模型几乎替代了参数预估模型。

可见，林分直径结构模型的研究经历了相对直径、概率密度函数等静态的径阶株数描述阶段，其研究热点已发展到林分内株数分布的动态预测并关注径阶模型和全林分模型的一致性。经过几十年的摸索，对国内许多树种的林分直径结构均建立了模拟预测模型（孟宪宇，1985），对国外一些应用较广的理论生长方程也进行了一定程度的理论探索和实际应用（崔启武和 Lawson，1982；惠刚盈和盛炜彤，1995；张少昂和王冬梅，1992）。

### 4.1.3.1 林分直径分布的拟合方法

从研究的对象来说，现实林分可划分为两大类，即同龄林和异龄混交林，两者在林分结构特征方面有着明显的不同，因此，所适应的林分直径结构模型存在差别，即林分结构的规律表现出不一样。为了研究异龄混交林分的直径结构规律，前苏联特烈其亚科夫于 1927 年提出了"森林分子"学说，即把复杂林分划分成若干森林分子进行调查研究（李凤日，1986）。而从采用的方法来看，大体可分为参数法和非参数法两种，具体有相对直径法、概率密度函数法（李凤日，1986），理论方程法（段爱国等，2003），联立方程组法（Borders et al.，1987），最大相似回归法（Haara et al.，1997）以及其他拟合方法。

（1）相对直径法

相对直径是指各株树木直径（$d_i$）与其林分平均直径（$D_g$）的比值，即 $R_d = d_i/D_g$。采用该方法表示林分直径结构规律便于不同平均直径、不同株数的林分在同一尺度上进行比较，并能在一定程度上反映各单株木在林分中的相对竞争力的大小（吕勇等，2002）。该方法简单易行，对于现实林分直径分布状况能给出合理有效的描述，但对未知林分的直径分布就不能给予准确的评估，对林分直径的动态分布也不能给出科学的预测。

（2）概率密度函数法

拟合直径结构的概率密度函数主要有正态分布、对数正态分布、Weibull 分布、$\beta$ 分布、$\Gamma$ 分布、$S_B$ 分布、综合 $\Gamma$ 分布及 Fuzzy 分布（段爱国和张建国，2006）等。其中正态分布、$\beta$ 分布以及 Weibull 分布应用较多。

Bailey 用正态分布来拟合树种的直径分布，取得较好的效果（Bailey，1980）。然而，正态分布由于只有两个参数，分布曲线变化小，因此，只能拟合林分发育过程中某一阶段的直径分布，具有一定的局限性。尽管如此，该分布作为经典的、一种理想状态下的林分直径分布在林分直径结构模型研究领域具有重要的意义。

$\beta$ 分布具有很大的灵活性，可拟合同龄林和异龄林的直径分布（刘金福等，2001），但 $\beta$ 分布也存在一个主要的缺点，就是在闭区间内，其累积分布函数不存在，因此，各径阶的株数比例就不得不采用数值积分技术来获得，并且该分布参数的生物学意义不明显。

（3）理论方程法

在林分生长模型研究领域，理论方程主要用于构建全林分及单木生长模型（Zeide，

1989），直到 20 世纪 90 年代中期以后，其在研建林分径阶分布模型上的优越性才日渐显露，且以国内的应用研究为主。目前应用的理论方程主要包括种群动态模型及一般理论生长方程两种。如 Gompertz、Logistic、Richards 和 Korf 等方程。

Gompertz 和 Logistic 方程最初均用于描述种群增长及分布问题。Gompertz 方程是由 Gompertz 于 1825 年首先提出，用来描述人口衰亡及年龄分布状况。吴承祯等将其应用于杉木人工林直径分布结构的研究上，结果表明适合性良好（吴承祯和洪伟，1998）。Logistic 方程是由比利时数学家 Verhulst 首创，用于描述人口的增长规律。惠刚盈在国内首次将该方程应用于林分结构的研究（惠刚盈和盛炜彤，1995），吴承祯也将其用于预测闽北杉木人工林的直径结构预测（吴承祯和洪伟，1999）。Ishikawa 鉴于 Richards 方程的灵活性曾采用该方程来描述林木直径分布，并给出了该方程的概率密度函数形式，但未能提出该方程应用于直径分布领域的理论基础（Ishikawa，1998）。段爱国在分析理论方程的发展来源及数学解析性时，发现包括 Gompertz、Logistic 两个方程在内的诸如 Richards、Korf 等"S"形或近似"S"形的方程在一定假设条件下均可用于林分直径分布的模拟。理论方程应用于林分直径结构的模拟主要源于以下两点：其一，各方程渐近线的存在及良好的单调性使其具备了对林分直径累积分布进行模拟的数学基础（段爱国，2002）；其二，理论方程的微分式可通过自然界种群生长变化量与环境营养空间的辩证关系予以一定的解释（李文灿，1990）。

（4）联立方程组法

Borders 提出了一种不依赖于任何预先确定函数的预测方法，该方法假定相邻百分位之间的株数分布为均匀分布，采用 12 个不同累积株数百分数处直径的预测方程所组成的方程系统（即联立方程）来描述直径的分布规律（Borders and Patterson，1990）。该方法被认为对多相性林分，特别是受自然灾害（如病虫害）、人为干扰（如抚育间伐）以及一些表现为双峰的纯林或混交林林分具有较好的模拟效果。孟宪宇列出了该方法的基本求算过程，并采用相邻百分位处的直径、林分平均直径、地位指数、每公顷林木株数、林分年龄等林分特征因子建立了落叶松人工林林分 13 个不同百分位处直径的预估方程组，进而求算出 87 块林分的直径分布序列（孟宪宇和岳德鹏，1995）。Maltamo 用一个方栓函数来描述相邻百分位点间的林木分布状况，林分特征值选用直径中位数、断面积直径中值以及一个哑变量，其中哑变量用来描述林分是否疏伐（Maltamo et al.，2000）。Kangas 曾将一种标准化的方法应用于联立方程组法，并取得了比单独采用联立方程组法更好的效果（Kangas and Maltamo，2000）。该方法可从 2 个方面加以完善：第一，选用能精确预估各百分位处直径的模拟方程（如非线性方程）及准确反映林分直径结构的特征因子；第二，相邻百分位点间选择合适的分布函数。联立方程组法具有许多优点，但其不足之处在于需要较多的林分直径结构特征的信息以及联立方程求解过程较为繁琐且彼此间的误差项存在累加性。

（5）最相似回归法

是一种不依赖于任何分布函数、基于 $k$ 个最相似实测林分分布的权重平均的非参数预测法。利用该方法对未知林分直径分布进行预测需要解决 3 个方面问题：首先，选用适当的距离函数，确定最相邻林分及林分个数；其次，确定所筛选出最相邻林分的直径分布；最后，确定权重函数，对参照林分给出合适的权重值。Maltamo 经过对几种距离函数的比较分析后发现绝对差异函数为最佳。而参照林分以距离的倒数为基础选用权重函数，给出了目标林分单位面积的断面积直径分布计算式。鉴于概率分布函数等参数法及非参数法(如最相似回归法)特点的互补性，将最相似回归法与 Weibull 方程结合起来研究直径分布问题，取得了较单一方法更理想的效果(Maltamo and Kangas，1998)。从统计学的角度来讲，最相似回归法具有很强的灵活性，对双峰或多峰分布有着更强的适应性，不失为一条解决复杂分布问题的新思路，但该方法需要合适的参照材料，且当研究大范围的林分时，最相邻参照林分的选用过程耗时较多，并且对相关软件的依赖性较大。

(6)其他拟合方法

随着相关学科的发展以及对模型适应性需求的提高，林木直径分布模拟预测模型呈多样化发展趋势。马胜利应用灰色系统中的 GM(1，1)模型研究了纯林及天然异龄林的直径分布情况，认为该模型较 $\beta$ 分布及抛物线分布效果好(马胜利，1999)。Titterington 介绍了一种被称为有限混合分布的研究林木直径分布的方法(Titterington，1997)。

### 4.1.3.2　直径分布模型的参数求解及预估方法

采用参数法对林分直径分布进行模拟与预测时，其内容可以分为对已知林分分布参数的求解和对未知林分分布参数的预估两部分。模型参数的求解及预估方法至关重要，对模拟精度与预测效果有较大的影响。

(1)参数的预估方法

参数的预估方法包括参数预估法(PPM：Parameter Predication Method)和参数回收法(PRM：Parameter Recovery Method)(Hyink and Moser，1983)。

① 参数预估法(PPM)：即建立起林分特征因子与分布函数参数间的关系，从而可以直接实现对分布参数的预估，即利用标准地的资料通过经验函数建立起林分特征因子(林龄、密度、平均直径、林分优势高等)与分布函数参数之间的关系，通过该函数关系代入林分特征因子可以求解特定林分直径分布参数。参数预估法对于林分特征因子变化的敏感性差，且不能确保与生长模型的相容性。

② 参数回收法(PRM)：利用分布函数的性质推导出其参数与林分特征因子的关系以求解该分布参数的方法。参数回收法建立直径分布模型大致分成两步：第一，预估所需林分属性，如断面积直径；第二，采用最大似然法、矩法、百分位法、回归法等方法求解直径分布的参数。

(2)参数求解方法

模型参数的求解方法很多，如最大似然法、矩法、百分位法、回归法、遗传算法、BP 模型等，方子兴对其进行了较为详细的研究(方子兴，1993)。最常用的为前面 4 种，其中最大似然法、回归法、遗传算法和 BP 模型主要解决已知林分分布参数的求解问题，如要实现预估还需采用参数预估法或参数回收法，而矩法、百分位法在求解已知林分分布参数的同时，可以达到预估的目的。Bailey 认为最大似然法是一种非常精确的参数求解方法，但需用迭代法进行求算（Bailey and Dell，1973）。对于几乎所有的概率密度函数来说，矩法不失为一种普适性的求解方法。百分位法是一种简洁实用的近似求算方法，该方法正日益受到研究者们的重视。而随着数理统计软件的发展，回归法，尤其是非线性回归法正逐渐表现出其本身的优越性。

### 4.1.3.3　直径分布模型实例

（1）概率密度函数为基础的参数回收模型

以 Weibull 分布函数为例，Weibull 分布最初由瑞典物理学家 Weibull 于 1939 年提出，现已成为林分结构模型研究中的一个重要分布，特别是对直径分布有很好的拟合效果。1973 年，Bailey 和 Dell 提出用 Weibull 分布模拟林木直径分布（Bailey and Dell，1973），该分布函数因其包括了多种分布及它们之间的过渡状态，具有足够的灵活性、参数容易求解和预估、参数的生物学意义明显以及在闭区间内存在累积分布函数且形式简洁明了等优点，吸引了众多研究者的重视并得到了广泛的应用，尤其是进入 20 世纪 90 年代以来，更是占据着重要地位（王树力和刘大兴，1992；李梦等，1998；周春国等，2000；孟宪宇，1988；姜磊等，2008；段爱国等，2004；洪利兴等，1995；张贵和陈建华，2002；陆元昌等，2005；黄庆丰，1998b）。与其他分布函数相比，该函数亦表现出较高的精确度和适合度。

Weibull 分布的概率密度函数：

$$f(x) = \frac{c}{b} \times \left(\frac{x-a}{b}\right)^{c-1} \times \exp\left(-\left(\frac{x-a}{b}\right)^{c}\right), x \geq a; a, b, c > 0 \tag{4-71}$$

式中：$a$ 为位置参数；$b$ 为尺度参数；$c$ 为形状参数；$x$ 为组中值。

模型参数的生物学意义是衡量生长模型优劣的基本标准之一，良好的生物学意义有助于了解生物学过程，增强对生物规律的认识及对生物现象的合理解释。Weibull 分布的三个参数与林分特征因子有关。$a$ 指林分最小直径，随林分平均胸径、林龄、立地增大而增大；$b$ 指林分直径分布范围，随林分平均胸径、林龄、立地、密度的增大而增大；$c$ 与林分年龄紧密相关，随年龄不同而能够描述林分直径结构相应的状态，决定林分直径分布的偏度，是分析直径分布动态的依据之一。一般，当 $c$ 在 1~3.6 之间，为单峰左偏山状分布；当 $c < 1$ 时，为倒 $J$ 型分布；当 $c = 1$ 时，为指数分布；当 $c = 2$ 时为 $\chi^2$ 分布；当 $c = 3.6$ 时，为近似正态分布；当 $c \rightarrow \infty$ 时，为单点分布（惠淑荣和吕永霞，2003）。

Weibull 累计概率分布函数：

$$F(x) = 1 - \exp\left(-\left(\frac{x-a}{b}\right)^{c}\right) \tag{4-72}$$

Weibull 分布各径阶理论概率为：

$$Pf_i = M \times \frac{c}{b} \times \left(\frac{x-a}{b}\right)^{c-1} \times \exp\left(-\left(\frac{x-a}{b}\right)^{c}\right) \tag{4-73}$$

其中：$M$ 为径阶距。

根据数学原理，Weibull 分布函数的一阶原点矩即数学期望 $E(x)$ 可由林分的算术平

均直径 $D$ 加以估计，而二阶原点矩可由林分的平方平均直径 $D_g{}^2$ 加以估计。

$$D = E(x) = \int_0^\infty x f(x) dx = a + b\Gamma(1 + 1/c) \tag{4-74}$$

$$D_g{}^2 = E(x^2) = \int_0^\infty x^2 f(x) dx = b^2\Gamma(1 + 2/c) + 2ab\Gamma(1 + 1/c) + a^2 \tag{4-75}$$

可见，预估参数 $a$ 及算术平均直径 $D$ 后，即可利用上述二式迭代求出参数 $b$、$c$。通常，位置参数 $a$ 被设定为林分最小径阶的下限值，然而最小径阶($a'$)与密度、立地以及林龄的关系不紧密，通常表现为间断式的推移过程。采用中央平均直径的 $K$ 倍作为 $a$ 值的近似估计即 $a$ 等于 $a'$ 所在径阶的下限值。关于 $D$ 的预估，由于算术平均胸径与断面积平均胸径之间存在着紧密的线性相关(邢黎峰等，1995)。因而可以利用 $D = \alpha + \beta D_g$ 预估 $D_g$。确定参数 $a$、$b$、$c$ 后，可以利用累积分布函数计算出林分各阶段的理论频数和株数。

$$P_i(L < x < U) = \exp\left(-\left(\frac{L-a}{b}\right)^c\right) - \exp\left(-\left(\frac{U-a}{b}\right)^c\right) \tag{4-76}$$

$$n_i = N \times P_i \tag{4-77}$$

其中，$P_i$ 为 $i$ 径阶树木的比例；$L$ 为 $i$ 径阶的下限；$U$ 为 $i$ 径阶的上限；$n_i$ 为 $i$ 径阶的株数。

杉木人工林 $K$ 一般为 0.5，$D = 0.36756 + 1.01301D_g$（R = 0.999，n = 52）。

利用该方法对江西大岗山杉木密度试验林的直径分布进行模拟并与实际的观察的分布比较，其结果列于表4-7中。

表4-7　PRM 的预测值与实际值的柯氏检验结果

| 样地号 | $D_g$ | 样地株数 | PRM | $D_n(0.05)$ | 样地号 | $D_g$ | 样地株数 | PRM | $D_n(0.05)$ |
|---|---|---|---|---|---|---|---|---|---|
| a16 | 9.76 | 100 | *0.140 | 0.136 | c36 | 6.24 | 300 | *0.119 | 0.079 |
| a17 | 11.54 | 100 | *0.161 | 0.136 | c37 | 7.12 | 300 | *0.099 | 0.079 |
| a18 | 12.72 | 100 | 0.113 | 0.136 | c38 | 7.98 | 300 | *0.090 | 0.079 |
| a19 | 13.63 | 100 | 0.054 | 0.136 | c39 | 8.70 | 300 | 0.077 | 0.079 |
| a110 | 14.49 | 100 | 0.057 | 0.136 | c310 | 9.16 | 299 | 0.066 | 0.079 |
| a26 | 8.10 | 100 | 0.072 | 0.136 | d16 | 5.78 | 399 | *0.108 | 0.068 |
| a27 | 9.44 | 100 | 0.080 | 0.136 | d17 | 6.50 | 398 | *0.091 | 0.068 |
| a28 | 10.69 | 100 | 0.070 | 0.136 | d18 | 7.28 | 399 | *0.091 | 0.068 |
| a29 | 11.66 | 100 | 0.072 | 0.136 | d19 | 7.73 | 399 | *0.076 | 0.068 |
| a210 | 12.45 | 100 | 0.053 | 0.136 | d110 | 8.09 | 399 | 0.067 | 0.068 |
| a36 | 9.78 | 100 | 0.081 | 0.136 | d26 | 5.29 | 397 | *0.073 | 0.068 |
| a37 | 10.38 | 100 | 0.042 | 0.136 | d27 | 6.18 | 400 | *0.078 | 0.068 |
| a38 | 12.82 | 100 | 0.047 | 0.136 | d28 | 6.72 | 400 | 0.064 | 0.068 |
| a39 | 13.75 | 100 | 0.051 | 0.136 | d29 | 7.29 | 398 | 0.067 | 0.068 |
| a310 | 14.70 | 100 | 0.056 | 0.136 | d210 | 7.76 | 397 | *0.078 | 0.068 |
| b16 | 8.27 | 200 | 0.065 | 0.096 | d36 | 5.59 | 400 | *0.092 | 0.068 |
| b17 | 9.45 | 200 | 0.094 | 0.096 | d37 | 6.40 | 400 | *0.071 | 0.068 |
| b18 | 10.43 | 200 | 0.030 | 0.096 | d38 | 7.18 | 400 | 0.057 | 0.068 |
| b19 | 11.20 | 200 | 0.058 | 0.096 | d39 | 7.68 | 400 | *0.077 | 0.068 |

（续）

| 样地号 | $D_g$ | 样地株数 | PRM | $D_n(0.05)$ | 样地号 | $D_g$ | 样地株数 | PRM | $D_n(0.05)$ |
|---|---|---|---|---|---|---|---|---|---|
| b110 | 11.65 | 200 | 0.040 | 0.096 | d310 | 8.08 | 397 | 0.045 | 0.068 |
| b26 | 6.75 | 200 | *0.106 | 0.096 | e16 | 5.76 | 596 | *0.099 | 0.056 |
| b27 | 7.80 | 200 | 0.048 | 0.096 | e17 | 6.26 | 599 | *0.104 | 0.056 |
| b28 | 8.55 | 200 | 0.081 | 0.096 | e18 | 6.92 | 596 | *0.068 | 0.056 |
| b29 | 9.32 | 200 | 0.070 | 0.096 | e19 | 7.34 | 595 | *0.057 | 0.056 |
| b210 | 10.03 | 200 | 0.063 | 0.096 | e110 | 7.60 | 591 | *0.056 | 0.056 |
| b36 | 7.91 | 199 | 0.064 | 0.096 | e26 | 5.16 | 591 | *0.091 | 0.056 |
| b37 | 9.06 | 200 | 0.038 | 0.096 | e27 | 5.86 | 595 | *0.069 | 0.056 |
| b38 | 10.32 | 200 | 0.032 | 0.096 | e28 | 6.49 | 595 | *0.076 | 0.056 |
| b39 | 11.09 | 200 | 0.016 | 0.096 | e29 | 7.07 | 594 | *0.080 | 0.056 |
| b310 | 11.66 | 199 | 0.024 | 0.096 | e210 | 7.52 | 591 | *0.092 | 0.056 |
| c16 | 6.95 | 300 | *0.106 | 0.079 | e36 | 5.42 | 597 | *0.090 | 0.056 |
| c17 | 7.84 | 300 | 0.039 | 0.079 | e37 | 6.11 | 597 | *0.093 | 0.056 |
| c18 | 8.82 | 300 | 0.070 | 0.079 | e38 | 6.69 | 597 | *0.089 | 0.056 |
| c19 | 9.26 | 300 | 0.066 | 0.079 | e39 | 7.12 | 589 | *0.072 | 0.056 |
| c110 | 9.71 | 300 | 0.078 | 0.079 | e310 | 7.48 | 577 | *0.064 | 0.057 |
| c26 | 5.78 | 298 | *0.111 | 0.079 | c29 | 8.22 | 298 | *0.081 | 0.079 |
| c27 | 6.85 | 300 | *0.100 | 0.079 | c210 | 8.78 | 298 | 0.059 | 0.079 |
| c28 | 7.62 | 300 | *0.088 | 0.079 | | | | | |

由表 4-7 可知，PRM 预测直径分布的符合率仅为 52%。这很难满足实际要求。

（2）生物种群分布理论为基础的参数回收模型

以生物种群分布理论为基础参数回收模型，采用著名的种群动态方程 Logistic 来表征直径分布。

Logistic 曲线的微分方程形式是：

$$\frac{dX}{dY} = bY\left(1 - \frac{Y}{c}\right) \tag{4-78}$$

积分形式是：

$$Y = \frac{c}{1 + e^{a-bX}} \tag{4-79}$$

式中：a、b、c 为参数。

$C$ 为 $Y$ 的上界，用于直径分布时，$X$ 为直径，$Y$ 为相对累计频率，故 c = 1。表 4-8 和图 4-21 直观地显示了用此式模拟直径分布的效果。

**表 4-8 对 10 块密度试验连续 5 年的观测数据的拟合结果**

| No | A | a | b | MSE | R | Dn | D(n; 0.05) |
|---|---|---|---|---|---|---|---|
| a−1 | 6 | 10.4465 | 1.1326 | 0.00041 | 0.9998 | 0.0354 | 0.1340 |
| | 7 | 11.2713 | 1.02566 | 0.00026 | 0.9998 | 0.0336 | |
| | 8 | 11.7277 | 0.9663 | 0.00072 | 0.9996 | 0.0429 | |
| | 9 | 11.3681 | 0.8731 | 0.00018 | 0.9999 | 0.0200 | |
| | 10 | 11.9839 | 0.8661 | 0.00031 | 0.9999 | 0.0389 | |

（续）

| No | A | a | b | MSE | R | Dn | D(n; 0.05) |
|---|---|---|---|---|---|---|---|
| a - 2 | 6 | 8.4702 | 1.1309 | 0.00015 | 0.9999 | 0.0185 | |
| | 7 | 8.9589 | 1.0151 | 0.00016 | 0.9999 | 0.0283 | |
| | 8 | 9.2059 | 0.9155 | 0.00038 | 0.9997 | 0.0336 | |
| | 9 | 10.1881 | 0.9250 | 0.00034 | 0.9998 | 0.0334 | |
| | 10 | 10.3245 | 0.8725 | 0.00023 | 0.9998 | 0.0257 | |
| b - 1 | 6 | 7.1166 | 0.9253 | 0.00074 | 0.9995 | 0.0456 | 0.0960 |
| | 7 | 8.5881 | 0.9651 | 0.00075 | 0.9996 | 0.0495 | |
| | 8 | 8.3188 | 0.8468 | 0.00045 | 0.9998 | 0.0322 | |
| | 9 | 8.0309 | 0.7594 | 0.00055 | 0.9998 | 0.0350 | |
| | 10 | 8.3353 | 0.7554 | 0.00052 | 0.9998 | 0.0447 | |
| b - 2 | 6 | 6.6503 | 1.0927 | 0.00007 | 0.9999 | 0.0136 | |
| | 7 | 6.6453 | 0.9362 | 0.00017 | 0.9999 | 0.0230 | |
| | 8 | 7.8163 | 0.9925 | 0.00003 | 0.9999 | 0.0114 | |
| | 9 | 7.8602 | 0.9074 | 0.00015 | 0.9999 | 0.0210 | |
| | 10 | 8.1419 | 0.8672 | 0.00014 | 0.9999 | 0.0218 | |
| c - 1 | 6 | 5.4559 | 0.8684 | 0.00095 | 0.9993 | 0.0460 | 0.0784 |
| | 7 | 5.7205 | 0.7997 | 0.00058 | 0.9997 | 0.0374 | |
| | 8 | 6.1477 | 0.7548 | 0.00083 | 0.9995 | 0.0405 | |
| | 9 | 6.1227 | 0.7148 | 0.00065 | 0.9997 | 0.0458 | |
| | 10 | 6.2113 | 0.6889 | 0.00077 | 0.9996 | 0.0503 | |
| c - 2 | 6 | 6.5026 | 1.2563 | 0.00049 | 0.9996 | 0.0322 | |
| | 7 | 6.7468 | 1.0830 | 0.00024 | 0.9999 | 0.0215 | |
| | 8 | 6.9482 | 0.9936 | 0.00024 | 0.9999 | 0.0247 | |
| | 9 | 7.2239 | 0.9537 | 0.00015 | 0.9999 | 0.0233 | |
| | 10 | 7.2585 | 0.8935 | 0.00015 | 0.9999 | 0.0237 | 0.0787 |
| d - 1 | 6 | 5.8766 | 1.1474 | 0.00022 | 0.9998 | 0.0216 | 0.0680 |
| | 7 | 5.9285 | 1.0195 | 0.00017 | 0.9999 | 0.0275 | |
| | 8 | 6.5079 | 0.9851 | 0.00010 | 0.9999 | 0.0140 | |
| | 9 | 6.6173 | 0.9368 | 0.00021 | 0.9999 | 0.0241 | |
| | 10 | 6.3707 | 0.8600 | 0.00022 | 0.9999 | 0.0220 | |
| d - 2 | 6 | 4.4681 | 0.9828 | 0.00041 | 0.9996 | 0.0325 | 0.0679 |
| | 7 | 5.1043 | 0.9344 | 0.00022 | 0.9999 | 0.0279 | |
| | 8 | 4.9997 | 0.8372 | 0.00020 | 0.9999 | 0.0257 | |
| | 9 | 5.2961 | 0.8084 | 0.00020 | 0.9999 | 0.0217 | |
| | 10 | 5.2620 | 0.7521 | 0.00024 | 0.9999 | 0.0268 | 0.0682 |
| e - 1 | 6 | 6.0215 | 1.1772 | 0.00019 | 0.9999 | 0.0223 | 0.0556 |
| | 7 | 5.9713 | 1.0656 | 0.00013 | 0.9999 | 0.0221 | |
| | 8 | 6.0423 | 0.9685 | 0.00020 | 0.9999 | 0.0259 | 0.0557 |
| | 9 | 6.0731 | 0.9123 | 0.00020 | 0.9999 | 0.0284 | |
| | 10 | 5.8101 | 0.8451 | 0.00024 | 0.9998 | 0.0204 | 0.0559 |
| e - 2 | 6 | 4.8788 | 1.0964 | 0.00023 | 0.9999 | 0.0220 | 0.0556 |
| | 7 | 5.1244 | 0.9969 | 0.00014 | 0.9999 | 0.0176 | 0.0557 |
| | 8 | 5.1156 | 0.8891 | 0.00016 | 0.9999 | 0.0209 | |
| | 9 | 5.0602 | 0.8052 | 0.00013 | 0.9999 | 0.0189 | |
| | 10 | 4.7706 | 0.7150 | 0.00012 | 0.9999 | 0.0204 | 0.0559 |

注：a，b 为方程 5 - 96 的参数；$MSE$ 为均方误；$R^2$ 为相关指数；$D_n$ 为绝对的最大差数；$D(n，0.05)$ 为 $\alpha = 0.05$ 时的 K - S 临近值；n = N × 0.06，为样地株数。

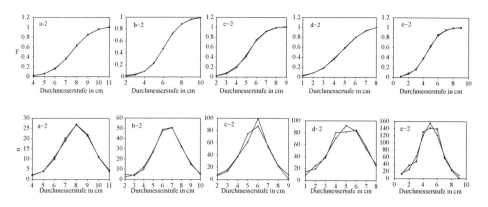

图 4-21  示例 6 年生时观察的与模拟的直径分布[下绝对频数(n),
上相对频率(F),密度从左到右依次增加]

可用下面的近似途径确定最小与最大直径($D_{\min}$ 与 $D_{\max}$)。通常,$D_{\max} = X_{\max} + l/2$.
所以有:

$$\frac{N - 0.5}{N} = \frac{1}{1 + \exp(a - bD_{\max})} \tag{4-80}$$

同样,当 $D_{\min} = X_{\min} - l/2$,则:

$$\frac{0.5}{N} = \frac{1}{1 + \exp(a - bD_{\min})} \tag{4-81}$$

整理得:

$$X_{\min} = \frac{a - \ln(2N - 1)}{b} + \frac{l}{2} \tag{4-82}$$

以及:

$$X_{\max} = \frac{a + \ln(2N - 1)}{b} - \frac{l}{2} \tag{4-83}$$

对方程(4-79)的参数 $a$、$b$ 回收的方法是:在拐点处,$a$ 与 $b$ 是倍数关系,在曲线上任一点(除拐点而外),$a$ 与 $b$ 是直线关系,这样有:

$$a = bX_{Y = 0.5} \tag{4-84}$$

$$a = \ln\left(\frac{1}{Y_i} - 1\right) + bX_i \tag{4-85}$$

如设 $Yi = 0.9$ 时,则(4-85)式变为:

$$a = -2.19722 + bX_{Y = 0.9} \tag{4-86}$$

由(4-84)、(4-86)式可见,只要 $X_{y = 0.5}$ 和 $X_{y = 0.9}$ 的值已知,$a$、$b$ 便可求出。然后将计算的 $a$、$b$ 值代入,即可求出任一径阶($X$)的相对累计频率($Y_X$)。那么,各径级的株数($n_x$)可通过下式计算:

$$n_X = N(F_X - F_{X-l}) \tag{4-87}$$

式中:l 为径阶距。

关于 $X_{y = 0.5}$ 和 $X_{y = 0.9}$ 的预估问题。表 4-9 显示了林分重要因子与 $X_{y = 0.5}$ 和 $X_{y = 0.9}$ 的关系。

表 4-9　林分重要因子 $D_g$ 和 $H_o$ 与 $X_{y=0.5}$ 和 $X_{y=0.9}$ 的关系

| | Replikation 1 | | | | | | Replikation 2 | | | | |
| No | $A$ | $H_o$ | $D_g$ | $XF=0.5$ | $XF=0.9$ | No | $A$ | $H_o$ | $D_g$ | $XF=0.5$ | $XF=0.9$ |
|---|---|---|---|---|---|---|---|---|---|---|---|
| $a-1$ | 6 | 7.2 | 9.8 | 9.3 | 11.0 | $a-2$ | 6 | 6.7 | 8.1 | 8.8 | 9.5 |
| $b-1$ | 6 | 7.0 | 8.6 | 7.8 | 9.8 | $b-2$ | 6 | 6.6 | 6.8 | 6.1 | 8.1 |
| $c-1$ | 6 | 6.8 | 7.0 | 6.4 | 8.6 | $c-2$ | 6 | 6.1 | 5.8 | 5.3 | 6.9 |
| $d-1$ | 6 | 5.8 | 5.8 | 5.2 | 6.9 | $d-2$ | 6 | 5.9 | 5.3 | 4.6 | 6.8 |
| $e-1$ | 6 | 6.0 | 5.8 | 5.2 | 6.9 | $e-2$ | 6 | 6.0 | 5.1 | 4.5 | 6.5 |
| $a-1$ | 7 | 8.1 | 11.6 | 11.0 | 13.1 | $a-2$ | 7 | 7.6 | 9.4 | 8.8 | 11.0 |
| $b-1$ | 7 | 8.1 | 9.4 | 9.1 | 11.0 | $b-2$ | 7 | 7.3 | 7.8 | 7.1 | 9.5 |
| $c-1$ | 7 | 8.3 | 7.8 | 7.3 | 9.7 | $c-2$ | 7 | 7.1 | 6.9 | 6.3 | 8.1 |
| $d-1$ | 7 | 6.7 | 6.5 | 5.9 | 7.9 | $d-2$ | 7 | 6.5 | 6.2 | 5.5 | 7.8 |
| $e-1$ | 7 | 7.1 | 6.3 | 5.6 | 7.7 | $e-2$ | 7 | 6.9 | 5.9 | 5.2 | 7.4 |
| $a-1$ | 8 | 9.4 | 12.7 | 12.0 | 14.5 | $a-2$ | 8 | 8.6 | 10.7 | 10.0 | 12.4 |
| $b-1$ | 8 | 9.0 | 10.4 | 10.0 | 12.1 | $b-2$ | 8 | 8.0 | 8.5 | 7.9 | 10.2 |
| $c-1$ | 8 | 8.9 | 8.8 | 8.4 | 10.8 | $c-2$ | 8 | 8.2 | 7.6 | 7.0 | 9.0 |
| $d-1$ | 8 | 7.5 | 7.2 | 6.6 | 8.8 | $d-2$ | 8 | 7.5 | 6.7 | 6.1 | 8.6 |
| $e-1$ | 8 | 8.3 | 6.9 | 6.3 | 8.5 | $e-2$ | 8 | 8.0 | 6.5 | 5.8 | 8.3 |
| $a-1$ | 9 | 10.6 | 13.6 | 13.0 | 15.7 | $a-2$ | 9 | 9.4 | 11.7 | 10.9 | 13.4 |
| $b-1$ | 9 | 10.0 | 11.2 | 10.8 | 13.3 | $b-2$ | 9 | 9.0 | 9.3 | 8.6 | 11.0 |
| $c-1$ | 9 | 10.1 | 9.3 | 8.7 | 11.3 | $c-2$ | 9 | 8.7 | 8.2 | 7.6 | 9.9 |
| $d-1$ | 9 | 8.2 | 7.8 | 7.2 | 9.4 | $d-2$ | 9 | 8.3 | 7.2 | 6.6 | 9.3 |
| $e-1$ | 9 | 9.0 | 7.3 | 6.7 | 9.0 | $e-2$ | 9 | 9.1 | 7.1 | 6.3 | 8.9 |
| $a-1$ | 10 | 11.8 | 14.5 | 13.7 | 16.6 | $a-2$ | 10 | 9.9 | 12.4 | 11.8 | 14.3 |
| $b-1$ | 10 | 11.2 | 11.6 | 11.2 | 13.7 | $b-2$ | 10 | 9.8 | 10.0 | 9.4 | 11.9 |
| $c-1$ | 10 | 11.0 | 9.7 | 9.2 | 11.8 | $c-2$ | 10 | 9.5 | 8.8 | 8.2 | 10.7 |
| $d-1$ | 10 | 8.8 | 8.1 | 7.5 | 9.8 | $d-2$ | 10 | 8.8 | 7.8 | 7.1 | 9.9 |
| $e-1$ | 10 | 9.9 | 7.6 | 7.0 | 9.4 | $e-2$ | 10 | 9.8 | 7.5 | 6.8 | 9.7 |

可用下式来预测：

$$D_x = \alpha_1 Ho^{\alpha_2} Dg^{\beta_1 Ho^{\beta_2}} \tag{4-88}$$

模型参数值见表 4-10。

表 4-10　模型(4-88)的参数值

| $D_x$ | $\alpha_1$ | $\alpha_2$ | $\beta_1$ | $\beta_2$ | $R$ | $MSE$ |
|---|---|---|---|---|---|---|
| $XF=0.5$ | 0.40428 | 0.27617 | 1.50403 | $-0.14032$ | 0.991 | 0.0007 |
| $XF=0.9$ | 1.29268 | 0.16713 | 0.78876 | 0.00668 | 0.994 | 0.0003 |

表 4-11 是利用上述回收方法获得杉木林分直径分布与实际的比较结果。

表 **4-11**　利用未参加拟合上述方程的材料检验回收的效果

| No | $N$ | $A$ | $H_o$ | $D_g$ | $D_n$ | $D(n;\ 0.05)$ |
|---|---|---|---|---|---|---|
| $a-3$ | 1667 | 6 | 6.9 | 9.9 | 0.052 | 0.134 |
| $b-3$ | 3333 | 6 | 6.6 | 8.1 | 0.026 | 0.096 |
| $c-3$ | 5000 | 6 | 6.4 | 6.2 | 0.044 | 0.078 |
| $d-3$ | 6667 | 6 | 6.0 | 5.6 | 0.026 | 0.068 |
| $e-3$ | 9967 | 6 | 6.3 | 5.4 | 0.031 | 0.056 |
| $a-3$ | 1667 | 7 | 8.4 | 11.4 | 0.055 | 0.134 |
| $b-3$ | 3333 | 7 | 7.6 | 9.1 | 0.096 | 0.096 |
| $c-3$ | 5000 | 7 | 7.2 | 7.1 | 0.040 | 0.078 |
| $d-3$ | 6667 | 7 | 6.9 | 6.4 | 0.042 | 0.068 |
| $e-3$ | 9950 | 7 | 7.8 | 6.1 | 0.035 | 0.056 |
| $a-3$ | 1667 | 8 | 9.7 | 12.8 | 0.104 | 0.134 |
| $b-3$ | 3333 | 8 | 9.0 | 10.5 | 0.020 | 0.096 |
| $c-3$ | 5000 | 8 | 8.2 | 8.0 | 0.044 | 0.078 |
| $d-3$ | 6667 | 8 | 7.7 | 7.2 | 0.044 | 0.068 |
| $e-3$ | 9950 | 8 | 8.4 | 6.7 | 0.048 | 0.056 |
| $a-3$ | 1667 | 9 | 10.7 | 13.7 | 0.068 | 0.134 |
| $b-3$ | 3333 | 9 | 10.2 | 11.1 | 0.039 | 0.096 |
| $c-3$ | 4983 | 9 | 9.8 | 8.7 | 0.023 | 0.078 |
| $d-3$ | 6667 | 9 | 8.5 | 7.7 | 0.051 | 0.068 |
| $e-3$ | 9817 | 9 | 9.3 | 7.0 | 0.015 | 0.056 |
| $a-3$ | 1667 | 10 | 11.9 | 14.1 | 0.019 | 0.134 |
| $b-3$ | 3317 | 10 | 11.4 | 11.7 | 0.018 | 0.096 |
| $c-3$ | 4983 | 10 | 10.3 | 9.2 | 0.054 | 0.078 |
| $d-3$ | 6617 | 10 | 9.4 | 8.1 | 0.048 | 0.068 |
| $e-3$ | 9617 | 10 | 9.8 | 7.5 | 0.069 | 0.056 |

　　注：$D_n$ 为绝对的最大差数；$D(n,\ 0.05)$ 为 $\alpha=0.05$ 时的 $K-S$ 临近值；$n=N\times0.06$ 为样地株数。

　　L-PRM 预测直径分布的结果明显优于目前所采用的 *PRM* 方法。主要原因在于对 Weibull 分布的位置参数 a 的预估精度较低。因为 *Dg* 与 *D* 相关极为紧密，故由 *Dg* 预估 *D* 造成的误差将是很小的。提高 *PRM* 的预报精度的最好途径是提高 a 值的预估精度。然而对这一间断式推移的参数要进行精确预估几乎是不可能的。

## 4.1.4　单木生长模型

　　单木生长模型是指以林分中各单株林木与其相邻木之间的竞争关系为基础，描述单株木生长过程的模型。依据这种模型，可以直接判定单株木的状况和生长潜力以及经过抚育间伐后各保留木的生长状况。这类模型产生于 20 世纪 60 年代，随着计算机技术的飞速发展，单木模拟系统的算法优化，国外出现了 FOREST，PROGNAUS，MOSES，STEMS 及 PTAEDA 等林分生长的模拟程序，这为单木模型的发展提供了基础。

　　在所有单木模型中最具代表性的是生长模型 FOREST、PROGNAUS、MOSES 及 SIL-VA。由于 PROGNAUS、MOSES 和 SILVA 是由 FOREST 发展而来，具有相似的前提和原理。

## 4.1.4.1　单木生长模型的分类

林木之间的竞争程度一般以竞争指数来表示。前人已提出许多竞争指标，根据与距离的关系可分为与距离有关和与距离无关两类，进而单木生长模型根据所用的竞争指标是否含有林木之间的距离因子，分为与距离有关的单木模型和与距离无关的单木模型。

（1）距离无关的单木模型

该类模型假定林木的生长只取决于自身的生长潜力及其本身的大小所反映的竞争能力，相同大小的林木具有一样的生长过程，不考虑林木之间的相对位置，只需要反映林木大小的树木清单。因此，这类模型构造简单，计算简便，在经营实际中应用性强。但由于该类模型描述的林木生长量完全取决于林木自身的大小，导致相同大小的林木生长几年后仍为同样大小的林木，这与林木的实际生长不符；而且从生长机理上来说，不考虑林木之间的相对位置对生长空间竞争的影响是不合适的；此外，该模型无法反映出林木在林分间伐前后所发生的变化，在现实林分的经营优化中应用较少。

（2）与距离有关的单木模型

这类模型认为林木生长不仅取决于自身的生长潜力，还取决于周围竞争木的竞争能力。即竞争木竞争能力的大小取决于竞争木的大小及竞争木与对象木之间的距离。由于这种模型考虑了林木之间的距离，在一定程度上反映了不同林木在林分中所处的小生境的差异。从理论上讲，该类模型能较准确地预测林木的生长量及反映竞争木被间伐后对对象木生长的影响，因此可作为经营模型使用。但是，由于该类模型需要输入详细的林木空间位置信息，使生长模拟的计算增加和调查成本增大，限制了其在实践中的推广应用，适用性降低。

## 4.1.4.2　单木模型的建模方法

建立模型的方法很多，大体有生长量修正法和回归估计法，其中把潜能函数和阻滞方程作为模型的基础方程。

影响单木个体生长的因素很多，包括树木大小及活力指标、立地、竞争及林分特征等，其中以个体间的竞争作用最为重要，是影响林木生长、形态变化和存活的主要因素之一。目前很多学者在模拟单木胸径生长时，同时考虑了单木胸径大小、生活力状况、竞争状态及立地条件等因素的影响（Pukkala and Kolstroem，1988；张大勇等，1989；Mailly et al.，2003；Trasobares et al.，2004）。据此，可将建立单木生长模型的途径分为经验回归模型和理论生长方程。经验回归模型可分为生长量回归预估模型和潜在生长量修正方法，理论生长方程又可分为生长率途径和累计总生长途径，生长率途径还可以分为与时间（树木年龄）有关的理论方程，如 Schumacher（1939）、Korf（1939）（cf. Zeide，1989；Pretsch，2001），与大小有关的自治模型，如 Von Bertalanffy（1957）、Logistic（Verhulst，1838），以及与树木年龄（时间）和大小同时有关的交互模型如 Sloboda（1971）、Rodriguez Soalleiro（1995）（cf. Gadow and Hui，1999），累计总生长途径亦被称为时间间隔预估或年龄隐含的递推法（图4-22）。

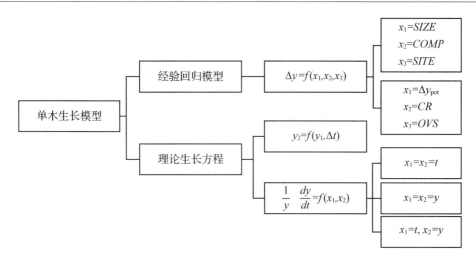

图 4-22　单木生长模型建模途径

（1）生长量回归预估模型

回归预估将林木生长量作为林木大小、立地和密度等的函数。该类模型因其建模技术简单而被广泛应用于单木建模研究之中。模型的基本形式为：

$$\ln(\Delta W) = a + b \cdot SIZE + c \cdot COMP + s \cdot SITE \tag{4-89}$$

式中，$\Delta W$ =10 或 5 年间林木平方直径生长量（或林木断面积生长量）；

$SIZE$ = 林木大小因子的函数；

$COMP$ = 竞争因子的函数；

$SITE$ = 立地因子的函数；

$a$ = 截距；

$b$ = 大小变量的向量系数；

$c$ = 竞争因子的向量系数；

$s$ = 立地因子的向量系数。

回归途径属经验（非机理）途径，通常需要大量数据（Wykoff，1990；卢军，2005；刘微和李凤日，2010），且对数据的依赖性很强，实践中推广应用有较大困难（高东启等，2013）。

（2）潜在生长量修正法

潜在生长量修正法的前提假设是观察到的孤立木的最大生长量或潜在生长量会因竞争而下降。其通式为：

$$\Delta W = \Delta W_{pot} \cdot CR^{b} \cdot OVS \tag{4-90}$$

式中，$\Delta W$ 为变量 $W$ 的变化值；$\Delta W_{pot}$ 为变量 $W$ 的潜在变化值；$CR$ 为树冠比率（树冠长度与树高的比值）；$OVS$ 为与竞争有关的乘数；$b$ 为模型参数。

该公式假定历史上的压力，即树木过去受到的竞争，用现在的树冠比率来表示。树冠比率越小，历史上的竞争压力就越大，当前表现的不利影响就越大。$FOREST$ 的概念设计建立在这个简单的逻辑基础上。它的直观魅力影响了其后的一系列模型如 *PROG-NAUS*、MOSES 以及 SILVA。这类模拟途径可以应用于树种组成较简单的混交林，而对于树种组成复杂的天然林如热带多树种天然混交林应用起来有一定的困难。尤其是建立每个树种的潜在生长方程并非易事。

(3)理论生长方程

理论生长方程是指在生物生长模型研究中根据生物学原理而建立的有关生物体大小的微分方程及其积分形式。

与时间有关或与时间和大小同时有关的单木理论生长模型试图通过与林分模型类似的再参数化方法(Clutter，1963；张少昂，1986；唐守正，1993；Hui，1998)实现单木生长预估，但由于在天然混交林中涉及不同树种、不同世代(年龄)、不同立地、不同林分密度和千差万别的林木个体微环境等，使得该方法在天然林中的实现非常困难，尤其是确定天然林树种年龄并非易事，所以，在预估林分平均生长时通常采用林龄隐含的理论生长方程的变换形式(e. g. Carcia，1984，1994；Vanclay，1994)，年龄隐含的模型最常用的模型形式是 Schumacher 生长式的变换形式(Clutter et al.，1983；Gadow and Hui，1998，1999；葛宏力等，1997)。

理论方程 Schumacher 模型形式为：

$$y = a \cdot e^{\left(-\frac{b}{t}\right)} \tag{4-91}$$

令 $t_1$ 时的林木大小为 $y_1$，$t_2$ 时的林木大小为 $y_2$，代入(4-91)得：

$$y_1 = a \cdot e^{\left(-\frac{b}{t_1}\right)} \tag{4-92}$$

$$y_2 = a \cdot e^{\left(-\frac{b}{t_2}\right)} \tag{4-93}$$

对(4-92)、(4-93)式进行变换后分别求出 $t_1$ 和 $t_2$，用 $t_2$ 减 $t_1$ 后得到基于前期大小和时间间隔期的模型(4-94)：

$$y_2 = ae^{\frac{\ln(y_1/a)}{1-(\Delta t/b)\ln(y_1/a)}} \tag{4-94}$$

式中，$Y_1$、$Y_2$ 为时间间隔期 $\Delta t$ 的前期、后期的单木因子如单木直径、树高、断面积、蓄积量等。

葛宏力等(1997)借助(4-94)用间隔数据建立了马尾松林分蓄积预估模型、高东启等(2013)借助(4-94)用间隔数据建立了蒙古栎单木断面积生长模型，两篇文献均未考虑竞争的影响。

在此，假设方程(4-94)的参数 $a$ 与初期相对大小($RD$)(e. g. Danniels et al.，1986)和竞争指数($CI$)的关系形如模型(4-95)，则有：

$$a = a_1 RD^{b_1} \exp(CI^{b2}) \tag{4-95}$$

将(4-95)代入(4-94)得：

$$y_2 = a_1 RD^{b_1} \exp(CI_2^b) e^{\left(\frac{\ln(y_1/(a_1 RD^{b_1}\exp(CI_2^b)))}{1-(\Delta t/b)\ln(Y_1/(a_1 RD^{b_1}\exp(CI_2^b)))}\right)} \tag{4-96}$$

在理论方程中，一个值得推崇的途径算是著名自治模型，即林木的生长仅与其大小有关。自治模型仅需要间隔数据且涉及的变量少，再参数化的可能性大，有利于建立单木生长模型。在此，最为著名的是 Logistic 阻滞方程和 Von Bertalanffy 的自治模型。

Logistic 阻滞方程为:

$$\frac{1}{D}\frac{dD}{dt} = a - bD \tag{4-97}$$

江希钿(1993)将参数 $a$ 和 $b$ 定义为竞争指数(Hegyi, 1974)的函数,建立了中国闽北杉木人工林的单木生长模型:

$$\frac{dD}{dt} = [(1.3804/CI - 0.0251) - (0.0598/CI + 0.0033)D]D \tag{4-98}$$

实际上,(4-97)式的原形为:

$$\frac{1}{D}\frac{dD}{dt} = r\left(1 - \frac{D}{K}\right) \tag{4-99}$$

式中: $r, K$ 为大于零的常数, $r$ 是固有增长率, $K$ 是 $D$ 的最大容量。

由于 $r$ 是固有增长率,与调查初期的相对大小有关(RD)和竞争(CI)有关的函数,假设为:

$$r = a_1 RD^{b_1} \exp(CI^{b_2}) \tag{4-100}$$

将(4-100)代入(4-99)得:

$$\frac{1}{D}\frac{dD}{dt} = a_1 RD^{b_1} \exp(CI^{b_2}) \cdot \left(1 - \frac{D}{K}\right) \tag{4-101}$$

VonBertalanffy 的自治模型基于德国著名生理学家 Putter(1920)提出的表面积定律即合成代谢速率与生物体的表面积成正比,而分解代谢则与有机体的质量成比例(cf. Zeide, 1989;李凤日, 1994)。Richards(1959)一般化了 Von Bertalanffy 生长方程的理论,将其写成如下模型:

$$\frac{dW}{dt} = \eta W^m - \gamma W \tag{4-102}$$

式中, $W$ 为体重, $\eta, m, \gamma$ 为参数。

用于林分或单木直径生长时可表述如下(e.g. 张少昂, 1986;唐守正, 1993;Hui, 1998):

$$\frac{dD}{dt} = c_1(c_2 D^m - c_3 D) \tag{4-103}$$

式中, $dD/dt$ = 实际的生长速率;

$c_2 D^m$ = 潜在的同化速率;

$c_3 D$ = 潜在的异化速率;

$c_1$ = 转化系数;

$c_2$ = 同化系数;

$c_3$ = 异化系数;

$m$ = 形状参数。

在此,假设竞争影响了转化系数($c_1$),也就是说转化系数与竞争指数(CI)有关,形如:

$$c_1 = c_4 RD^{c_5} e^{CIc_6} \tag{4-104}$$

式中，$c_4$，$c_5$，$c_6$为参数。

把(4-104)代入方程(4-103)得：

$$\frac{dD}{dt} = c_4 RD^{c_5} e^{Clc_6}(c_2 D^m - c_3 D) \tag{4-105}$$

（4-96）、（4-101）和（4-105）式即为所设计的单木生长的概念模型。在天然林中利用该方法的关键技术在于分层建模，即根据天然林的树种多样性首先要依树种，再根据同树种的异龄性分大、中、小径木建立模型。求解模型参数时可用定期生长量替代连年生长量，使理论模型再次简化为经验模型，便于模型参数化及应用。

### 4.1.5　模型评价与检验

生长模型可用于各种不同的目的，它被用来预测各种不同树种、立地特征和栽培模式条件下的森林发育。也可用来更新数据库中的信息，产生数据让经营者对栽培方式进行选择。不可靠的预测至少会影响到决策的质量和进一步的分析计算。所以，模型评价至关重要。模型评价包括数量和质量评价（Soares et al.，1995）。

#### 4.1.5.1　模型评价

（1）质量评价

生长模型质量评价的目的是检查模型的各个部分和作为整体的表现在逻辑上的一致性。模型必须与已知的基本生物过程相一致、与森林对各种栽培措施的预期反应相一致。

现以 Quicke 等（1994）提出的一个关于长叶松（*Pinus palustris*）单株胸高断面积模型评价为例来展示模型质量评价。单株胸高断面积(Δg)用如下的一般方程预测：

$$\Delta g = (G\ submodel) \cdot (GL\ multiplier) \cdot (d - Age\ multiplier) \tag{4-106}$$

同时调整各个子成份以使整个模型误差达到最小。G 子模型是关于单株胸高断面积随林分胸高断面积增加的增量的方程：$\Delta g = 11.52 \cdot e^{-0.0897 \cdot G^{0.5}}$。设树木的年龄、直径和竞争树的位置为常数，单株胸高断面积的增加用林分胸高断面积的增加来预测，如图 4-23 左边的描述。第一个模型成分描述整个林分的密度效应，第二个考虑群体内单株的竞争位置。它表示所有大于目标树（GL）的树木的胸高断面积总和。GL 乘数是一个 GL 的函数。理论上说，函数 $GLmultiplier = e^{-0.003974 \cdot GL}$ 的值应在 0 到 1 之间，如图 4-23 的右边所示。

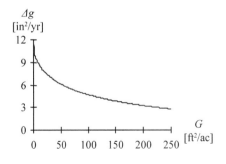 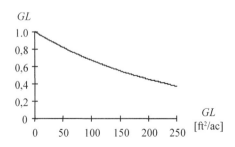

图 4-23　两个模型成分

　　当设定树木直径和年龄为常数时，树木胸高断面积随着林分密度的增加而减小，也随着所有大于目标树的树木的胸高断面积总和的增加而减少。这一现象与实际经验相一致。

　　树木直径和年龄的效应在第三个模型成分中描述，还是用可分为两部分的指数方程来表示：年龄乘数 $Age\ multiplier = e^{\beta_1 \cdot age}$，直径系数 $\beta_1 = 0.2965 \cdot \{1 - e^{-0.3577 \cdot D}\} - 0.303$。参数 $\beta_1$ 决定了年龄乘数接近 0 时的斜率（图4-24 左边）。第三个系数（$-0.303$）定义 Y 轴的截距，上渐近线由第一和第三个系数决定（$0.2965 - 0.303$），而第二个系数描述该渐近线接近时的斜率。

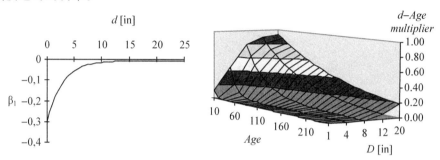

图4-24　直径－年龄乘数的直径和年龄效应

正如预期的那样，当 G 和 GL 保持不变时，直径年龄乘数随林分年龄的增加和树木直径的减小而减小（见图4-24 右边）。

　　在模型中没有强加进预先确定的潜在生长函数，这是难得的。避免了用一个方程同时使用所有模拟的参数来模拟群体的潜在生长量。这一特点增加了一致性，减少了总体误差，但需要专门的评价，包括将模型数据与孤立生长的树木进行比较。用孤立木生长的条件，即林分胸高断面积等于单株树高断面积及 GL 等于 0 来测试模型模拟孤立树木合理生长的能力。用81株孤立木模拟的直径数据与实际观测值进行比较，表明模型能够提供很相近的生长潜力数据。模型的逻辑设定当 GL 等于林分中最大单株树高时，最大生长率是林分胸高断面积、林分年龄和树木直径交互作用的结果。

　　模型的质量评价就是检测模型在处理有效范围以外的数据时是否合理，系数的符号和大小是否合理，在涉及生物过程的模型中，能量与营养流的表达是否与物理学原理相符合，能真实地计算能量和物质流。生长量不可能高于光合作用的转化效率和可用营养允许的范围。在评价树木动态模型（TREEDYN）时，Bossel（1994，p. 112）指出一定要考虑到依赖于不同的环境过程（温度、能量和营养状态）和重视模型行为的妥当性。

　　完整的模型质量评价就是进行专门的测定，确保各种过程的公式既不是太简单，也不是不恰当的。然而，模型越复杂就需要越多的参数，这将导致各个过程的交互作用大量增加。这是模型的悖论。模型越详细越能增加对现实过程的理解和准确描述，但这需要增加模型的复杂程度。不可评价的模型是不可接受的。因此，合适的复杂程度被定义为能够提供全面的模型评价。

　　（2）数量评价
　　生长模型的数量评价就是对模型误差大小和剩余误差的分布特征的分析，也包括偏度和精度测试，以及对预测具有最大影响的那些成分的敏感性分析（Soares et al.，1995；Vanclay，1994.）。

标准线性回归的假设前提是：模型 $Y = \alpha + \beta X + \varepsilon$ 的随机误差是加性的、独立的和遵循平均数为 0、未知方差为常数的正态分布。这些假设前提表示一种并不是经常能满足的理想条件。

误差用其大小和剩余分布来描述，可用已知的观察值与模型进行比较来评价。模型评价的重要概念是偏度和精度，它们决定预测的准确性。图 4-25 描述了 Freese（1960）在林分抽样时使用的这些概念：

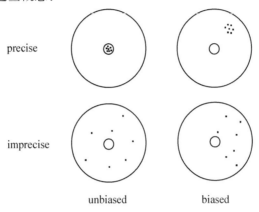

**图 4-25　虚构的靶子和子弹击中的分布，说明精度和偏度的概念**
**准确和无偏的预测就是精确的**

用平均残差 MRES 来测量模型的平均偏差，描述偏差的方向和大小，即期望值过低或过高。模型的精度指标是绝对平均残差（或平均绝对误差）、标准差、模型效率和变率（表 4-12）。

**表 4-12　评价模型的四个指标**

| 标准 | 公式 | 理想值 |
|---|---|---|
| 平均残差 | $MRES = \dfrac{\sum (y_i - \hat{y}_i)}{n}$ | 0 |
| 绝对平均残差 | $AMRES = \dfrac{\sum |y_i - \hat{y}_i|}{n}$ | 0 |
| 标准差 | $RMSE = \sqrt{\dfrac{\sum (y_i - \hat{y}_i)^2}{n - 1 - p}}$ | 0 |
| 模型效率 | $MEF = \dfrac{\sum (y_i - \hat{y}_i)^2}{\sum (y_i - \bar{y}_i)^2}$ | 1 |
| 变率 | $VR = \dfrac{\sum (y_i - \bar{y}_i)^2}{\sum (y_i - \bar{y})^2}$ | 1 |

注：$y$ 为观察值；$\hat{y}$ 为预测值；$(y - \hat{y})$ 为残差；$p$ 为模型参数个数。

　　绝对平均残差测量单个预测的平均误差。标准差的基础是剩余平方和，它给大的误差以更多的权重。模型精度类似于相关系数的平方 $R^2$，提供模型的相关性系数。变率计算预测值方差占观察方差的比例。平均残差、绝对平均残差和标准差这三个指标是相对值，当模型具有不同测量单位的成分时更具表现力。

　　显然，能够测定模型质量的指标很多。有很多测定模型精度的方法，要将这么多测定不同模型的指标排序是困难的。从基本上说，一个好的指标应能够提供可解释的参考值，如表 4-12 中的可解释的最大值、最小值或最优值。

　　模型评价的一种最常见的程序就是检测所有变量可能组合的残差，其目的是为了探明它们的独立性或模式，这些解释系统的差异，可以把观察值画在预测值上，或把残差画在观测值上，见图 4-26。

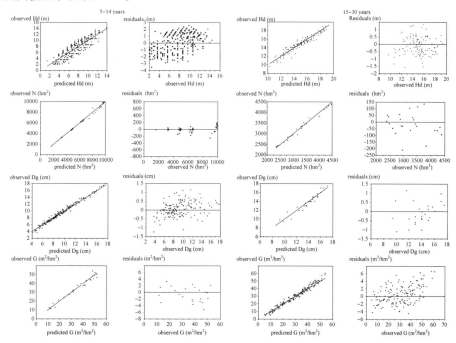

图 4-26　残差的图形分析。左边：观测值 $(y)$ 画在预测值 $(\hat{y})$ 上；右边：残差 $(y - \hat{y})$
画在观测值上。其中 **observed** 为观测的，**predicted** 为预测的，**residuals** 为剩余。

　　模型评价的一个重要目标是检测误差的依赖性。误差可能受到预测期长短、林分年龄或树木高度大小的影响。Trincado 和 Gadow（1996）使用平均残差（测量偏度）和标准差（测量精度）来评价两个不同相对树高的梢头函数的累积材积的预测值精度（表 4-13）。

　　表 4-13 表明模型 A 和 B 的偏度多为负值。两个模型对材积的评估值都偏高。模型 A 的偏度比模型 B 的在树干下部（向上 20%）和上部（总树高的 80% ~ 90%）都高。这种情况在当偏度用观察值的百分数表示时更为明显。

　　在两个模型中标准差随着相对树高的增加而增加，但模型 B 的精度总是比模型 A 的要高。两个模型之间最大的差别在树干的下部和上部。在本例中也计算了相对的 RMSE，都没有超过 10%。

表4-13　评价误差的独立性：不同相对树高材积评估值的偏度和精度

（Trincado and Gadow, 1996）

| 相对树高 (%) | 样本数 | 平均材积 (m³) | 模型 A | | 模型 B | |
|---|---|---|---|---|---|---|
| | | | MRES(m³) | RMSE(m³) | MRES(m³) | RMSE(m³) |
| 10 < X ≤ 20 | 191 | 0.30865 | − 0.01455 | 0.02231 | − 0.00243 | 0.00846 |
| 20 < X ≤ 30 | 203 | 0.45857 | − 0.00323 | 0.01912 | 0.00078 | 0.01498 |
| 30 < X ≤ 40 | 205 | 0.59990 | 0.00003 | 0.02954 | 0.00132 | 0.02614 |
| 40 < X ≤ 50 | 196 | 0.73685 | 0.00152 | 0.04167 | − 0.00094 | 0.04079 |
| 50 < X ≤ 60 | 198 | 0.87749 | − 0.00411 | 0.05664 | − 0.00430 | 0.05524 |
| 60 < X ≤ 70 | 203 | 0.99454 | − 0.00817 | 0.07059 | − 0.00912 | 0.06997 |
| 70 < X ≤ 80 | 211 | 0.09903 | − 0.00875 | 0.08256 | − 0.00692 | 0.07853 |
| 80 < X ≤ 90 | 198 | 1.18017 | − 0.01196 | 0.10286 | − 0.00596 | 0.08945 |
| 90 < X < 100 | 194 | 1.27298 | − 0.00753 | 0.12914 | − 0.00295 | 0.09077 |

#### 4.1.5.2　模型检验

关于模型的检验存在着两种不同的观点，一种观点认为评价一个模型是否有效，不仅需要对模型进行自检(计算以上提出的统计指标或对自变量和因变量预测值作残差分布图等)，还需要使用独立数据进行检验，以说明模型的适用性。对于林业数表模型，按照林业部颁发的《林业专业调查主要技术规定》，要求"同时收集建模样本和检验样本，前者用于模型的建立，后者用于检验所建模型的精度"(中华人民共和国林业部，1990)。根据前人的研究，用检验样本数据对模型的适用性检验的有效方法有：置信椭圆 F 检验(唐守正等，2009)和边际检验法(骆期邦等，2001)，以及计算预估精度( P )(王辰等，2007)与各误差统计量(姜生伟，2009；卢军，2008)等指标。具体方法如下：

（1）置信椭圆 F 检验

基本方法是，用样本因变量的观测值( y )与将该样本自变量代入模型后得到的回归估计值( x )之间做一元线性回归，即假定：

$$y = a_0 + b_0 x \qquad (4-107)$$

如果所建模型不存在系统误差，则直线回归方程中应有 $a_0 = 0$，$b_0 = 1$。可通过 F 值检验即：

$$F = \frac{\frac{1}{2}\left[ n\,(a_0 - 0)^2 + 2(a_0 - 0)(b_0 - 1)\sum x_i + (b_0 - 1)^2 \sum x_i^2 \right]}{\frac{1}{n-2}\sum\left[ y_i - (a_0 + b_0 x_i) \right]^2} \qquad (4-108)$$

服从自由度 $f_1 = 2, f_2 = n - 2$ 的 F 分布。

当 $F > F_{0.05}$ 时，推翻假设，该线性回归方程存在系统误差，表明所建模型不适用，需要进行修正或重建。

当 $F \leq F_{0.05}$ 时，接受假设，该线性回归方程无系统误差，表明所建模型可用。

（2）边际检验法

根据检验样本的实测值与模型估计值按照式(4-109)计算出总相对误差( TRE )，判定模型适用的条件如式(4-110)：

$$TRE = (\sum_{i=1}^{n} y_i - \sum_{i=1}^{n} \hat{y}_i) / \sum_{i=1}^{n} \hat{y}_i \times 100 \qquad (4\text{-}109)$$

式中，$n$ 为样本数；$y_i$ 为观测值；$\hat{y}_i$ 为预测值。

$$TRE \leqslant (1 - \frac{P}{100}) \times \frac{t_\alpha{'}}{t_\alpha} \sqrt{\frac{n}{n'}} \qquad (4\text{-}110)$$

式中，$n$ 和 $n'$ 分别为建模样本数和检验样本数；$t_\alpha$ 和 $t_\alpha{'}$ 分别为对应的置信水平为 $\alpha$ 的 $t$ 分布值；$P$ 为所建模型预估精度，通过(4-111)式计算得到。

$$P = \left\{ 1 - t_\alpha \times \sqrt{\sum_{i=1}^{n} (y_i - \hat{y}_i)^2 / (\bar{\hat{y}_i} \times \sqrt{n \times (n-k)})} \right\} \times 100 \qquad (4\text{-}111)$$

式中，$k$ 为模型参数个数；$\bar{\hat{y}_i}$ 为预估值的平均值；$t_\alpha$ 为置信水平 $\alpha$（$\alpha = 0.05$）时的 $t$ 分布值，其余符号意义同式(4-110)。

　　另一种观点认为，采用上述方法得出的结论是无效的，因为模拟数据和检验数据来自一个样本，其模拟和检验的结果几乎是一致的（Hirsch，1991）；曾伟生等也认为上述适用性检验并不能提出一个反映所建回归模型预估精度的指标值，而只是作出一个可否接受模型的判定（曾伟生等，1999b）；Zozak 等的研究得出同样的结论，认为将整个样本分成建模样本和检验样本进行建模的做法，并不能对回归模型的评价提供额外的信息（Zozak et al.，2003）。因此，应该将检验样本和建模样本合并起来建模，从而更充分地利用样本信息，以提高模拟的精度（Zhang and Kevin，2003）。此外，在建模工作中，由于受人力、物力，财力及时间的限制，不能同时收集建模样本和检验样本（孙圆等，2006）。基于以上原因，一些研究者提出用蒙特卡罗模拟（又称刀切法，Jack – knife）进行随机再抽样试验（唐守正和李勇，2002；Zozak et al.，2003）。即将全部样本随机分成两部分：建模样本约占 2/3，检验样本约占 1/3，用建模样本建立模型，计算各评价统计指标；用检验样本根据式(4-114)与(4-116)进行适用性检验。如此进行 $n$ 次抽样和估计，最后根据 $n$ 次随机再抽样检验结果，得出模型适用性检验结果。

## 4.2　森林立地

　　森林立地是实现科学育林十分重要的应用技术基础。森林立地的研究，可为造林树种的选择、育林措施的提出及森林生产力的预估提供依据，对提高育林质量、天然林的保护和更新及森林资源的恢复和扩大具有重要作用。由于地貌、气候、土壤和生物的差异对林业经营措施有较大的影响，因此森林立地研究显得颇为重要。

　　立地的概念较多，美国林业工作者协会(1971)将立地定义为：林地环境和由该环境决定的林地上的植被类型和质量；德国《森林立地调查》(1981)认为立地是：植物生长地段作用于植物的环境条件的总体；德国造林学家 Ernst Röhrig(1982)在《森林培育学》中认为立地是：对林木生长发育起重要作用的物理的和化学的环境因子的总和，这些因子对森林世代的延续基本保持稳定，或者变化有规可循。总体来说，立地既有地理位置的含义，同时也指存在于特定位置的环境条件(生物、土壤和气候)的综合。

当今，林业先进国家都十分重视森林立地分类和评价工作，认为它是一项充分发挥林地生产潜力和科学经营森林的基础工作。

### 4.2.1 立地质量

立地质量是指在某一立地上既定森林或者其他植被类型的生产潜力，是对影响森林生产能力的所有生境因子(包括气候、土壤和生物)的综合评价的一种量化指标。立地质量与树种有关，在实际工作中，不能离开生长着的树种来评定林分的立地质量。

#### 4.2.1.1 立地质量评价

立地质量评价是对立地的宜林性或潜在的生产力进行判断或预测，它是研究、掌握森林生长环境以及环境对于森林类型和生产力影响的一个重要手段，是合理利用土地的基础，既是林业科学一项重要的基础理论研究，又是实现科学造林、育林和营林的关键。

森林立地质量的高低对林木产量的影响很大，是开展营林活动的重要基础工作，如选择适地适树的造林树种、确定造林密度、制定营林技术方案和经营方法等都与立地质量有关。同时它还是编制各种林业经营数表、研究生长规律、预估森林生长与收获等工作的重要基础。正确的立地评价结果能够为当地的造林、绿化、适地适树提供科学依据，能够做到选择最具生产力的造林树种，并提出适宜的育林措施，对充分挖掘地力、树木生产潜力，促进林业向高产、优质和高效发展有着重要的现实意义。

#### 4.2.1.2 立地质量评价方法

虽然研究的最终目的相同，但由于研究思路或侧重点的不同，形成了许多不同的森林立地质量评价方法。总体来说可分为两大类：以林分收获、材积或林分高进行估计的直接评价法；通过指示植物或地形、气候和土壤因子估计的间接评价法。

(1)直接评价法

1)根据林分蓄积量或收获量评价

林分蓄积量不仅是用材林经营的重要数量指标之一，而且是生物量计算的基础，还是立地生产潜力的主要尺度。将林分蓄积量作为评定立地质量的方法具有直观性与实用性。关于利用蓄积量评价立地的方法有：首先，基于不同年龄的材积直接绘制材积生长曲线；其次，根据生长良好的林分平均木的树干解析数据编制收获表；再次，根据立地特征直接建立蓄积生长量的函数(张万儒，1997)；此外，一些研究者认为蓄积量不仅与立地特征有关，还受到经营措施、林分密度等的因素的影响，因此，在同一标准下比较林分蓄积量才具有实际意义，才能更加确切地反映立地生产潜力。于是就出现了编制标准收获表或标准收获模型的方法，我国学者骆期邦等以立地指数和年龄为自变量，基于 Richards 方程建立了杉木多形标准蓄积量收获模型(骆期邦等，1989a)。这不仅有效地规避了林分密度及经营措施影响，而且为生态、经济和社会效益评价提供了可靠依据，同时也为树种间的比较和选择创造了条件，因此，蓄积量是一种衡量森林生产力的有效指标(殷有等,2007)。

2)根据林分高评价

由于材积生长潜力主要受断面积和树高生长影响,且与它们都呈正相关,而树高具有确定容易,受林分密度影响小的特点,且在一定程度上能反映某种立地生产潜力,因此,林分高作为一种反映林木生长状况的数量指标,已成为林业上最常用的评价立地质量的方法。林分高作为反映林木高度平均水平的量度,根据目的不同,有林分平均高和优势木平均高两种,因此,依据林分高的不同分为地位级法和地位指数法。

①地位级法:地位级是依据林分年龄和条件平均高的关系,把年龄相同的所有林分条件平均高的取值范围划分成若干等级,一般不超过 7 个等级,并用罗马数字 Ⅰ、Ⅱ、Ⅲ、……来表示,从左到右表示立地质量依次降低。若将每个地位等级对应的所有年龄段的林分条件平均高都列于表格当中,则这张表就成了地位级表。地位级不仅是反映林地生产力的重要数量指标,而且还是立地分类的基础。地位级的概念及名称是由 Baur 首先提出的,这一术语过了很久才传入我国,直到 20 世纪 50 年代地位级表才得以普遍使用(詹昭宁,1981),并为天然林区(西南、东北小兴安岭和西北)主要树种(云杉、冷杉、云南松、红松和杉木)编制了立地级表。此外,谭俊等进行了用航片确定地位级的探讨(谭俊和张宝详,1991);王占林等利用树高生长灰色 Verhulst 动态模型划分了青海云杉林地位级(王占林等,1992);兰学金等通过分析传统地位级表在现代林业应用中的问题,提出了根据优势树种的郁闭度、年龄和蓄积及优势树种的年龄、树高和胸径来编制新地位级表的构想(兰学君等,2002);黄从德等通过建立地位级导向曲线,用等分法编制了四川巨桉短周期工业原料人工林地位级表(黄从德等,2003);李清顺等利用森林资源连续清查数据用等分法编制华山松地位级表(李清顺和卢志伟,2010)。需要指出的是,由于天然林区受人为干扰少,很少进行经营,林分条件平均高能很好地反映立地生产力的高低,但是对于人为干扰较强的林分来说,林分条件平均高与立地的这种相关性受到较大影响,因此,地位级法在经营林分的应用受到一定的限制。

②地位指数法:地位指数是指一定立地上某一树种在一定标准年龄(又称基准年龄或指数年龄)时林分优势木的平均高。地位指数表是一种根据年龄和优势木平均高的关系编制而成的。地位指数法是根据年龄与优势高的这种关系,将特定标准年龄时的优势高的大小来评价立地质量的高低。地位指数由于能反映立地的潜在生产力,成为立地分类和质量评价的重要工具(孙晓梅等,2005;Vanclay,1992),在各国得到了广泛的应用。这种方法最早产生于美国,认为林分中的生长良好的优势木和亚优势木树高在反映林地生产力方面比其他因子好。1926 年 Bruce 根据基准年龄 50a 的优势木的树高建立了地位指数曲线,进而编制了南方松的收获表(刘建军和薛智德,1994)。

早期的这种立地指数曲线是以导向曲线为基准,根据导向曲线的形状和趋向,按照一定间距绘制而成的。它无法反映林木生长的实际情况,于是便转向绘制多形立地指数曲线和编制多形地位指数表。因此,随后出现了利用优势木数据、一类、二类调查数据(马有标等,2010),选用不同的生长方程如对数曲线(王月容等,2004)、双曲线(段劼等,2009)、二次曲线(叶世坚等,1999)、Schumacher 方程(沈湘林等,1991)及 Richards 方程(蒋建屏等，1991)等函数，采用相对树高法(孟宪宇，2001)、标准差调整法(叶世坚等，1999)、差分法(孙圆等，2006)、等斜率法(梁守伦等，1995)、变动系数法(马增旺等，1995)、比例法(田莉等，1992)等方法编制了北京杨、小青杨(刘明国等，1994)、巨尾桉、尾叶桉(陈少雄等，1995)、白桦(刘德章等，1995)、木荷(叶世坚等，1999)、杨树(刘景芳等，1989)、厚朴(斯金平等，1993)、侧柏(马丰丰等，2008)、黑杨(黄庆丰，1998a)和刺槐(刘财富等，1998)等的地位指数表。同时使用不同的方法和生长方程建立了一系列多形地位指数曲线模型。

在树种组成较多的异龄林内，优势树种的高生长由于受林分结构的影响较大，而与年龄的关系不密切。因此，用传统的立地指数方法来评价其立地质量无法取得较好的结果。研究认为，在未受干扰的林分中，林地单位面积的生产量与林分的初始密度并无关系，而是随着时间趋于某一定值(Hiroi，1966；Harper，1977；Drew and Flewelling，1977)。在同一林分中林木的高生长与胸径生长有着较强和较稳定的相关性，且随着胸径的增长树高呈 S 型生长。优势木占有较充分的生长空间，受邻近木的影响小，且受竞争的影响不大，基本上能够按照树种固有的规律生长，因此，优势木的树高与胸径的生长可保持一定的比例，受其林分密度的影响并不显著，所以，可采用优势树高和胸径的关系来评价林地的生产潜力。在实际工作中，胸径比年龄更易获得，并且精度也较高。近年来，特别是在美国复层异龄林地区，一些学者在立地指数研究中常用胸径来取代年龄，用优势木在一定径级时的高度来表达立地指数，并进行立地质量评价(Nicholas and Zeadaker，1992；Stout and Shumway，1982)。在中国，孟宪宇建立兴安落叶松优势高与胸径之间的 Richards 生长方程，通过对 Richards 方程求三阶倒数来确定基准胸径，根据基准胸径时的优势高来评价立地质量(孟宪宇和张弘，1993)；马建路等基于 Richards 方程建立红松优势树高与胸径之间的关系模型，采用优势树红松在基准胸径(40cm)时的高度值表达立地指数，评价立地质量(马建路等，1995)；陈永富等以森林群系(以下简称群系)为立地质量评价基本单元，以群系优势树种组平均优势高为因变量，平均优势木胸径为自变量，用定量方法(拟合方法的二阶倒数为零)求出基准胸径为 40cm，选择较优的 Richards 方程，建立了立地指数导向曲线模型，并编制了立地指数表(陈永富等，2000)；邹得棉选择拟合精度最高的 Richards 模型，采用上层木在一定胸径(35cm)时高度值表示立地指数，编制马尾松天然林立地指数表来评价此类天然林的立地质量(邹得棉，2001)。

总之，地位级法与地位指数法在一定条件下存在一定的差异性，同时也存在一定的统一性。差异性主要表现在：首先，地位级是一个相对指标；地位指数是一个绝对数量指标；其次，地位指数的基础是林分优势高，与地位级的林分平均高相比，优势高不仅测定工作量小，而且受树种组成及林分密度影响也小，因此，在世界各国得到更加广泛的应用；再次，就受人为干扰的林分来说，它们有各自不同的适用对象，地位级法适于评价采用上层抚育伐的林分，而地位指数法适于评价采用下层抚育伐的林分。统一性主要表现在：对于不受人为干扰或受人为干扰小的林分来说，这两种在评价立地质量效果上差异不显著；两者都是基于林木生长状况来评价立地生产潜力，只能对有林地进行评价，不能对无林地进行评价，更不能深入反映立地的自然属性。如对于自然属性差异悬殊的(过干或过湿的)，其经营措施不一样，但立地级和立地指数很可能相同。因此，仅用这两种方法评价立地质量还不够，还需对地貌、土壤等因子进行调查，将林木生长与立地因子结合起来进行综合评价。

3) 根据林分胸径评价

虽然已有足够的材料证明林分密度对林地最终生长潜力的影响可以忽略不计，但用优势树高和胸径的关系来评价立地质量时，胸径是否受林分密度的影响，一些研究者提出不同的观点，认为林分密度会影响干形，继而影响立地质量指标。考虑到在异龄林中，优势木很难确定，且在整个生长过程中不一定都处于优势位置；平均年龄的意义是不大的，且年龄的测定比较困难，因此，不宜采用优势高、年龄或平均年龄、平均直径、平均高等概念。据此，孟宪宇等提出直接用林木去皮直径生长的极限值，即直径生长方程中的渐近线参数，作为异龄林的立地质量指标，通过样木当前的去皮直径、定期生长量及样木当前所受到的竞争压力来计算得到(孟宪宇和葛宏立，1995)。鉴于孟宪宇和葛宏立(1995)的 SQM 法存在不同生长方程对 SQM 影响较大的问题，覃林等根据地位质量的本质和异龄林的特点，提出用阔叶树保留木胸径定期平均生长量作为评价异龄林地位质量的数量指标，该指标称为地位质量指数，它由地位因子(海拔、坡度、坡向和坡位)通过四因素二次回归正交设计，并用改进单纯形法优化参数的方法计算得到。由于该指标只与地位条件有关，与平均年龄、优势高概念无关，从而能够比较准确地反映"立地的生产潜力"，是一个比较理想的评价指标(覃林等，1999)。

4) 生长截距法

随着森林经营技术水平的不断改善和提高，集约经营的中幼龄林立地质量评价变得迫切。传统的地位指数表的编制不能排除林分郁闭前诸如人工林苗木质量和造林技术、天然林幼苗幼树生长初期的微环境以及其他偶然因素都会对林木早期生长产生影响，极大地影响了中幼林的立地质量评价精度，同时在确定幼林的年龄时稍有误差便会降低立地指数的准确性。许多学者对具有轮生枝的针叶树开展了生长截距法的研究，即利用胸高开始的连续几年的高生长来评价立地质量。该方法由 Warrack 和 Fraser 于 1955 年首次提出后(Warrack and Fraser，1955)，成为一种独立的测量方法(Oliver，1972)，受到广大科研工作者的重视，并进行了一系列的深入发展研究(Ferree et al.，1958；Philip and Marrero，1958；Wakcly and Marrero，1958；Day and Bey，1964；Alban，1972，1976，1979)，被广泛应用于南美的红松(Brown and Duncan，1990；Bottenfield and Reed，1988)、白松(Brown and Stires，1981)、中国的马尾松(蒋菊生和骆期邦，1989)及英国主要针叶树种的幼龄林立地质量评价。生长截距模型是以生长截距为基本参数建立的立地指数估测模型，是为克服传统立地指数模型和多形立地指数模型存在的对幼龄林立地指数确定不够准确的问题而发展起来的一种新方法。用生长截距法消除了基准年龄的限制，能够更准确地评价幼龄林立地质量，且具有操作简便，易于测定等优点(Economou，1990)。但传统的生长截距模型仅以胸高以上最近 5 年的生长量作指标，由于计算生长截距的年度偏少，不利于充分利用立木生长信息，此外，气候的短期波动也会影响立地指数评价精度，给立地指数评价带来偏差。而且树高生长量通过查数和测定轮生枝的高度来确定，只适用于具有明显轮生枝，且幼林和成熟林的高生长存在很强相关性的针叶树种。

但对于那些轮生枝不明显或没有轮生枝的树种，由于没有明显的轮生枝，对其幼龄林进行立地质量评价存在诸多困难。为此，Nigh 提出了可变生长截距的概念（Nigh，1995a），通过胸高以上树高来评价立地指数，而不仅是胸高以上近 5 年的树高生长量，能够对胸高年龄在 3～50 年的林分进行准确的立地评价（Nigh，2002）。可变生长截距模型已应用于黑松（Nigh，1995a）、云杉（Nigh，1995b）、芹叶钩吻（Nigh，1996a）、西特喀云杉（Nigh，1996b）、花旗松（Nigh et al.，1999）、西部落叶松（Nigh and Klinka，2001）、美国黄松（Nigh，2002）及中国的油松（郭晋平等，2007）等树种的立地质量评价。

（2）间接评价法

1）根据上层木树种间的关系评价

当立地上没有生长需要评价的树种，而生长着其他树种时，树种间的代换评价为立地质量评价提供了新的思路，这为适地适树、采伐迹地更新等提供了方法，在国内外得到一定的应用（Carmean，1972）。其具体步骤是：首先，选择具有两个以上树种样地；其次，根据研究需要，将树种两两配对，分别测定树种的立地指数；再次，作配对树种的立地指数散点图，并分析散点图的趋势；最后，以其中一个树种的立地指数为自变量，以对应树种的立地指数为因变量，建立对应树种间的立地指数回归方程。这种评价立地质量的方法最早产生于美国，目前国内外已对树种间的代换评价进行了研究，并建立了一些树种的代换评价模型（Carmean，1975）。Foster（1959）用红花槭的高生长量来评价五针松潜在高生长，并取得了较好的效果；骆期邦等通过建立多元数量化松—杉代换模型，并结合标准蓄积量，对杉木、马尾松的立地质量进行了同一评价（骆期邦等，1989b）；仲崇淇等利用标准化地位指数表进行立地指数代换评价（仲崇淇，1990）；刘明国等利用数量化地位指数方法实现了小青杨、北京杨等辽西主要适宜树种类间的立地质量代换评价，建立了 6 对树种转换评价的配对方程（刘明国等，1994）；朱光玉等直接用地位指数建立杉木与马尾松的互导模型（朱光玉等，2006）；吕勇等根据影响地位指数的立地因子，建立了不同立地因子的杉木与马尾松地位指数相关模型（吕勇等，2007）。从这些研究可知，实现树种代换评价的主要方法有建立树种地位指数代换方程、数量化地位指数模型及标准化地位指数模型。

2）多元地位指数法

多元地位指数法是以大量样地所得的林木地位指数作为因变量，同时以一系列对林木生长起主导作用的立地因子作为自变量，利用地位指数与立地因子之间的关系建立多元回归方程，对立地质量进行定量评价和预测。该方法在世界各国得到发展，在美国又称为土壤—立地指数法，是一种仅次于立地指数的立地质量评价方法，Carmean 对美国这方面的研究进展曾进行过详细论述。我国在这方面也做了不少研究（朱金兆，1985），分别编制了落叶松、杉木（王光恩，1980）、油松（张康健等，1987）和刺槐等树种的多因素数量化立地指数表或立地质量评价表。如曲进社（1987）利用数量化的方法研建的刺槐林分优势高的预测方程；蔡会德等运用网络、数据库、地理信息系统和决策支持系统等信息技术手段，采用浮动阈值的逐步回归方法建立桉树林木平均高与海拔、坡度、坡位、土壤种类、土层厚度和年龄等因子之间的线性模型，提出广西桉树立地分类与评价方式，设计并实现了基于分布式数据库和 Web——GIS 的桉树立地评价决策支持系统（蔡会德等，2009）。使同一地区的无林地和有林地立地质量评价联系在一起，形成一个立地质量评价体系。该方法主要用于一些土壤或立地条件变化较大，或幼林、混交异龄林、采伐迹地，甚至是无林地的立地评价。但是该研究结果仅限于特定地区，且由于一些立地因子难以测定，使该方法的实际应用受到一定限制（藤维超等，2009）。此外，采用这种方法应考虑土壤—立地指数间的非线性关系及土壤因素各因子间的交互作用。

　　3）植被指示法

　　任何一种植被都是环境条件长期选择的结果，能较好地反映森林生态系统的综合环境，且植被种的类型、生长、结构都与环境条件（包括立地）有很大的相关性。因此，对于那些原始林或者受轻微干扰林多，且分布较广的地区来说，指示植物成为间接评价立地质量的另一种有效方法。根据前人的早期研究，研究者主要是通过编制单个树种的指示植物谱来对立地进行立地质量评价。这种指示植物谱在无林地选择特定树种时表现出较高的参考价值。许多学者常用植被的种类组成、存在度、覆盖度、多度和持续性等指标作为立地评价的尺度和指标。如 Hodgkin 基于覆盖度与多度级指标，编制了长叶松林地的指示植物谱，并对立地进行了评价。

　　然而，随着研究的深入，在树种组成复杂，受干扰强度较大的林区，这种早期的以个别指示植物为依据的立地质量评价表现出很大的局限性。于是就产生了根据生态种组来编制指示植物谱、进而评价立地质量的方法。生态种组由于综合考虑生态系统中的全部植被（植物种类、数量、大小和活力等），将生态要求相似的指示植物划分成一组，而更具实用意义，得到广泛的应用，尤其在西德。此外，Spies 和 Pregitzer 等在研究生态系统的分类时认为，虽然生态种组在立地野外识别与制图中体现出重要作用，但也存在许多局限性，还进一步指出，采用立地因子或综合系统中各组成成分比只用生态种组划分立地单元效果更好（Spies and Barnes，1985；Pregitzer and Barnes，1984）。

　　实际工作中，将林下植被某些指示植物及其林分特征结合起来能较准确地评定立地质量。其中以美国林学家 Daubenmire 提出的生境分类（Daubenmire，1968）、芬兰林学家 Cajander 所倡导的森林立地类型分类（Cajander，1926）及苏联的林型学分类为代表。它们之间的差别主要体现在分类基础上，生境类型分类法以整个群落对立地的指示作用作为基础；而森林立地类型法仅以林下植物为基础；林型学分类法以林型（动物区系、树种组成，综合生长环境，植物和环境之间的相互关系）分类基础，此外，还要求经济条件和经营措施相同，更新过程和更替方向等都相似。我国的森林立地分类与评价主要受林型学的影响。

　　4）数量化评价方法

　　随着现代数学、系统论、计算机及遥感技术的应用，使立地评价进入了系统研究定量时期。自 20 世纪 80 年代以来，我国也开始应用数量化的方法，研究林地生产力评价及立地分类。选择影响林地生产力的立地因子，如母岩、土壤类型、土壤结构、土壤松紧度、土层厚度、坡度、坡向、坡位、坡形、海拔等，运用数量化方法编制数量化得分表（郑勇平等，1991），对立地质量进行评价。目前我国主要用于杉木（李晓庆和郑勇平，1991）、油松（方亮，1992）、红松（宫伟光和石家，1992）、兴安落叶松（刘继新和李兴秋，1993）、厚朴（斯金平等，1993）、马尾松（迟健等，1995；叶要妹等，1996）、杨树（陶吉兴和杨雄鹰，1996）、福建柏（庄晨辉等，1998）、桉树（朱炜，2006）、光皮树（李正茂等，2010）等人工林进行评价。也有用于对天然林进行立地质量的研究，如陈昌雄等应用数量化理论Ⅰ方法，对以马尾松为优势树种的天然针阔混交林立地质量进行评价（陈昌雄等，2003）；马明东等运用数量化理论（Ⅰ）方法研究建立了云杉天然林分多因素数量化生境质量评价模型（马明东等，2006）。此外，还有利用数量化理论Ⅰ模型，通过红外片判读立地因子，编制了马尾松数量化地位指数表（浦瑞良等，1994）。

5）根据环境因子评价

当以上方法都不能使用时，就需要通过所在地影响林木生长的主导环境因子或综合环境因子来评价。主要考虑气候，地形等单项因子，或几项因子综合进行立地质量评价。气候与森林的分布和生长有着密切的关系，通常作为相邻林区或一个地理区各垂直带粗略的立地生产力指数，是立地分类的高级单位划分依据。如 S. S. Paterson 提出气候植被生产率指数；A. M. Paomrob 提出生物水热潜在生产率指数；冯玉龙等用净光合速率对立地质量进行评价（冯玉龙等，1996）。局部地方性气候虽然对林木生长影响很大，但它很少用于立地评价。由于局部气候常与土壤或局部地形有关，因此，地形和土壤就代替了气候的评价。虽然地形不直接影响林木生长，但通过地形重新对气候、土壤和水文条件进行了再分配，从而间接影响林木生长。W. C. Schmidt 等研究了美国西部落叶松生长与地形部位的相关后，发现地形部位不同，立地指数不一样。Carmcan 绘制了黑栎林立地指数与坡向、坡度相关图。Zloyd 和 Lemaon 绘制了混交栎林的立地质量与坡向关系图。

## 4.2.1.3  立地质量评价方法选择

评定立地质量虽然存在多种方法，但不同的评价方法对数据的要求不同，应用范围也不一样。有的评价方法适用于所有林地类型、森林类型和树种等，有的只适用于某一类立地、林分和树种，甚至有的还受经营目标等限制。从全国来说，一个国家应该采用何种数表，必须从本国森林经理和调查工作整体考虑（林昌庚等，1997）；同样对具体的研究来说，采用何种评价方法，必须根据研究所提供的具体数据来考虑，根据数据和研究目的选择合适的评价方法。

## 4.2.1.4  立地质量评价趋势

林业科学和技术的发展对森林立地评价提出了愈来愈高的要求，为满足现代林业的要求，评价内容由有林地向有林地与无林地统一评价方向发展；由单树种向多树种综合评价方向发展；由定性评价向定性和定量相结合的评价方向发展；由静态评价向动态评价方向发展；由区域性向通用性和可比性方向发展。现行的森林立地质量评价主要着眼于森林的经济效益（木材的生长量等），随着人类对森林各种效益的充分认识，开展多目标、多功能立地质量评价也将成为发展方向之一。随着林业科学技术的发展和各学科的互相渗透,形成了立地学的新趋势。特别是计算机的普及和 GIS、数学在林业上的广泛应用(Corona and Dettori,2005),为我们全面准确地获取立地信息和进行信息加工提供了科学手段,多因子、多层次的综合立地质量评价代表了未来的发展方向。计算机技术和空间分析技术的不断发展,为不同应用目的开发专家信息系统成为立地质量评价领域研究的热点(张晓丽和游先祥,1998;张雅梅和何瑞珍,2005;周洪泽和方春子,2000)。

## 4.2.2　地位指数

地位指数是指一定立地上某一树种在一定标准年龄(又称基准年龄或指数年龄)时林分优势木的平均高(Skovsgaard et al.,2008)。因它能够反映立地的潜在生产力,成为立地分类和质量评价的重要工具(孙晓梅等,2005;Vanclay,1992)。又因它是一个数量化指标,不仅能更直观方便地评定立地质量,还可作为林分生长和收获模型中的变量因子,直接参与模型的运算,并作为参数提高预测林分生长量和收获量等的精度,在世界各国得到广泛的应用。

### 4.2.2.1　地位指数表

地位指数表是一种根据年龄和优势木平均高的关系编制而成的,它是重要的林业基础数表之一,可以直接用于评价森林立地质量,在营林的很多领域中都占有重要地位。通过地位指数表的编制可为森林经营方向与经营措施的确定、森林生长和收获预估等工作提供立地质量的依据。在立地分类和评价及适地适树,造林规划设计,森林经营管理等方面已得到广泛应用。

国内外对地位指数表编制的研究较多,研究内容包括编表方法、编制技术、最优数学模型的选取及地位指数表适用性的检验等(骆期邦,1989;孟宪宇等,2001;孙圆等,2006)。国外早在 20 世纪初就开始编制和使用地位指数表,如 1926 年 Bruce 根据基准年龄 50a 的优势木的树高建立了地位指数曲线,进而编制了南方松的收获表(刘建军和薛智德,1994)。我国自 20 世纪 80 年代起,各地开始编制松(Pinus)、杉(Cunninghamia lanceolata)、杨、桉、柏、栓皮栎等主要树种的地位指数表(南方十四省(区)杉木栽培科研协作组,1982;刘明国等,1994;陈少雄等,1995)马丰丰等,2008;郑聪慧等,2013;张瑜等,2014)。

### 4.2.2.2　地位指数模型

地位指数模型是描述优势木树高和年龄关系的统计模型,可将现实林分的优势木树高转化为指数年龄时的树高。目前,用于拟合年龄与树高之间的关系方程大约有 100 多种,其存在形式总体来说有线性和非线性两种,非线性由于弹性好且具有生物学意义而得到广泛的应用(Cieszewski and Bella,1989)。根据前人研究(Bjorn and Andres,1997;Prodan,1968;Todorovic,1961;Barrio,2005),一个真正的生长方程应该具有以下特点:经过原点,增长性,有一个极限值,有一个拐点(连年生长量最大),多形性,模型参数较少,基准年龄无关性。其中,多形性和基准年龄无关性是最为重要的性质。具有以上这些特点的方程的参数较稳定，具有数学和生物学意义，且较易测定。满足以上特点的生长方程若用曲线来表示，则是一条拉长的"S"形曲线，这种"S"形曲线因生物种群生长特性的不同和所处环境条件的变化而形式多样，常用的主要有 Richards（1959）、Logistic、Mitscherlich、Korf（Lundqvist，1957）、Gompertz、Schumacher（1939）、Sloboda（1971）及 Hossfeld IV（Peschel，1938）等。Richards 方程作为 Von Bertalanffy 生长理论的扩展，因能通过形状参数的变化演变为 Mitscherlich，Logistic 及 Gompertz 等理论生长方程及其它们之间的过渡模型而在国际林业界得到广泛应用（邢黎峰等，1998）。

（1）地位指数模型构建方法

根据在理论生长方程中导入立地指数方法的不同，可将多形地位指数模型构建方法归为 3 类：导向曲线法（Lee and Hong，1999）、差分方程法（Lee，1999）和参数预估法（Aaron *et al*.，2009）。导向曲线法就是直接用理论生长方程，通过比例调节进行地位指数的编制（Gadow and Hui，1999）。差分方程法利用了不同时点方程参数不变性的特点，通过已知的初始林分变量，使三参数之一受约束，变三参数为二参数（Cieszewski and Strub，2008）。参数预估法即将理论方程中的参数全部或部分地表达为立地指数的函数，这种方法的优点是能比较清晰地表达方程的多形含义，但往往存在标准年龄时树高与指数值不一致以及很难直接导出立地指数的显式预估方程的问题（McDill and Amateis，1992）。差分途径与参数预估途径模型本身包含有立地变量，与差分途径和参数预估途径相比，导向曲线法既能充分反映出林分优势木平均生长状态，又能在事先未知地位指数的前提下进行优势高的生长模拟（Wang *et al*.，2008）。在建立多形地位指数模型时如何将导向曲线的优点和差分方程途径数学一致性结合起来，将具有重要的理论和实践意义。

从前人的研究可知，以差分形式出现的多形优势高模型具有良好的生物学意义和相当高的模拟精度（段爱国和张建国，2004）。但这些研究大都是建立在解析木数据或者重复测量数据的基础上，将基准年龄时的优势高作为地位指数，来求解差分方程的参数值，从而得到多形地位指数模型。根据传统的方法无法利用一次性调查数据（二类调查数据）建立多形地位指数模型。然而最新研究表明，杉木在 Richards 方程中保留渐近参数 a 和速率参数 b（自由参数为 c），并且基准年龄较低（基准年龄等于 4a）时，可用导向曲线参数值直接替代非同形曲线的模型参数值而建立多形地位指数模型（惠刚盈等，2010）。这为在事先无地位指数表的情况下利用临时样地的年龄—树高调查数据或间隔数据进行立地质量评价提供了可能，也为一次性调查数据建立多形地位指数曲线提供了依据。

（2）地位指数模型分类

地位指数曲线模型按其形状的不同分为单形和多形两种。前者假设不同立地条件下的树高生长曲线相同，在一定程度上掩盖了不同立地树高生长进程的差异性。而后者则假设不同立地条件下的树高生长曲线不同，它能够解决单形曲线法在样地的年龄、立地分布不均时，所导致的导向曲线斜率偏高或偏低的现象，达到准确描述树高生长速度的差异。因此，与单形相比，多形地位指数模型由于能模拟不同立地条件下的不同树高生长曲线形状而具有更好的适应性(Mark and Nick，1998)。目前，根据不同的方法和生长方程已经建立众多多形地位指数曲线模型。

郑勇平等用参数预估法建立了 Richards 杉木实生林多形地位指数曲线模型(郑勇平等，1993)，见式(4-112)。

$$H = b_0 (1 - e^{-b_1 t})^{(1-b_2)^{-1}} \tag{4-112}$$

式中：$H$ 林分优势高；$t$ 为林龄；$b_0$ 为比例参数，$b_1$、$b_2$ 为形状参数，且 $b_0 = c_0 + c_1 SI$；$b_1 = c_2 + c_3 SI + c_4 SI^2$；$b_2 = c_5 + c_6 SI + c_7 SI^2$，$c_0, c_1, c_2, \cdots\cdots, c_7$ 为参数；$SI$ 为立地指数。

陈鑫峰用 Marquadt 迭代法建立 Richards 柳杉林多形地位指数曲线(陈鑫峰，1997)，见式(4-113)。

$$H = (b_0 + b_1 SI) (1 - e^{-(b_2 - b_3 \log SI) t})^{(1-(b_4 + b_5/SI))^{-1}} \tag{4-113}$$

式中：$b_0, b_1, b_2, \cdots, b_5$ 为参数；其余参数意义与式(4-112)相同。

李希菲等基于 Schumacher 曲线探讨了用哑变量法来求算地位指数曲线簇(李希菲和洪玲霞，1997)，见式(4-114)。

$$H = L\exp(-b(1/t + 1/t_0)) \tag{4-114}$$

式中：$t_0$ 为基准年龄；$L$ 为 $t_0$ 时的优势高；$b$ 为参数；其余参数意义与式(4-117)相同。

林德根等用改进单纯形法建立了 Richards 火炬松人工林的多形地位指数曲线综合模型(林德根等，2000)，见式(4-115)。

$$H = b_0 SI^{b_1} (1 - e^{-(b_2 + b_3 SI) t})^{(b_4 + b_5 SI)} \tag{4-115}$$

式中：$b_0, b_1, b_2, \cdots, b_5$ 为参数；其余参数意义与式(4-112)相同。

吴承祯等用遗传算法建立了 Sloboda 马尾松人工林多形地位指数模型(吴承祯等，2002)，见式(4-116)。

$$H = SI\exp\{-b/[(a-1)t_0^{(a-1)}] + b/[(a-1)t^{(a-1)}]\} \tag{4-116}$$

式中：$a$、$b$ 为参数；其余参数意义与式(4-112)、(4-114)相同。

江希钿等用免疫进化算法建立了 Schumacher 多形地位指数曲线模型(江希钿等，2007)，见式(4-117)。

$$H = b_1^{(1-t_0/t)} SI^{(b_2 + (1-b_2) t_0/t)} \tag{4-117}$$

式中：$b_1$、$b_2$ 为参数；其余参数意义与式(4-112)、(4-114)相同。

郑曼等用二类调查数据，建立了桉树短周期工业原料林立地指数模型(郑曼和陈永富，2008)，见式(4-118)。

$$H = SI (1 - \exp(-b_1 t))^{b_2} / (1 - \exp(-b_1 t_0))^{b_2} \tag{4-118}$$

式中：$b_1$、$b_2$ 为参数；其余参数意义与式(4-112)、(4-114)相同。

张连金等采用惠刚盈等提出的参数置换法构建 Richards 多形地位指数方程(惠刚盈等，2010；张连金等，2011)。具体方法如下：

$$H_o = a(1 - e^{-bt})^c \tag{4-119}$$

式中：$H_o$ 为林分优势高；$t$ 为林龄；$a$、$b$、$c$ 为模型参数。

式(4-119)变形为：

$$\ln\left(\frac{H_o}{a}\right) = c\ln(1 - e^{-bt}) \tag{4-120}$$

将林龄为 $t_1$ 和 $t_2$ 时所对应的高度 $H_{o_1}$、$H_{o_2}$ 代入（4-125）并相除，得：

$$\frac{\ln\left(\dfrac{H_{o_2}}{a}\right)}{\ln\left(\dfrac{H_{o_1}}{a}\right)} = \frac{\ln(1 - e^{-bt_2})}{\ln(1 - e^{-bt_1})} \tag{4-121}$$

整理后得：

$$H_{o_2} = a\left(\frac{H_{o_1}}{a}\right)^{\frac{\ln(1-e^{-bt_2})}{\ln(1-e^{-bt_1})}} \tag{4-122}$$

（4-122）式表达的是由 $t_1$ 时的 $H_{o_1}$ 估计 $t_2$ 时的 $H_{o_2}$。

按基准年龄（$T$）时的优势高即为地位指数（$SI$）的定义，令 $t_1 = T$，$H_{o_1} = SI$，$t_2 = t$，$H_{o_2} = H_o$，式（5-122）可写为：

$$H_o = a\left(\frac{SI}{a}\right)^{\frac{\ln(1-e^{-bt})}{\ln(1-e^{-bT})}} \tag{4-123}$$

（4-123）式即是依赖于立地的优势高生长模型。据此就可以建立多形地位指数曲线，（4-123）式改写成：

$$SI = a\left(\frac{H_o}{a}\right)^{\frac{\ln(1-e^{-bT})}{\ln(1-e^{-bt})}} \tag{4-124}$$

（4-124）式即是直接从年龄和优势高计算立地指数的多形地位指数模型。

赵磊等基于 3 种常用的理论生长模型，利用代数差分法和广义代数差分法推导 8 个差分型地位指数模型，模型 7 应用于加拿大哥伦比亚省美国黄松林分的树高生长预测取得较好效果，其具体模型见式（4-125）。

$$H = (b_1 + x_0)/(1 + (b_2/x_0)t^{-b_3}, x_0 = \left[(SI - b_1) + \sqrt{(SI - b_1)^2 + 4b_2 SIt_0^{-b_3}}\right]$$
$$\tag{4-125}$$

式中：$b_1$、$b_2$、$b_3$ 为参数；其余参数意义与式（4-112）、（4-114）相同。

此外，段爱国等用差分方程法构建了 Korf 等 6 中理论生长方程的杉木人工龄多形地位指数方程（段爱国和张建国，2004）；马明东等建立了基于遥感植被指数的云杉立地指数方程（马明东等，2006）；陈晨等用 BP 人工神经网络建立了马尾松人工林立地指数模型（陈晨等，2009），形式如式（4-118）。

（3）基准年龄的确定

基准年龄（$T$）是树高生长趋于稳定且能灵敏反映立地差异的年龄。它是立地质量评价的重要指标，如何确定基准年龄至今尚无统一标准。因此，出现了用采伐年龄、自然成熟龄的一半、树高或材积平均生长最大时的年龄及树高曲线的二阶倒数为零时的年龄（郑曼和陈永富，2008）等作为基准年龄。有的研究认为选择不同的基准年龄对立地评价结果有一定的影响，只有在选择林分生长比较稳定之后的年龄作为基准年龄才对立地评价结果不产生明显的影响，但没有提出准确确定基准年龄的方法（陈永富，2010）。而有的研究则认为选择不同的林分生长年龄作为基准年龄，对多数树种的立地质量评价结果没有明显影响（孟宪宇，2004）。惠刚盈等就用较低基准年龄建立了杉木多形地位指数模型（惠刚盈等，2010），张连金等利用该方法建立了木麻黄工业原料林的多形地位指数模型，并提出可用 Richards 方程的拐点年龄（二阶导数为零时的年龄）作为基准年龄（张连金等，2011）。

　　不同的树种其基准年龄变化较大，即使是同一树种确定的方法不同基准年龄也存在一定差异。由前人研究可知，杉木（段爱国和张建国，2004；南方十四省（区）杉木栽培科研协作组，1982）和马尾松（陈晨等，2009；陈绍玲，2008）的基准年龄大都采用 20a，由于建模方法的不同，杉木的基准年龄也有用较小年龄如 4 – 6a、的（杨玉盛等，1999；陈永富，2010；惠刚盈等，2010;）；桉树的基准年龄为 3.2a（郑曼和陈永富，2008；周元满等，2004），郑曼和陈永富通过求解 Richards 导向曲线的二阶导数为零的年龄，得出桉树的拐点年龄为 3.2a，并将其作为基准年龄（郑曼和陈永富，2008）；周元满等基于 Logistic 方程建立了不同种类桉树年龄与蓄积量方程，求得该方程的拐点年龄在 2.9 ~ 3.2a（周元满等，2004）。

## 4.3　林分密度

### 4.3.1　密度

　　控制和调整林分密度始终是森林经营研究的核心。林分密度是除立地质量外又一影响林分生长的重要因素，不仅影响林分的产量和质量，而且影响林内环境和林分稳定性。而如何进行密度控制，何谓合理的林分密度，一直是森林培育所关心的科学问题，为此，关于林分密度的表达显得尤为重要。研究林分生长与收获预估模型时，林分密度是主要的考虑因素之一，尤其是在建立可变密度生长与收获预估模型时，林分密度的确定尤为重要。其测定方法很多，但目前还没有公认的可靠测定方法。主要原因是林木生长周期长且受到的干扰因素较多，给现实林分密度的估计和应用带来了很大的困难。

#### 4.3.1.1　林分密度概念及测度

　　林分密度是评定单位面积林分中林木间的拥挤程度指标。它是影响林分生长的重要因素之一，不仅影响着各生长时期林分的生长发育、林木的材质及蓄积量，而且影响着林内环境（光照、温度、水分和土壤等）、林分的稳定性、林内物种的种类及其个体的分布。Daniels 曾指出"林分密度是评定某一立地生产力的，仅次于立地质量的第二因子"（Daniels，1976）。森林经营管理最基本的任务之一，就是在森林的整个生长过程中，通过人为的干预，使林木处于最佳密度条件下生长，以便提供更多的木材产量或发挥最大的效益。所以，控制和调整林分密度，以及如何确切地反映林木的拥挤程度，已成为森林经营者和研究者共同关心的问题。

林分密度测度是具体衡量、评定林分密度的尺度，选取适当的测度是林分密度研究的前提。对于理想的林分密度测度，Bichford 等认为应该便于应用、与材积生长相联系（Bichford et al.，1957）；Spurr 提出应该与林分年龄和其他特征无关，且与生境质量无关（Spurr，1962）；Clutter 认为应该具有生物学意义，且与林分生长与收获等有高度相关（Clutter et al.，1983）；Daniels 提出其应该是测定方法简便，不随经营目的而改变，在整个林分的各个发育阶段其测定方法需前后一致（Daniels，1976）。从生物学角度定量描述林分密度时，不仅要能反映林地利用程度和林木间的竞争水平，还要与林分生长量和收获量相关，且容易测定、便于应用、与林分年龄无关，但具有以上全部性能的测度比较少，实际运用时一般只能根据研究或使用目的和具体环境而有所侧重。

#### 4.3.1.2 林分密度分类

综合各时期提出的测度，林分密度测度主要有两类：平均林分密度与点密度（王迪生，1994）。

点密度是反映对象木所受周边竞争木的竞争或被压程度的指标，点密度测度不仅考虑了林木的大小和空间配置，而且考虑到小生境内林木所受到的竞争压力。这类指标根据是否考虑对象木与竞争木之间的距离可分为与距离无关和与距离有关两类测度。

平均林分密度有两种不同的概念：绝对与相对。绝对密度用单位面积株数，总断面积或其他标准来描述；相对密度根据参照林分预先确定的林木大小与林木株数的关系来描述。许多研究者从不同角度提出了很多林分密度指标，包括用单位面积株数，胸高断面积和林分材积表示的早期测度，这些指标曾广泛地应用于林分生长与收获预估及密度管理中；后来又提出了不少的林分密度测度，多数是基于林分的极端状态——最大密度林分，处于孤立状态的林木以及最符合经营目的的理想状态林分而提出的。

Bickford 把林分密度测度归纳为四大类：以直径为基准，以树高或优势高为基准，以胸径和树高为基准，以胸径、树高和形数为基准（材积），并把断面积密度划入第一类中（Bickford，1957）。Curtis 将密度指标分成以直径为基准，以树高为基准和以年龄、立地或优势高为基准 3 类，并认为林分断面积不宜作为林分密度指标（Curtis，1971）。West 将密度指标分成四组：林分断面积，以胸径为基准的测度，以树高为基准的测度和以材积为基准的测度（West，1983）。West 等人的分类把断面积从以直径为基准的林分密度中分化出来，这似乎更为合理。

#### 4.3.1.3 林分密度指标

（1）单位面积林木株数

Clutter 等认为在一定年龄和立地质量的未经疏伐的同龄林中单位面积林木株数是一个很有用的林分密度指标（Clutter et al.，1983）。当株数达到稳定阶段时，这个指标能有效地表示密度的大小。在遗传、气候和土壤等因子相同的纯林中，林分的生长主要受制于林分个体数量。此时该指标比较直观，测量方法简单，在造林和森林抚育时经常使用。但该指标不能说明林木的密集程度，因为在株数相同情况下，胸径不同，断面积就不同。另外幼龄林竞争激烈，株数变化大。故用 $N/hm^2$ 很难反映林木的拥挤程度（Bichford et al.，1957），并且它还随年龄、立地的变化而变化。

（2）单位面积断面积

由于断面积测定容易并且与林木株数和林木大小有关，因此经常把它作为测定林分密度的指标。该指标消除了株数密度的缺点，在比较大小中有意义，能概略表明林分的疏密情况，欧洲人很早就用这一指标，如 $G/hm^2$ 与标准林分的面积之比的立木度；我国长期采用的疏密度；美国提出的各种林分密度指标绝大多数都与 $G/hm^2$ 有关，是生长与收获模型中常用的变量。该指标与立地质量有关，主要反映直径和株数的关系，忽略了形高，从而导致相同断面积的蓄积量或收获量的不同。因此，把 $G/hm^2$ 与 $N/hm^2$ 这两个密度指标结合起来使用与仅用两者之一的效果相比，将会提高收获量预估值的准确度（Clutter et al.，1983）。

（3）单位面积蓄积

由于蓄积量是胸径、树高和株数的函数，与林木株数和林木的大小有关，可作为密度指标（方怀龙，1995），但单位面积蓄积量比较难于测定，且与立地质量密切相关，因此不是一个很好的密度指标。

（4）疏密度

疏密度指林分每公顷胸高总断面积（或蓄积）与相同条件下标准林分胸高总断面积（或蓄积）的比值。该指标能反映林分结构和生长发育情况，在蓄积量调查中应用比较广泛，但它需要一个适宜的标准表，而标准表的编制受到编表材料的限制，标准林分的标准也还没完全解决；同时，标准表是分地位级或地位指数编制的，在应用中有一定的局限性。

（5）郁闭度

郁闭度指林冠的投影面积与林地面积之比，它可以反映树冠的郁闭程度和树木利用生活空间的程度。一般来说，中、幼林的郁闭度随年龄的增大而增大，能够较好地反映树木对空间的利用程度，但对近、成熟林而言，则不能较好地表示对林地空间的利用程度。在我国森林调查时，郁闭度的获得主要靠有经验的调查人员目测，测算方便，但比较粗放，只能作为一般的衡量指标。

（6）以单位面积株数与林木胸径关系为基准的密度指标

1）林分密度指数

林分密度指数（SDI）是通过单位面积株数与林分平均胸径之间预先确定的最大密度线关系计算而得。Reineke 发现了在完满立木度且未经营的同龄林中，单位面积株数与林分平均胸径之间的最大密度线在双对数坐标上成线性关系（Reineke，1933），并定义林分密度指数为：

$$SDI = N(D_g/D_0)^\beta \qquad (4\text{-}126)$$

式中：$N$ 为林分单位面积林木株数；$D_g$ 为林分平方平均直径；$D_0$ 为标准直径；$\beta$ 为林分的自然稀疏率。

Reineke 在进一步研究不同树种完满立木度林分的单位面积株数和林分平均胸径之间的关系后发现，最大密度线都具有相同的斜率，即 $\beta$ 相同。如果树种一定，则在最大密度线上所有林分均具有相同的 SDI。Reineke 还进一步指出，各树种最大密度线上所确定的最大林分密度指数（$SDI_{max}$）与年龄和立地无关，即 $SDI_{max}$ 为常数。

但对于某一现实林分来说，在林分郁闭前，林木株数（$N$）保持不变，林分平均胸径（$D_g$）随着年龄的增大而增大，根据公式（4-126）可知，林分密度指数（$SDI$）随着林分平均胸径（$D_g$）的增加而迅速增大，此时，林木株数为造林密度；随着林木的进一步生长，林分郁闭后林木间发生竞争，直径生长速率下降，开始发生自然稀疏，使得林分密度指数（$SDI$）增长速度减慢；当林分生长到某一个时刻，林分达到最大密度线，此时林分密度指数（$SDI$）保持不变。因此，Reineke 所指的林分密度指数与年龄和立地无关是具有强烈竞争的最大密度林分。但是，由于林分趋向于最大林分密度指数（$SDI_{max}$）的速率取决于造林密度、生长速率及树种的竞争强度，目前还没有明显标准来判断林分何时达到最大密度线。

如果所研究的林分以幼、中龄林为主且林分造林密度变化不大，则 $SDI$ 与年龄和立地无关的结论就很难成立。因此，在研究 $SDI$ 的动态变化过程时，有必要考虑年龄和时间因子，可根据林分发育的生物学规律来具体分析。如 Bailey 在研究辐射松后得出以下结论：当 $D_g$ 小于 0.24m 时，$SDI$ 与年龄相关系数为 0.92；而当 $D_g$ 大于 0.24m 时，相关系数为 0.19，几乎不相关，但他未说明 $SDI$ 与立地指数间的关系（Bailey，1972）。Parker 研究不同年龄和立地指数的辐射松人工林、火炬松和湿地松人工林及天然林时发现，有些树种 $SDI$ 与年龄相关显著，有些则不相关；同样，$SDI$ 与立地指数的关系，有些树种显著相关，有些则不显著；但是在林分竞争强烈时，所有树种的 $SDI$ 与年龄和立地均无显著相关（Parker，1979）。Bredenkamp 和 Burkhart 研究桉树人工林林分密度时发现 $SDI$ 的参数均随年龄的变化而发生变化（Bredenkamp and Burkhart，1990）。由此可见，林分生长过程中达到最大密度线之前，$SDI$ 与年龄和立地有关；达到最大密度线之后，$SDI$ 与年龄无关，与立地的关系不确定。

该指标是反映林分直径与单位面积株数的综合指标，不仅能表示单位面积株数的多少，也能反映林木的大小，且容易测算，在全世界范围内得到广泛应用（Curtis，1970；Zeide，1983；张少昂，1986；李希菲等，1988；陈绘画等，1998；杜纪山等，2000a；江希钿等，2001；刘平等，2010）。因此，林分密度指数是一种比较适用的密度指标，但它同时也存在异议。如 Briegleb 研究花旗松林分密度时发现 $SDI$ 相同时其立木度有所不同（Briegleb，1952）；Nelson 发现当结合使用年龄和地位指数时，$SDI$ 测度并不比简单的每公顷断面积测度优越（Nelson，1963）；Bichford 等人则认为 $SDI$ 并非是一个良好的林分密度测度（Bichford et al.，1957）。而得出以上这些结论主要是因为在林分生长过程中，林木株数与树高有关，而 $SDI$ 恰好忽略了树高因子。

2）树木面积比

Chisman 和 Schumacher（1940）认为林分中单株树木所占用的林地面积与树木直径之间的关系为：

$$TA_t = a + bD_i + cD_i^2 \qquad (4\text{-}127)$$

式中：$TA_i$ 为单株树木所占用的林地面积；$D_i$ 为树木直径；$a$，$b$，$c$ 为模型参数。

树木面积比（$TAR$）则为：

$$TAR = \left( a \times n + b \times \sum_{i=1}^{n} D_i + c \times \sum_{i=1}^{n} D_i^2 \right) / 林分面积 \tag{4-128}$$

式中：$S$ 为林分面积。

树木面积比（$TAR$）表示正常林分中相同直径的树木所占有的林地面积之比的相对林分密度测度。从本质上可以看出，$TAR$ 是通过假设最大密度林分中树木直径与冠幅成线性关系导出的。Curtis 在此基础上提出：在正常林分中，树木所占面积（$TA_i$）与树木直径（$D_i$）之间为幂函数关系，其幂指数与 Reineke 提出的 SDI 的斜率值近似（Curtis，1971）。从树木各因子间相对生长关系式的研究中也得出相同的结论（Lonsdale and Watkinson，1983；Mohler $et$ $al.$，1978；White，1981；Zeide，1983）。总之，$TAR$ 是一个依赖于预先研制好的关系方程的林分密度指标，与年龄和立地无关，但由于它与其他密度指标相比没有显示出明显的优点（West and Borough，1983），因此在收获预估模型中应用较少。

3）树冠竞争因子

Krajicek 等根据某一直径的林木树冠的水平投影面积与相同直径时的疏开木最大树冠面积成比例的假设提出了树冠竞争因子（Krajicek $et$ $al.$，1961）。假定疏开木胸径和树冠直径关系为：

$$CW_i = a + bD_i \tag{4-129}$$

式中：$CW_i$ 为疏开木树冠直径；$D_i$ 为疏开木胸径；$a$，$b$ 为模型参数。

则树冠竞争因子（$CCF$）是用林分内所有林木的最大树冠面积之和与林分面积（$S$）之比来表示（Davis and Johnson，1987；Clutter $et$ $al.$，1983），即：

$$CCF = \sum_{i=1}^{n} \frac{\pi}{40000} (CW_i)^2 / 林分面积 \tag{4-130}$$

在北美，许多生长与收获预估系统包中都把 $CCF$ 作为林分密度指标（Stage，1973；Wyoff，1986），在我国也得到相应的应用（励龙昌和郝文康，1991；王迪生和宋新民，1995；杨荣启，1981）。$CCF$ 具有计算简单，便于对大小不同或成熟不等的林分以及不同树种的林分密度进行客观的比较，且与年龄和立地无关，是一个良好的密度指标（Mike，1975；Walter，1966），它既适用于同龄林（唐守正和杜纪山，1999），又适用于异龄林，特别是它能反映树种间竞争能力，故在天然林中应用比较成功（Clutter $et$ $al.$，1983）。$CCF$ 应用的最大问题是选择疏开木，虽然 Krajicek 等人提出了选择疏开木的 6 条标准（Krajicek $et$ $al.$，1961），但现实中很难找到满足这些条件的疏开木，并且疏开木树冠的发育过程与现实林分的树冠发育过程相差很大，现实林分树冠，特别是冠长随林分的株数和树高变化而变化，故有人建议用现实林分中的优势木来建立方程。

由于林分中林木的树冠大小既是胸径的函数又是树高的函数，故也有用正常林分 $CW_i = f(D_i, H_i)$ 函数关系建立的密度指标。如 Briegleb 提出了依赖北美黄杉 $D_i$ 和 $H_i$ 的林分密度（Briegleb，1952）：

$$CW_i = a + bD_i - cH_i \tag{4-131}$$

式中：$H_i$ 为林木树高；$a$，$b$，$c$ 为模型参数。

Curtin（1964）则认为林分中健康木和被压木对林分影响较小，采用林分中优势木与亚优势木的直径($D_i$)和平均高($H_i$)来建立 $CW_i$ 函数，以此对 $CCF$ 进行修正，见式(4-132)。

$$CW_i = a_1 + a_2 \times D_i + a_3 \times H_i^2 \tag{4-132}$$

式中：$a$，$b$，$c$ 为模型参数；其余符号意义同式(4-131)。

以上这些密度指数虽然增加了树高因子，显示出一定的优势，但应用起来比较复杂。应注意到，基于林分所占林地面积构造林分密度时，由于现实林分林木树冠的发育过程受树高的影响，考虑树高因子是必要的。

(7)以单位面积株数与树高关系为基准的密度指标

1)相对植距

Hart(1928)首次提出用树木之间的平均距离与优势高的关系百分数作为林分密度测度。后来 Wilson(1946)基于林分中生长速率保持相对稳定的基础上，建议用这个作为抚育工作的一个指标，并把单位面积株数与优势高的关系定义为"树高立木度"。而相对植距($RS$)的概念是 Beekhuis 命名的，把树木之间的平均距离与优势木平均高之比定义为相对植距(Beekhuis，1966)。公式为：

$$RS = \sqrt{10000/N}/\overline{H}_o \tag{4-133}$$

式中：$N$ 为每公顷株数；$\overline{H}_o$ 为优势木平均高；$RS$ 为相对植距。

Beekhuis 认为："在林分趋向于最大密度或最小相对植距前，枯损率最大，随着树高的进一步生长这一最小值($RS_{min}$)趋向于常数"，即某一树种在其生长发育过程中，几乎所有的林分都逐渐趋向于一个共同的最小相对植距($RS_{min}$)，且 $RS_{min}$ 与年龄和立地无关(Bredenamp and Burkhart，1990；Parker，1979)。

$RS$ 随年龄的变化过程取决于林木树高生长与枯损。林分郁闭前，由于林木的竞争枯损为 0，对于造林密度相同的林分，其 $RS$ 随树高的变化而变化。$RS$ 具有以下优点：与年龄或立地无关、无参数、简单且应用方便(Whilson，1979)。由于优势平均高受密度影响小，因此 $N$ 与 $\overline{H}_o$ 相互独立，避免了间伐对其影响。但事实上，只有当林分达到最大密度线时，$RS_{min}$ 才与年龄或立地无关，在此之前 $RS$ 应为初始密度、年龄和立地的函数。因此，在描述现实林分密度变化时，$RS$ 是一个比较好的指标。Dianels 以 $RS$ 为密度指标构造了林分生长模型(Daniels and Burkhart，1989)；孟宪宇等以 $RS$ 为密度指标建立了杉木人工林的单木直径生长模型(孟宪宇和张弘，1996)；郭戈基于 $RS$ 密度指标编制了杉木人工林的可变密度收获表(郭戈，1991)。

2)优势高—营养面积比

刘金福等提出采用相对植距的倒数，将植距改为营养面积，即林分优势木平均高和林木平均营养面积的比值，简称优势高—营养面积比($Z$)，作为一个新的林分密度指标(刘金福和王笃志，1995)。公式为：

$$Z = N \times \overline{H}_0/10000 \tag{4-134}$$

式中：$N$ 为每公顷株数；$\overline{H}_o$ 为优势木平均高；$Z$ 为优势高—营养面积比。

由于每公顷株数随该密度指标($Z$)的增加而增加，成正比，且当 $Z$ 值成等差级数增加时，株数亦成等差级数增加，消除了相对植距($RS$)的不直观和密度分级不便的缺点；

并且 $Z$ 与年龄和立地皆无显著相关,而与林分断面积关系密切,因此 $Z$ 作为林分密度指标是比较理想的。刘金福等选用优势高—营养面积比($Z$)这一密度指标编制了福建杉木人工林收获表(刘金福和王笃志,1995)。

(8)以单位面积株数与材积关系为基准的密度指标

1963 年日本学者 Yoda 等通过研究大豆、荞麦和玉米三种植物的平均个体重量($\overline{W}$)与单位面积株数($N$)之间的关系,提出了著名的"自然稀疏的 3/2 乘则"(Yoda et al.,1963)。这一规律描述了单一植物种群在发生大量的密度制约竞争枯损时,其平均个体重量($\overline{W}$)与单位面积株数($N$)之间的渐进关系,关系式如下:

$$\overline{W} = k \times N^\beta (\beta = -3/2) \tag{4-135}$$

式中:$\overline{W}$ 为平均个体重量;$N$ 为单位面积株数;$k$ 为截距系数;$\beta$ 为自然稀疏斜率。

通过研究发现,很多树种的自然稀疏斜率为常数 $-3/2$,与立地、年龄和光强均无关,故称其为"3/2 乘则"(White and Harper,1970)。然而,式(4-135)是基于假设条件构造的几何模型。假设植物种群结构为单层,且年龄与生境条件较单一;同一植物始终具有相同的几何体;种群的初始密度足够大;种群会发生自然稀疏现象,当且仅当种群总盖度大于或等于 100% 时才会发生;植物的重量或体积是某一特殊线性维数的 3 次幂函数(Long and Smith,1984)。

以上这些条件和假设很难同时得到满足,White 通过研究植物的相对生长关系,指出由于植物体形状在其发育过程中受相邻植物竞争而发生变化(White,1981)。但是,从 1970 年到 1984 年,3/2 乘则的通用性引起生态学界的广泛关注,同时得到高度评价,被认为是"被生态学证明的第一个基本定律"(Harper,1977);"描述种间密度制约的最牢固而广泛应用的理论模型之一"(Pitelka,1984);"植物种群生态学中的最一般的原理"(Long and Smith,1984)。因此,其通用性表明该模型可以"粗略近似接受"。

自从 1970 年 White 和 Harper 将这一描述植物种群动态规律的自然稀疏定律介绍到西方国家后,许多学者对生长和生态习性完全不同的植物种群进行了大量的研究。Lonsdale 和 Watkinson 认为不同植物的形态对自然稀疏线影响是不明显的(Lonsdale and Watkinson,1983),遵从 3/2 乘则,但对截距($k$)有一定影响,认为单子叶植物的 $k$ 比双子叶植物的高。Harper 指出,与圆形树冠树种相比,锥形树冠树种的自然稀疏线截距大(Harper,1977),其原因可能是窄树叶接受光的效能高,在某一固定的体积空间内能积累更多的生物量。因此,对林分来讲树冠结构以及叶的形状对确定参数 $k$ 特别重要。

许多研究表明自然稀疏线的截距和斜率均不受施肥量或立地条件的影响,不同立地条件下种群达到自然稀疏线的速度不同,但具有相同的稀疏轨迹,这种现象被称为舒卡乔夫效应。Yoda 等人研究表明肥力高的种群自然稀疏过程较快,先达到稀疏线,这是因为肥力高的种群每一植物平均重量的增加速率大于肥力低的种群(Yoda et al.,1963)。Smith 与 Hann 对红枝栂木的研究表明自然稀疏线的两个参数不受土壤条件的影响(Smith and Hann,1984,1986)。White 却指出立地肥力差异只影响稀疏速率,但施肥处理在某些森林中会改变常数 $k$ 值(White,1981)。

过去研究表明:随着光照强度的降低,自然稀疏线的斜率从 $-3/2$ 变为 $-1$。Westoby 和 Howell 通过在温室栽植相同初植密度的甜菜，用遮荫方法研究不同光强对 3/2 乘则规律的影响，结果表明对于光强大于等于 18% 的不同等级，其斜率基本一致，约为 -1/2，但 $k$ 值随着光强的增强而增大（Westoby and Howell，1981）。在此之前也有关于降低光强会引起 $k$ 值变小的报道（White and Harper，1970）。

3/2 乘则是反映平均单株总量（包括干、枝、叶和根）与密度的最大组合极限，若采用植物器官作为变量则模型的参数会有所改变，普遍结论是总平均重量的 $\beta$ 值小于某一器官的 $\beta$ 值，但呈现相同的系数规律，故遵从 3/2 乘则。Sprugel 研究高密度香脂冷杉天然林结果表明：总生物量的 $\beta$ 为 -1.24，干重为 -1.43，叶量为 -1.02。由于叶量的斜率约为 -1，因此与密度无关（Sprugel，1984）。其原因可能是，在大多数林分中，当树冠郁闭后叶量恒定不变（Long and Smith，1984；Puettmann et al.，1991）

以上研究从植物形态、立地条件和光强等方面论证了 3/2 乘则的一般性（Ford，1975；Lonsdale，1990；Osawa and Sugita，1989；White，1980）。林学家也对 3/2 乘则进行了广泛的调查研究（Curtis，1970；Drew and Flewelling，1977），并编制了林分密度控制图（Long，1985；Smith，1986）。进一步研究认为这一规律不仅可用来描述种间大小与密度关系，还可用于不同植物类型和生长形式的种群中（Westoby and Howell，1981），甚至对所有植物种可用一个相同的自然稀疏规律来描述（Puettmann et al.，1991）。此外，还有将此规则应用于两树种及多树种混交林分，甚至动物和海洋种群中，并取得良好效果（Zeide，1991）。

但是也有些研究者认为 3/2 乘则存在着理论上的不一致性和经验上的不精确性。

Yoda 等人指出 3/2 乘则的斜率因树种不同而有些差异（Yoda et al.，1963）。对这一点，因无具体数据尚不能得出精确的结论，但一般来讲阳性树种更接近 3/2 乘则，而耐荫树种的斜率将大于 3/2。

Sprugel 在研究香脂冷杉天然林时发现，在林分郁闭后，树木形状发生变化，认为林分开始发生自然稀疏后满足如下方程（Sprugel，1984）：

$$\ln W = 3.94 - 1.24 \ln N \tag{4-136}$$

式中：$W$ 为地上部分平均单株重量；$N$ 为株数。

式（4-136）的斜率为 -1.24，与 -3/2 相差较大，因此 3/2 乘则不能作为描述木本植物的定律。

Zeide 通过对美国南方松 4 个树种的自然稀疏线的研究表明，荫性树种斜率 $\beta$ 及截距 $k$ 均小于阳性树种，并指出树木大小是时间和自然稀疏之间的媒介，它的增大导致树木株数的下降，而不是时间本身，因此，在预测树木株数时，树木的大小要比时间变量更好（Zeide，1985）。他根据 $V = k \times N^{-\beta}$ 定义了自然稀疏率：

$$R = -[(dN/N)/(dV/V)] = 1/\beta \tag{4-137}$$

式中：$R$ 为自然稀疏率。

由（4-137）式可知，阴性树种自然稀疏率（$R$）大于阳性树种，从树冠形状随树木生长而发生动态变化角度得出自然稀疏斜率不为常数 -3/2 的结论。

Weller 研究表明自然稀疏与林木耐荫性有明显相关，不同植物组的截距和斜率有明显差异，且自然稀疏斜率不等于 $-3/2$（Weller，1987）。

　　Zeide 从树冠郁闭动态角度分析了自然稀疏的 3/2 乘则，认为只有在林分所有动态因子（特别是植物形态和树冠郁闭度）不发生变化，且这些因子对自然稀疏速率的影响相互抵消的情况下 3/2 乘则才能成立。但是这在现实林分中是不可能出现的，因此，得出自然稀疏的速率随年龄、树种、立地和其他因子的不同而变化，自然稀疏的极限线并不存在任何常数斜率，它是一条下凹曲线。他还认为草本植物的自然稀疏线斜率变动小是因为草本植物比林木小，其形状和郁闭变化过程不如林木的明显。要构造自然稀疏模型，还要考虑反映树冠郁闭变化或间隙动态因子（Zeide，1987）。

　　也有一些研究者发现植物生长过程是异速的，因此 Norberg 和 White 从异速生长理论推导出树干材积（$V$）与单位面积株数（$N$）的 2.46 次幂成比例；单位面积株数（$N$）与胸径（$D$）的 $-1.67$ 次幂成比例，并得到最大密度线的斜率为 $-3/2$（Noberg，1988；White，1981）。此外，有研究者基于异速生长理论提出一些模型，但得出的斜率不等于 $-3/2$（Mohler et al.，1978；Weller，1987b）。Inoue 和 Nishizono 从异速生长理论分析了 Reineke 方程，得出以下方程：

$$\ln N = K + (\theta + \delta)\ln D \tag{4-138}$$

式中：$D$ 为胸径；$N$ 为单位面积株数；$\theta$ 为树高与胸径间的相对生长率；$\delta$ 为树高与树冠间的相对生长率；$K$ 为模型参数。

　　该研究发现，不同树种 $\theta$ 值不变，而 $\delta$ 值差异明显，由此得出最大密度线的斜率值与树冠有关，不同的 $\delta$ 值导致斜率值发生变化（Inoue and Nishizono，2004）。

　　总之，综合对 3/2 乘则的众多研究得出以下普遍承认的结论：树冠形状随林分生长而变化；自然稀疏线的斜率并非总是为常数 $-3/2$；自然稀疏线的斜率受树种、立地等因子的影响；研究 3/2 乘则时应以某一林分的动态观测数据为基准来确定上限范围。

　　（9）冠积指数

　　陈东来等根据林分密度和竞争理论，构建了一个包含冠幅和冠长的林木竞争指标——冠积指数（陈东来等，2003）。冠积指数是指林地上所有林木冠积之和与以林地面积为水平面面积，林分平均树高为高的体积之比，即：

$$I_{cv} = \sum_{i=1}^{n} C_{vi}/(S \times \bar{H}) \tag{4-139}$$

式中：$I_{cv}$ 为冠积指数；$C_{vi}$ 为单株林木冠积；$S$ 为林地面积；$\bar{H}$ 为林分平均高；$n$ 为林木株数。

　　冠积按公式（4-140）计算（Opie，1968）：

$$C_v = (L/12) \times \pi C_w^2 \tag{4-140}$$

式中：$L$ 为树冠长度；$C_w$ 为冠幅。

　　研究得出冠积指数与直径和树高之间的相关关系存在着基本一致的规律，在直径和树高较小阶段，冠积指数随着直径或树高的增大而增大；当达到一定值时，冠积指数达到最大；之后，随着直径和树高的增大，冠积指数减小，且冠积指数与年龄、立地质量相关性不大。

（10）林分拥挤度

1）林分拥挤度的提出

林分密度是对林分自然动态发展过程中林木间的拥挤程度的反映。众所周知，在初始密度一定的条件下，林分将经历如下过程：郁闭前，树木相互之间没有拥挤和遮盖，个体自由生长，树冠会由小变大，随着树龄的增大，冠幅会继续增大，在株数密度不变的情况下，相邻树木的树冠将会相互靠近，直到发生接触，林分渐渐会郁闭成林，结束了最大自由生长时段。进入郁闭成林阶段后，起初树冠之间发生物理阻碍，树冠下部的枝条由于得不到足够的阳光，首先发生自然整枝，活树冠上移变小（这一点显著不同于孤立木树冠的极限自由生长），继续发展将会是林木个体树冠重叠，林冠完全覆盖林地，拉开了激烈空间竞争的序幕，激烈的竞争将会导致自疏，林内出现枯立木，竞争胜出的林木继续生长，树冠的扩展将会填充枯立木占据的临时空隙，接下来，胜出林木的生长由于生存空间受阻而得不到充分的发挥，处于弱势生态位的林木生存空间进一步恶化，从而导致又一个弱势林木的死亡。

基于上述分析可知，在株数密度不变（林木间距一定）的情况下，随着树龄的增大，树冠体积在扩大，林分郁闭度将会发生明显的变化，这种明显的变化一直可以持续到林分完全郁闭。此后，如果林木没有发生死亡，林分郁闭度的值恒等于1，但林木拥挤程度伴随树木的生长不断加剧，而林分郁闭度无法表达出这种变化。实际上，郁闭度是林冠覆盖林地的整体表达，对林木树冠之间的遮盖或挤压程度无法描述。所以有必要将树冠和间距联系起来，构建综合变量来反映林分密度动态过程，林分拥挤度的概念由此产生。

林分拥挤度（$K$）用来表达林木拥挤在一起的程度，用林木平均距离（$L$）与平均冠幅（$CW$）的比值表示，即：林分拥挤度（$K$）用来表达林木拥挤在一起的程度，用林木平均距离（$L$）与平均冠幅（$CW$）的比值表示，即：

$$K = \frac{L}{CW} \tag{4-141}$$

式（4-141）即为基于林木间距和冠幅的林分拥挤度综合变量。显然，当 $K > 1$ 时表明林木之间有空隙，林冠没有完全覆盖林地，林木之间不拥挤；$K = 1$ 表明林木之间刚刚发生树冠接触；只有当 $K < 1$ 时表明林木之间才发生拥挤，其拥挤程度取决于 $K$ 值，$K$ 越小越拥挤。

直观而言，人体无法穿越林间就意味着林木拥挤，其直观原因是树冠之间空隙较小。可见，林分拥挤度实质上反映了林分中林木在水平方向上冠体相互挤压的程度。冠幅和林木之间的距离与单位面积上的林木株数（$N$）有关，可见，林分拥挤度将林分密度影响最大的两个重要指标林木个体大小（树冠）和林木间距有机结合，是对林分密度更为直观科学的表达，已成为新的表达林分拥挤程度的综合变量。

林木平均间距可通过以下公式得到：

$$L = \sqrt{10000/N} \tag{4-142}$$

式中，$N$ 为每公顷株数。

将式（4-142）代入式（4-141）得下式：

$$K = \frac{\sqrt{10000/N}}{CW} \qquad (4\text{-}143)$$

因此，在林分立木株数和平均冠幅已知的情况下，林分拥挤度也可通过式(4-143)进行计算。

由此可见，林分拥挤度既保持了像林分株数密度简单易操作的优点，同时也是对林木之间冠体挤压直观性的科学量化。

2）林分拥挤度原理

众所周知，林木间距是影响其竞争的直接原因。林木冠幅则是在一定立地条件下树木自身生长和周围相距最近林木相互影响的结果，它不仅体现了树木光合作用的面积，决定了树木的生长活力和生产力，反映了树木的长期竞争水平，而且还随林龄、密度和立地条件等因素而变化。通常，一定密度的林分在郁闭之前，林木间距是不变的，而随着林龄的增大林木的树冠由于生长会逐渐变大，林隙变小；林分郁闭之后，随着对生长空间竞争的不断加剧，林木开始发生自然稀疏，林木间距变大，虽然冠幅也继续增长，但由于树冠增长的速度是渐变而缓慢的，所以就会造成林木间平均距离与林分平均冠幅的比值——林分拥挤度($K$)呈现有规律变化：首先，随着林龄的增大，由于树冠的生长而使 $K$ 值急剧下降，其下降的速度取决于林木个体树冠的生长率和林分株数密度(林木间距)的大小。直到林木树冠互相接近时树冠生长受到抑制，$K$ 值下降速度趋于缓慢。再后来树冠下部的枝条由于得不到足够的阳光，发生自然整枝，活树冠上移变小，$K$ 值变为缓慢上升。最后林冠完全覆盖林地，激烈的竞争导致强烈的自疏，出现 $K$ 值继续上升。

为便于分析，假定林木大小相同(树冠为正圆)且方形配置，当林分平均冠幅等于林木平均间距时(图4-27(a))，虽然此时的林地覆盖(郁闭度 $P = 0.785$)还没有达到最大，但各林木已经充分享用到共同自由生长时的最大空间，此时 $K = 1.0$，林木下部枝条由于光线不足出现自然枯死，树冠上移变小，从而造成 $K$ 值的波动。再当林分完全郁闭时(图4-27(b))，即 $P = 1$，所对应的林分拥挤度值 $K = 0.707$，此时林分中林木拥挤已经达到极限位置，在树种和立地条件都相同的情况下，林分达到该极限状态的时间主要与林分密度有关，密度越大，到达该极限状态的时间越早；反之，时间越迟。但由于林木的生长是连续的，且需要经过一段时间的激烈竞争后林分才可能产生自然稀疏，因此，林木之间竞争进一步加剧，树冠在物理阻碍中挣扎生长，$K$ 值略有减少，一旦林分自疏开始，林内出现自然死亡，林木间距变大，从而造成 $K$ 值上升。可见，林分拥挤度能够恰当描述林分疏密的变化过程。

3）林分拥挤度合理标准

本节将拥挤度 $K = 1$ 视为最理想林分环境条件下林木自由生长的林分密度，以 $\pm 10\%$ 的变幅构成允许变化区间，即林分拥挤度 $K$ 值的范围[0.9，1.1]被视为林分合理拥挤的标准，$K = 0.9$ 的直观解释是，如果林木冠幅为2m，密度适宜时的林木平均间距至少为1.8m。之所以将这个区间作为合理林分密度标准是基于以下分析：$K = 0.9$(图4-28(a))对应的林分郁闭度 $P \approx 0.86$；$K = 1.1$(图4-28(b))对应的林分郁闭度 $P \approx 0.71$，这与前面森林经营中人们对林分郁闭度的数字化概念相符。

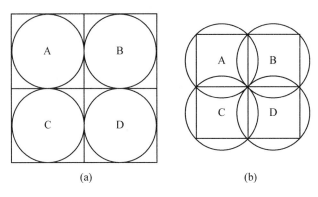

图 4-27　树冠投影

(a)刚接触时($K=1.0$)，(b)完全重叠时($K=0.707$)

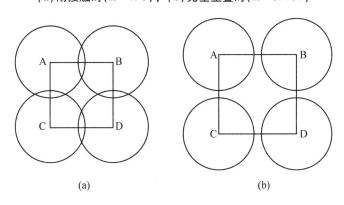

图 4-28　树冠投影

(a)$K=0.9$、(b)$K=1.1$

另一方面，长期的造林密度试验数据(童书振等，2002)为其验证提供了佐证(表4-14)。

表 4-14　杉木不同造林密度林分的冠幅生长

| 年龄(a) | 每公顷株数(株/hm²) | | | | | 平均冠幅(m) | | | | |
|---|---|---|---|---|---|---|---|---|---|---|
| | A | B | C | D | E | A | B | C | D | E |
| 5 | 1 667 | 3 333 | 4983 | 6633 | 9 967 | 2.0 | 1.9 | 1.6 | 1.6 | 1.4 |
| 6 | 1 667 | 3 333 | 4983 | 6633 | 9 967 | 2.4 | 2.1 | 1.8 | 1.8 | 1.6 |
| 7 | 1 667 | 3 333 | 4983 | 6 617 | 9 950 | 2.3 | 2.2 | 2.0 | 2.0 | 1.8 |
| 8 | 1 667 | 3 333 | 4967 | 6583 | 9 900 | 3.0 | 2.5 | 2.0 | 1.9 | 1.6 |
| 9 | 1 667 | 3 333 | 4950 | 6533 | 9 733 | 3.1 | 2.7 | 2.2 | 2.1 | 1.7 |
| 10 | 1 667 | 3 317 | 4933 | 6450 | 9 483 | 3.1 | 2.5 | 2.3 | 2.1 | 1.7 |
| 12 | 1 667 | 3267 | 4883 | 6350 | 8 933 | 2.8 | 2.3 | 2.0 | 1.8 | 1.7 |
| 14 | 1 667 | 3217 | 4750 | 6050 | 8 467 | 2.5 | 2.2 | 1.9 | 1.8 | 1.6 |
| 16 | 1 633 | 3133 | 4583 | 5717 | 7 467 | 2.5 | 2.2 | 1.8 | 1.6 | 1.6 |
| 18 | 1 617 | 3067 | 4367 | 5550 | 6 850 | 2.1 | 2.0 | 1.7 | 1.6 | 1.5 |

　　注：数据来源于杉木栽培科研协作组划分的带、区内目前保持良好的4片(广西凭祥伏波林场、福建邵武卫闽林场、江西分宜年珠林场和四川泸州纳溪区)杉木造林密度试验林(童书振等，2002)。试验采用随机区组设计，每个区组都由行距分别为 2 m×3 m(A)、2 m×1.5 m(B)、2 m×1 m(C)、1 m×1.5 m(D)、1 m×1 m(E)的5种密度组成，重复3次，共计15个小区。每个小区面积均为600m²，且每个小区四周都栽有2行与该小区相同密度的杉木作为保护带。

　　由表 4-14 的数据计算林分拥挤度 $K$（图 4-29），观其可见，无论哪种造林密度，$K$ 值都是随着年龄先减小后增大，且密度大的林分到达 $K$ 值最低点的时间短，这符合造林密度越大，越早进入竞争状态的实际情况。造林密度小的林分，其年龄与 $K$ 值关系曲线位于造林密度大的林分上方，这与 $K$ 值的实际意义相符，即造林密度越大，林木之间越拥挤，$K$ 值越小。这又一次说明林分拥挤度不仅能够恰当描述同一林分密度随年龄的变化过程，而且还能够描述不同密度林分的疏密程度。另外，从图 4-29 可见，B、C、D 和 E 四种造林密度林分在 5~18a 阶段的 $K$ 值几乎都小于 0.90（除 B 造林密度林分在第 5a 和 18a 时略大于 0.90），林分十分拥挤。而 A 种造林密度（1667 株/hm²）大部分 $K$ 值大于 0.90，林分拥挤度较低。这与杉木造林技术规程中，杉木间伐保留株数密度一般在每公顷 1350~1950 株基本一致。

　　基于以上分析，将林分拥挤度（$K$ 值）的合理标准确定为 [0.9，1.1] 既符合理论研究也符合森林经营实践，是可行的。

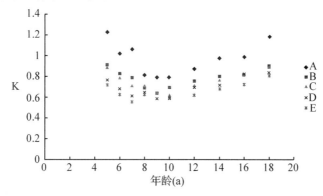

**图 4-29　不同造林密度林分年龄与 $K$ 值的关系**

4）林分拥挤度应用

　　在森林经营中，贯穿林分整个生长过程的重要措施是间伐。抚育间伐是控制密度的主要手段，其目的在于通过人为干预，使林木生长处于最佳密度条件之下，以便提供更多的木材产量或发挥最大多功能效益。经典森林抚育间伐的核心技术就是在一定时期选择一定数量的优秀个体并保持其合理的密度结构，这些都与林分密度息息相关。林分拥挤度及其标准能对以上问题进行科学解答。此外，林分拥挤度还可作为评价天然林经营效果的重要指标（李远发等，2012）。

　　① 判断林分是否需要经营：通过林分拥挤度（$K$ 值大小）来判断林分的状态，若 $K$ >1.1，林分较为稀疏，林木还有较大的生长空间，不需要间伐，如果 $K$ 值很大，则需要补植；若 $K$ 值在 [0.9，1.1] 之间，林分拥挤度在合理范围内，林分可不进行经营；若 $K$<0.9，林分之间竞争加大，迫切需要进行经营。因此 $K$<0.9 是确定林分是否需要进行密度调整的关键值。

　　② 确定首次抚育间伐的时间：林分的首次抚育间伐时间应该是在林木竞争加剧之后，达到稳定状态之前。由此，张连金等（2011）用林分拥挤度的倒数形式确定出了马尾松人工林首次间伐的年龄。即通过建立林分年龄与林分拥挤度的倒数之间的关系模

型，确定了不同造林密度的首次间伐时间，该时间与传统方法确定的时间基本一致，且计算较为简便。

③确定林分经营强度：确定林分经营强度的关键是如何高效进行间距控制，而由林木平均距离公式(4-142)可以导出，经营后的林分保留株数($N_a$)与经营前林分株数($N_b$)之比为一个与间距加大百分比($x\%$)有关的常数即：

$$\frac{N_a}{N_b} = \frac{1}{(1 + x\%)^2} \qquad (4\text{-}144)$$

通常，$x\% = 10\% \sim 15\%$ 约为抚育株数强度的 $17\% \sim 24\%$（低强度）；$x\% = 15\% \sim 20\%$ 约为抚育株数强度的 $17\% \sim 30\%$（中强度）；$x\% = 30\% \sim 40\%$ 约为抚育株数强度的 $41\% \sim 49\%$（高强度）。

因此，通过有效控制林木间距（间距加大 $x\%$）来直接确定经营强度。间伐木的选择可根据新的"三砍三留"的原理进行（惠刚盈和克劳斯·冯佳多，2001）。首先伐除没有培育前途的不健康林木，其次要伐除那些目的树的竞争者，包括藤本、灌木和霸王树。

综上所述，林分拥挤度($K$)用林木平均距离($L$)与平均冠幅($CW$)的比值表示，它能有效反映林分生长过程中林木拥挤程度及其动态变化特征，是一个良好的数字化密度指标。与其他林分密度指标相比，林分拥挤度给出了具体计算公式，该指标明显克服了郁闭度指标的理论缺陷，这一指标的提出是对目前广泛使用的林分密度指标的完善与补充，不仅发展了林分密度理论，而且进一步完善了林木间伐技术体系。

### 4.3.1.4　密度指标的比较

上面介绍的林分密度指标中，单位面积株数、断面积和蓄积等是绝对指标很难反映林分的拥挤程度，且单位面积蓄积较难测量。这些值的相对指标（如疏密度），往往会出现疏密度相同的林分其林木的平均大小不同，而郁闭度较粗放，只能作为一般的衡量指标。因此，人工林密度指标应同时考虑林木的大小和株数，并用这两个因子的组合函数来反映林分密度。

（1）林木大小指标选择

林木大小指标既要能较好地描述树木大小，又要能反映树木所占的平均面积大小。平均木重量或体积($W$)是反映树木大小的最佳指标，而平均树冠面积($CA$)或冠幅($CW$)是预估林木平均所占面积（在完全郁闭林分中为林木株数的倒数）的最佳因子，然而 $W$ 和 $CW$ 均不能同时满足以上两个要求，因为冠幅通常与树干重量（或体积）相关不紧密，而树干大小占树木重量或体积的绝大部分。同样，$W$ 也不是预估林木株数的良好因子，林木重量或体积随着胸径的增大而增大；而冠幅则是随着胸径的增大而增大，对于相同胸径的树木，其冠幅却随着树高增高而下降。另外，现实林分中的树冠形状不规整且相互重叠，在密集林分中很难准确测定其平均冠幅，而测定树木重量则是一项费工费力，且很难保证测量值的精确度。因此，$CA$ 或 $CW$ 及 $W$ 均不是林分密度较佳的自变量。

而林木的胸径不仅测定容易、准确，且与冠幅及树木重量或材积相关紧密，是比较理想的因子。实际数据也表明 Reineke 方程比自然稀疏 3/2 乘则更精确（Zeide，1985，1987），但是 Reineke 方程与 3/2 乘则一样也存在着统计方面的无效性，这是因为平均胸径是由林木株数计算而得的，估计的参数是不准确的(Weller，1987b)。

此外，还有用树高变量或胸径与树高的组合变量作为林木大小的指标。对于前者前面已经讨论过(即 RS)；而有研究表明用胸径和树高两个组合变量并不比用胸径一个因子有明显提高。因此，关于选择什么变量作为林木大小指标问题未能得到圆满解决。

(2)极限密度

现实林分中由于间隙不可避免，不管林分有多密，在受控或自然条件下，都不可能达到极限密度。因此，只能从一般林分通过变量外推法得到相同年龄，某一立地条件下充分利用环境资源的假想林分，这种假想林分反映了现实林分的潜在水平，其密度即为极限密度。需要说明的是极限密度与各种已知的林分密度不同，这些密度包括：正常的、郁闭的、未干扰的及立木度完满的林分密度。而判断一个立木度完满的林分是否最密，也没有客观标准，且以立地质量为参考水平证明一定的林分与选作标准的模式林分相同可行，结果不够准确，所以没有现实林分可作密度的标准或参考水平。

极限密度仅用来提供密度的参考水平，且与年龄无关，但很难从实验观察得到。因为现实林分受各种各样的干扰(如树种、立地和气候等外部环境的干扰)，使林冠产生林隙，最终偏离极限密度。极限密度线(又称最大密度线)是反映完全郁闭林分的自然稀疏线。只有在极限密度的假想林分中，才能肯定林木大小和林木株数之间的函数形式，这个函数等于冠幅与林木大小之间的相对生长关系，密度向极限水平外推，找到林木大小与株数之间的函数关系而得到林分密度、立木度及自然稀疏线的较准确估计值。

(3)林木大小与株数的函数关系

从 Bickford 等人(1957)，Curtis(1971)及 West(1983)对各密度指标的对比研究中可以得出相同结论：林分密度均根据预先确定的林木大小与林木株数关系来描述。在完全郁闭的林分中，林木大小(S)与林木株数(N)之间存在着一定的函数关系，而林木株数(N)与平均树冠面积(CA)或冠幅(CW)相关，因此，林木大小(S)与林木株数(N)之间的关系等价于林木大小指标与平均冠幅(CW)之间的相对生长关系或线性关系。在完全郁闭的林分中林木的这种相对生长关系或线性关系不随年龄发生变化，N 与 S 之间关系由式(4-145)和(4-146)表示。

$$N = a \times S^b \tag{4-145}$$

式中：N 为林木株数；a 为截距；b 为斜率；S 为林木大小指标。

$$N = \alpha + \beta \times S + \gamma \times S^2 \tag{4-146}$$

式中：$\alpha$，$\beta$，$\gamma$ 为常数；其余符号意义同式(4-145)。

①假设林木大小与冠幅呈线性关系：满足这一关系的林分密度指标有 TAR 和 CCF，且它们都选择林分平均直径作为大小指标，只是选择的参照系不同，TAR 是以最大密度林分为参照系，而 CCF 则是以疏开木为参照系；TAR 反映了林分竞争枯损的上限，而 CCF 为林分林分竞争枯损的下限。

②假设林木大小与冠幅呈相对生长关系：满足这一关系的林分密度指标有 SDI，RS，3/2 乘则等，它们的不同之处在于选择的林木大小指标不同。SDI 是通过林分平均直径为林木大小指标导出的，RS 则以林分平均优势高为林木大小指标，而 3/2 乘则是

以平均木重量或体积为林木大小指标。但是，在现实林分的动态发育过程中，由于受各种因素的干扰，这种相对生长关系保持不变的假设很难成立。树冠郁闭的动态变化过程表明树冠完全郁闭是不可能的(Zeide, 1987)。林分间隙动态随年龄的增大而增加，因此式(4-145)的精度很难保证(SDI, RS 及 3/2 乘则)，实际自然稀疏线是曲线，与式(4-145)定义的上渐近线相背离。

综上所述，林分密度应同时反映林木大小和林木株数，两者在最大密度(或极限密度)条件下满足何种关系取决于林分动态发育过程中林木大小与冠幅之间的相对生长关系的变化规律。现实林分密度是一个动态过程，它随树种、立地和年龄的变化而变化。根据其变化速率可分为几个阶段：以树冠郁闭和林木人量枯损为界，现实林分自然稀疏线逐渐趋于最大密度(或极限密度)线。现常用的林分密度指标间存在着相似性，均以假设平均冠幅与林木大小因子间呈线性或相对生长式保持不变为基础推导的。研究林分密度最关键问题是确定稳定的参照系，而研究林分密度动态规律应结合林分水平、空间结构和树冠动态规律来进行。

## 4.3.2　竞争指数

物种的竞争与共存一直是生态学研究的核心问题，群落结构的组建、生产力的形成、系统的稳定性以及群落物种多样性的维持等都与这一问题密切相关(汤孟平，2002)。一般认为，植物之间的竞争是生物间相互作用的一个重要方面，是指两个或多个植物体对同一环境资源和能量的争夺中所发生的相互作用(张思玉，2001)。竞争的结果产生植物个体生长发育上的差异。

林木之间的竞争程度一般用竞争指数来表示。竞争指数是描述林木间竞争关系的一种数学表达式，反映林木所承受的竞争压力，取决于林木自身的状态(如胸径、树高和冠幅等)和林木所处的局部环境(邻近树木的状态)。竞争指数是建立单木生长模型的基础，其优劣直接影响到单木生长模型的效果。因此，竞争指数的选择与优化成为当今国内外学者研究的重点。G. R. Staebler 假设林分中每株林木的影响圈大小是林木大小的函数，且影响圈的半径是林木胸径的线性函数，首次提出了对象木与相邻树木影响圈的重叠程度作为竞争指标，且这种重叠是线性重叠(Staebler, 1951)。该竞争指数的概念一直直接或间接地影响着后面出现的众多竞争指数。至今，定量研究竞争的方法已有 50多年的历史。半个世纪以来，已产生出多个竞争指数，如树冠面积重叠竞争指数(Staebler, 1951; Gerrard, 1969; Bella, 1971; Arney, 1973; Ek and Monserud, 1974)，胸高断面积竞争指数(Lemmon and Schumacher, 1962; Spurr, 1962; Opie, 1968)，视角竞争指数(Newnham, 1964)，镶嵌多边形竞争指数(Brown, 1965)，直径－距离竞争指数(Hegyi, 1974)，高度差方法(Schuetz, 1989)，树冠体积竞争指数(Biging and Dobbertin, 1992)，光照竞争指数(Pretzsch, 1992; Courbaud, 1995; Biber, 1996)以及高度角指数(Rautiainen, 1999)，等等。以 Hegyi 竞争指数最为常用(Daniels, 1976; Holmes and Reed, 1991; 邵国凡等, 1995; Gadow, 2002; 汤孟平, 2003; Rivas et al., 2005; Bristow et al. 2006)。

竞争指数根据是否与林木间的距离有关，分为与距离无关及与距离有关两类。前者如胸高断面积竞争指数（Lemmon and Schumacher，1962；Opie，1968），树冠面积重叠竞争指数（Bella，1971；Arney，1973；Smith and Bell，1983），树冠表面积外露竞争指数（Hatch，1971）及视角竞争指数（Newnham，1964；Lin，1969）等；后者如直径——距离竞争指数，也称简单竞争指数（Hegyi，1974；Daniels，1976；Mugasha，1989）、镶嵌多边形竞争指数（Brown，1965；Rogers，1964；Moore et al.，1973；Nance et al.，1983；Nance et al.，1988）等。

### 4.3.2.1 与距离无关的竞争指数

（1）胸高断面积竞争指数

其基本思想是以对象木周围一定范围内林木胸高断面积的合计体现对象木所处的竞争状态。邻近木的胸高断面积越大，对象木受邻近木的竞争就越激烈。根据竞争木选择的方法，可分为圆形样地法的竞争指数和无边界样地法（一点或多点测定）的竞争指数。

Lemmon 和 Schumacher 针对美国西部黄山松应用无边界样地法，用角规选择竞争木（Lemmon and Schumacher，1962）。Opie 在此基础上把一点测定改为多点测定，测定竞争木胸高断面积。还与圆形样地法比较，发现用半径为常数的圆形样地法估计的胸高断面积与对象木的生长量之间有比较紧密的关系（Opie，1968）。

胸高断面积竞争指数可表示为对象木胸径与样地内林木平均胸径之比。这种方法比较简单，可避免测定林木的位置，但样地的半径和角规系数不易确定。

（2）树冠面积重叠竞争指数

Bella 提出了用林木冠幅面积的重叠度表示林木之间的竞争强度的冠幅面积重叠竞争指数（CIO）。该竞争指数的理论基础是，树冠面积重叠越大，林木之间的竞争就越激烈（Bella，1971）。

Arney 把林木生长空间的面积定义为其胸径的函数，而林木最大生长空间的面积是具有同样胸径大小疏开木的树冠投影面积。据此，提出了竞争压力指数（CSI），CSI 越大，竞争越激烈，根据 CSI 数值的大小，可确定林木在林分中的位置，为林木分级的定量化提供了依据（Arney，1973）。

Smith 和 Bell 把竞争压力指数用于美国西北部的北美黄山林中，用线性函数分别模拟了树木胸径的定期生长量与初期胸径、初期的 CSI 与 CSI 的变化的相关关系，结果认为，初期的 CSI 与 CSI 的变化都比初期的胸径效果好（Smith and Bell，1983）。

CIO 与 CSI 的共同优点是设计了林木生长的最大空间问题，虽然表现形式有所不同，当内容实质是一致的，都属于树冠面积重叠竞争指标。CIO 直接考虑林木大小的作用，而 CSI 间接涉及到对象木的大小。

（3）树冠表面积外露竞争指数

Stiell 发现赤松林中林木树冠间的竞争比树根间的竞争对林木生长有较大的影响。Hatch 认为过去的竞争指数没有考虑到对象木周围林木的空间格局，只间接地考虑对象木相对于竞争木的树高生长。并根据 Stiell 的发现，提出了树冠表面积外露竞争指数（ECSA），主要考虑了对象木被邻近木遮挡后所能露出的树冠表面积（Hatch，1971）。在应用 ECSA 时，对象木所在的平面被划分为 16 个象限，在每个象限里选取一株最近的林木作为竞争木。将冠幅视为圆锥形，以 51°的太阳高度角为基准计算对象木外露的树冠表面积。ECSA 的数值对对象木外露阳光的树冠表面积的增大而增大，与对象木同竞争木的胸高断面积的数值成正比。

由于该竞争指数主要考虑的是林木对阳光的竞争，所以对喜光树种比较灵敏，给实际应用带来较大困难。

（4）视角竞争指数

Newham 以北美黄杉为对象首次应用空间竞争模拟方法在计算机上模拟林分的生长。基本假设是，林分中单木直径生长量的最大值与疏开木的直径生长量相同，随着树冠的相接，甚至重叠，林木间的竞争强度增大，从而导致林木直径生长量的逐渐减少。竞争强度是对象木与其周围 8 倍平均植距范围内所有立木间的树冠交角之和（Newnham，1964）。

Lin 根据 Newham 的基本思想，提出另一视角竞争指数，也叫生长空间指数（GSI）。GSI 所涉及的是从对象木观看竞争木胸径的水平视角。对象木所受竞争木的竞争强度随视角的增大而增大。GSI 数值，以竞争而竭尽枯死的对象木的视角为最大，疏开木的视角为最小，这 2 个视角分别是为视角的上、下限。应用视角竞争指数的关键问题是视角上下限的确定（Lin，1969）。

### 4.3.2.2 与距离有关的竞争指数

（1）简单竞争指数

Hegyi 直接用林木间的距离和胸径大小建立了直径——距离竞争指数，也称简单竞争指数（CI）（Hegyi，1974）。CI 不仅计算简单，还比 CIO 与 GSI 效果更好。Hegyi 最初将竞争木数量定义为对象木周围 3.05m 范围内所有树木的株数。而 Daniels 认为，在一个林分中，竞争木的枯死和新竞争木的形成使得林分的竞争保持一种相对的稳定状态，而使用固定的竞争半径时，随着林分的生长不能包括新的竞争木，因此 Hegyi 的竞争指数可能会低估老龄林的竞争强度。基于这种考虑，Daniels 应用角规选取竞争木（Daniels，1976）。

Mugasha 对简单竞争指数进一步进行研究，得出应该用角规挑选竞争木，并且林木的大小与植距都应该考虑（Mugasha，1989）。

（2）镶嵌多边形竞争指数

Brown 提出用多边形法替代点密度法，根据对象木与每株竞争木之间的距离，以及在两主树之间垂直于两者连线画一直线，对所有竞争木重复该过程，则在对象木周围连成一个多边形。竞争指标根据多边形的面积来确定，该多边形面积是对象木的潜在生长空间（APA）（Brown，1965）。

在数学上，APA 指数计算式是基于 Voronoi 多边形的构造过程。这样，每株树周围都有一个规则或不规则的且不重叠的多边形。多边形的形状和大小根据不加权和加权的构造原则而不同（Rogers，1964）。

在生物学上，用多边形的面积来表示林木的生长空间或资源是比较合理的，但

Brown 采用的多边形确定方式是不加权的方法。后来，Moore 等人建议使用加权方法来确定多边形（Moore *et al.*，1973）。加权法在多种情况下应用一般都显示出满意的效果，即林木胸高断面积生长量与多边形的面积之间存在着紧密的相关关系（Nance *et al.*，1983）。但有时也产生很不令人满意的结果，认为其问题的根源在于许多大树的多边形面积过大，而这些大树的生长量却是有限的（Nance *et al.*，1988）。这种情况往往产生大树周围有小树的枯死，尽管小树的枯死不会给大树创造更好的生长条件，但大树的多边形明显增大。

（3）基于交角的竞争指数

从 1951 年 G. R. Staebler 首次提出林木竞争指数的数式表达以来，已产生众多竞争指数，其中以 Hegyi 竞争指数最为常用（Daniels，1976；Holmes and Reed，1991；邵国凡等，1995；Gadow，2002；汤孟平，2003；Rivas et al.，2005；Bristow et al. 2006）。但目前还没有一种竞争指数能同时简洁地表达出竞争木上方的遮盖和侧翼的挤压。惠刚盈等（2013）提出的基于交角的林木竞争指数（ $u\_ a\_ CI_i$ ）能够同时表达出竞争木对对象木的上方遮盖和侧翼挤压，能清晰直观地表达林木在林分中所处的相对竞争态势。从理论上阐明了大的竞争邻体比小的竞争邻体对对象木有更大影响，不仅反映在上方的遮盖也体现在侧方的挤压中。

①基于交角的林木竞争指数的理论基础及计算公式：竞争指数（ $CI_i$ ）反映林木所承受的竞争压力，取决于林木本身的状态（如胸径、树高、冠幅等）和林木所处的局部环境（邻近树木的状态）（唐守正等，1993）。群体内树木间相互作用中最常见的物理妨碍方式是对生长空间的挤占和来自上方的遮盖。周围树木的挤压限制了树冠的生长（Assmann，1953），而遮盖减少了光合作用所需的阳光（Gadow and Hui，1999）。可见，林木之间的竞争主要由上方的遮盖和侧翼的挤压构成（图 4-30）。对对象木 $i$ 来讲，如果邻体 $j$ 的高度（ $H_j$ ）比其高度（ $H_i$ ）大（图 4-30，a），则上方的遮盖由高差（ $\Delta H = H_j - H_i$ ）引起，其大小还与对象木和邻体之间的距离（ $d_{ij}$ ）有关，这种关系可用数学上的交角（ $\alpha_2$ ）（斜线和它在平面内的射影所构成的锐角，其形状像直立的斜边向上的直角三角形）表示。而侧翼的挤压则取决于高度 $H_j - \Delta H$ 即对象木本身的高度 $H_i$ 和距离（ $d_{ij}$ ）的相对大小，这种关系同样可由交角（ $\alpha_1$ ）表达。对象木的高度等于（图 4-30，b）或高于（图 4-30，c）邻体的高度时，竞争仅由侧翼的挤压构成。

图中（a）、（b）和（c）中对象木如果放于对称位置，交角含义不变。基于上述分析，一株竞争邻体对对象木 $i$ 所造成的竞争压力可表达为：

$$Cl_i = \alpha_1 + \alpha_2 \cdot c_{ij} \tag{4-147}$$

式中： $\alpha_1 = \begin{cases} arc\ tg(H_i/d_{ij}), & \text{如果相邻木 } j \text{ 比对象木 } i \text{ 大} \\ arc\ tg(H_j/d_{ij}), & \text{否则} \end{cases}$

$\alpha_2 = arc\ tg\left(\dfrac{H_j - H_i}{d_{ij}}\right)$

$c_{ij} = \begin{cases} 1, & \text{如果相邻木 } j \text{ 比对象木 } i \text{ 大} \\ 0, & \text{否则} \end{cases}$

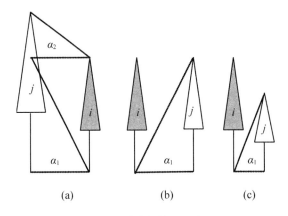

图4-30　遮盖与挤压示意图

对对象木 $i$ 的 $n$ 株竞争邻体来讲，则其所承受的平均竞争压力为：

$$a\_Cl_i = \frac{1}{n}\sum_{j=1}^{n}(\alpha_1 + \alpha_2 \cdot c_{ij})_j \tag{4-148}$$

(4-148)式中 $c_{ij}$ 表示只有当相邻木高于对象木时才可能出现上方遮盖，相邻木与对象木等高或低于对象木时，不存在上方遮盖。(4-147)式的取值在$(0，180°)$之间，即 $0° < a\_CI_i < 180°$，这里的竞争压力以度为度量单位。将(4-148)式变为无量纲，并使其值在$(0，1)$之间，则(4-148)式可写成：

$$a\_Cl_i = \frac{1}{n}\sum_{j=1}^{n}\frac{(\alpha_1 + \alpha_2 \cdot c_{ij})_j}{180} \tag{4-149}$$

(4-149)式具有如下特点：竞争指数的最小值虽接近0但不等于0，表明林分中的所有林木个体均受到林分中其他个体的竞争影响；竞争指数的最大值虽接近1但不等于1，生物意义在于竞争邻体距对象木非常近（多株萌生）或竞争邻体个体非常大或二者兼有；竞争指数随交角的增大而增大，即为增函数但非线形（这是由反正切函数的性质所决定），生物意义在于对象木所受到的竞争压力在距离（ $d_{ij}$ ）保持不变时随竞争木树高的增加呈非线形增加，这正好表达了竞争指数值随着树木的增加而增加的生物现象，或在竞争木树高一定时随竞争距离的变远而呈非线形减小；$0 < a\_CI_i < 1$，直观化了对竞争的理解。这一区间使人们根据对象木（ $i$ ）的竞争值大小就能够非常明了对象木在林分中所处的相对地位；当 $c_{ij} = 0$ 时，$a\_Cl_i = \frac{1}{n}\sum_{j=1}^{n}\frac{(\alpha_1)_j}{180°}$ 式成立，表明对象木在无上方遮盖的情况下，邻体越大对对象木的竞争压力也越大。这进一步从理论上阐明了大邻体比小邻体对对象木有更大影响，不仅反映在上方的遮盖也在侧方的挤压中得以充分体现。

然而，在对不同邻体（图4-30）进行相加处理后，(4-149)式有可能使具有相同大小 $CI_i$ 值的对象木对应不同的竞争状况。有必要对此种情况加以区别。

我们知道，大小比数（ $U_i$ ）反映了对象木所处的竞争态势，是对竞争环境的量化描述。它被定义为大于对象木的相邻木数占所考察的 $n$ 株最近相邻木的比例，用公式表示为（ Hui et al. ，1998）：

$$U_i = \frac{1}{n} \sum_{j=1}^{n} k_{ij} \qquad (4\text{-}150)$$

其中：$k_{ij} = \begin{cases} 0, & \text{如果相邻木 } j \text{ 比对象木 } i \text{ 小} \\ 1, & \text{否则} \end{cases}$

(4-150)式的取值为 $[0,1]$。其值大小随着小于对象木的相邻木数量的减少而减少，恰好表达出了对象木所处的相对态势。用(4-149)乘(4-150)式得：

$$u\_a\_Cl_i = \frac{1}{n} \sum_{j=1}^{n} \frac{(\alpha_1 + \alpha_2 \cdot c_{ij})_j}{180°} \cdot U_i \qquad (4\text{-}151)$$

(4-151)式即为本研究所建立的基于交角的、以大小比数为权重的林木竞争指数（$u\_a\_CI_i$）。与(4-149)式相比，(4-150)式的特点为：竞争指数的取值为 $[0,1)$，给出了竞争指数值的下限，也就是说，在调查范围内没有出现树冠覆盖和挤压时，竞争指数的值为零，恰好表达出了林分中最大优势木根本不会受到小邻体的竞争影响。如果所有竞争邻体都比对象木大，则(4-151)式计算结果和(4-149)式相同，也就是说，对此种情况赋予了最大权重。对象木所受到的竞争压力除与交角有关外，还与对象木和竞争木的相对大小有关。用(4-149)式计算出相同的竞争指数值时，若对象木周围有 1 株较小邻体存在，则用(4-151)式计算出的结果将比用(4-149)式计算出的结果有所减少。为进一步证明(4-151)式的有效性，本研究使用实际调查材料进行计算，并与常用的 HEGYI – 竞争指数进行比较。

HEGYI – 竞争指数的表达式为：

$$HgCI_i = \sum_{j=1}^{n} \frac{D_j}{D_i} \cdot \frac{1}{d_{ij}} \qquad (4\text{-}152)$$

式中：$HgCI_i$ 为 HEGYI – 指数；$D_j$ 为竞争树 $j$ 的胸高直径（cm）；$D_i$ 为对象木 $i$ 的胸高直径（cm）；$d_{ij}$ 为对象木 $i$ 与竞争树 $j$ 之间的距离（m）；$n$ 为竞争树的数量。

②基于交角的林木竞争指数与 HEGYI – 竞争指数的比较：以百花林场堰坪营林区小阳沟内设置的 2 块 70m×70m 的方形样地。对样地内胸径大于 5cm 的林木进行了每木检尺，记录每株树的树种名称，用围径尺测定胸径、用 Vertex III 测树仪测定树高和枝下高、用皮尺测冠幅等（表 4-15），并用 TOPCON 全站仪进行了定位（图 4-31）。

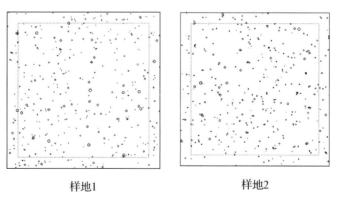

样地1　　　　　　　　　　样地2

**图 4-31　样地林木位置分布**

表 4-15    林分调查因子汇总

| 样地 | 坡度(°) | 平均海拔(m) | 郁闭度 | 公顷断面积(m²/hm²) | 密度(株/hm²) | 树种数 | 胸径(cm) | | | 树高(m) | | | 冠幅(m) | | |
|---|---|---|---|---|---|---|---|---|---|---|---|---|---|---|---|
| | | | | | | | 最大 | 最小 | 平均 | 最大 | 最小 | 平均 | 最大 | 最小 | 平均 |
| 样地1 | 13 | 1726 | 0.85 | 27.9 | 933 | 33 | 61 | 5 | 19.5 | 28.1 | 3.5 | 13.1 | 16.4 | 0.8 | 5.0 |
| 样地2 | 13 | 1720 | 0.85 | 25.3 | 843 | 35 | 70.5 | 5 | 19.6 | 24.7 | 3.8 | 12.3 | 17 | 0.9 | 5.9 |

将竞争指数公式中未包含的生长因子(胸径或树高)作为因变量、以竞争指数为自

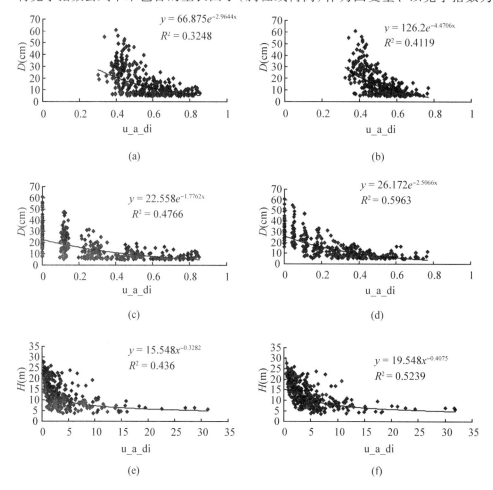

图 4-32    样地 1 不同竞争指数与生长因子回归分析

注：样地1采用4邻体与8邻体计算的不同竞争指数与生长因子的拟合度，其中，图(a)、(c)、(e)为邻体数是4时，运用文中竞争指数公式(4-149)、公式(4-151)和公式(4-152)与生长因子进行回归分析的结果；(b)、(d)、(f)为邻体数是8时，运用文中竞争指数公式(4-149)、公式(4-151)和公式(4-152)与生长因子进行回归分析的结果

变量进行了回归分析(图 4-32，图 4-33)。两块样地的实验结果完全一致，即：所构造的竞争指数(4-149)、(4-151)与(4-152)具有一致的趋势，均表明竞争指数值越大，树体越小，所承受的竞争压力越大。(4-151)式所表达的林木大小与竞争指数高低的拟合

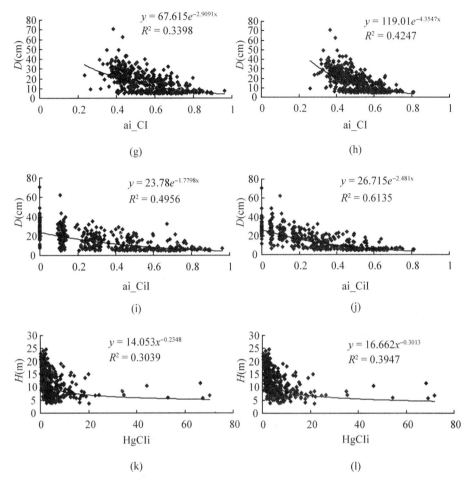

图 4-33　样地 2 不同竞争指数与生长因子回归分析

注：样地 2 采用不同邻体数计算不同竞争指数与生长因子回归分析，其中，图(g)、(i)、(k)为邻体数是 4 时，运用文中竞争指数公式(4-149)、公式(4-151)和公式(4-152)与生长因子进行回归分析的结果；(h)、(j)、(l)为邻体数是 8 时，运用文中竞争指数公式(4-149)、公式(4-151)和公式(4-152)与生长因子进行回归分析的结果

度比(4-149)、(4-152)式高，说明(4-151)更能表达竞争指数与树体大小的关系。(4-151)式比(4-149)明显具有更高的拟合度，直观地表达了以大小比数作为权重的必要性。用 8 株邻体计算竞争指数值无论(4-149)、(4-151)还是(4-152)式均比用 4 株邻体反映的情况要好。计算邻体株数增多，更有利于提高(4-151)式的计算精度。这是因为，对于个体较小的对象木来讲，由于比其大的林木出现的可能性增加，从而使得由(4-151)式计算的指数值为 0 的株数不断减少的缘故。4 株邻体计算结果与 8 株邻体计算结果之间有高度相关(图 4-34)。用所建的竞争计算公式(4-151)，可获得二者相关指数高达0.8 以上。说明用 4 株邻体计算结果能够表达出 8 株邻体计算结果的 80% 以上。可见，4 株邻体计算结果能表达出竞争的绝大部分。当然，在林木位置坐标已知的情况下，人们可以利用 8 株邻体进行竞争计算，而在现地测定距离时可简化为用 4 株邻体计算。

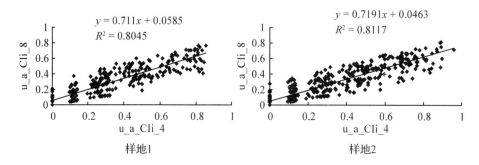

图4-34 样地运用4株邻体与8株邻体所计算的竞争值的关系

研究建立推导出了基于交角原理、以大小比数为权重的林木竞争指数($u\_a\_CI_i$)。该竞争指数具有以下特点：取值范围为$[0,1)$之间，直观化了对竞争的理解。这一区间使人们根据对象木$i$的竞争值大小就能够非常明了对象木在林分中所处的相对地位，0为竞争指数值的下限，恰好表达出了林分中最大优势木根本不会受到小邻体的竞争影响的生物意义。竞争指数值的上限小于1，生物意义在于竞争邻体距对象木非常近（多株萌生）且个体非常大；竞争指数随交角的增大而增大，即为增函数但非线形（这是由反正切函数的性质所决定），生物意义在于对象木所受到的竞争压力在距离（$d_{ij}$）保持不变时随竞争木树高的增加呈非线形增加，或在竞争木树高一定时随竞争距离的变远而呈非线形减小；对象木所受到的竞争压力除与交角有关外，还与对象木和竞争木的相对大小有关。大邻体比小邻体对对象木有更大影响，不仅反映在上方的遮盖也体现在侧方的挤压中；该竞争指数值越大，表明树体越小，所承受的竞争压力越大。虽与常用的HEGYI－竞争指数表达的趋势一致，但新指数与林木大小的拟合度更高。

总之，所建的竞争指数计算公式(4-151)能够同时表达出竞争木的上方遮盖和侧翼挤压，具有推导过程明晰，机理性强，指数值无量纲，生物意义明确，解释性好等优良特性，但与(4-150)相比需要测量林木的树高，虽然在测量技术飞速发展的今天树高测量已不成问题，但在林中测量还是比较麻烦。这一问题如果可以通过树高和胸径之间的相关即树高曲线来解决，那么，公式(4-151)将具有很大的应用前景。

③基于交角的林木竞争指数的应用研究：基于交角的林木竞争指数简洁，能同时表达出竞争木上方的遮盖和侧翼的挤压。分析不同林分用胸径或通过胸径－树高曲线预估树高后替代实测树高计算该竞争指数的可行性，以期给出基于交角的林木竞争指数的最优经验计算途径。

以天然林和人工林的样地为试验对象，其中天然林的试验样地分别位于东北吉林蛟河和甘肃小陇山。人工林样地位于北京市九龙山自然保护区。不同地区的永久性样地设置面积见表4-16，对样地内所有胸径≥5cm的林木进行挂牌标号，利用全站仪（TOPCON－GTS－602AF）测定并记录林木坐标、树种、胸径、树高、冠幅和健康状况等。以边缘区林木数据进行模型检验。使用常用的胸径－树高曲线模型（抛物线、对数、S函数、幂函数、反比例函数），应用SPSS18.0软件拟合6块样地核心区域数据，根据P值判断回归模型的可行性，最后利用模型决定系数$R^2$确定最优模型。将惠刚盈等（2013）

提出的用实测树高计算的基于交角的林木竞争指数($u\_$ $\alpha\_$ $CIi$)简写为$CI_H$,将胸径 – 树高曲线模型预估的树高代替实测树高计算的基于交角的林木竞争指数简写为$CI_{D-H}$,将胸径直接代替树高计算的基于交角的林木竞争指数简写为$CI_D$。

表 4-16　样地概况

| 样地代码 | 森林类型 | 样地大小 | 树种数 | 树种组成 |
|---|---|---|---|---|
| 1 | 针阔混交林 | $100 \times 100$ m$^2$ | 22 | 胡桃楸 2.4 + 色木槭 1.3 + 榆树 1.2 + 沙松 1 + 椴树 0.8 + 白牛槭 0.7 + 千金榆 0.5 + 其他 2.1 |
| 2 | 针阔混交林 | $100 \times 100$ m$^2$ | 19 | 胡桃楸 3.3 + 沙松 1.6 + 色木槭 1.2 + 红松 0.8 + 榆树 0.7 + 水曲柳 0.5 + 其他 1.9 |
| 3 | 阔叶混交林 | $70 \times 70$ m$^2$ | 31 | 锐齿栎 3.5 + 春榆( ) 1.6 + 太白深灰槭 1.2 + 湖北海棠 0.9 + 茶条槭 0.7 + 辽东栎 0.7 + 其他 1.4 |
| 4 | 阔叶混交林 | $70 \times 70$ m$^2$ | 34 | 锐齿栎 4.5 + 春榆 1.8 + 华山松 0.8 + 太白深灰槭 0.6 + 其他 2.4 |
| 5 | 人工林 | $50 \times 100$ m$^2$ | 9 | 侧柏 9.2 + 其他 0.8 |
| 6 | 人工林 | $50 \times 100$ m$^2$ | 12 | 油松 4.3 + 落叶松 3 + 丁香 1.2 + 椴树 0.6 + 山杏 0.5 + 其他 0.4 |

所有样地拟合的胸径 – 树高曲线模型均通过了显著性检验(P < 0.001)(表 4-17),模型的决定系数 $R^2$ 在 0.849 – 0.414 之间,拟合的胸径 – 树高曲线均呈现树高随着胸径的增大先增后趋于稳定的趋势。除样地 3 的最优胸径 – 树高曲线模型为幂函数,其余样地的最佳模型都为二次函数。排列各样地决定系数 $R^2$,依次为样地 4(0.849) > 样地 3(0.799) > 样地 1(0.721) > 样地 6(0.545) > 样地 2(0.529) > 样地 5(0.497)。

表 4-17　胸径 – 树高曲线模型模拟结果

| 样地代码 | 株树 | 模　型 | $R^2$ | $P$ |
|---|---|---|---|---|
| 1 | 591 | $H = 3.406 + 0.716D - 0.06D^2$ | 0.721 | 0.000 |
| 2 | 577 | $H = 5.806 + 0.633D - 0.05D^2$ | 0.529 | 0.000 |
| 3 | 297 | $\ln H = 2.814 + 0.543\ln(D)$ | 0.799 | 0.000 |
| 4 | 278 | $H = 1.724 + 0.951D - 0.010D^2$ | 0.849 | 0.000 |
| 5 | 830 | $H = 3.154 + 0.450D - 0.05D^2$ | 0.497 | 0.000 |
| 6 | 494 | $H = 2.214 + 0.613D - 0.010D^2$ | 0.545 | 0.000 |

从 6 块样地的竞争指数 $CI_H$ 与 $CI_D$(图 4-35 1~6)或 $CI_{D-H}$(图 4-36 1~6)的回归分析可以看出,$CI_H$ 与二者之间具有高度相关,其决定系数 $R^2$ 均大于 0.95,说明 $CI_D$ 和 $CI_{D-H}$ 可以表达出 $CI_H$ 结果的 95% 以上。二者关系可用线性函数 $CI_H = bCI_D$ 或 $CI_H = bCI_{D-H}$ 进行表达,因为线性函数系数 b $\in$ (0, 1),且 $CI_D \in [0, 1)$,所以 $CI_H < CI_D$ 或 $CI_H < CI_{D-H}$。可以看出,在 $CI_D \in [0, 1)$ 范围内其为单调递增函数,即 $CI_H$ 的变化趋势与 $CI_D$ 和 $CI_{D-H}$

的变化趋势是相同的，说明以胸径直接或间接替代实测树高计算基于交角的林木竞争指数都是可行的。

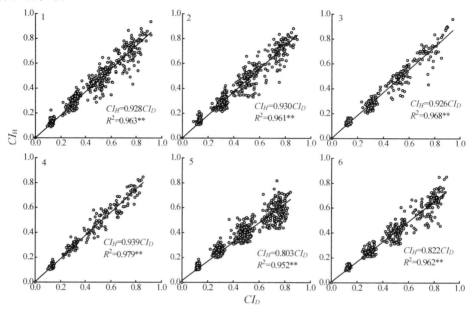

**图 4-35　竞争指数 $CI_H$ 与 $CI_D$ 之间的关系**

注：1~6 为样地代码。

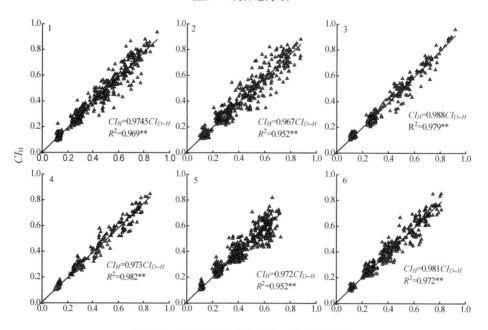

**图 4-36　竞争指数 $CI_H$ 与 $CI_{D-H}$ 之间的关系**

注：1~6 为样地代码。

$CI_H$与竞争指数$CI_D$或$CI_{D-H}$之间的$R^2$与样地内所有树种拟合的胸径－树高曲线模型$R^2$呈显著正相关（表4-18），即当胸径与树高相关程度越高，则竞争指数$CI_H$与$CI_D$或$CI_{D-H}$之间的相关程度就越大。对比各样地$CI_H$与$CI_D$或$CI_{D-H}$之间的决定系数$R^2$，发现样地1、3、4、6的$CI_H$与$CI_{D-H}$之间的$R^2$都大于$CI_H$与$CI_D$之间的$R^2$，但样地2、5则相反。可以看出在样地2、5中，拟合的胸径－树高曲线模型精度低（$R^2$小于0.53），使得预估树高与实测树高之间误差增大，因而使计算所得的竞争指数$CI_{D-H}$与$CI_H$之间的相关程度降低。由此可见，以胸径直接替代树高能更稳定有效地计算该林木竞争指数。

表4-18 胸高关系与竞争指数间关系的相关分析

| | $CI_H$与$CI_D$间的$R^2$ | $CI_H$与$CI_{D-H}$间的$R^2$ |
|---|---|---|
| 相关系数 | 0.875 | 0.857 |
| P | 0.023* | 0.029* |

注：*代表决定系数显著（$P<0.05$）。

不同生长阶段的林木个体大小不同，也反映出不同的竞争能力。大量研究表明大的林木具有强的竞争能力，即树体越大，所承受的竞争压力越小，二者服从幂函数关系，6块样地拟合的竞争指数与林木胸径大小的关系进一步证实了这一规律（图4-37和图4-38）。竞争指数$CI_H$与林木胸径大小的相关程度相对高于$CI_D$的，但二者表达出6块样地拟合结果的趋势是一致的，都为样地6>样地3>样地5>样地2>样地1>样地4。可见，竞争指数$CI_D$能替代$CI_H$有效地表达出不同大小的林木所承受的竞争压力。

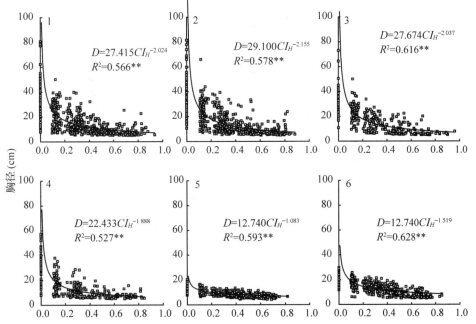

图4-37 竞争指数$CI_H$与生长因子相关性分析

注：1~6为样地代码。

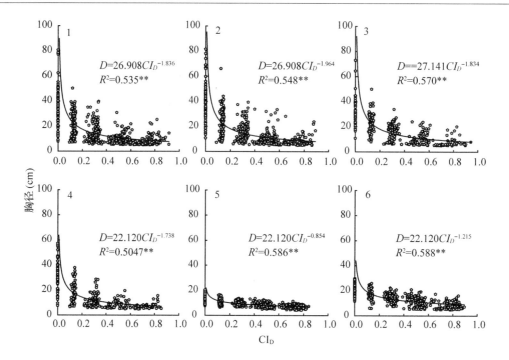

**图 4-38　竞争指数 $CI_D$ 与生长因子相关性分析**

注：1~6 为样地代码。

根据平均直径 $\bar{D}$，把所有样地中 $(\bar{D} - 2\text{ cm}) > D \geqslant 5\text{ cm}$ 的林木作为小树，$(\bar{D} + 2\text{ cm}) > D \geqslant (\bar{D} - 2\text{ cm})$ 的林木称为中树，$D \geqslant (\bar{D} + 2\text{ cm})$ 的林木称为大树。从图 4-39 可以看出，将对象木胸径分级后，6 块样地计算的竞争指数 $CI_H$ 和 $CI_D$ 反映出相同的结果，即竞争指数最高的是小树，其次是中树，竞争指数最低的是大树。由于小树个体小，处于林分的中下层，林冠被压，且不能获取充足的阳光，因此去其所承受的竞争压力大；随着林木个体的生长发育，其竞争能力逐渐增强，尤其是到了成熟阶段，个体处于主林层，占据合适的生态位，使得承受的竞争压力减弱。可根据这一特性，合理经营和管理林分，在胸径达到 $\bar{D} + 2\text{ cm}$ 以前适时抚育，可调节林木之间的竞争关系，以提高林木生长量和质量。

总之，不同森林类型林分的两个经验计算途径都是可行的，且都能表达出实测树高 ($CI_H$) 计算结果的 95% 以上。两个经验计算途径的效果与胸径 – 树高曲线模型精度呈显著正相关，当胸径 – 树高曲线模型精度低（$R^2$ 小于 0.53）时，$CI_{D-H}$ 效果略差。由于 $CI_{D-H}$ 计算过程较复杂，且当林分胸径 – 树高曲线模型精度较低时，竞争指数 $CI_{D-H}$ 的应用效果比竞争指数 $CI_D$ 略差，因此，以胸径替代实测树高可作为该竞争指数的最佳经验计算途径。

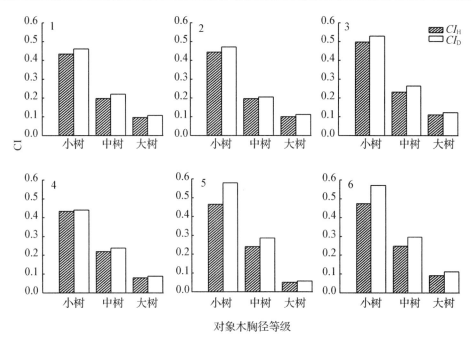

**图 4-39　竞争指数与对象木胸径等级的关系**

注：1~6 为样地代码。

# 第 5 章

# 森林经营模拟

　　一个实施经营管理的森林，其生长不仅由林木的自然生长来决定，而且还由计划进行的疏伐作业的程度和类型决定。疏伐减少林分密度，改变林分结构，这样极大地影响其伐后的环境和长期生长。可以说，一个经营管理的林地的演变主要是特殊的营林干扰的结果。

　　然而，生长模拟总是吸引了科学研究者的很大兴趣，并且仍然是许许多多研究项目的主题。干扰模型并不总是能顺利地建立起来，首先必须考虑疏伐引起的状态变化，其次为营林作业对未来林分发展的极大影响，在此还要注意疏伐作业类型。描述不同疏伐类型通常所用的语义变量不能精确地用来预测林分生长。在异龄混交林中，林分结构的改变虽然很难建立模型，但同龄纯林可以较为容易地确定。

## 5.1　经典疏伐模拟

### 5.1.1　林分水平疏伐模拟

　　过去对疏伐试验的评价仅局限于描述性的单个试验的对比分析，难以满足使疏伐试验结果的普遍化和制定优化疏伐方案的要求。为此，近年来人们试图利用模型来评价疏伐效果。

　　众所周知，疏伐后林分的发展依赖于林分中保留木的大小以及它在群落中的位置。除了依赖于保留木本身的大小及位置外，还取决于保留林分密度和优势木高。基于以上的分析，构筑了模拟疏伐效果的多因子乘积式，即：

$$D_{g_1} = a_1 D_{g_n}{}^{a_2} N_n{}^{a_3} \left(\frac{H_{o_1}}{H_{o_n}}\right)^{a_4} \tag{5-1}$$

式中：$D_{g_1}$ 为伐后即年龄 $A_1$ 时的待估断面积平均直径；$D_{g_n}$ 为疏伐后保留林分的断面积平

均直径；$N_n$ 为伐后保留的每公顷株数；$H_{o1}$ 为疏伐年龄 $A_1$ 时的优势木高；$H_{on}$ 为疏伐时的优势木高；$a_0 \cdots a_4$ 为参数。

进一步预估时可将模型(5-1)简化为：

$$D_{g2} = D_{g1} \left( \frac{H_{o2}}{H_{o1}} \right)^{a_4} \tag{5-2}$$

式中：$D_{g2}$ 为林龄 $A_2$ 时的平均断面积直径；$D_{g1}$ 为林龄 $A_1$ 时的平均断面积直径；$a_4$ 为模型 (5-1) 中的参数。

年龄 $A_1$ 与 $A_2$ 之间不能有间伐出现。用杉木中带下层间伐试验林分数据对方程(5-1)拟合得：$a_1 = 3.40869$；$a_2 = 0.80993$；$a_3 = -0.09479$；$a_4 = 0.73914$ ($R^2 = 0.914$，$MSE = 0.21$，$F = 0.004 < F_{0.05}(2, 164) = 3.06$，$n = 166$)。

要想利用(5-1)式对疏伐后的林分断面积平均直径进行预估，首先要解决伐后 $D_{gn}$ 的估算问题。显然 $D_{gn}$ 与伐前 $D_g$ 及疏伐强度($P_a$)有关。而疏伐强度的表示方法通常采用断面积比($G_a/G$)或株数比($N_a/N$)。为了解决疏伐引起的非生长现象以及改善模型灵活性，有必要建立二者之间的转换关系。

Pienaar 用 $N_a/N = (G_a/G)^a$ 或 $G_a/G = (N_a/N)^b$ 来表征二者之间的关系。用杉木数据拟合得 $N_a/N = (G_a/G)^{0.6574}$ 或 $G_a/G = (N_a/N)^{1.5182}$ ($R^2 = 0.98$，$n = 29$)。

根据间伐前后断面积的关系可推导出 $D_{gn}$ 的计算公式：

$$\frac{G_a}{G} = \frac{G - G_n}{G} = \frac{\frac{1}{4}\pi D_g{}^2 N - \frac{1}{4}\pi D_{gn} N_n}{\frac{1}{4}\pi D_g{}^2 N} = 1 - \left[ 1 - \frac{N_a}{N} \right] \frac{D_{gn}{}^2}{D_g{}^2} \tag{5-3}$$

即：

$$D_{gn} = D_g \sqrt{\frac{1 - \dfrac{G_a}{G}}{1 - \dfrac{N_a}{N}}} \tag{5-4}$$

(5-4)式表示的是伐后林分的断面积平均直径与伐前林分的断面积平均直径和疏伐强度的关系。同理，亦可以推导出间伐木的平均直径($D_{gt}$)与伐前林分的断面积平均直径和疏伐强度的关系式为：

$$D_{gt} = D_g \sqrt{\frac{G_a/G}{N_a/N}} \tag{5-5}$$

(5-4)、(5-5)式这种与伐前林分的断面积平均直径和疏伐强度的关系与疏伐方式无关。以上即为林分水平上的疏伐模拟系统。

利用以上方法模拟间伐后林分的发展是很简单的。图 5-1 展示了一个林分 20 年前的直径和断面积的生长过程。示例林分的造林密度为 4500 株/hm²，立地指数是 16m，第一次间伐在 10 年生时进行，株数强度为 $P_a = 30\%$；第二次间伐在 14 年，株数强度为 $P_a = 20\%$。

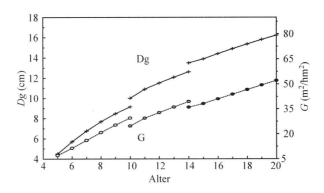

**图 5-1　经两次间伐的林分直径和断面积的发展过程**

## 5.1.2　径级水平疏伐模拟

### 5.1.2.1　疏伐前后林分直径分布的关系

据 Alder(1979)研究，某径阶内林木株数的保留率取决于它的累积直径频率。疏伐后每公顷的保留株数可用下式计算：

$$nr_i = N \int_{F(x_{i-1})}^{F(x)} l dF \tag{5-6}$$

式中：$nr_i$ 为疏伐后径阶 $i$ 的每公顷保留株数；$N$ 为疏伐前的每公顷株数；$F = F(x)$ 为疏伐前的相对累积直径频率；$x$ 为直径(cm)；$l$ 为直径为 $x$ 的林木的保留率。

总保留率 $L$(疏伐后保留株数的比例)为：

$$L = \int_0^{F=l} l(F(x)) dF \tag{5-7}$$

因此，以每公顷株数表示的疏伐强度等于 $(1-L)$。如果疏伐前的直径分布和保留率 $l$ (为累积直径频率的函数)均为已知，则可用方程 $(5-7)$ 式来计算疏伐后的直径分布。所以模拟疏伐的一种做法是根据直径分布累积频率与林木保留率的函数关系来估计保留率。

保留率 $l$ 可用下面的 $(5-8)$ 式并结合 $(5-7)$ 式即可求得。对于经常应用于人工林中的下层疏伐，可得到如下关系：

$$l(F) = F^c \tag{5-8}$$

联立 $(5-7)$ 式，有：

$$L = \int_0^1 F^c dF = \frac{1}{c+1} F^{c+1} \Big|_0^1 \tag{5-9}$$

故有：

$$L = \frac{1}{c+1}, c = \frac{1}{L} - 1, l(F) = F^c \tag{5-10}$$

图 5-2 是不同疏伐强度 $(1-L)$ 下，变量 $F$ 与 $l$ 的关系。

可见林木在疏伐中被保留的概率随直径的增加而增加。选择强度受疏伐强度的影

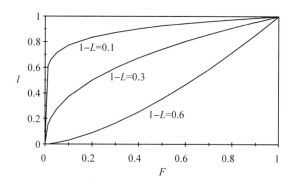

图 5-2　不同疏伐强度 $(1-L)$ 后的 $F$ 与 $l$ 间的关系

响。当进行轻度疏伐时，较小径阶的采伐率很高；而进行重度疏伐时，采伐率在各径阶内的分布要更均匀些。

据(5-6)式，有：

$$nr_i = N \int_{F(x_{i-1})}^{F(x_i)} F^c dF = N \frac{1}{c+1} F^{c+1} \Big|_{F(x_{i-1})}^{F(x_i)} \tag{5-11}$$

当疏伐强度一定时，疏伐后的直径分布等于：

$$nr_i = NL[\, F(x_i)^{\frac{1}{L}} - F(x_{i-1})^{\frac{1}{L}} \,] \tag{5-12}$$

$F(x_i)$ 指疏伐前林分的相对累计频度。当没有疏伐时，$L=1$ 且 $nr_i = N\{F(x_i) - F(x_{i-1})\}$。

下面是该方法应用于江西大岗山疏伐试验的情况。对所有样地疏伐后的理论直径分布与实测直径分布进行了比较(见表 5-1)。

表 5-1　疏伐试验 DGS 中保留林分直径分布的理论值与实测值的卡方检验结果

| No | $1-L$ | $\chi^2$ | $f$ | $\chi^2(f,\ 0.05)$ |
|---|---|---|---|---|
| 103 | 0.454 | 7.997 | 4 | 9.488 |
| 104 | 0.542 | 4.424 | 5 | 11.070 |
| 106 | 0.600 | 0.150 | 3 | 7.815 |
| 107 | 0.500 | 9.018 | 4 | 9.488 |
| 108 | 0.368 | 6.476 | 4 | 9.488 |
| 109 | 0.250 | 4.212 | 5 | 11.070 |
| 110 | 0.265 | 6.638 | 5 | 11.070 |
| 111 | 0.641 | 5.529 | 3 | 7.815 |
| 112 | 0.593 | 4.418 | 4 | 9.488 |
| 301 | 0.191 | 3.898 | 5 | 11.070 |
| 302 | 0.492 | 8.126 | 4 | 9.488 |
| 303 | 0.515 | 2.720 | 4 | 9.488 |
| 305 | 0.435 | 4.667 | 6 | 12.592 |
| 306 | 0.446 | 5.492 | 6 | 12.592 |
| 310 | 0.428 | 8.166 | 5 | 11.070 |

注：$Nr$ 为样地号；$1-L$ = 疏伐强度，系采伐株数的相对值；$\chi^2$ 为求出的卡方值；$f$ 为自由度；$\chi^2(f,\ 0.05)$ 为在 5% 显著性水平的查表值。

在所有样地中，卡方值均小于 0.05 显著性水平的查表值 $\chi^2(f, 0.05)$。因此，该模拟可以很好地估计疏伐对杉木林直径分布的影响。

### 5.1.2.2　疏伐后直径分布的动态预测

经历一次疏伐后，直径分布变化通常是用分布函数的各参数（都是用年龄和林分特征值来估计）或各种林分收获表预测法来模拟的。一个非常简单的方法是惠刚盈和 Gadow(1996)提出的，他们的累积分布函数如下：

$$F = \frac{1}{1 + \exp(a - bX)} \tag{5-13}$$

对于杉木人工林，可用下列方程直接从两个百分位值所对应的直径（$X_{F=0.5}$ 和 $X_{F=0.9}$）得到各参数值，即：

$$a = bX_{F=0.4}; \quad b = \frac{2.19722}{X_{F=0.9} - X_{F=0.5}} \tag{5-14}$$

累积直径分布是用两个百分位值所对应的直径 $Dx$（式中 $D_x = X_{F=0.5}$ 或 $D_x = X_{F=0.9}$）来定义的，这两个百分位值所对应的直径的变化描述了直径分布的变化。我们做如下假定：百分位值所对应的直径的对数值与均方平均直径的对数值之差在任意两个时刻的比值不变，即：

$$\ln Dx_2 - \ln Dg_2 = k(\ln Dx_1 - \ln Dg_1) \tag{5-15}$$

故有：

$$Dx_2 = Dg_2\left(\frac{Dx_1}{Dg_1}\right)^k \tag{5-16}$$

用江西嘈下的疏伐试验数据拟合得到如下参数估计值（表5-2）。

表5-2　拟合结果

| $D_x$ | $k$ | $R^2$ | $MSE$ |
|---|---|---|---|
| $X_{F=0.5}$ | 1.11904 | 0.978 | 0.072 |
| $X_{F=0.9}$ | 1.02653 | 0.980 | 0.112 |

用 Kolmogoroff-Smirnoff 检验法和疏伐试验大岗山的数据（系疏伐后第6年的测值）对上述模型进行了验证，结果列于表5-3。

表5-3　利用 K-S 检验法的检验结果

| $N_o$ | $N_n$ | $P_n$ | $D_{gn}$ | $D_{g6}$ | $K-S$ | $D(n, 0.05)$ |
|---|---|---|---|---|---|---|
| 103 | 1380 | 0.454 | 14.3 | 17.2 | 0.132 | 0.185 |
| 104 | 1380 | 0.542 | 14.5 | 17.2 | 0.079 | 0.175 |
| 106 | 1050 | 0.600 | 14.3 | 16.6 | 0.037 | 0.196 |
| 107 | 1335 | 0.500 | 14.9 | 17.8 | 0.052 | 0.177 |
| 108 | 1560 | 0.368 | 14.7 | 16.5 | 0.015 | 0.161 |
| 109 | 1545 | 0.250 | 13.8 | 16.0 | 0.076 | 0.172 |
| 110 | 1530 | 0.265 | 14.4 | 16.6 | 0.064 | 0.160 |
| 111 | 1050 | 0.641 | 14.0 | 17.4 | 0.097 | 0.198 |
| 112 | 1095 | 0.593 | 13.8 | 16.5 | 0.084 | 0.196 |
| 301 | 1560 | 0.191 | 13.6 | 16.3 | 0.084 | 0.160 |
| 302 | 1320 | 0.492 | 14.7 | 17.8 | 0.020 | 0.180 |

（续）

| $N_o$ | $N_n$ | $P_n$ | $D_{gn}$ | $D_{g6}$ | $K-S$ | $D(n, 0.05)$ |
|---|---|---|---|---|---|---|
| 303 | 1050 | 0.515 | 15.8 | 18.8 | 0.106 | 0.214 |
| 305 | 1050 | 0.435 | 16.0 | 18.2 | 0.117 | 0.196 |
| 306 | 1560 | 0.446 | 14.6 | 17.5 | 0.043 | 0.160 |
| 310 | 1380 | 0.428 | 15.1 | 17.6 | 0.056 | 0.175 |

注：$KS$ 为实际分布与理论分布绝对差的最大值；$D(n, 0.05)$ 为在 0.05 显著水平上的临界 $K-S$ 值；$No$ 为试验编号；$Nn$ 为疏伐后每公顷株数；$Pn$ 为采伐株数的相对值；$Dgn$ 为刚疏伐后的均方平均直径 $(cm)$；$Dg6$ 为疏伐后第 6 年的均方平均直径 $(cm)$。

该模型是预测杉木人工林直径分布变化的简单而非常有效的方法。下面再用一个数字实例予以说明：

例：假设 12 年生时的初始直径分布见表 5-4。

**表 5-4　12 年生杉木人工林初始直径分布**

| D 径阶均值 $x_i(cm)$ | 4 | 6 | 8 | 10 | 12 | 14 | 16 | 18 | 20 |
|---|---|---|---|---|---|---|---|---|---|
| 林木株数 $n_i$ | 1 | 2 | 5 | 11 | 28 | 26 | 27 | 4 | 1 |

采用下层疏伐，疏伐强度 42.8%，故 $L=0.572$。应用方程 (5-12) 式，则疏伐后的直径分布见表 5-5。

**表 5-5　12 年生杉木人工林下层疏伐后（疏伐强度为 42.8%）的直径分布**

| D 径阶均值 $x_i(cm)$ | 4 | 6 | 8 | 10 | 12 | 14 | 16 | 18 | 20 |
|---|---|---|---|---|---|---|---|---|---|
| 保留林木株数 $nr_i$ | | | 1 | 2 | 12 | 17 | 23 | 4 | 1 |

18 年生时（疏伐后第 6 年，$Dg=17.6$ cm）的直径分布的估计结果如表 5-6。

**表 5-6　18 年生（疏伐后 6 年，$Dg=17.6$cm）杉木人工林的直径分布**

| D 径阶均值 $x_i(cm)$ | 4 | 6 | 8 | 10 | 12 | 14 | 16 | 18 | 20 | 22 | 24 |
|---|---|---|---|---|---|---|---|---|---|---|---|
| 保留林木株数 $nr_i$ | | | | | 1 | 6 | 18 | 22 | 8 | 10 | 1 |

图 5-3 展示了对第一个示例林分的直径分布的发展模拟结果（10 年间伐前后，14 年间伐前后，20 年时）。

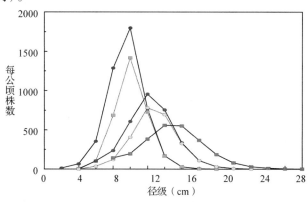

图 5-3　模拟的林分直径分布的发展（10 年间伐前后，14 年间伐前后，20 年时）

## 5.2 林分空间优化经营模型

空间结构分析在近年来越来越受到森林优化经营研究的重视，空间结构分析也在森林经营中发挥着越来越重要的作用，许多学者都提出了新的空间结构分析的指标和优化模型。在林分中，林木的空间位置信息可以在某些方面反映、衡量林分的结构和功能变化，因此建立林分空间优化经营模型对实现森林可持续经营有重要的指导意义。

早期的异龄林优化经营模型主要是寻找最优解（最优直径分布与混交树种和最佳采伐方案等）达到培育健康稳定森林目的，但其未涉及林分空间结构信息（Hof et al.，2000）。而关于林分层次的空间优化经营模型研究还较少见（Pukkala，1999）。德国的空间生长模拟模型 SILVA（Pretzsch，1992）和疏伐模拟专家系统 ThiCon（Daume.1998）因更倾向于提出经营措施和分析林分的结构关系，都无法给出空间结构经营的最优方案。Hof 等所建立的以单株木为变量的模型第一次把部分林分空间约束纳入到林分采伐规则中（Murray，2000），开启了林分优化经营（optimizing forest stand management）和空间优化（spatial optimization）的研究新方向。但因含有较多模拟林分，且以林木采伐生产为经营目标，保护林分多样性和调整林分空间结构多样性并不是主要的经营目的。

汤孟平（2003）利用空间结构参数构建目标函数并以非空间结构参数为主要约束构建了林分择伐空间优化模型，但由于固定了采伐量而使经营策略缺乏灵活性（汤孟平和唐守正，2005）。李建军（2013）从传统林分结构、林分空间结构与垂直结构三个层面构建了环洞庭湖区森林的目标结构指标体系及其量化标准，提出了基于 Voronoi 图的林木空间格局分析方法和林分空间结构优化的均质性目标。整体上优化了林分结构，但对林层调节效果甚微。基于 Voronoi 图的林木空间格局分析方法存在明显漏洞，有待改进（张弓乔，2015）。在这些优化模型（汤孟平，等，2006；李建军，等，2012）中，木材以外的效益等参数也被一起加入到了优化目标中，但也没有考虑到包括空间关系和其他影响森林的参数。

可见，林分层次的空间优化经营模型的研究都还处在起步阶段，以林木空间信息为基础、以林分空间结构指标为变量的空间结构优化模型成为今后的研究趋势。

结构化森林经营以森林保护为主，利用为辅的原则建立林分空间结构优化经营模型。使其在满足择伐、林分空间结构合理、近自然经营、林分物种多样性等条件上找到平衡点，从而可以达到保持森林生态和功能发挥最大效益和活力的目的。惠刚盈（2007）以林分分布格局、林木大小分化度和混交度等结构参数构建目标函数，约束条件包括空间指标和非空间指标构建模型，利用单株择伐的方式优化林分空间结构。胡艳波（2010）在此基础上以结构化森林经营理论为基础，建立了空间结构优化经营模型 SSOM。该模型的空间结构优化目标主要是调整和优化林分格局分布，以修正混交度代替原有的树种混交度、顶级树种和主要伴生树种优势度代替原有的大小比数，加入了对健康林木比率的限制等空间结构条件，利用计算机程序在林分水平优化和调整了森林的空间结构。

## 5.2.1　目标函数及其约束条件

将空间结构优化作为经营目标的模型，其核心是合理有效的选取采伐木，优化培育目标的各项指标，并使伐后的林分空间结构最优，促进林分整体的健康和稳定。建立此种模型的要求，首先要明确什么样的空间结构是最优的，采用哪些参数构造目标函数和约束条件，才能把伐前后的空间结构以及优化的要求表达清楚。林分空间结构优化经营模型的主要任务是将需要经营的林分与健康稳定的林分进行比较和定量分析，找到之间的差距。

优化的目标函数：

$$Q(g) = |\overline{W} - 0.5| + \frac{\overline{U}_c}{\overline{U}_{c-0}} + \frac{\overline{U}_a}{\overline{U}_{a-0}} + \frac{\overline{M}'_0}{\overline{M}'} + |\overline{C} - 0.9| \qquad (5\text{-}17)$$

式中：$g$ 为样地林木向量；$\overline{W}$ 为林分平均角尺度；$\overline{U}_c$、$\overline{U}_a$ 分别代表顶极种与主要伴生种中大径木的竞争树大小比数；$\overline{U}_{c-0}$、$\overline{U}_{a-0}$ 分别代表林分在调整前的顶极种与主要伴生种的中大径木的竞争树大小比数；$\overline{M}'_0$ 为代表调整前林分平均修正混交度；$\overline{M}'$ 为林分平均修正混交度；$\overline{C}$ 为林分平均拥挤度。

式(5-17)总体简捷有效，所选用的几个参数易于计算和解释，能够涵盖空间结构的主要信息，在空间结构发生变化时能够准确表达出来。

约束条件是保证林分空间结构优化时需要遵守的准则，在该模型中，约束条件以健康稳定的林分特征为基础。

约束条件：

① $N \geq N_0(1 \sim 20\%)$；

② $G \geq G_0(1 \sim 15\%)$；

③ $P_h > P_{h0}$；

④ $\overline{D}_{sp-c} \geq \overline{D}_{sp-c-0}$；

⑤ $\overline{D}_{sp-a} \geq \overline{D}_{sp-a-0}$；

⑥ $\overline{M}' \geq \overline{M}'_0$；

⑦ $T = T_0$；

⑧ $CI_c \leq CI_{c-0}$；

⑨ $\overline{C} < 1.1$；

⑩ $\overline{W} \to 0.5$；

⑪ $Cd > 0.7$。

## 5.2.2　目标函数解析

林分空间结构优化目标函数取最小值时空间结构最优。目标函数由四部分组成：林分格局经营目标为随机分布；顶极树种和主要伴生种的中大径木的培育目标是降低竞争压力；树种隔离程度的经营目标是提高树种隔离程度；林分拥挤度的经营目标是使林分拥挤度逼近于中间值。

(1)尽量使角尺度表达的林分空间分布格局趋向随机

大量的调查研究都显示:经历一定时间的自然演替而形成健康稳定的森林,其角尺度 $W$ 一般都趋向 0.5,也就是随机分布,这种分布显示了一定的稳定性。因此在经营时,为了使林分的空间分布格局尽可能的趋向稳定,也应使其角尺度尽可能接近于0.5。使随机分布的林分仍然保持随机分布,而均匀分布的林分和团状分布林分也向随机分布靠近。

(2)重点培育顶极树种和主要伴生种的中大径木,降低它们的竞争压力,提高优势度

顶极树种和主要伴生树种是健康稳定森林在经过漫长自然演替后或经过人为干扰后恢复起来的结构完好的顶极群落的主体,使之在林分中处于优势地位才能保证林分的稳定性。其次,作为所在林分的"地标"和基础,顶极树种和主要伴生树种中具有培养前途的中大径木具有巨大的生态价值、社会价值和经济价值,它们目前的优势或劣势决定了林分经营的方向,经营是否有助于缓解这些培育目标的竞争压力,是否保持了培育目标的优势,都是评价经营的重要指标。此外,围绕培育顶极树种和主要伴生树种中具有培养前途的中大径木来安排经营措施,能够合理有效地使用人力物力,而进行林分空间结构优化经营的目的是为了对森林结构进行不断的调整,人为帮助受严重干扰的林分进行自然演替的过程,因此构建顶极群落,增加顶极树种和主要伴生树种的优势度也成为经营的主要目标。

(3)提高林分多样性

多样性作为评价林分结构的重要指标一直备受重视。多样性的高低决定林分空间结构的复杂程度和林分抵抗病虫害以及抗干扰的能力。调整林分物种多样性也是经营的重要方向。因此目标函数选取了修正的混角度来表达树种的隔离程度和多样性;

(4)林分密度(拥挤度)逼近于中间值。

拥挤度用林木间平均距离与平均冠幅的比来表达,从林分的上层结构这一角度描述了林分的密度。利用拥挤度描述的林分密度最佳取值在 0.9 ~1.1 之间,当拥挤值度过低时,则缺少生长空间;当拥挤度值过高时,林分稀疏,有可能出现天窗,因此调整林分密度时应当使林分拥挤度值逼近 0.9。

### 5.2.3  约束条件的解析

约束①表示在结构化森林经营中,每次经营调整的采伐强度都要求为弱度(采伐强度低于 20%),只有这样才能保证林分的空间结构不会由于采伐而发生剧烈变化,林分的稳定和健康才能得以保持。

约束②表示要防止仅采大树的极端情况。因为在保证 20% 的采伐强度下,如果只采伐大树,而大树的蓄积较大,采伐株数即便很少,材积也可能很高。不能够保持林分的稳定性。因此,为了避免这种极端情况的出现,要求断面积的采伐强度小于 15% 。

约束③表示健康林木比例约束。稳定的林分要求健康林木达到 90% 以上,因此在

经营时，如果健康林木已达到这一比例，则要求砍伐后维持在 90% 以上，而当采伐前非健康木比例大于 10% 时，则要求采伐后健康林木比例高于采伐前，达到 90% 以上。最终达到促进林分健康目标。

约束④表示保证顶极树种处于优势，要求优势树种的优势度要大于或至少等于经营前。顶极树种是顶极群落的主体，对于退化或受干扰的天然林而言，顶极树种是重建顶极群落的核心力量，因此，保留和培育顶极树种，促进其健康成长是结构化经营的主要目标之一。

约束⑤表示主要伴生树种的中大径木处于优势。主要伴生种也是顶极群落的重要组成部分，如果只是保护和提高顶极树种的优势度而不注意其他主要伴生种的优势度，经营后的林分空间结构可能变成顶极树种单优的局面，那样的林分并不自然，与顶极群落的距离将越来越远。因此必须同时提高顶极树种和主要伴生种的优势度，才能保证林分空间结构的稳定。

约束④和⑤都用树种优势度来表示。树种优势度的约束条件是优化经营的一个重要方面，可以保证优势树种竞争力不被降低，因此林分的空间结构优化需要建立在树种优势度提高的基础上，否则优化经营将失去其意义。约束中采用了优势度来衡量这一方面，而不是大小比数，是由于大小比数表达的是单株木在空间结构单元中的大小，并不能准确定量的表达树种的优势程度。树种优势度的计算方法结合了大小比数和树种显著度计算的。只有树种绝对和相对优势程度同时提高，树种的竞争压力才是真正的减少。

约束⑥表示林分多样性的约束，要求进行经营后的林分多样性不得低于采伐前。防止采伐后林分中的物种多样性和复杂性降低而导致林分结构不稳定。这里的多样性约束指标采用了修正的混交度。

约束⑦表示树种个数不减少，要求经营后树种的数量不变。也就是说，当林分中某些树种只有一株时，则不会采伐，同时要保护稀有树种。如果树种个数减少，林分的树种多样性必定降低，这是有悖于结构化森林经营所遵循的生态有益性原则的，因此设立约束条件，控制采伐对树种数的影响，这也是保护林分多样性的一个约束。

约束⑧表示顶极树种受到的竞争压力减少，要求采伐后顶级树种的竞争压力小于经营前，特别是降低有培育前途的顶极树种单木的竞争压力。这与提高顶级树种的优势度经营目标相一致。

约束⑨表示林分拥挤度适宜，要求经营过的林分拥挤度不得大于 1.1。这一条件也是用来控制采伐后的林分密度。尤其是在较为稀疏的林分，为了保证经营不会造成林分过于稀疏，要求采伐后林分的拥挤度不得大于 1.1。

约束⑩增加格局约束内容，用以控制采伐后的林分空间分布格局不偏离随机分布。这一约束的含义共包括三个部分，分别对应于三种林分空间分布格局类型。当采伐前的林分格局为均匀分布时（$\overline{W}_0 < 0.475$），采伐应使格局向随机分布靠近，但不能越过随机分布变成团状分布，用角尺度均值表示：$\overline{W}_0 < \overline{W} < 0.517$；当采伐前的林分格局为随机分布时（$0.475 \leqslant \overline{W}_0 \leqslant 0.517$），采伐后格局也应该是随机分布，即 $\overline{W}$ 取值范围不变：$0.475 \leqslant \overline{W} \leqslant 0.517$；当采伐前的林分为团状分布时（$\overline{W}_0 > 0.517$），采伐也应使格局向随机分布靠近，但不能变成均匀分布，用角尺度均值表示：$0.475 < \overline{W} < \overline{W}_0$。

约束⑪为郁闭度的限制，要求经营后郁闭度大于 0.7。郁闭度（Canopy density，简称 Cd）是评价林分是否健康和稳定的一个基本条件，只有郁闭度保持在一定水平之上，林冠形成连续覆盖的林分，才有可能持续、稳定地发挥自己的各项功能。因此，结构化经营有一条原则，无论怎样经营，林地的连续覆盖必须保持，否则认为经营不成功。一般认为，郁闭度大于 0.7 基本可以算作连续覆盖。因此，规定采伐后的林分郁闭度不能低于 0.7。

郁闭度的计算方法：在样地内以 5m×5m 的格子机械布点，测量所有点的坐标，统计每个观测点与林中某株树的距离是否小于该树的冠幅，如果小于则该观测点有树冠遮蔽，统计这类观测点占总观测点数的比例，即为该林分的郁闭度。

## 5.2.4　优化经营决策

优化经营决策的前提是建立计算机经营规则，以结构化森林经营的原则，建立计算机运算的流程和优先性，最后根据目标函数和约束条件筛选不同方案，最终得到符合条件的解。这组解当中的最小解则为计算机模拟的最优结构化森林经营方案。

### 5.2.4.1　计算机优化规则

在对林分进行经营迫切性考察时，我们认为如果林分各项指标达到一项以上不合格就可以或者需要进行经营。当林分达到经营的程度时，说明在该林分中的单株木有许多潜在的采伐对象。这些潜在的采伐对象可能只存在某一个参数不合理，而另一些潜在采伐对象则可能在很多参数上都不合理。这种时候首先要考虑的就是单株木的采伐优先性。不同的优先性将直接或间接地导致优化结果不同。因此建立优先性原则需要明确对林分的经营目标，将避免潜在采伐木的自相矛盾，有助于尽快实现优化目标。

林分空间结构优化模型是以空间结构调整为方向。其采伐优先性原则为：当一株单木存在一个或以上不合理指标时，每增加一个不合理性指标则其采伐标记 +1；在一块林分中，调整的优先顺序取决于需要采伐标记的大小。采伐标记的不同取值可将一个林分内的树木分为以下三种情况：①当一株林木在所有（健康、混交、格局、密集和优势度）指标检查时都不合理，采伐标记为 5，则该单株木确定为采伐对象；②当一株林木大于等于一项且小于 5 项指标不合理时，采伐标记可取值为 [1，4] 之间的正整数，则这类林木为潜在采伐对象；③当一株林木各项指标都合理，没有需要调整时，则该林木为不需要采伐对象。采伐标记的意义在于区分不同类型的林木，主要用来标记出潜在的采伐对象。一株林木当需要调整的参数越多，则越优先砍伐该株林木。

### 5.2.4.2　优化决策过程

计算机优化的决策与营林员在现实林内适时进行林分空间结构优化一样，都需要完全遵循结构化森林经营的经营原则。这就要求在经营中遇到濒危种、只有一株的稀有种和健康的顶极树种单木时不采伐，而不健康的林木全部采伐。其他林木的采伐根据经营迫切性的判断结果，逐一调整。

对于不同的林分，经营迫切性不同，优化要求是不同的，可能某一个指标需要调整，也可能某几个指标需要调整。

　　林分空间的结构优化决策过程是依据优化模型，并逐步调整林分各个结构参数来优化林分的过程。整体包括以下流程：① 查找参照树最近相邻木模块；② 计算参照树空间结构参数模块：结构参数包括角尺度、大小比数、混交度、优势度及密集指数；③ 计算林分特征值模块：林分特征值包括基本参数（平均胸径、平均数高、平均冠幅），空间结构参数（平均角尺度、树种优势度、平均树高、拥挤度），健康木比例统计等。④ 用户选择或输入林分中的顶级树种、主要伴生树种以及濒危种的树种；⑤ 采伐木优先规则模块；⑥ 潜在采伐木穷举模块；⑦ 约束剔除模块；⑧ 目标函数计算模块。

　　部分具体流程如下：

　　（1）数据标准化流程

　　数据标准化流程见图5-4。具体过程为：首先读取林分数据，一般的林分数据包括树木编号、胸径（cm）、树高（m）、东西冠幅全长（m）、南北冠幅全长（m）、树种、平面坐标 x 和 y、林木健康状况（包括死亡、枯梢、压顶、倾斜、弯曲、病腐、同株等）。根据林分数据统计树种并输出树种列表；用户选择优势树树种并输入树种编号；去除林分数据中的死亡树木、同株树木，得到标准化林分数据；已进行标准化处理的数据可以直接进入林分经营迫切性计算流程。

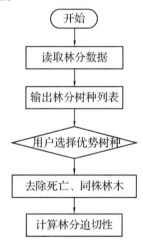

**图 5-4　林分空间结构优化经营初始化流程图**

　　（2）林分经营迫切性评价流程

　　对已经标准化的林分数据进行了经营迫切性分析。在确保需要经营的前提下进行经营试验和模拟。林分的经营迫切性是指判断林分需要经营程度的评价性指标，这一指标以健康稳定森林的特征为标准，以培育健康森林为目的，系统性的分析和表明林分是否需要经营以及相应的经营方向（惠刚盈等，2010）。其评价体系包括空间指标：林木分布格局、顶级树种优势度、成层性和物种多样性以及非空间指标：直径分布、天然更新、树种组成、林木健康状况和林木成熟度等指标，通过对这些指标的分析，可以确定林分的经营迫切性。其中四个指标的计算流程图见图5-5 至图5-8。

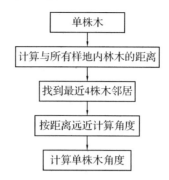

图 5-5　计算单株木角尺度流程图

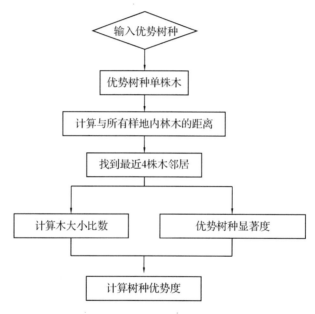

图 5-6　树种优势度计算机程序流程图

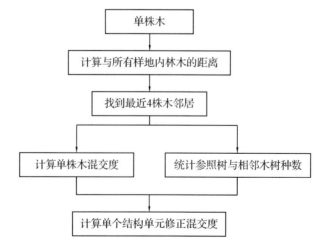

图 5-7　计算单株木修正混交度流程图

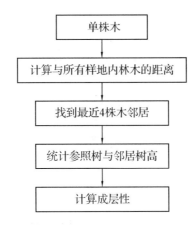

**图 5-8　计算单个结构单元林分成层性流程图**

（3）林木采伐标记流程

其流程见图 5-9。首先读取标准化林分数据；按树号顺序读取一株参照树，查找林分中该参照树的相邻木，利用计算角尺度、大小比数、混交度函数程序计算其相应参数，以及密集指数；判断林木的健康情况，具体而言不健康林木包括所有弯曲、断梢、病腐和空心的林木，同时考察其格局、混交、优势度和密集度是否需要调整；若某一参数需要调整，则该参照树（或需要调整的邻居）采伐标记＋1，若不需要调整，则继续考察其他参数；最后，将该参照树的所有采伐标记累加，得到该树最终的采伐标记得分。

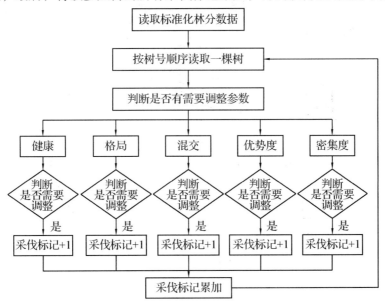

**图 5-9　林木采伐标记流程图**

① 健康：判断参照树是否健康，如果健康，采伐标记不加分，继续判断其他指标。

② 格局：格局调整流程是指调整林分的格局参数的过程，主要用来调整结构单元中分布不接近随机的林木。其目的在于促使采伐后林分尽量接近随机分布。主要的调整

参数为角尺度 $W$。当结构单元角尺度为 0.5 时，则该结构单元较为接近随机分布，不调整，参照树和 4 株相邻木采伐标记不计分。当 $W=0$ 或 0.25 时，说明该结构单元偏向于均匀分布，则 4 株相邻木采伐标记 +1；当 $W=1$ 或 0.75 时，说明该结构单元偏向于团状分布，则 4 株相邻木采伐标记 +1。需要注意的是，调整格局时，并不是同时调整均匀分布的结构单元和团状分布的结构单元，这种调整将由于相互抵消而失去意义。在进行林分迫切性分析时已经判断了林分的格局分布，为了使林分更加趋向于随机，当林分处于均匀分布时，应以调节 $W$ 值小于 0.5 的结构单元为主，当林分处于团状分布时，则应以调节 $W$ 值大于 0.5 的结构单元为主。

③ 混交：调整的目的在于提高林分的混交程度。调整单木、树种和林分的混交度将影响树种多样性和树种组成。树种多样性在一定程度上决定了树种空间关系的复杂程度，保护树种多样性是保证林分健康稳定的重要前提。当混交度取值较小，$M=0$、0.25 和 0.5 时，则说明参照树与周围邻居所组成的结构单元的多样性较小，需要选择其同种的相邻木进行采伐。因此当 $M=0$、0.25 和 0.5 时，则将相邻木中同种林木的采伐标记 +1。注意当林分为人工纯林时，$M$ 的取值大多为 0 且小于 0.5，因此当对人工林进行经营时，此项调整可以适当放宽。

④ 大小比数：林木的大小比数主要用来调整结构单元中的优势度。其目的主要在于保护顶级树种，培育顶极树种和主要伴生种，同时提高其优势度，降低竞争压力。判断参照树结构单元的大小比 $U$，当 $U=0.75$ 或 1 时，说明该顶极树种单木其相邻木中有 3 或 4 株比参照树大，则不需要采伐参照树，而将相邻木中大于参照树的林木作为采伐潜在对象并将其采伐标记 +1。

⑤ 密集指数：密集指数调节在于调整结构单元中林木的拥挤程度。当密集度取值较小，$C=0$、0.25 和 0.5 时，则说明参照树与周围邻居不拥挤，树冠之间有没有接触或只与其中的 1 到 2 株相邻木有接触，当 $C=0.75$ 或 1 时，则说明参照树与相邻木中的 3 到 4 株都有树冠接触，此时则需要调整，将有接触的相邻木的采伐标记 +1。

当分别计算完每一株的结构单元并考察各个参数后，累加每株木的得到采伐标记即为每株木的采伐得分。

（4）最优方案的选取

要求进行最优方案选取前，以完成采伐木标记步骤，该模块流程图见图 5-10。

首先将有采伐标记的林木数据提取出来；为了保护林分中的稀有树种，且约束条件中要求林分树种数不变，因此要求将采伐标记中的稀有种和只有一株的林木剔除；由于采伐标记最大值为 5，也就是各项参数均不合理，这类林木已确定为采伐对象。将其与采伐标记大于等于 1 且小于 5，也就是潜在采伐对象以树号为索引，进行组合。假如有 m 株潜在采伐林木，通过组合则可得到共种组合方案，n 为假定的采伐木，每一种组合方案即为一种采伐方案；每次选择一种采伐方案首先要检查其是否符合约束条件，如果不符合约束条件，则认定该方案不合格并去除，继续选择下一个组合，当采伐方案符合约束条件，怎保留该采伐方案，依次循环。将保留的所有采伐方案根据目标函数计算 $Q(g)$ 值并进行比较，具有最小值的一组采伐方案即为目标函数的最优解，其中的 n 株木

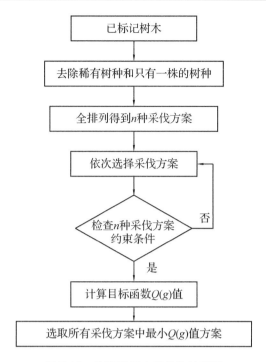

**图 5-10　选取最优方案模块流程图**

为需要砍伐的树木。去除采伐木的林分为模型选取的最优结构化森林经营方案。

　　在计算机运行空间结构优化模型时，其本质和现实林分中的实地经营是一样的，都需要完全遵循结构化森林经营的经营原则。以林木的健康和空间结构参数为主要的调整对象。以采伐标记得分确立采伐优先性原则，这种方法可以保证在砍伐时优先选择采伐标记分值较大，也就是多个参数需要调整的林木。然后遵循结构化森林经营的原则，规划决策流程，并运行优化决策程序实现结构优化经营。

# 5.3　经营模型评价

## 5.3.1　经营模型评价方法

　　对森林经营模式的评价不能仅从生产的角度分析投入与产出，还应从技术的角度考虑经营措施对森林自身健康的影响。一种好的经营策略应该是在保障森林健康的前提下获取最大的效益。可见，好的经营模式应该是既在技术上合理又在经济上可行。也就是说，有效的经营模式必须同时具备技术合理性和经济可行性。

　　以林分的生态功能为主要目标的林分经营模式，其技术合理性要体现被经营林分的状态特征与地带性原始群落（参照林分）的状态特征的接近程度。这种接近程度同时也反映了经营林分预期目标实现的程度。林分经营模式的经济可行性则反映经营过程中投入的用工数量与同期的木材产出数量。林分经营模式的技术合理性评价，以几乎没有受到人为干扰的天然林分为参照，依据林分的状态特征分析结果，运用遗传绝对距离和相对差异率方法，比较经营林分与参照林分相对应指标的差异程度，以经营投入的用工量评价经营林分与参照林分的相似程度。再结合经济可行性评价，对林分经营模式的有效性进行综合评价。

技术合理性($T_a$)被定义为给定经营模式下每投入一个工能使所经营林分接近地带性顶极群落的程度($1-D$)，用公式表示为：

$$T_a = \frac{1-D}{W_d} \tag{5-18}$$

式中：$W_d$ 为经营模式累计用工量。

经济可行性($P_a$)被定义为给定经营模式下每投入一个工能使所经营林分在经营内获取木材生产的能力，用公式表示为：

$$P_a = \frac{V_m}{W_d} \tag{5-19}$$

式中：$Vm$ 为经营模式累计出材量。

经营模式的有效性($M_e$)体现的是技术合理性和经济可行性的统一，用二者的和表达，即：

$$M_e = T_a + P_a = \frac{1-D+V_m}{W_d} \tag{5-20}$$

$M_e$ 的数值越大，说明经营模式越有效。

公式(5-18)中的 $D$ 表达的是经营林分与近原始林或地带性顶极群落的组成与结构的差异。计算公式为：

$$D = \left( \sum_{j=1}^{m} \left| \frac{y_j - x_j}{\max(y_j, x_j)} \right| + \sum_{j=1}^{n} d_{xy_j} \right) / (m+n) \tag{5-21}$$

式中：$y_j$ 为参照林分的第 $j$ 个特征；$x_j$ 为经营林分的第 $j$ 个特征；$m$ 为特征值数目；$n$ 为分布类型的数目；$d_{xy}$ 为遗传绝对距离，其计算公式如下：

$$d_{xy} = \frac{1}{2} \sum_{i=1}^{k} |x_i - y_i| \tag{5-22}$$

式中，$x_i$ 为群落 $X$ 中遗传类型 $i$ 的相对频率；$y_i$ 为群落 $Y$ 中遗传类型 $i$ 的相对频率；$k$ 为遗传类型的数量；$\sum_{1}^{k} x_i = 1$ 和 $\sum_{1}^{k} y_i = 1$。

需要指出的是：(5-18)式中 $1-D$ 的值在 0~1 之间，所以，在应用 $W_d$ 和 $V_m$ 值时均进行了归一化处理，方法是将所有经营模式下的 $W_d$ 和 $V_m$ 的值分别除以各自其中最大的值。

## 5.3.2  经营模型的评价指标

用于森林经营评价的指标有很多，由于不同的学者关注的重点和研究的方向不同，所选择的指标也就有所不同。但总体来说，森林经营模式的评价要反映其技术合理性和经济可行性两个方面。技术合理性评价所选择的指标应该能够从根本上体现林分的状态特征，各指标对于不同的经营技术实施效果的表达具有一定的敏感性，也就是说能够体现出不同经营技术实施效果之间的差别。经济可行性评价指标的选择则要重点体现该经营技术模式的投入产出状况。因此，本研究在选择和建立林分经营模式评价指标体系时遵循科学性和可操作性的原则。科学性即评价指标体系应当客观、真实地反映林分的状态特征，能够准确反映现实林分的状态与原始林分或顶极群落的差异。指标体系建立过程中尽量减少主观性，增加客观性，力求所选择的指标具有代表性、针对性和可比性。可操作性原则即评价指标内容简单明了，指标易于量化，数据易于获取，便于操作。也便于经营单位或有关管理部门评估和监测，使评价结果更好地应用于经营实践。

根据林分经营模式评价指标的选择原则，以林分的生态功能为当前的主要目标，以林分的可持续经营为最终目标，综合不同学者对健康森林、顶极群落状态特征的研究和技术可行性的普遍要求，提出林分经营模式的技术合理性和经济可行性评价指标。

模式的技术合理性评价，从林分的结构特征、物种多样性、林分活力（林分蓄积增长量、天然更新）、建群种竞争势等 4 个标准进行考量（图 5-11）。结构特征包括林分组成、径级结构和空间结构 3 类 6 个指标，非空间结构包括树种组成、径级结构；空间结构包括林木分布格局、相邻个体混交程度、相邻个体竞争程度和林分的层次结构。林分的层次结构包括林层数及郁闭度、灌木层和草本层的高度、盖度。物种多样性包括林分的乔木层、灌木层和草本层的物种多样性。林分活力选择林分活立木蓄积量和天然更新 2 个指标。模式的经济可行性评价，选择经营过程的累计用工量和相应的木材生产量 2 个指标。

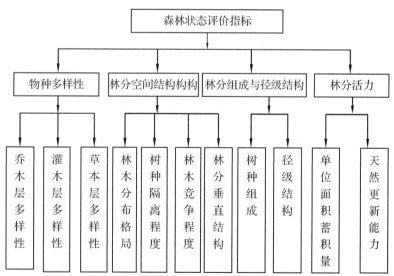

**图 5-11　森林状态评价指标**

# 第6章

# 结构化森林经营

森林作为生态系统理所当然地遵循"结构决定功能"这一系统论法则。传统的功能优化方法如木材产量最大等忽视了"结构"这一控制系统的中枢因子。惠刚盈等（2007）首次系统地提出了"基于空间结构优化的森林经营方法"，简称为结构化森林经营，之所以在"森林经营"前面冠以"结构化"，其用意在于强调"结构优化"，以区别于传统的森林经营。

## 6.1 结构化森林经营的经营理念

经济社会的发展对林业的需求出现了结构性的重大变化，保护生态环境、加强生态建设、维护生态安全等生态需求已成为社会经济发展对林业的主导需求。现代林业以可持续发展理论为指导、以生态环境建设为重点，林业的首要任务已由以经营用材林、生产木材等林产品为主向以生态建设为主、确保国土生态安全的方向转变，领域从传统的森林采伐和资源培育拓展到许多与生态环境建设有关的新兴领域。林业建设既要承担满足经济高速发展对林产品的需求，更要承担改善生态环境，促进人与自然和谐相处，重建生态文明发展道路，维护国土生态安全的重大历史使命。森林可持续发展是经济社会可持续发展的重要保障，是现代林业发展的必然选择。

实现森林可持续经营的基础是拥有健康稳定的森林，因此现代森林经营的首要经营目的是培育健康稳定的森林，发挥森林在维持生物多样性和保护生态环境方面的价值。在森林培育中要求遵循生态优先的原则，保证森林处于一种合理的状态之中，这个合理状态表现在合理的结构、功能和其他特征及其持续性上。结构化森林经营在总结国际上现有森林经营理论与方法的基础上，汲取了德国近自然森林经营的原则，以优化空间结构为手段，将培育健康稳定森林作为终极目标。结构化森林经营坚持以树为本、生态优先的经营理念，师法自然，充分利用森林生态系统内部的自然生长发育规律，计划和设计各项经营活动，视经营中获得的林产品作为中间产物而不是经营目标，认为唯有创建或维护最佳的森林空间结构，才能获得健康稳定的森林。

## 6.2　结构化森林经营的理论基础

结构决定功能。结构是构成系统要素的一种组织形式。一个系统不是其组成单元的简单相加，而是通过一定规则组织起来的整体，这种规则和组织形式就是系统的结构。结构反映了构成系统的组成单元之间的相互关系，直接决定了系统的性质，是系统与其组成单元之间的中介，系统对其组成单元的制约是通过结构起作用的，并通过结构将组成单元联接在一起。只有当结构清晰可见，才有可能对其实施有效调节。唯有健康的森林，才有各种功能的正常发挥。因此，健康森林的结构特征就是我们经营现有林的方向。结构的重要性、可解析性和健康森林结构特征就构成了结构化森林经营的理论基础。

### 6.2.1　结构的重要性

系统结构是系统保持整体性以及具有一定功能的内在根源。系统功能是系统在特定环境中发挥的作用或能力。确切地说，系统是结构和功能的统一体。系统不仅是结构和要素的统一，同时又是功能和过程的统一。

系统结构是系统内部各要素相互作用的秩序。所谓系统的结构解释，实质上就是把需要说明的对象解释为一定结构在环境作用下通过结构变化而表现出的功能与性状，也就是根据事物结构来解释事物属性的这样一种方法。在客观世界中，没有非物质的世界，同样，也没有非结构的物质，作为物质特定存在方式的结构，多有普遍性。物质系统除了具有空间结构外，同样也因为任何事物都有其发生、发展、死亡的时间过程，因而事物还存在时间过程结构。因此，没有非结构的系统，同样，也不存在非系统的结构，结构与系统是不可分割的。

由此可见，结构解释包括反映系统结构状态的结构描述，反映结构变化过程的结构变化规律，反映某种对应关系的对应原则，以及描述环境作用的前提条件。结构作为系统论的一个基本范畴，是指所有的系统都是由若干要素(元素、部件、子系统)按照一定的结构方式或数量比例组成。要素是构成系统现实的基础。但是系统的质并不是简单地由要素所决定，而是依赖于要素排列而形成的结构决定的。同时，结构也给要素以某些新的特征，从而使要素成为系统的要素，以区别于孤立存在的要素。结构与要素的相互关系可以概括为结构与要素的相对独立性和相互依赖性。

系统的结构概念表明了系统要素的一种内在联系，而作为系统结构的特性和规律就是要研究和揭示组成系统的各个因素与其他因素间关系的变化，以及因素变化导致整体变化的规律。

　　系统之所以成为系统并保持其有序性，就在于系统各要素之间有着稳定的联系，这里所谈的稳定是指系统某一状态的持续出现。稳定可以是静态稳定，也可以是一种动态稳定，取决于外界干预，系统可能会偏离某一状态而产生不稳定。一旦干扰消除，系统又恢复原态。例如森林、野生有蹄动物和猛兽之间存在着稳定性。有蹄动物——鹿和麋吃树枝、灌丛和青草，而虎、狼、豹等猛兽吃有蹄动物。在鹿和麋数量过多时，森林会遭受严重的破坏，但是有蹄动物要被食肉动物所吞食。例如严冬到来，积雪很深，限制了鹿和麋的活动，猛兽便消灭了其中的大部分，这时森林得到了恢复，但猛兽因食物对象减少，而受到限制发展，其数量也会迅速减少。在猛兽减少时，有蹄动物逐渐恢复了原状，这是一种相对的平衡。人进入森林后，在三者平衡中又出现了什么情况呢？科学工作者与森林保护人员饲养了鹿，射杀了鹿的天敌——狼。但是人不能"代替"狼来控制鹿群，于是出现了鹿的过量繁殖。不久便出现了食物危机，尤其是冬季严寒，饲料不足。鹿就进入村庄内吃贮存的干草，同时鹿也因食料不足而大量死亡。显然，自然的三位一体被破坏，相对稳定性就不存在。所以系统诸要素之间只有稳定的联系才构成系统的结构，但是系统各要素稳定联系存在着两种不同类型。一类是平衡结构；一类是非平衡结构。

　　对于平衡结构的整体系统，如晶体系统，它的各个要素有固定的位置，构成部分之间的联系排列方式是相对不变的，其结晶体的物性依晶体内部原子或分子的排列方向而异，一旦晶体结构形成，其系统内部的分子、原子相互作用不会随时间而改变。对于非平衡结构，则与晶体结构不同，这类系统结构经常保持着一定的对外界的活动性和功能。这类结构也存在着两种情况：一种是结构中严密有机程度的系统，其系统中各要素的结合虽不能随便改变，但系统又仍保持着与外界的物质和能量交换的特点，即是动态的稳定。而结构的动态稳定则是这种系统能够自我保持，并对环境发挥功能的一个必要条件。以生物体来说，就属于非平衡结构中严密有机程度。生物体要正常生长就不能破坏它的结构，而生物体任何一个基因的改变，将会影响到整体循环的正常运转，以致造成疾病与死亡。另一方面，系统稳定结构的微小变化又是系统引起进化的原因，所以又要研究动态系统结构的稳定性与变异性的辩证统一。

　　非平衡结构的另一种情况，就是非严密结构的系统，其结构稳定性又有不同的表现，像前面所举出的森林—有蹄动物—肉食动物三位一体构成生态系统的一部分，它们的联系是有机的，保持着一定的联系方式，这种联系状态的持续出现才能使它们各自繁衍后代，这也是属于系统结构的稳定性，但带有随机性，其组成部分或要素及其位置总是处在变动之中，它不像人体器官那样有着相对固定不变的位置，更不像晶体系统那样的平衡结构。所有非平衡结构的稳定性都是属于动态稳定。

　　结构稳定性强调的是系统内部要素的稳定的有机联系方式，一旦外界干扰超过该系统稳定性范围，则依干扰的程度，系统将保持、改变、甚至丧失它的结构。此时，原来系统将转化为新的系统。所以研究结构稳定性只着重于系统内部各要素的有序联系方式，不研究系统的外部关系。

　　系统的结构不是绝对封闭和静态的，任何系统总存在于环境之中，总是要和外界环境进行物质、能量、信息的交换。系统的结构在这种交换过程中总是由量变到质变。这就是系统的开放性、动态性和可变异性。例如从社会发展的角度来看，每一时代的社会结构都是在变动中，与此同时产生的结构也是在不断变化的。人们的知识结构也是这样，它只有在不断变异中才能适应社会发展的需要，不注意知识结构的开放性，自我封闭，就要落后。所以，研究系统结构，不论是自然的、社会的，还是其他系统结构，都必须注意系统结构内部各要素相互作用的动态性，更不能忽略系统结构与环境作用的开放性。

## 6.2.2　结构的可解析性

林分结构的异质性可使森林群落中树种多样性增加，促使森林具有更高的稳定性及完整性（Wang et al.，2006；Latham et al.，1998）。分析林分空间结构的基础是对林分空间结构的准确描述。传统的森林经理调查体系主要调查林木的胸径、树高和总收获量以及林分属性的统计分布（如直径分布等），目的是为木材生产服务，忽略了林分空间结构信息和多样性信息。而经典的植被生态学调查，提供的是一种统计格局。它以植物个体为统计单元，从概率的角度，用抽象的指标说明种群的组成、个体的相互关系、空间分布格局以及种间相互作用等。受抽样和统计方法的限制，格局随尺度变化较明显。它注重群落生态因子的测定，得出的结果很抽象，很难直接从中导出森林经营的具体技术。

近年来，林分的空间结构越来越受到人们的关注，已成为森林经营和分析中的一个重要因子（汤孟平，2003；惠刚盈等，2010），其中，涉及单木之间空间关系的林分空间结构及其关系的描述和解释已成为森林结构研究的焦点，越来越受到人们的重视（Gadow and Füldner，1993；Moeur，1993；汤孟平，2003；李建军等，2010；Gadow et al.，2012；曹小玉等，2015）。空间结构是森林动态变化过程中测度时点林分状态的高度概括和度量，体现了林木个体（结构要素）及其属性（分布、种类、大小）的连接方式（惠刚盈，2013）。它是森林生长及其生态过程的驱动因子，也是森林动态和生物物理过程的结果，直接与森林生态系统功能紧密相连（Spies，1998；Pommerening，2006）。森林结构可以帮助我们了解森林的发展历史、现状和生态系统将来的发展方向（Franklin et al.，2002）。结构特征直接反映了森林的生长状态和所处的演替阶段，并间接反映了森林生物多样性和生态功能。森林结构的复杂程度在一定程度上暗示了其生态系统服务的能力（Gamfeldt et al.，2013）。

相对于非空间结构的表达，林分空间结构更注重对林木间相对位置进行描述（Kint，2003）。一般认为可从林木个体的空间位置分布格局、不同树种空间隔离程度以及林木个体大小分化程度三个方面的对林分空间结构的多样性进行描述（Gadow and Hui，1999；Pommerening，2002；Graz，2006）。目前基于相邻木关系的林分空间结构参数的研究日臻完善（Gadow and Hui，2002）。包括表达林分中林木位置的水平分布格局，树种空间隔离程度 、参照木的大小优势程度以及密集度。相较于其他结构指数它们能够在林分尺度上对结构组成复杂的林分具有很强的解析能力（Hui，1999；2003）。另外一个突出优点是，可直接通过简单的点抽样调查代替耗时费力的全面坐标定位调查获得这组结构参数。当选取参照树周围较少的相邻木时，调查者不需要繁琐地测量树木间的距离，只需用肉眼分辨参照树周围 $n$ 株相邻木，判断相邻木与参照树间各属性间的相对关系即可。这使繁琐的林分空间结构信息调查得到简化，并可将其较为容易的结合于其他的森林调查中。这组结构参数不仅可用均值表达也可通过概率分布细致描述，因此它们在指导森林空间结构调整以及森林结构的模拟与重建过程中有着独特的优势（Pastorella and Paletto，2013；Pommerening，2006）。

### 6.2.3 健康森林的结构特征

#### 6.2.3.1 健康森林生态系统的特征

森林是以乔木为主体的地表生物群落，自然生长的森林是地球表面自然历史长期发展的地理景观。它是陆地生态系统组成最复杂、生物种类最丰富、适应性最强、稳定性最大、功能最完善的生态系统。森林生态系统作为陆地生态系统的主体和自然界功能最完善的资源库、基因库、蓄水库、碳储库、能源库，对改善生态系统，维持生态平衡起着决定性的作用。同时森林又是人类生存与发展不可缺少的自然资源。森林生态系统的健康状况直接影响到全球或区域生态环境，直接关系到人类的生存和发展。

健康生态系统通常具有以下特征：在结构方面，健康生态系统的物种多样性、生物多样性、结构多样性和空间异质性较高；在能量学方面，健康生态系统的生产量高，系统储存的能量高，食物链多为网状；在物质循环方面，健康生态系统中总有机质储存多，矿质营养物循环较封闭，无机营养物多储存在生物体中；在稳定性方面，由于健康生态系统的组成和结构复杂、生态联系和生态过程多样化，对于外界干扰抵抗力强，恢复力较高，具有良好的自我维持能力。

可见，一个健康的生态系统是稳定的和可持续的；在时间上能够维持它的组织结构和自治，也能够维持对胁迫的恢复力。生态系统是否健康可以从活力(vigor)、组织结构(organization)和恢复力(resilience)等3个主要特征来评价。活力表示生态系统功能，可根据新陈代谢或初级生产力等来测定；组织结构可根据系统组分间相互作用的多样性及数量来评价；恢复力也称抵抗能力，可根据系统在胁迫出现时维持系统结构和功能的能力来评价。

森林生态系统的进化是森林的自然属性。它的特征是渐进的、连续的。即使遇上一些自然灾害，如闪电雷击，也只能损害一部分树木，一部分森林动物和微生物，一部分森林环境，但整个森林结构不会发生质的变化，依靠森林的自组织能力，能够逐步恢复森林中各组成单元的状态及其对环境的调节能力和影响能力。原始林的发展态势，都是进化的态势；原始林的结构基本上是物竞天择，在自然竞争中形成的进化结构。

健康意味着结构完整和功能正常。健康森林的特征主要体现在它的组成和结构上。组成应以地带性植被的种类为主，结构特征主要表现在它的时空特征上。在空间上它具有水平结构上的随机性和垂直结构上的成层性；在时间上它具有世代交替性。具有这样种类组成和结构的森林是稳定的(具有保持正常动态的能力)、富有弹性(即使经受一定的干扰它也能自我恢复机能)和有活力的。天然林中的原始林或顶极群落就属于这种健康生态系统。

## 6.2.3.2　顶极群落的结构特征

顶极群落中的种群结构应该处于一种稳定状态,即种群中因死亡而消失的数量应等于由种子发芽而获得新个体的数量。在某些情况下可以看到优势种的完整的金字塔形种群年龄结构。顶极群落的能量流动和物质循环应处于稳定状态,群落的生物量、种的多样性以及层次结构的复杂性都趋向于增大。在顶极群落中总初级生产量与呼吸量比率(P/R)接近于1,此时生物量的累积率(净年产量与生物量之比)趋向于稳定。较高大的、寿命长的以及在现存群落中较耐荫的植物趋向于代替那些较矮小、寿命短和耐荫力差的种类,以减缓种群变化速度,增加群落达到自我维持的相对稳定状态。最大的中生性常被规定为顶极群落的特征。演替的一般规律都是从旱生或水生向中生性群落发展。顶极群落和生境条件应是一致的。一种特殊的生境类型应该生长着一个适应于这种生境的顶极群落,这种一致性表现为相似的顶极群落分布在相似的生境中。区域的气候顶极群落应是这个区域内广泛分布的群落,因此也可以称之为盛行顶极群落(prevailing climax)。顶极群落应该占有最成熟的土壤。气候顶极通常和成熟的地带性土壤相对应,虽然给土壤的成熟性下定义也是很困难的,但是土壤剖面的完整性以及地区的特征可以帮助识别顶极群落。顶极群落的外貌和气候是协调一致的。在不同大陆和大陆的不同地区,植被外貌表现出对相似气候的共同适应特征。如果一个受干扰的地区存在着落叶阔叶林和其他类型的群落,与它相对应的气候条件下,另一未受干扰的地区也生长着大面积落叶阔叶林,那么在这里的各种群落中,落叶阔叶林更可能是顶极群落。

由此可见,①顶极群落是一个稳定的、自我维持的、成熟的植物群落;②一个地区的植被演替均向顶极群落会聚,它是演替的顶点;③顶极群落是这个地理区域的优势群落,代表着这个地区的气候。这个概念有三个组成部分即:稳定性、汇聚和区域优势。

顶极群落可通过森林演替理论得以评判。依第1优势树种的种类和其他优势树种的组成判断某森林群落所处的演替阶段。森林群落主要层片是乔木层,而乔木层片中的优势树种是森林群落的重要建造者,是森林群落的骨架。多优森林群落演替过程中,除森林群落外貌形态的变化、群落内部及周边的生态环境变化外,另一明显的变化即第1优势树种及其他优势树种的更迭。第1优势树种的每一次更迭都遵循着这样一个规律:即一个较原第1优势种更耐荫蔽、喜潮湿,对养分要求更苛刻的树种对原第1优势种的替代。第1优势树种的每次更迭都标志着群落顺向演替的一次阶段性进展。随着第1优势树种的更迭,其他优势树种中,较耐荫、喜湿树种和种群有所扩增,而阳生性树种的种群有所削弱;演替早期占优势的强阳生性树种,随第1优势种的几次更迭,将逐渐退出优势树种组成,以至会从群落中消失。但一些阳性树种即便在一发育完善的顶极群落中,种群只会缩小到一稳定的规模,而不会从群落中消失。第1优势树种的更迭,实质上也是演替过程中群落组成树种种群消长变化的结果。所以,可以将当地中生性树种跃升为群落第1优势树种作为演替进入顶极阶段的标志。进入顶极阶段后群落的树种组成较为稳定,但各优势树种种群的消长、分布格局的变化将继续进行。发育完善的顶极阶段呈现一个充分发育的顶极群落，其优势树种总体的分布呈现随机格局，各优势树种也呈随机分布格局镶嵌于总体的随机格局之中（张家城，1999）。这便是顶极阶段再划分为未发育完善的顶极阶段和发育完善的顶极阶段的原因，也是这两个演替阶段区分的依据。

不同地区有不同类型的森林群落分布，同一地区因局部环境的不同将会有不同的群落类型，每种类型森林群落的演替过程中优势种的变化也有区别。所以，必须根据《中国植被》或描述该省该地区植被或描述该省该地区森林的著作，查阅了解该地存在哪些森林群落类型，并根据该类型群落树种组成，分析出演替过程中第 1 优势树种和其他优势树种更迭的顺序。必要时需通过踏查，力图间找出该类型森林群落演替不同阶段的代表性群落，组成演替的时间序列。再将排除干扰恢复优势树种原状的被判断群落与之对照，对号入座，即可确定该群落所属的群落类型和所处的演替阶段。

顶极群落是具有生物量大、结构合理、系统稳定、功能也比较完善等特点的森林生态系统。在系统中结构与功能间处于一种相对稳定的动态平衡状态，是一种具有较高生态平衡水平的自然状态，在环境保护上具有重要意义。合理的结构还表现在直径分布的倒"J"形与年龄金字塔、林木水平分布格局的随机性和群落垂直结构上的成层性。

（1）直径分布的倒"J"形与年龄金字塔

年龄分布（Age distribution）或年龄结构（Age structure）是植物种群统计的基本参数之一，通过年龄结构的研究和分析，可以提供种群的许多信息。统计各年龄组的个体数占全部个体总数的百分数，其从幼到老不同年龄组的比例关系可表述为年龄结构图解（年龄金字塔或生命表），从年龄金字塔的形状可辨识种群发展趋势，正金字塔形是增长型，倒金字塔形是衰退型，钟形是稳定型。在进行乔木树种年龄结构研究时，由于许多树木材质坚硬，难以用生长锥确定树木的实际年龄，或者为了减少破坏性，常常用树木的大小级结构代替年龄结构来分析种群的结构和动态。种群稳定的径级结构类似于稳定的年龄结构。森林种群年龄结构的研究在森林生态学研究领域取得了许多成果，发现了许多规律。天然异龄林分的典型直径分布是小径阶林木株数极多，频数随着直径的增大而下降。即株数按径级的分布呈倒"J"形（图 6-1）。

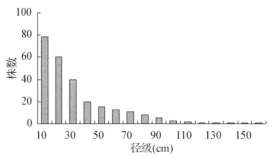

图 6-1　典型天然异龄林直径分布

分析种群年龄组成可以推测种群发展趋势。如果一个种群具有大量幼体和少量老年个体，说明这个种群是迅速增长的高产种群；相反，如果种群中幼体较少，老年个体较多，说明这个种群是衰退的低产种群。如果一个种群各个年龄级的个体数目几乎相同，或均匀递减，出生率接近死亡率，说明这个种群处在平衡状态，是正常稳定型种群。

种群的年龄结构常用年龄金字塔（年龄锥体）来表示（图6-2）：

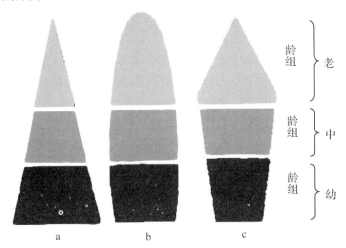

a. 增长型种群：幼龄组个体数多，老龄组个体数少，种群的死亡率小于出生率，种群迅速增长。

b. 稳定型种群：种群出生率大约与死亡率相当，种群稳定。

c. 下降型种群：幼龄组个体数少，老龄组个体数多，种群的死亡率大于出生率，种群数量趋于减少。

**图6-2　年龄金字塔**

（2）林木水平分布格局的随机性

林木个体的空间分布格局是指林木个体在水平空间的分布状况。林木分布格局是种群生物学特性、种内与种间关系以及环境条件的综合作用的结果，是种群空间属性的重要方面，也是种群的基本数量特征之一。格局研究不仅可以对种群和群落的水平结构进行定量描述，给出它们之间的空间关系，同时能够说明种群和群落的动态变化。林木空间分布格局类型基本有 3 种：①随机分布（每个个体的出现具有同等的机会，个体的分布相互间没有联系，林木以连续而均匀的概率在林地上分布）；②均匀分布（林木在水平空间均匀等距地分布，或者说林木对其最近相邻木以尽可能最大的距离均匀地分布在林地上，林木之间互相排斥）；③团状分布（林木之间互相吸引，具有相对较高的超平均密度占据的范围）。

处于顶极群落的天然林水平分布呈随机分布。孙冰等（1994）的研究证实，林木空间格局的发展过程是从聚集到随机的过程；李景文（1997）对原始红松林的研究亦表明其林木的空间格局呈随机分布；张家城等（1999）以温带单优势种的阔叶红松林顶极群落、多优势种的亚热带常绿阔叶林顶极森林群落演替系列、多优势种的热带山地雨林顶极森林群落为例，分析了演替顶极阶段森林群落发育过程中，优势树种总体分布格局的变动趋势；亚热带和热带多优势种顶极群落不同发育程度时，各优势树种种间联结关系和线性相关关系的变动趋势及优势树种种间联结关系和线性相关关系的变化在优势树种总体分布格局上的反映。并且以海南岛尖峰岭地区热带山地雨林顶极群落为例分析了高度发育的多优势种顶极森林群落其优势树种总体的分布格局特征；各优势种镶嵌于优势树种总体内的分布格局特征。研究认为："在顶极阶段顶极群落的发育过程中，优势树种的总体分布有由集群向随机变动的趋势。镶嵌其间的各优势树种种群分布，在此过程中也在集群分布和随机分布间产生集群度递减的波动性扩散，而且是朝着减弱优势树种间联结关系和相关关系的方向随机扩散，最终较稳定地呈现随机分布格局。一个发育成熟的顶极森林群落，其优势树种的总体分布呈现随机格局，各优势树种也呈随机分布镶嵌于总体的随机格局中（图6-3）。这种镶嵌形式，不仅减少了同种个体间的竞争，更使不同优势种间的相互影响甚少"。

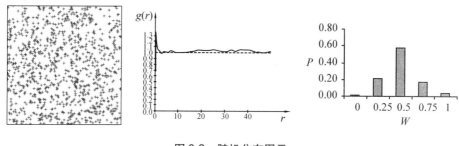

图6-3　随机分布图示

在天然林中由于立地微环境的差异（如林地中大石块的存在等）或在枯倒木形成的初期，由于砸压幼树、形成林窗、发生更新等打破了森林原有的稳定状态，从而使林木水平分布格局变为轻度集聚分布。但大部分处于稳定状态的原始天然林水平格局则遵从随机分布（图6-4，图6-5）。

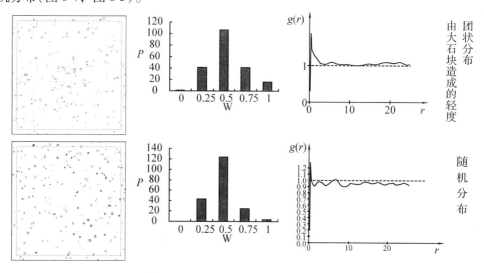

图6-4　蒙古寒温带原始泰伽林的林木分布格局

（3）群落垂直结构上的成层性

垂直结构是指植物群落在空间上的垂直分化，通常称之为成层现象。群落的层次结构是群落的重要形态特征，它是群落中植物间以及植物与环境间相互关系的一种体现，

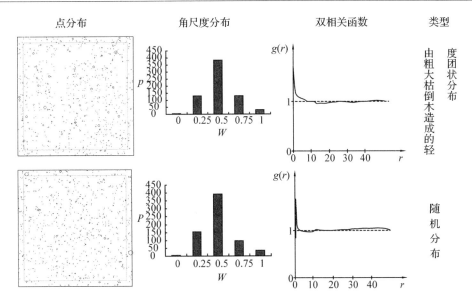

图 6-5  厄瓜多尔热带原始林的林木分布格局

具有深刻的生态意义。

地上成层现象在天然林特别是天然原始林中最为明显。通常根据生长型分为乔木层、灌木层、草本层和地被层等 4 个基本层次。各层又可按高度再划分为亚层。如海南岛热带林仅乔木层就可划分为 3 个亚层（18m 以上，9 ~ 18m，9m 以下）；东北阔叶红松林仅乔木层也可以划分为上、中、下（16m 以上，10 ~ 16m，10m 以下）三个亚层。垂直结构也可用林层数表达（惠刚盈等，2010）。林层数按树高分层。树高分层可参照国际林联（IUFRO）的林分垂直分层标准（Kramer，1988），即以林分优势高为依据把林分划分为 3 个垂直层，上层林木为树高 $\geq$ 2/3 优势高，中层为树高介于 1/3 ~ 2/3 优势高之间的林木，下层为树高 $\leq$ 1/3 优势高的林木。可采用两种方法之一来计算林层数。①按树高分层统计：如果各层的林木株数都 $\geq$ 10%，则认为该林分林层数为 3，如果只有 1 个或 2 个层的林木株数 $\geq$ 10%，则林层数对应为 1 或 2。②按结构单元统计：统计由参照树及其最近 4 株相邻树所组成的结构单元中，该 5 株树按树高可分层次的数目，统计各结构单元林层数为 1、2、3 层的比例，从而可以估计出林分整体的林层数。林层数 $\geq$ 2.5，表示多层；林层数 < 1.5 表示单层；林层数在 [1.5，2.5) 之间，表示复层。

## 6.3  结构化森林经营的目标和原则

森林可持续发展是经济社会可持续发展的重要保障，是现代林业发展的必然选择。实现森林可持续经营的基础是拥有健康稳定的森林，因此现代森林经营的首要经营目的是培育健康稳定的森林，发挥森林在维持生物多样性和保护生态环境方面的综合价值。在森林培育中求遵循生态优先的原则，保证森林处于一种合理的状态之中，这个合理状态表现在合理的结构、功能和其他特征及其持续性上。结构化森林经营技术以森林可持续经营理论为指导，遵循森林生态系统内部的自然生长发育规律，致力于改善的林分空间结构状况。

## 6.3.1 经营目标

结构化森林经营的终极目标是培养健康稳定的森林，手段是创建最佳的森林空间结构。随着时代的进步和社会的发展，人类对森林的认识和需求不断发生变化，森林的经营目的、经营思想和经营方式也因此不断发生变化。传统的森林经营基本上是以法正林思想为理论核心，以"木材永续利用"原则为指导，以收获调整和森林资源蓄积量的管理为技术保障体系，以木材和林产品的永续、均衡收获为经营目标。这种经营模式被称为周期林模式。在周期林模式的指导下，人们营建了大面积的、仅限于几个主要造林树种的人工同龄纯林，采伐方式以皆伐为主。实践表明，这种由单一树种构成的林分，景观空间异质性降低，而景观破碎化程度增加，并极易成为森林火灾和病虫害暴发的发源地，自身的健康和稳定也存在极大隐患；经规则的几何配置后的单一树种林分，空间结构十分简单，质量不高，因此生态功能单一，森林综合效益低；皆伐容易造成地力衰退和水土流失等。在这一时期，为了获取木材，大面积的天然林被砍掉营建人工纯林。保留下来的天然林，要么被"拔大毛"径级择伐，成为残次林，要么被看作是各种小面积纯林的组合，人为分类后参照人工纯林的经营，以经济利益为重，追求木材的产出。天然林本身的空间结构和功能遭到极大破坏，相对稳定的生态系统也被打破。

随着人类社会的进步和科学技术的发展，人们对天然环保的生活用品和自然和谐的生态环境的需求与日俱增，人们逐渐认识到森林经营的目标不应仅仅是获得木材，而是健康和稳定的森林本身。这就要求现代森林经营应以森林的多功能发挥和多效益利用为主，特别强调森林的生态效益，以可持续地经营健康稳定的森林为经营目标。

## 6.3.2 经营原则

任何经营模式都有自己本身的经营原则。如人工林经营中的适地适树原则，可持续木材生产中的采伐量低于生长量原则，近自然森林经营中的目标树单株利用原则，生态系统经营中的景观配置原则等。结构化森林经营原则是在众多森林可持续经营原则基础上形成的，其主要内容有以下几个方面。

### 6.3.2.1 以原始林为楷模的原则

尽量以同地段的原始林或顶极群落为模式。原始林是在不同的原生裸地上，经过内缘生态演替，逐步趋同，最后形成地带性(或区域性)过熟而稳定的森林植被，是未经人工培育、更新改造或人为破坏而仍保持自然状态的森林。联合国粮农组织(FAO)把原始林定义为：具有复杂的空间结构，林分中有天然的树种组成和分布，各树种的年龄幅度较宽且有死木和枯立木出现的森林。原始林是长期受当地气候条件的作用，逐渐演替而形成的最适合当地环境的植物群落，生物与生物之间，生物与环境之间达到了和谐的十分复杂的森林生态系统。原始林在年龄结构上通常呈异龄性，林中有不同生长发育阶段的群体，林内林木之间的空间关系复杂多样，高度共存共荣，高度协调发展；具有多层次的林层结构，上层为大径级树木构成的主林层，下层为中小径木组成的次生林层，林下还有幼苗幼树聚成的更新层；具有相应原始林的灌木与草本植物及多样的野生动物，是由丰富多彩的生物和环境组成的动态复合体；原始林中还常可见到上层有高大的枯立木，地面上有腐朽程度不同的粗大倒木与松软深厚的枯落物层。这些特征都是原始林在各种自然干扰下长期发展的结果，有着其自然的合理性，具有人工林所不可比拟的生态过程、系统稳定性和生态经济效益。

由于原始林多位于人迹罕至、交通不便的偏远山区，对于原始林的研究相对较困难。此外，由于人类对森林生态系统的干扰无时无刻不在，寻找没有人为干扰的森林生态系统难度较大，但就目前的认识水平来看，完全可以将未经人为干扰或经过轻微干扰已得到恢复的天然林结构特征或原始林、顶极群落的共性特征作为同地段现有森林的经营方向。原始林生态系统或顶极群落的共性特征主要表现在其组成与结构上。组成应以地带性植被的种类为主，结构特征主要表现在它的时空特征上，在空间上它具有水平结构上的随机性和垂直结构上的成层性，在时间上它具有世代交替性。

### 6.3.2.2　连续覆盖的原则

（1）尽量减少对森林的干扰，只在林分郁闭度不小于0.7的情况下才进行经营采伐，否则应对林分进行封育和补植。在对森林进行经营时，力求各项措施对森林的干扰应达到最小，保证林地处于连续的树冠覆盖下，避免土壤裸露，造成土壤养分和水分的流失，当林分郁闭度在0.7以下或林地是有较大面积的空地时，要进行封育或补植，以顶极树种或主要伴生树种为主要补植对象。

（2）禁止皆伐，达到目标直径的采用单株采伐。经营作业采用单株抚育管理和择伐利用的原则，严格禁止皆伐；择伐作业体系虽然技术要求和作业成本相对较高，但培育的大径级林木，大大提高了木材经营的质量和森林的综合效益，相对于皆伐作业后进行采伐迹地更新改造时的育苗、整地、造林、幼林抚育管护等大量的投入来说，择伐作业总体上更加经济，且对于保持生物多样性、防止水土流失、维护森林环境和提供社会文化服务功能都具有重要的意义。

（3）保持林冠的连续覆盖，相邻大径木不能同时采伐，按树高一倍的原则确定下一株最近的相邻采伐木。进行经营设计和作业时，为避免出现面积较大的林窗，造成土壤裸露，相邻大径木距离在一倍树高以内则只能采伐一株。

### 6.3.2.3　生态有益性的原则

（1）禁止采伐稀有或濒危树种，保护林分树种的多样性。

（2）以乡土树种为主，选用生态适宜种增加树种混交。

（3）保护并促进林分天然更新。

（4）各种经营措施（包括采伐、集材、道路建设、林地整理等）作业过程中要尽量保护林地土壤、更新幼树幼苗及其他生物类型。

### 6.3.2.4　针对顶极种和主要伴生种的中、大径木进行竞争调节的经营原则

大多数的天然林树种众多，关系错综复杂，想在所经营林分内保证所有林木都具有

竞争优势是不可能的。因此，经营时以调节林分内顶极树种和主要伴生树种的中、大径木的空间结构为主，保持建群树种的生长优势并减少其竞争压力，促进建群树种的健康生长。

# 6.4　结构化森林经营方法与技术

结构化森林经营建立在对现实林分状态特征充分了解和认识的基础之上。因此，通过哪些方面的信息反映林分状态特征，如何获得这些信息，怎样分析，经营方向如何确定，采用什么样的经营措施等问题是结构化森林经营方法的核心技术。结构化森林经营有一套包括数据调查与状态分析(参见"林分状态调查"一章)、林分状态类型划分、经营方向确定、结构调节技术和经营效果评价等完整的技术体系。

## 6.4.1　林分状态类型划分

林分自然度评价把不同的林分状态划分为疏林状态、外来树种人工纯林状态、乡土树种纯林或外来树种与乡土树种混交状态、乡土树种混交林状态、次生林状态、原生性次生林状态、原始林状态等7个类型，对应于我们平常讲的林分类型可将它们归纳为四种，即低质低效林、人工林、次生林和原始林，本节将针对每种林分状态类型的特点给出相应的培育模式。

### 6.4.1.1　疏林状态林分培育模式

在各种次生裸地上发育的处于演替早期或发生逆行演替的植物群落，或是由于受到持续的、强度极大的人为干扰或由于遭受火灾、风灾、雪灾、病虫鼠害自然灾害的破坏，地带性植被群落或人工栽植而成的林分被破坏殆尽后形成的林分，乔木树种组成单一且郁闭度较小，林分内生长大量的灌木、草本和藤本植物，偶见先锋种，林分垂直层次简单，林相残破，迹地生境特征还依稀可见，但已经不明显，林分状态多呈现灌木林、疏林或残次林，其实质为低质低效林。对于此类林分通常采取以下经营模式：

(1)全面清理，更换树种

这种经营模式适用于非目的树种占优势而无培育前途的残破林分。根据培育目标，通过全面清理林地中的灌木和生长不良的非目的树种，对目的树种的幼树、幼苗进行保留，并根据适地适树的原则选择多个适生树种进行混交造林；在实施时，采用的主要技术措施包括补植、疏伐间伐、重新造林和加强管护等，其目的在于改变主要组成树种，改善整个林分的生长状况，加速林分进展演替速度，提高林分的各种功能和效益。这种方法一般适用于立地条件较好，地势平坦或植被恢复较快的地方，在坡度较大的林地不宜采用，易引起水土流失。

(2)带状清理，割灌造林

这一模式主要适用于坡度较大，立地条件较好的灌木林地。通过在灌木林地中每隔一定的宽度进行带状割草除灌，保留有益的母树、幼树和细苗，在山脊两侧保留一定宽度的边际隔离带，穴状整地，按一定的密度栽植乡土适生树种。有研究表明，带状割灌改造有利于提高林分的树种多样性和混交程度，有利于保持保护当地的稀有种与濒危树种，对恢复当地的地带性植被组成具有重要意义。

(3) 封山育林，自然恢复

对于立地条件较差，坡度较陡，人为不合理的开发利用、过度放牧等人为活动频繁造成植被严重破坏，植被稀疏，生产力低下，地表裸露，水土流失严重，水源涵养功能减弱的林地，适宜采用封山育林，自然恢复的方法。对于此类林分应尽可能地减少人畜干扰和破坏，长期进行管护和封育，才能给林地植被创造"休养生息"的环境，采取必要的人工促进天然更新，促进植被自然恢复，从而提高林分的整体功能。

### 6.4.1.2 人工林近自然化改造模式

人工林近自然化改造的主要目标是将林分现有的单一树种改变为多树种混交，将同龄林改变为异龄林，将单层的垂直结构改变为乔灌草结合的多层结构，提高林分的生物多样性和林分质量，增加林分的稳定性，改善林地环境，充分发挥林分的各种生态服务功能。对于人工林而言，不同的造林方式、培育目标，其改造方式和经营方向不同，但对于以提升生态效益为主要目标的人工林而言，它们最终的改造目标是一致的，即培育健康稳定的森林。在自然度评价中，外来树种人工纯林状态、乡土树种纯林或外来树种与乡土树种混交状态、乡土树种混交林状态等四种林分状态为人工林在不同造林和经营方式下形成的林分，运用结构化森林经营的方法对不同状态人工林进行近自然化改造侧重点有所不同，但其最终目标是将人工林培育成以地带性植被为主的异龄复层多树种混交林，使林分的生态、经济和社会效益同时得到提升。下面从树种结构、直径结构、林分空间结构和林下更新等几个方面阐述人工林近自然化改造模式。

(1) 伐大留小，更新树种

一般而言，人工林大多数是依据适地适树的原则选择适合当地气候、土壤、水分等诸多生长环境条件的树种进行造林后形成的林分，但以木材生产为主要目标而营造的人工林很多是通过引种外来树种而成的林分。在对外来树种纯林或外来树种与乡土树种混交的林分进行近自然化改造时，通过采伐外来树种大径木，保留小径木和乡土树种，削弱外来树种的优势并使其逐渐退出群落，达到更新树种的目的，同时，将人工林的分布格局由均匀分布向随机分布或轻微的团状分布调节；此外，还要引入其他乡土树种，增加林分的混交程度，并保证林分能够形成持续的天然更新能力，逐步诱导林分向异龄混交复层林发展。对于此类人工林改造时，抚育采伐的强度可以稍微大一些，但一定要保持在合理的范围之内，保证林分的郁闭度在 0.5 以上，以免造成水土流失。

(2) 伐小留大，伐密留稀，多树种混交

对于以乡土树种为主的人工纯林近自然化改造要在充分考虑森林的演替规律的基础上，根据林分的立地条件及所处的气候区来确定林分树种的构成，采用"伐小留大，伐密留稀"的方法调整林分树种组成，即保留干形通直完满，生长健康胸径较大的林木，采伐生长差，干型不良的小树；调整保留木的角尺度，增加取值为 0.75 和 1 的结构单元比例，通过采伐部分最近相邻木，在林中空隙补植其他乡土树种，合理配置保留木或目标树最近相邻木的分布来增加林分的聚集性将林木的分布格局逐步调整为随机分布；在林冠、林隙中栽植其他适生的乡土树种，并促进林下更新，改变林分树种单一的现状，逐渐形成多树种混交的状态。此类林分在改造时采伐强度可以大一些，但不要形成太大的林隙。

（3）采劣留优，优化结构，促进天然更新

对在采伐迹地、火烧迹地上以人为播种或栽植乡土树种为主形成的乡土树种混交人工林分进行近自然化改造时，经营方法采用"采劣留优，优化结构，促进天然更新"的经营方法，即伐除林分中生长缓慢、干形、材质差，病腐的林木和非目的树种，保留干型通直饱满，生长健康，生态价值和经济价值高的林木，并在保持林分郁闭度为 0.6 以上的前提下，针对这些保留木进行分布格局、树种隔离程度和竞争关系调整，达到提高林分多样性，林木分布格局呈随机分布和保留木具有竞争优势的目的；采用天然更新和人工促进天然更新的措施，诱导林分形成良好的自我更新能力。

人工林近自然化改造过程是一个循序渐进的过程，也是一个复杂的系统工程，需要综合考虑各方面的因素，对于树种结构和空间结构的调整都需要很长的时间来完成，因此，在人工林改造时对乡土树种的引入也要循序渐进，在不影响林分正常发育的前提下，逐步提高林分的混交比例，促进林下更新，最终形成多树种复层异龄混交林。

### 6.4.1.3 次生林培育模式

次生林是在原始林经过采伐、开垦、火灾及其他自然灾害破坏后，经过天然更新，自然恢复形成的次生群落。次生林既保持着原始森林的物种成分，又与原始森林在结构组成、林木生长、生产力、林分环境和生态功能等方面有着显著的不同。次生林可以理解为原始森林生态系统的一种退化（朱教君，2002）。次生林是我国森林资源的主体，是森林资源的重要基地，因此，次生林的经营问题是我国林业发展的最重要主题之一（黄世能等，2000）。

次生林的发生发展包括两种过程：一种是群落退化，即逆行演替；另一种是群落发生，即进展演替或恢复演替。次生林大都是处于演替过程中的某个阶段，因此，不同干扰程度、不同演替阶段，次生林的特征有所不同，但与原始林相比，次生林也有许多共同特点，主要表现在树种组成成分较简单，无性繁殖起源林分较多，实生繁殖起源较少；中幼龄与同龄林林分较多，成熟林较少；林分水平结构复杂多样，垂直结构较为简单，林木早期生长较快，但衰退也较早等特点。因此，对次生林的经营应该在人工促进次生林分进展演替，加速次生林分向顶极群落发展的前提下，按照林分状态特征和经营目的划分为不同的经营类型。结构化森林经营方法针对处于次生林状态和原生性次生林状态的林分经营时，注重改善森林的空间结构状态，以调节林分内顶极树种和主要伴生树种的中大径木的空间结构为主，保持建群树种的生长优势并减少其竞争压力，促进林分健康生长。结构化森林经营方法针对次生林主要有如下几种经营模式：

（1）抚育间伐型

林分密度、郁闭度较大，主要以乡土树种或地带性群落组成为主的次生林分，通过抚育间伐调整林分结构。调整中，按照结构化森林经营的原则，保留干形良好、饱满通直，生长健康的建群树种和主要伴生树种，伐除生长不良，没有培育前途的林木，利用天然更新或人工促进天然更新的措施提高林分的更新能力，同时要注重调整林分中林木的分布格局、树种隔离程度和竞争关系，促进林分结构向健康稳定森林结构逼近。

（2）抚育采伐利用型

树种组成以地带性植被群落为主，郁闭度较高，林分更新较好，林分中有较多成熟林木个体的林分，采用择伐的方式对部分群团状分布的成熟林木个体和对顶极树种构成竞争的主要伴生树种的大径木进行采伐利用，同时，充分考虑林分的空间结构，针对顶极树种、主要伴生树种和珍贵稀有树种进行调整，合理配置树种组成，优化林分空间结构，促进林分向健康稳定群落发展。林分更新主要以天然更新为主，择伐强度控制在林分蓄积的 20% 以内。

（3）改造型

树种组成以先锋树种和伴生树种为主，偶见顶极树种，郁闭度较低、生产力低下、林木质量低劣，但仍保持有原始林生境特征的林分，采用引进地带性顶极树种措施，改变现有林分树种组成，诱导林分逐步形成以地带性植被组成为主，具有自我更新能力，多树种混交的异龄复层林，充分发挥林地的生产力，提升林分的整体功能。

（4）封育型

对于处于原生性次生林状态的林分而言，处于次生林向原始林过渡的中间状态，是由于原始林受轻度的外界干扰或次生林得到了较好的恢复而形成的林分。森林生态系统具有一定的自我恢复能力，当外界干扰一旦消失，就会恢复到健康稳定的状态，因此，对于此类林分主要以封育为主，将外界干扰减小到最低程度，让林分自然恢复。

### 6.4.1.4 原始状态林分保护

原始林是在不同的原生裸地上经过内缘生态演替，逐步趋同，最后形成地带性过熟而稳定的森林植被，是长期受当地气候条件的作用，逐渐演替而形成的最适合当地环境的植物群落，生物与生物之间、生物与环境之间达到了和谐的十分复杂的森林生态系统。处于原始林状态的林分受到人为干扰或影响极小，其特征是在各种自然干扰下长期发展的结果，有着其自然的合理性。但由于人类对森林生态系统的干扰无时无刻不在，我国原始林已很少，现有的原始林多位于人迹罕至、交通不便的偏远地区。因此，对于处于原始林状态的林分，需尽可能的保护，除进行必要的科学研究外，原始林区内实施严格的封育，不应有人为干扰活动。

## 6.4.2 森林经营方向确定

结构化森林经营在详尽分析现有林的状态特征的基础上，以原始林或顶极群落的结构特征为模版，注重改善林分结构，尤其注重调整林分的空间结构。在经营实践中，通过对林分的调查和分析，林分自然度评价明确了林分的经营类型，林分迫切性评价回答了林分需要经营的紧急程度，并可确定需要调整的指标，因此，林分自然度评价和林分经营迫切性评价是确定森林经营方向的依据。根据林分自然度和经营迫切性的评价结果，追溯现实林分结构特征不满足于原始群落或顶极群落结构特征的指标，或者说不满足于评价标准的指标即可确定为需要调整的内容，也就是现实林分经营调整的方向。下面以模式林分存在与否分别介绍森林经营方向的确定方法。

### 6.4.2.1 模式林分存在时经营方向的确定

如果同地段存在原始林，那么原始林的状态特征就是森林经营的方向。首先对现实林分与原始林或顶极群落的状态特征进行调查，利用存在参照系时林分自然度的评价方法，对现实林分的自然度进行评价，比较现实林分与原始林或顶极群落在结构、树种组成、树种多样性、活力和干扰程度等方面的差异，并进行林分经营迫切性评价。根据林分自然度评价和经营迫切性评价结果，现实林分各评价指标与原始林或顶极群落差异较大，该指标即为调整或经营的对象，采用适当的经营措施进行调整，使之与天然林结构趋同。当然，这里以原始林或顶极群落为模版并不是要将现有林分回归到天然原始的森林类型，而是通过抚育、采伐等措施使林分在树种组成、结构特征、多样性等方面与天然林特征相似，并建立起自然的发展动态和干扰机制，使森林能够按照森林生态系统的自然规律和演替进程发展，最终达到一种动态平衡的状态。

林分结构的调整是一个复杂的过程。上面阐述的仅仅是几个主要方面单独进行调整的方法。在实际中，一方面要抓住主导因子，另一方面需要同时考虑多个因素。

### 6.4.2.2 模式林分不存在时经营方向的确定

当现实林分所在地段不存在原始林群落或顶极群落时，首先要对经营林分的状态特征进行全面的分析，从林分的树种组成、结构特征、多样性、活力特征及干扰程度等五个方面进行林分自然度的评价，确定林分经营类型，并进行林分经营迫切性评价(图6-5)。如果林分的近自然度等级较高且经营迫切性指数属于一般性迫切，则林分不需要进行经营，只需要进行合理的保护和利用即可，当然，在进行采伐利用时要求大径木的蓄积(或断面积)达到林分总蓄积(或断面积)的70%以上，否则不进行采伐利用。当林分的自然度评价等级较低，林分经营迫切性评价等级在比较迫切以上等级时，要追溯造成林分自然度等级较低和经营迫切性指数较迫切的指标，制定相应的经营措施。

## 6.4.3 林分结构调节技术

### 6.4.3.1 保留木与采伐木确定原则

结构化森林经营方法在经营设计时首先要明确林分中的培育和保留对象，然后依据针对顶极种和主要伴生种的中、大径木进行竞争调节的经营原则，按照林分自然度和经营迫切性评价结果确定的经营方向调整林分的结构，尤其是林分的空间结构。

(1)培育和保留对象

① 稀有种、濒危种和散布在林分中的古树。为了保护林分的多样性和稳定性，禁止对这些树种的林木进行采伐利用。例如在阔叶红松林区，黄波罗是国家二级保护植物，属于濒危物种，林分中数量较少；在小陇山锐齿栎天然林区，刺楸、武当玉兰、四照花、铁橡树、领春木等均为珍贵濒危树种。对于珍贵濒危树种应着重保护和培育，严格禁止采伐利用；在一些天然林分中，散布着少量树龄高达百年甚至几百年的古树，从森林景观及森林文化内涵的角度来说，这些古树应该严格保护，禁止采伐利用。

②顶极树种。顶极树种中具有生长势和培育价值的所有林木。具有生长优势是指生长健康，干形通直完满，生长潜力旺盛；具有培育价值是指同树种单木竞争中占优势种地位。不同地区有不同类型的森林群落分布，同一地区因局部环境的不同也会有不同的群落类型，每种类型森林群落的演替过程中优势种的变化也有区别。所以在判断经营林分的顶极树种时，必须根据《中国植被》、或描述该地区森林类型特征的相关著作，了解经营区的森林群落类型和顶极植被。例如在东北阔叶红松林区，红松、沙冷杉等针叶树种为该地区的顶极树种，在小陇山天然林区是以锐齿栎和辽东栎为主的天然林，而处于亚热带的贵州省原始森林植被为典型的常绿阔叶林，顶极树种以钩栲、罗浮栲、青冈栎、米槠、甜槠、贵州栲等为主。因此，确定顶极树种是确定保留和培育的对象的关键环节。

③其他主要伴生树种的中大径木。主要伴生树种与顶极树种保持着密切的共生互利关系，是群落演替过程中不可缺少的物种；有些树种虽然经济价值不高，但对于维持森林群落的稳定和生物多样性具有重要的意义。例如在东北阔叶红松林区，伴生树种组主要包括水曲柳、核桃楸、色木槭、千金榆、白牛槭、青楷槭、裂叶榆、白榆、椴树等；水曲柳、核桃楸和珍贵树种黄波罗这三种阔叶树，材质坚硬，色泽美观，为优良材中的上品，是重要的经济树木，在东北林区一直享有"三大硬阔"的美称，是重点培育的对象；而其他几个树种为中、小乔木，经济价值也不是很高，但保留和培育一部分中大径木对维持群落生物多样性具有一定的意义。

（2）可进行采伐利用的林木

①除稀有种、濒危种及古树外的所有病腐木、断梢木及特别弯曲的林木。林分中顶极树种、主要伴生树种中单株林木出现病腐现象，为防止病菌滋生和漫延，应立即伐除病腐木，改善林分的卫生状况；对于断梢木和特别弯曲的个体，由于已失去了生长优势和培育前途，在经营时也可采伐，不仅可以促进林下更新，而且还可以产生一定的经济效益，当然这也许会增加一些抚育成本，但从长远来看，获得的效益还是远大于投入的成本。

②达到自然成熟（目标直径）的树种单木。结构化森林经营并不排斥木材生产，而是一种既要有效保护森林，又能对其进行合理经营利用、保护性而不是保守性的经营方法。林分中的单株林木都要经历幼苗、幼树、成熟、衰老，然后逐渐枯萎死亡的过程；在林木进入自然成熟后，林木生长势下降，高生长停滞，生长量减少，梢头干枯，甚至出现心腐现象，因此，结构化森林经营技术要求在林木个体达到自然成熟时，对顶极树种、主要伴生树种的培育目标树进行采伐利用。对于不同的树种来说，由于生物学特性的不同，达到自然成熟的年龄和直径不同；对于不同的地区来说，由于立地条件的不同，相同的树种在不同的地区可能达到自然成熟的年龄也不同；确定单株林木的自然成熟通常可以从树木的形态上来判断，或根据树种的特性及立地条件来确定。例如在东北阔叶红松林区，将顶极树种红松、沙冷杉等的目标胸径确定为大于 80cm，而主要伴生树种的培育目标直径为大于 65cm。

③影响（树冠受到挤压的）顶级树种及稀有种、濒危种生长发育的其他树种的林木。

尽量使保留的中大径木的竞争大小比数不大于 0.25，即使保留木处于优势地位或不受到遮盖、挤压威胁，使培育目标树尽可能的获得生长空间。

④ 影响其他主要建群种中大径木生长发育的林木。尽量使采伐后保留木最近 4 株相邻木的角尺度不大于 0.5（即该 4 株林木不挤在一个角或同一侧），为提高混交度和物种多样性，优先采伐与保留木同种的林木，也就是说，在调整培育目标树最近 4 株相邻木时，综合考虑林木的分布格局和混交情况，尽量伐除挤在同侧且与保留木或目标树为同种的林木。

### 6.4.3.2　林木分布格局的调整方法

林木分布格局是林分空间结构的一个重要方面，是种群生物学特性、种内与种间关系以及环境条件综合作用的结果。格局的研究或调整是群落空间行为研究或调整的基础；过去虽对现有林结构调整进行了大量的研究，但多数是按定性的原则而不是根据格局的量化分析结果来进行分布格局的调整，更谈不上直接通过格局调查来指导结构调整。原因之一是缺乏可释性强的格局指数，因为经典的格局指数通常是一个数值，不存在具有明确涵义的单个值的分布，从而难以实现指导调整。随着新的空间结构参数角尺度的发现，出现了以空间结构参数为基础的采伐木选择方法，为实现调整林木分布格局提供了切实可行操作技术。下面给出应用角尺度实现林分空间结构的调整的方法。

通常情况下，林分如果不受严重干扰，经过漫长的进展演替后，顶级群落的水平分布格局应为随机分布。因此，格局调整的方向应是将非随机分布的林分调整为随机分布型，也就是应将左右不对称的林分角尺度分布调整为左右基本对称。在进行林木分布格局调整时主要针对顶极树种和主要伴生树种的中、大径木进行调整，并不需要对林分内的每株林木进行调整，这样做既没有必要，也不现实。下面介绍运用角尺度法对林木水平分布格局调整的方法。

首先分析林木的水平分布格局，判断所经营林分的角尺度分布是否是随机分布，0.5 取值的两侧是否对称，如果不是，则将分布格局向随机分布调整，原有的随机分布结构单元尽量不做调整，主要是平衡格局中团状和均匀分布的结构单元的比例，促进林分的角尺度分布更为均衡。下面举例说明：

（1）林木团状分布的调整方法

现实林分调整前属于团状分布，即林分平均角尺度大于 0.517，则林分中角尺度为 1 或 0.75 的单木为潜在的调整对象。也就是说，当目标树确定后，如果其最近 4 株相邻木聚集分布在参照树的一侧，则对其最近 4 株相邻木中的一株或几株进行调整，调整时要综合考虑竞争关系、多样性和树种混交等因素（图 6-6 至图 6-8）。

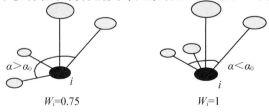

$W_i = 0.75$　　　　　　　　$W_i = 1$

图 6-6　团状分布时潜在调整对象

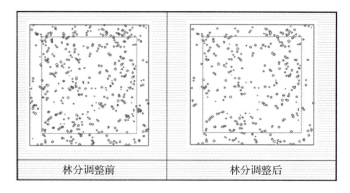

图6-7 调整前后比较

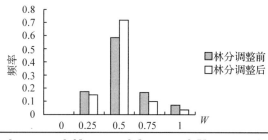

| | 0 | 0.25 | 0.5 | 0.75 | 1 | $\overline{W}$ |
|---|---|---|---|---|---|---|
| 林分调整前(%) | 0 | 17.8 | 58.6 | 16.3 | 7.4 | 0.533 |
| 林分调整后(%) | 0 | 15.3 | 71.5 | 10.0 | 3.2 | 0.503 |

图6-8 林分格局调整前后的角尺度分布比较

图6-8中林分调整前的角尺度平均值为0.533，属于团状分布。调整前角尺度分布中取值0.5的左右两侧频率相差约7%，右侧高于左侧；为了使林分从团状分布向随机分布演变，应调整该林分的空间分布格局，促进角尺度分布左右基本对称，降低$\overline{W}$值，角尺度取值为0.75和1的单木为潜在的调整对象。具体做法是将角尺度取值为1或0.75的目标树与其最近4株相邻木组成的结构单元作为调整对象，综合考虑目标树与相邻木的混交、竞争关系以及相邻木的个体健康状况等因素，确定调整的相邻木，并将其作为采伐木伐除。上例中，经调整后，角尺度分布中取值0.5的左侧频率上升右侧下降，两侧频率差值降为2%；角尺度取值为0.5的单木比例也有所升高，而处于0.25、0.75和1的比例均有所下降，林分的平均角尺度降至0.503，林分分布格局转变为随机分布。

（2）林木均匀分布的调整方法

现实林分调整前为均匀分布（图6-9、图6-10）。

图6-10中的所经营林分调整前角尺度平均值为0.463属于均匀分布，调整前角尺度分布中取值0.5的左右两侧频率相差13.6%，左侧高于右侧；取值0.25的单木比例比取值0.75的单木高13.6%，角尺度分布中取值0的单木比例比取值1的单木高0.6%。为使角尺度分布中0.5取值的两侧比例分配均衡，升高$\overline{W}$值，应将林分保留的

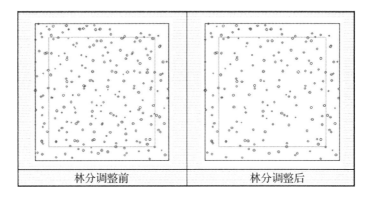

图 6-9　调整前后比较图

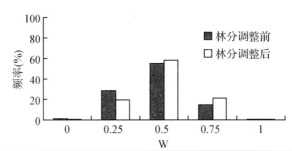

|  | 0 | 0.25 | 0.5 | 0.75 | 1 | $\overline{W}$ |
|---|---|---|---|---|---|---|
| 林分调整前(%) | 1.2 | 28.4 | 54.9 | 14.8 | 0.6 | 0.463 |
| 林分调整后(%) | 0.8 | 19.5 | 57.9 | 21.1 | 0.8 | 0.504 |

图 6-10　林分格局调整前后的角尺度分布比较

顶极树种和主要伴生树种的中、大径木角尺度取值为 0.25 和 0 单木的最近 4 株相邻木作为潜在调整对象。调整方法遵循"首遇先调"的原则即首先遇到或发现的具有此类特征的结构单元予以优先处理，直到满足调整比例要求。该例中，经调整后，角尺度取值为 0.5 的比例由 54.9% 上升到 57.9%，其右侧频率上升而左侧下降，两侧频率之和基本持平，林分平均角尺度升至 0.504，林木分布格局转变为随机分布。

### 6.4.3.3　树种组成的调整方法

进行树种组成调整时以地带性植被或乡土树种组成和配置为依据，根据不同情况确定经营措施。

（1）林分混交度调整

林分内不缺乏顶极树种或主要建群种的中、大径木，同时还有足够的母树或更新幼苗时，树种组成调节的主要任务就是调节混交度。一般认为，随着演替进展，林分内各树种间的隔离程度增加，这是稳定森林结构中同一树种单木减少对各种资源竞争的一种策略，也就是说，树种隔离程度越高，林分结构越稳定。因此，当林分组成以顶极树种或乡土树种占优势，林下更新良好时，林分调整方向应该是提高林分混交度，优化资源配置。在进行经营时，将林分中主要树种的混交度取值为 0、0.25 的单木作为潜在的调整对象（图 6-11），然后综合考虑林木的分布格局、竞争关系、目标树培养、树种多样性等因素进行调整。

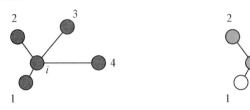

$Mi = 0$，零度混交　　　　　　　　$Mi = 0.25$，轻度混交

（4 株相邻木与参照树为同一树种）　　　（1 株相邻木与参照树为不同树种）

M = 0 或 M = 0.25 林木的相邻木属于潜在的采伐对象

**图 6-11　需要调整混交度的单木**

对于人工纯林来说，由于树种组成和结构单一、生态功能差，容易引起地力衰退、病虫害等一系列问题，使林学家、生态学家们认识到，依靠经营和培育结构简单的森林，特别是人工纯林是难以实现人类经济社会的可持续发展。因此，在进行人工林近自然化改造时，要依据适地适树的原则，通过在林间空隙、林缘等位置，或通过人为措施在林中伐开空地和林隙，栽植顶极树种或乡土树种，提高林分的树种隔离程度，逐步诱导林分向多树种混交的状态发展，真正做到适地适树，提高林分的生产能力和生态效益。当然这个过程相当漫长，需要长期不懈的努力。

（2）调整顶极树种或乡土树种比例

如果所要经营林分内顶级树种或主要伴生树种缺乏中、大径木，而林分内又没有足够的母树或更新幼苗，则必须人工补植顶级树种或主要伴生树种。补植采用"见缝插针"的方法，即根据立地条件、林分格局状况，利用天然或人工形成的林隙，以单株或植生组形式栽植顶极树种或主要建群种的单木。补植的株数根据采伐株数确定，补植的强度应与采伐强度持平或略高以保证相同的经营密度。补植树木的位置应尽量选在林窗或人为有目的造成的林隙中，通常将能促进林分水平格局向随机分布演变的位置视为最佳的位置选择。

### 6.4.3.4　竞争关系的调整方法

林木竞争关系调节必须依托于操作性强的并且简洁直观的量化指标。大小比数量化了参照树与其相邻木的大小相对关系，可直接应用于竞争关系的调整。因为大小比数体现了结构单元中参照树与相邻木在胸径、树高或冠幅等方面大小关系，在竞争调节中更富有成效，特别是在目标树单木培育体系中更容易表达目标树与其周围相邻木的竞争关系，在实际操作中容易实现。当然，不可能在森林中针对每株林木个体进行逐株调节，一个富有成效而可行的经营策略显然就是要围绕经营目标，采取针对顶极树种或主要伴生树种的中、大径木来进行竞争关系的调整。调整顶极树种小径木的竞争树大小比数，应以减少目标树的竞争压力，创造适生的营养空间为原则，最大限度地使其不受到相邻竞争木的挤压。调整顶极树种或主要伴生树种的中、大径木时应使经营对象的竞争大小比数不大于 0.25（即使保留木处于优势地位或不受到挤压威胁）（图 6-12、图 6-13）。

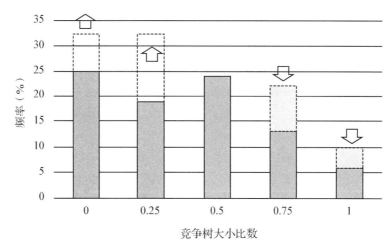

图 6-12  竞争调节示意图

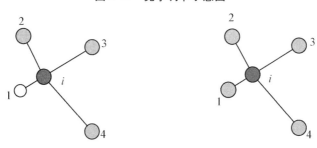

Mi = 0，零度混交          Mi = 0.25，轻度混交
（4株相邻木与参照树为同一树种）   （1株相邻木与参照树为不同树种）
$U_c = 1$ 或 $U_c = 0.75$ 林木的相邻木属于潜在的采伐对象

图 6-13  需要调整大小比数的单木

大小比数可以用胸径、树高或冠幅等作为比较指标，因此，在调整保留木或目标树的竞争关系时，这几个指标均可作为评判的依据，例如将树冠之间的遮盖、挤压或相距最近的林木认为是竞争树，从而调整目标树与竞争木间的竞争关系；也可以通过把树高作为比较指标作为调整林层结构的依据。把目标树与最近4株相邻木组成的结构单元按树高可划分一定层次。一般而言，林层的划分标准为：树高≥16m为上层，10m≤树高<16m为中层，树高<10m为下层。在结构单元中，可按最高林木与最矮林木是否属于同一层可将林层划分3层。复层林被认为是较为稳定且对空间利用较为合理的林分结构，因此，培育复层林层结构是结构化森林经营的方向，通过调整树高大小比数是实现林分垂直分化的一个重要途径，也是调整林木间竞争关系，充分利用林分空间的一个重要手段。

### 6.4.3.5  林木拥挤度调整方法

密集度量化了参照树与相邻木的树冠遮盖和挤压程度，直接反映了目标树的竞争态势。在树冠拥挤的结构单元内，将挤压和遮盖培育目标的相邻木作为潜在采伐对象，最大限度地降低培育目标的树冠拥挤程度和竞争压力，还需综合考虑林木的分布格局、相对大小关系和树种多样性等因素进行调整（图6-14）。

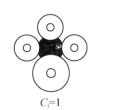 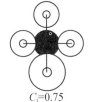

$C_i=1$　　　　　　　　$C_i=0.75$

$C$ 为培育对象（顶极树种，稀少种或主要伴生树种的中大径木）

遮盖、挤压培育对象的相邻木为潜在采伐对象

**图 6-14**　需要调整林木拥挤的单木

#### 6.4.3.6　径级结构的调整方法

大多数天然林直径分布为倒"J"形（于政中，1993；Garcia, et al., 1999），所以，经营后的林分的直径分布也应保持这种统计特性。同龄林与异龄林在林分结构上有着明显的区别。就林相和直径结构来说，同龄林具有一个匀称齐一的林冠，在同龄林分中，最小的林木尽管生长落后于其他林木，生长的很细，但树高仍达到同一林冠层；同龄林分直径结构近于正态分布，以林分平均直径所在径阶内的林木株数最多，其他径阶的林木株数向两端逐渐减少。相反，异龄林分的林冠则是不整齐的和不匀称的，异龄林分中较常见的情况是最小径阶的林木株数最多，随着直径的增大，林木株数开始时急剧减少，达到一定直径后，株数减少幅度渐趋平稳，而呈现为近似双曲线形式的反 J 形曲线。因此，在对同龄林或人工林的径级结构调整时，要在保持林分郁闭度为 0.6 以上的前提下，逐步降低胸高直径在平均直径所在径阶范围附近的林木株数比例，同时，保留干形通直完满，生长健康胸径较大的林木，并促进林下天然更新，增加小径木的比例，引入高价值和优良的乡土树种，提高森林生态系统的树种多样性，改善林分结构。

de Liocourt（1898）研究认为，理想的异龄林株数按径级依常量 $q$ 值递减。此后，Meyer（1933）发现，异龄林株数按径级的分布可用负指数分布表示，公式如下：

$$N = ke^{-aD} \tag{6-1}$$

式中：$N$ 为株数；$e$ 为自然对数的底；$D$ 为胸径；$a$、$k$ 为常数。

Husch（1982）把 $q$ 值与负指数分布联系起来，得到

$$q = e^{ah} \tag{6-2}$$

式中：$q$ 为相邻径级株数之比；$a$ 为负指数分布的结构常数；$h$ 径级距；$e$ 为自然对数底。

显然，如果已知现实异龄林株数按径级的分布，通过对（6-1）式作回归分析，求出常数 $k$ 和 $a$，再把 $a$ 和径级宽度 $h$ 代入（6-2）式可求得 $q$。de Liocourt（1898）认为，q 值一般在 1.2～1.5 之间。也有研究认为，$q$ 值在 1.3～1.7 之间（Garcia et al., 1999）。如果异龄林的 $q$ 值落在这个区间内，认为该异龄林的株数分布是合理的，否则是不合理的，需要进行径级结构调整。异龄林径级结构调整时可以通过计算相邻径阶的 $q$ 值来确定，调整相邻径阶株数之比远离合理 $q$ 值的径阶林木株数，使林分中林木株数随着径阶的增加而减少，呈现反"J"形，以此来达到调整林分直径结构的目的。

#### 6.4.3.7　林分更新

森林更新是一个重要的生态学过程，是森林持续发展与持续利用的基础，森林更新状况的好坏是关系到森林可持续发展与生态系统稳定的一个关键因素，同时也是衡量一种森林经营方式好坏的重要标志之一。森林更新与森林采伐密切相关，不同的采伐方式对应不同的更新方法。保持持续的林下更新能力是结构化森林经营的一个重要的目标。

结构化森林经营方法的抚育采伐方式主要是单株择伐作业或群团状择伐，因此，森林更新的方式比较灵活多样，具体方式依据经营林分类型和经营目标确定。通过对经营林分的更新调查和评价，分析查找更新不良林分的原因，并在了解更新树种的生物学特性的基础上促进林分更新。对人工林而言，主要以人工更新的措施为主，在林间空地、林缘引入乡土树种和顶极树种进行补植补造，辅以天然更新；对于次生林以天然更新为主，人工促进天然更新和人工更新为辅。主要措施是在林分中保留一定数量和质量的母树，提高种源数量和质量，或者在林间空地、林缘引入乡土树种和顶极树种进行补植补造；人工促进天然更新等辅助性措施主要是人为埋种、整地等，例如枯枝落叶物过厚会影响到天然下种后种子的萌发，这就需要通过整地、人为埋种等措施促进林木更新。

### 6.4.4　作业设计

通过对现实林分的调查和分析，确定了林分的经营方向，就要组织对林分实施经营措施，为保证在经营过程中严格地按照经营目标安排经营措施，森林经营前的作业设计尤为重要，是森林抚育采伐不可缺少的环节。森林作业设计就是要对不同类型的森林采伐更新进行合理的计划、组织和监督，使森林抚育、采伐利用能够适应森林资源可持续发展的要求，最终实现森林资源越采越多，越采越好。通过采伐作业设计，可以避免采伐作业过程中的盲目性，使森林采伐有利于资源的培育和发展。因此，对森林作业设计必须严格实行计划管理，只有通过科学、合理的计划管理，才能实现森林经营管理的最终目标。

#### 6.4.4.1　森林经营作业设计类型及内容

森林经营作业设计类型可按照实施的期限长短分为长期规划、中期规划、年度采伐计划和施工作业计划。

（1）长期规划

一般以 10~20 年为期限，主要的规划内容包括：森林分类区与经营布局、合理年伐量及各种经营作业类型比例、木材和其他木质林产品、林区道路建设和维护、森林采伐配套设施建设和维护、伐区森林的恢复等。

（2）中期规划

实施期限为 5~10 年，主要规划内容为林分类型和经营作业区域划分、合理年采伐量调整、各种经营作业类型的时间与空间配置、各年度木材和其他木材林产品的采伐面积和采伐量、林区道路与贮木场修建、经营区森林的恢复等。

（3）年度计划

年度经营作业计划的落实单位是作业区，是森林经营作业设计的主要依据，其主要内容包括经营区位置、经营类型、采伐方式、采伐强度、采伐量、经营作业时间、作业要求等；森林更新计划，包括更新方式、树种、时间及更新后的抚育方式等。

（4）施工作业计划

该计划由经营作业各项工序的施工单位制定，主要依据年度经营计划，在施工作业开始前制定。内容包括：根据已经批准的年度计划，明确作业任务的施工地点、时间和顺序；各施工工段、工组的工程数量、设计资料和现场复查情况、施工时间、规格质量标准、工程造价和劳动定额等；根据作业工程项目和工程量，编制物质材料计划；对作业人员进行作业规程、安全、技术的教育与培训，明确分工，建立岗位责任制度。

### 6.4.4.2　抚育采伐作业工艺设计

结构化森林经营是针对顶极树种及主要伴生树种的中、大径木进行经营调整。因此，在进行经营作业前首先要根据经营目标对林木进行标记，确定采伐调整对象。具体做法是由 1 名技术人员和 1 名工人组成一个小组，以 10m 为一个经营带，从林班的起点走向另一边，标记采伐对象，并记录采伐对象的胸径、树种等信息，以此来估计采伐量和采伐强度。

（1）采伐方式

结构化森林经营采用的主伐方式为择伐。

（2）采伐强度

只有在林分郁闭度在 0.7 以上才进行经营作业，在保证伐后郁闭不低于 0.6 的前提下，采伐强度控制在 15% 以下。

（3）采伐工艺

在保证安全的前提下定向伐木，树倒方向与集材道最好成一定的夹角（30°~45°）；尽量保护好母树、幼树、保留木及珍稀树种，尽可能的保护和促进天然更新；严格控制伐桩高度，树木伐桩高一般不超过 15cm。

（4）集材方式

集材方式要根据经营单位的生产技术水平和经营区实际特点进行选择；当用一种集材方式不能完成集材作业时，可综合运用几种集材方式进行集材。集材方式分机械集材（包括拖拉机、绞盘机、索道集材等）、人力集材（包括人力板车、人力肩扛集材等）、畜力集材和自然力集材（包括滑道、水力集材等）。

（5）楞场和集材道设计

当大规模进行经营时，根据经营区地形地势特点，并考虑环境保护和更新等因素，要每隔 50~100m 设立一个简易便道，宽度 2~3m，供集材使用。楞场必须设于禁伐区和缓冲区以外，且地势平坦、排水良好，便于作业。

（6）经营区整理

对经营区残留物和造材剩余物要及时整理，能利用的枝丫及其他剩余物及时清出经营区；不能利用的剩余物则根据伐区地形状况和更新要求选择归堆、归带、散铺等适宜方式进行处理；对不再利用的临时性设施要及时关闭；楞场木材剩余物，必须清理干净，疏松土壤以恢复地力。

#### 6.4.4.3　森林经营作业准备

森林采伐作业是一项技术要求高但危险性较大的工作，在进行采伐作业前，要充分做好采伐前的准备工作，对采伐工人进行采伐技术培训和安全保障培训。

（1）安全保障培训内容

作业过程中的注意事项，包括人身安全防护知识，安全帽的佩戴和防护服装的穿着；作业工具的使用规范，严格按照工具和机器使用规则进行操作，并请专业人员做演示示范；作业时间的选择，严禁在雷雨天气进行野外作业，在冰雪天气进行野外作业要做好防寒保护。需要到树干上部或上层林冠进行作业时，要对工人进行严格的培训，并使用专业工作用具和防护器具。

（2）选木挂号方法培训

主要内容包括森林经营方向和任务，保留木与采伐木选择的原则与标记方法；

（3）采伐技术培训内容

主要包括采伐木干基切口位置的确定；伐木倒向的控制，林下更新幼树、幼苗的保护措施，集材、运材及有关伐区管理的规定。

### 6.4.5　效果评价

林业生产周期长、见效慢的特点决定了运用功能评价的方法对森林经营活动结果进行评价必然具有一定的滞后性，不能随时掌握经营活动对森林各项指标的影响，从而不能在经营过程中及时调整经营措施，如果在经营过程中采取的措施不当，往往会造成事与愿违的结果。新的结构建模思想的出现使得传统的功能建模思想受到了很大的冲击，传统的功能评价已转向情景状态的评价（惠刚盈等，2007）。结构化森林经营以培育健康稳定的森林为目标，在林分状态分析的基础上确定林分的经营方向，显然，经营效果的评价自然也应建立在林分状态分析之上。如前所述，林分的自然度从林分的树种组成、结构特征、树种多样性、活力及干扰强度等方面来评价，林分的经营迫切评价也体现了这几个方面，因此，对森林经营的效果也应该从这些影响林分经营的关键因子出发。林分经营状态通常表现在空间利用程度、物种多样性、建群种的竞争态势以及林分组成等四个方面，这些因子包括了森林生态系统的生物因子和外界干扰因子，能较全面地反映经营活动对林分的影响；空间利用程度可从立木覆盖度、干扰强度和林木分布格局等三个方面来衡量；物种多样性可从稀有种的无损率、物种多样性指数和林分混交度等三个方面来分析；建群种的竞争态势用竞争压力和树种优势度来表达；林分组成可从物种分布曲线、树种组成、直径分布以及成层性等方面来分析。

#### 6.4.5.1　空间利用程度

（1）立木覆盖度

结构化森林经营的最终目标是培育健康稳定的森林。经营原则之一就是保持森林的连续覆盖，以保障森林生态、社会及经济功能的持续稳定发挥。所以，经营效果的评价必须首先从立木覆盖度着手。所谓立木覆盖度指的就是乔木层的盖度或郁闭度，为树冠垂直投影面积占地面面积的百分比，可采用树冠投影法、测线法或统计法进行测定。

为确保森林充分发挥其生态及其他效益，维护森林的健康，其立木覆盖度应不低于 0.60。

（2）干扰强度

结构化森林经营贯彻的是"以树为本、培育为主、生态优先"的经营理念。利用方式推崇单株利用。贯彻的经营原则之一是尽量减少对森林的干扰。所以，要从传统意义上来评价分析经营效果。立木蓄积量或断面积以及密度的相对变化是最为直观的度量指标。合理的干扰应处于弱度干扰范围，即断面积或蓄积干扰强度在 15% 以下（于政中，1987）。

（3）林木分布格局

结构化森林经营强调创建或维护最佳的森林空间结构。从现有的知识水平来看，同地段最优的林分空间结构应该是未经干扰或仅受到轻微干扰的天然林的空间结构。这种空间结构经历了千百万年的自然选择、自然演替，林内林木之间的空间关系复杂、多样，长期共存共荣，高度协调发展，其生态效益远远高于其他类型林分。所以，结构化森林经营以原始林的结构为楷模，尊崇自然的随机性。减弱被视为上层乔木空间最大利用的均匀性和空间最大浪费的聚集性。所以，在结构化经营中把林木水平分布的随机性视为空间优化程度的指标。

### 6.4.5.2　物种多样性

人类生存与发展，归根到底，依赖于自然界各种各样的生物。生物多样性是人类赖以生存的各种有生命资源的总汇和未来发展的基础，为人类提供食物、能源、材料等基本需求；同时，生物多样性对于维持生态平衡、稳定环境具有关键性作用，为全人类带来了难以估价的利益。生物多样性的存在，使人类有可能多方面、多层次地持续利用甚至改造这个生机勃勃的世界。丧失生物多样性必然引起人类生存与发展的根本危机（陈灵芝，1993）。结构化森林经营方法以保护物种多样性为重要原则，采取经营措施后物种多样性必须得到切实保护。

（1）稀有种的无损率

珍稀濒危物种是国家法律法规明令保护的，结构化森林经营是一种环境友好型的现代森林经营方法，对珍稀濒危物种实行严格保护是其基本原则之一，禁止采伐稀有或濒危树种，保护林分的物种多样性。使稀有种的无损率为 100%。

（2）物种多样性指数

物种多样性（species diversity）是指一个群落中的物种数目和各物种的个体数目分配的均匀度（Fisher et al.，1943），反映了群落组成中物种的丰富程度及不同自然地理条件与群落的相互关系，以及群落的稳定性与动态，是群落组织结构的重要特征。常用的物种多样性指数有 Simpson 指数、Shannon-Wiener 指数等。

（3）混交度

混交度（$M_i$）用来说明混交林中树种空间隔离程度。用树种平均混交度来表达林分中各树种的隔离程度，用林分平均混交度来比较经营前后林分的树种混交程度。这里要注意混交度概念在不同情况下的应用。汤孟平等（2004）提出的树种多样性混交度可以区别出不同林分间树种的隔离程度，但无法替代 Gadow（1992）、Fuedner（1995）以及惠刚盈等（2001，2003）提出的应用于同一林分中的树种平均混交度。

### 6.4.5.3 建群种的竞争态势

物种的竞争与共存一直是生态学研究的核心问题，群落结构的组建、生产力的形成、系统的稳定性以及群落物种多样性的维持等都与这一问题密切相关（汤孟平，2002）。一般认为，植物之间的竞争是生物间相互作用的一个重要方面，是指两个或多个植物体对同一环境资源和能量的争夺中所发生的相互作用（张思玉，2001）。竞争的结果是产生植物个体生长发育上的差异。竞争指数在形式上反映的是树林个体生长与生存空间的关系，但其实质是反映树林对环境资源需求与现实生境中树木对环境资源占有量之间的关系（马建路，1994）。竞争指数反映林木所承受的竞争压力，取决于：① 林木本身的状态(如胸径、树高、冠幅等)；② 林木所处的局部环境（邻近树木的状态）（唐守正等，1993）。

结构化森林经营方法在进行树种竞争关系调节时主要针对建群树种，将不断提高顶极树种的竞争态势，减少其竞争压力视为己任。

竞争态势可用树种竞争指数和树种大小比数来描述。常用的竞争指数有 Hegyi 竞争指数（Hegyi，1974；Holmes，et al.，1991；汤孟平，2003）、单木竞争指数（张跃西，1993；段仁燕等，2005）、Bella 竞争指数（Bella，1971；Holmes，et al.，1991；汤孟平，2003）等。

群落的优势种即在群落中作用最大的种，它通常按优势度的大小来定义。在大多数的群落学研究中，确定优势度时所使用的指标主要是种的盖度和密度。很多学者认为，最大的盖度和密度就意味着种在群落中具有最大影响。一般群落上层中盖度和密度最大的种类就是群落的优势种。传统的表达树种优势度的指标为重要值，重要值可以用某个种的相对多度、相对显著度和相对频度的平均值表示。也有人仅将相对显著度作为每种树木在群落中占优势的程度的指标。结构化森林经营方法在评价林分树种经营前后的优势度变化时，运用相对显著度和树种大小比数的结合的方法来评价，该方法既反映了树种在经营前后种在群落中的数量对比关系，又体现了树种的全部个体的空间状态。

### 6.4.5.4 林分组成

经过结构化经营的林分在树种组成上应更接近同地段天然林的树种组成，也就是说，应尽量使经营后的林分与同地段的天然林在树种组成上差异最小。林分组成通常用树种组成系数来表达，也可用树种分布曲线来直观表示。

（1）物种分布曲线

物种分布曲线指的是每个物种的个体数占总林分株数的比例。也就是说，将物种作为横坐标，对应株数比例作为纵坐标。简化期间也可以用树种组为统计单元进行分析，比如顶极树种，伴生树种，先锋树种等。

顶极种（climax species）：指某个顶极群落的任何典型植物种，尤其是建群种。顶极群落又称演替顶极，指在一定气候、土壤、生物、人为或火烧等条件下，演替最终形成的稳定群落。顶极群落在理论上应具有以下主要特征：是一个在内部和外部已达平衡的稳定系统；物种组成和结构已相对恒定；有机物质的生产量、消耗量和输出量基本平衡，现存量波动不大；如无外来干扰，可以自我延续地存在下去。

先锋树种：在群落演替早期出现的树种，能够耐受极端局部环境条件且具有较高传播力的物种，如在荒山瘠地、火烧迹地等立地条件差的地方最先自然生长成林的树种。一般适应性强的阳性树种，如马尾松、枫香、山杨、白桦、木麻黄、柳等。

伴生树种：在群落中不起主要作用，但经常存在，构成群落的固有的树种。

建群种：植物群落内对形成群落环境和群落外貌和结构等特性起着决定作用的植物种类。通常指对整个群落结构和内部特殊环境条件影响最大的优势层的优势种。有的群落只有一种建群种，有的则有两种或更多些。

优势种：主要层中植株数量较多，覆盖面积最大的植物种类。在群落中具有最大密度、盖度和生物量物种。

（2）树种组成

树木种类组成对决定森林的类型具有重要意义，也影响生物多样性（Sari Pitkänen，2000；姚爱静等，2005）。在传统森林经营中，树种组成式按各乔木树种的蓄积量所占比例，用十分数表示，如 4 红 3 云 2 冷 1 椴。树种组成式的优点是可以同时反映林分中所包含的树种及各树种的比例。缺点是树种组成式仅为一个文字表达式，不便于林分间进行树种多样性的定量分析与比较。为此，汤孟平等（2003b）引入 Shannon 物种多样性指数，提出树种组成指数的概念。针对 41 种可能的树种组成形式，汤孟平等（2003）计算了相应的树种组成指数（以 10 为底数），得到了树种组成指数表，可根据树种组成式直接在表中查取树种组成指数。

（3）直径分布的变化

同龄林与异龄林在评价林分直径分布变化时，以林分的直径分布的 $q$ 值变化为依据。理想的异龄林株数按径级依常量 $q$ 值递减，异龄林株数按径级的分布可用负指数分布进行拟合，因此在评价林分直径结构时可通过评价经营前后 $q$ 值的变化来检验经营效果。

（4）成层性

森林的垂直结构通过成层性来描述，而成层性可用林层比和林层数来量化。在对林分垂直结构的经营效果评价时，主要考察林分的垂直结构层次是否较经营前更加复杂，林木对空间的利用是否更加充分合理。

## 6.5　结构化森林经营案例分析

本节将根据前面介绍的结构化森林经营操作指南，分别以东北红松阔叶天然林、小陇山锐齿栎天然林和贵州常绿阔叶混交林为例，进行结构化森林经营的调查、分析和经营实践，并评价经营效果。

### 6.5.1 东北红松阔叶林经营实践

#### 6.5.1.1 研究区概况

阔叶红松林是红松与多种阔叶树种混生在一起所形成的森林生态系统，也称红松针阔混交林、红松混交林或红松林，是我国东北东部山区地带性顶极群落。其中心分布区在辽宁、吉林、黑龙江的中低山区、长白山、完达山、小兴安岭一带及俄罗斯远东地区，总面积约 50 万 km²，我国约占 60%，俄罗斯约占 30%，日本和朝鲜约占 10%。阔叶红松林在我国东北温带针阔混交林类型中占有重要地位，在环境保护、水土保持、生物多样性保护等多方面起着不可替代的作用。但由于红松树种分布区的长期过量采伐，作为顶级群落的红松林已被破坏殆尽，原始的大片红松林已经破碎不堪，剩余的红松林只是分布在山帽、石头塘上，而且面积小的可怜。

试验示范的红松阔叶天然林位于吉林省蛟河林业实验局东大坡经营区内，距蛟河市区 45km，东靠敦化市黄泥河林业局，西至蛟河市太阳林场，南接白石山林业局，北邻舒兰县上营森林经营局，东北与黑龙江省五常县毗邻。地理坐标为 43°51′~44°05′N，127°35′~127°51′E。

试验示范区属于吉林省东部褶皱断山地地貌，长白山系张广才岭支脉断块中山地貌，山势浑圆，东北部山高坡陡，西南部地势平缓。相对海拔在 800m 以下。境内水系，有发源于张广才岭的嘎牙河，经林场南部汇流入蛟河，再汇入松花江，二至八道河发源于林场南部到东北部的群山，流入蛟河，汇入松花江。

该区气候属温带大陆性季风山地气候，春季少雨、干燥多大风，夏季温热多雨，秋季凉爽多晴天、温差大，冬季漫长而寒冷，全年平均气温为 3.5℃，平均降水量在 700~800mm 之间，多集中在 6~8 月份，年相对湿度 75%。初霜期在 9 月下旬，终霜期在翌年 5 月中旬，无霜期一般在 120~150 天，平均积雪厚度为 20~60cm，土壤结冻深度为 1.5~2.0m。土壤可划分五个类型，分布最广的地带性土壤是肥力较高的暗棕壤，一般山的中上部为典型暗棕壤，局部有石质暗棕壤，山的中下部为白浆化暗棕壤、草甸化暗棕壤、潜育化暗棕壤及白浆土。山麓及沟谷分布有草甸土、冲击土、沼泽土及潜育化暗棕壤。

在中国植被区划中，试验示范区的植被属于温带针阔混交林区域的温带针阔混交林地带的长白山地红松沙冷杉针阔混交林区，主要植物属于长白植物区系。本区的主要森林类型有红松针阔混交林、云冷杉林和硬阔叶林等天然林。本区的主要针叶树种有：红松(*Pinus koraiensis* Sieb. et Zucc.)和沙冷杉(*Abies holophylla* Maxim.)等；主要阔叶树种有：水曲柳(*Fraxinus mandshurica* Rupr.)、核桃楸(*Juglans mandshurica* Maxim.)、白牛槭(*Acer mandshurica* Maxim.)、色木槭(*Acer mono* Maxim.)、春榆(*Ulmus japonica* Sarg)、裂叶榆(*Ulmus laciniata* Mayr)、千金榆(*Carpinus cordata* Bl.)、糠椴(*Tilia mandschurica* Rupr. et Maxim)、紫椴(*Tilia amurensis* Rupr.)、蒙古栎(*Quercus mongolica* Fisch.)、杨树(*Populus* spp.)、桦树(*Betula* spp.)、暴马丁香(*Syringa reticulata* (Blume) H. Hara var. *amurensis* (Ruprecht) P. S. Green *et* M. C. Chang)和花楷槭(*A. ukurunduense* Trautv. *et* Mey)等；常见的下木有：胡枝子(*Lespedeza bicolor* Turcz)、楔叶绣线

菊窄叶变种(*Spiraea canescens* D. Don var. *oblanceollata* Rehd.)、刺五加(*Acanthopanax senticossus*(*Rupr.* et Maxim)Harms)等；主要草本植物有：蕨类(*Adiantum* spp.)、苔草(*Carex* spp.)、蚊子草(*Filipendula* spp.)、山茄子(*Brachybotrys paridiformis* Maxim)、小叶芹(*Aegopodum* alpestre)等。

### 6.5.1.2　林分调查

为获得经营林分的状态，在吉林蛟河林业实验局东大坡经营区 54 林班和 52 林班内分别设立了面积为 100m × 100m 的全面调查样地。利用全站仪(TOPCON – GTS – 602AF)测设样地的 4 个顶点，进行坡度改正，导线闭合差 ≤ 1/200，同时对胸径大于 5cm 的林木进行每木检尺和定位，测量、记载每株树木的坐标、树种、胸径，同时调查林分的郁闭度、坡度、林分平均高、林层数、幼苗更新和枯立木情况等。在计算各项结构参数、竞争指数和树种优势度时，为避免边缘效应，将样地内据每条林分边线 5m 之内的环形区设为缓冲区，其中的标记林木只作为相邻木，缓冲区环绕的区域为核心区，其中所有的标记单木作为参照树，统计各项指数。

在样地进行抽样调查，以展示抽样调查的可行性。抽样调查采用机械布点的方法，在样地核心区内均匀布设 7 行 7 列的 49 个样点，样点间隔约 15m(图 6-15)。调查距离各样点最近的 4 株单木的各种信息，包括角尺度、混交度、大小比数、林层数，并加测至少 5 个角规点，分析林分状况。

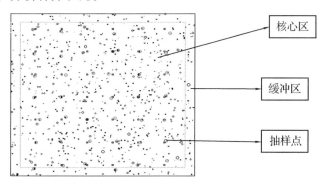

**图 6-15　试验示范林分抽样调查点分布**

### 6.5.1.3　林分状态特征分析

（1）林分基本特征因子

表 6-1 列出了 52 林班样地和 54 林班样地的基本特征。52 林班样地的坡度和海拔均较 54 林班样地大，52 林班样地林分郁闭度较大，达到了 0.9，54 林班的密度较较 52 林班小，但两个样地的断面积相差不大，54 林班内林木个体较大。

**表 6-1　林分基本特征**

| 林班号 | 坡度<br>(°) | 坡向 | 平均海拔<br>(m) | 郁闭度 | 断面积<br>($m^2/hm^2$) | 林分平均直径<br>(cm) | 密度<br>($株/hm^2$) |
|---|---|---|---|---|---|---|---|
| 52 | 17 | 西北坡 | 660 | 0.85 | 31.3 | 18.1 | 1186 |
| 54 | 9 | 西北坡 | 620 | 0.9 | 31.9 | 22.1 | 800 |

（2）林分树种组成数量特征

树种组成常作为划分森林类型的基本条件。以乔木树种组成为依据，划分森林类型的植被分类法在美国和加拿大广泛应用。树种组成可作为森林分类的基本依据，优势树种是划分森林类型的主要依据。我国东北地区的红松具有很强的适应能力，从谷地的湿生条件到山脊的旱生条件均有生长，而各种伴生树种都有一定的适应范围，以往研究表明，红松混交林的伴生树种与林下植被在分布上有较强的相关性，因而，根据红松伴生树种的作为林型或群落类型的划分依据。据前人研究，红松混交林可按伴生树种的类型划分为6个类型，即混有较多蒙古栎和黑桦的柞树红松林、混有较多紫椴的椴树红松混交林，混有较多的枫桦的枫桦红松混交林，混有较多鱼鳞云杉和臭冷杉的鱼鳞云杉红松混交林、混有较多水曲柳和春榆的水曲柳红松混交林及混有较多臭冷杉红皮云杉的红皮云杉红松混交林（李景文，1997）。表6-2和表6-3为两块样地中各阔叶红松林样地胸径大于5cm的树种组成的数量特征。

表6-2　52林班样地树种组成的数量特征

| 树种 | 株数（株/hm²） | 相对多度（%） | 断面积（m²/hm²） | 相对显著度（%） | 胸径（cm） | | |
| --- | --- | --- | --- | --- | --- | --- | --- |
| | | | | | 最大 | 最小 | 平均 |
| 暴马丁香 | 12 | 1.01 | 0.042 | 0.13 | 8.7 | 5.1 | 6.6 |
| 白牛槭 | 48 | 4.05 | 1.197 | 3.84 | 49.9 | 5.0 | 17.5 |
| 稠李 | 3 | 0.25 | 0.032 | 0.10 | 16.2 | 7.6 | 11.6 |
| 椴树 | 93 | 7.84 | 4.528 | 14.54 | 61.7 | 5.3 | 24.3 |
| 枫桦 | 36 | 3.04 | 1.571 | 5.04 | 43.0 | 7.3 | 23.2 |
| 黄波罗 | 17 | 1.43 | 0.750 | 2.41 | 39.0 | 7.9 | 23.7 |
| 花楷槭 | 1 | 0.08 | 0.002 | 0.01 | 5.4 | 5.4 | 5.4 |
| 红松 | 58 | 4.89 | 2.571 | 8.26 | 55.6 | 5.2 | 23.8 |
| 核桃楸 | 41 | 3.46 | 2.000 | 6.42 | 42.4 | 8.4 | 24.6 |
| 裂叶榆 | 1 | 0.08 | 0.003 | 0.01 | 6.6 | 6.6 | 6.6 |
| 柳树 | 2 | 0.17 | 0.054 | 0.17 | 21.4 | 15.0 | 18.5 |
| 蒙古栎 | 32 | 2.70 | 1.698 | 5.45 | 46.9 | 7.6 | 25.2 |
| 花楸 | 13 | 1.10 | 0.394 | 1.26 | 35.6 | 6.3 | 19.6 |
| 千金榆 | 297 | 25.04 | 2.376 | 7.63 | 27.0 | 5.0 | 10.1 |
| 青楷槭 | 67 | 5.65 | 0.832 | 2.67 | 23.3 | 5.1 | 12.6 |
| 色木槭 | 228 | 19.22 | 4.771 | 15.32 | 60.2 | 5.0 | 15.9 |
| 水曲柳 | 24 | 2.02 | 0.999 | 3.21 | 50.4 | 6.6 | 23.0 |
| 杉松 | 69 | 5.82 | 2.456 | 7.89 | 80.2 | 5.2 | 21.3 |
| 杨树 | 28 | 2.36 | 3.094 | 9.94 | 62.3 | 10.8 | 37.5 |
| 榆树 | 116 | 9.78 | 1.770 | 5.69 | 43.4 | 5.0 | 13.8 |

从表6-2可以看出，该林分中千金榆、色木槭和榆树所占的株数比例较高，株数比例分别达到25.04%、19.22%和9.78%，累积比例达到54.04%，占林分株数的一半以上，但对于千金榆来说，在林分中以小径木的形式存在，平均胸径只有10.1cm，其相

对显著度只有 7.63%，色木槭的平均胸径为 15.9cm，相对显著度为 15.32%，榆树的平均胸径为 13.8cm，但相对显著度也较低，只有 5.69%；顶极树种红松、杉松的株数比例分别为 4.89% 和 5.82%，它们的相对显著度分别为 8.26% 和 7.89%，在林分所占比例也不是很高；椴树在该林分中相对多度只有 7.84%，但其相对显著度却达到了 14.54%，平均胸径达到了 24.3cm，林分中该树种主要以大径木的形式存在；杨树和枫桦在林分中的株数比例分别为 2.36% 和 3.04%，但它们的相对显著度却十分的高，分别达到了 9.94% 和 5.04%，杨树的平均胸径高达 37.5cm，枫桦的平均胸径也达到了 23.2cm，这两个树种在林分中主要以大径木的形式存在；林分中其他树种无论是从株数比例还是断面积比例来说都比较低，特别是对于稠李、花楷槭、柳树来说，在样地中的株数不超过 3 株。运用吉林省不同树种的一元立木材积表计算出该样地的蓄积量为 216.5 m³/hm²，根据林分中各树种的数量组成和红松阔叶林林型划分方法，该林分类型为椴树红松混交林。

表 6-3　54 林班树种组成的数量特征

| 树种 | 株 数 （株/hm²） | 相对多度 （%） | 断 面 积 （m²/hm²） | 相对显著度 （%） | 胸　径(cm) 最大 | 最小 | 平均 |
|---|---|---|---|---|---|---|---|
| 暴马丁香 | 24 | 3.00 | 0.103 | 0.32 | 14.1 | 5.1 | 7.2 |
| 白牛槭 | 95 | 11.88 | 1.018 | 3.19 | 33.8 | 5.0 | 11.2 |
| 臭冷杉 | 7 | 0.88 | 0.272 | 0.85 | 39.3 | 9.7 | 22.3 |
| 椴树 | 18 | 2.25 | 0.663 | 2.07 | 46.0 | 5.3 | 20.5 |
| 枫桦 | 22 | 2.75 | 0.853 | 2.67 | 51.1 | 5.6 | 21.7 |
| 黄波罗 | 8 | 1.00 | 0.246 | 0.77 | 26.4 | 12.6 | 19.8 |
| 花曲柳 | 1 | 0.13 | 0.005 | 0.01 | 7.6 | 7.6 | 7.6 |
| 红松 | 28 | 3.50 | 2.487 | 7.79 | 76.5 | 5.3 | 33.6 |
| 核桃楸 | 122 | 15.25 | 8.694 | 27.22 | 51.1 | 5.0 | 29.9 |
| 蒙古栎 | 7 | 0.88 | 0.051 | 0.16 | 12.6 | 8.1 | 9.6 |
| 花楸 | 3 | 0.38 | 0.099 | 0.31 | 28.4 | 14.2 | 20.5 |
| 千金榆 | 99 | 12.38 | 1.163 | 3.64 | 28.1 | 5.1 | 12.0 |
| 青楷槭 | 15 | 1.88 | 0.207 | 0.65 | 22.8 | 6.0 | 13.3 |
| 色木槭 | 134 | 16.75 | 3.985 | 12.48 | 45.1 | 5.0 | 18.8 |
| 水曲柳 | 28 | 3.50 | 1.481 | 4.64 | 42.4 | 5.2 | 25.9 |
| 杉松 | 45 | 5.63 | 5.181 | 16.22 | 77.7 | 5.0 | 37.9 |
| 棠梨 | 1 | 0.13 | 0.007 | 0.02 | 9.2 | 9.2 | 9.2 |
| 鱼鳞云杉 | 48 | 6.00 | 2.689 | 8.42 | 42.2 | 5.2 | 26.7 |
| 榆树 | 95 | 11.88 | 2.738 | 8.57 | 50.2 | 5.0 | 19.1 |

从表 6-3 可以看出，林班 54 样地的乔木树种组成中的阔叶树种与针叶树种的种类较多，除有常见的阔叶树种和红松、杉松外，还有臭冷杉、鱼鳞云杉等树种；从各树种的株数比例来看，林分中白牛槭、核桃楸、千金榆、色木槭和榆树的株数比例较高，相对多度超过 10%，分别为 11.88%、15.25%、12.38%、16.75% 和 11.88%，花曲柳、蒙古栎、花楸和棠梨的相对多度低于 1%；顶极树种红松、臭冷杉、杉松和鱼鳞云杉的

相对多度分别为3.5%、0.88%、5.63%和6.0%；从相对显著度上可以看出，核桃楸、色木槭和杉松的显著度较高，分别达到了27.22%、12.48%和16.22%，而其他树种的相对显著度均在10%以下；从各树种的平均胸径来看，杉松、红松、核桃楸、鱼鳞云杉和水曲柳的胸径较大，都在26cm以上，分别为37.9cm、33.6cm、29.9cm、26.7cm和25.9cm，这是造成该林分株数少，断面积反而大的主要原因；林分中核桃楸和色木槭无论从株数上还是断面积上来说其在林分中所占的比例都较大，是该林分的优势种群。运用吉林省不同树种的一元立木材积表计算出该样地的蓄积量为242.9 m³/hm²，该林班林分保存较好，据记载只有在1966年经历过一次强度在2%左右的盗伐。该样地所代表的林分类型为核桃楸红松混交林。

（3）林分直径分布特征

以5cm为起测径，以2cm为径阶步长对阔叶红松林样地内所有胸径大于5cm林木的直径分布结构进行了分析，相关内容见数据分析方法中有关直径分布的内容。

（4）林分空间结构特征

林分的空间结构特征体现了树木在林地上的分布格局及其属性在空间上的排列方式，即林木之间树种、大小、分布等空间关系，是与林木空间位置有关的林分结构（汤孟平等，2004）。分析林分空间结构的基础是对林分空间结构的准确描述，描述林分空间结构的数量指标称为林分空间结构指数。传统的森林经理调查体系主要调查林木的胸径、树高和总收获量以及林分属性的统计分布，忽略了林分空间结构信息和多样性信息。而经典的植被生态学调查，提供的是一种统计格局，受抽样和统计方法的限制，格局随尺度变化较明显（徐海等，2007；惠刚盈等，2007）。目前应用的基于相邻木空间关系的林分空间结构描述方法为森林经营提供了科学依据，即体现树种空间隔离程度的树种混交度、反映林木个体大小的大小比数以及描述林木个体在水平地面上分布格局的角尺度等三个基于相邻木空间关系的林分空间结构指标能够准确地描述林分中林木个体的空间分布特征（惠刚盈，2003，2007）。

①天然阔叶红松林林木个体的水平空间分布格局。利用TOPCON全站仪对阔叶红松林样地中胸径大于5cm的所有林木进行定位，测得每株林木的坐标，用Winkelmass软件计算林分内林木的分布格局。Winkelmass是专门用于林分空间结构计算的分析软件，它能够能产生林分内每株树的分布点图，计算出林分内每株树的角尺度、混交度、大小比数及其平均值，统计出每个空间结构参数分布频率，分析林分内林个体的水平空间分布格局、树种隔离程度和各树种在林分中的竞争态势；在计算林分的结构参数时，该软件为避免产生边界效应，可以设置缓冲区，一般1hm²的样地设置5m的缓冲区。

图6-16和图6-17为两块样地内林木分布点格局和运用软件Winkelmass计算的林木角尺度分布频率。图6-16表明，52林班样地中林木落在核心区的林木株数为940株，占样地总株数的79.3%，其中，处于随机分布的林木比例为59.9%，处于均匀或很均匀分布的比例分别为21.8%和0.6%，处于很不均匀或团状分布的比例分别为14.7%和2.9%，其林分的平均角尺度为0.494，林分内林木的整体分布格局也属于随机分布。图6-17表明，54林班样地中林木落在核心区的林木株数为671株，占样地林木总株数的

83.8%，其中，林木处于随机分布的比例为56.3%，角尺度分布频率处于均匀或很均匀的比例总计为24%，林分中处于很均匀的林木仅有6株，也就是说，只有6株林木与其最近4株相邻木构成的结构单元的角尺度值为0；而处于不均匀或团状分布的比例总计19.7%，左侧明显大于右侧，其林分的平均角尺度为0.494，属于随机分布的范畴。阔叶红松林林分中处于很均匀和团状分布这两种极端状况的情况较少，这可能是由于林分都是在原始阔叶红松林的基础上经过轻度干扰而形成的次生林，虽然经过一定强度的干扰，但并没有改变林分内林木的空间分布格局，由此也可以说明，轻度的干扰对林木的空间分布格局并不会造成影响。

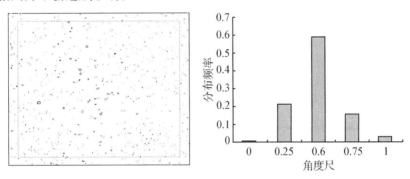

图 6-16　52 林班样地林木分布格局及角尺度分布图

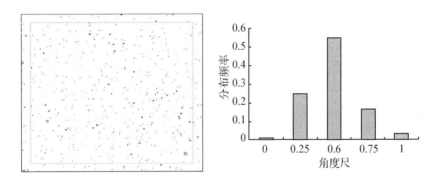

图 6-17　54 林班样地林木分布格局及角尺度分布图

②天然阔叶红松林树种隔离程度。树种隔离程度指的是树种在群落中的空间配置，它是林分空间结构的重要组成部分，是群落的树种混交状况的表达形式，在天然森林群落中研究树种隔离程度有助于深入了解群落中各种群的分布状况以及各树种之间的相互依赖关系。分隔程度越大，表明同种个体聚生的可能性就越小，林木对空间的利用程度也就越大，同种之间的竞争机会就会减少，群落的稳定性也就会增大。混交度($Mi$)用来说明混交林中树种空间隔离程度，$Mi$ 的 5 种取值即 0.00、0.25、0.50、0.75 或 1.00，对应于通常所讲的混交度的描述即为零度、弱度、中度、强度、极强度混交。图6-18 为阔叶红松林样地林木的混交度频率分布情况。

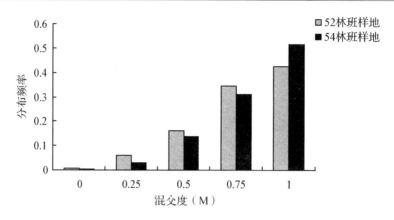

图 6-18　阔叶红松林样地混交度频率分布图

图 6-18 表明，样地中林木个体与其最近 4 株相邻木构成的结构单元的混交度从 0 到 1 呈上升的趋势，样地中林木处于零度混交的比例都相当的低，52 林班样地和 54 林班样地的比例分别为 0.7％ 和 0.3％，也就是说两个样地中的林木个体与其最近 4 株相邻木构成的结构单元中与参照树为同种的比例都很低，林木处于强度和极强度混交的比例较高，其中，52 林班样地中林木处于强度和极强度混交的比例分别为 34.5％ 和 42.4％，54 林班样地分别为 31.3％ 和 51.6％，54 林班样地处于极强度混交的林木比例最高；两个样地中，处于弱度混交和中度混交的比例不是很高，54 林班样地的比例分别为 13.7％，而 52 林班样地稍微高一些，达到 16.1％。以上分析表明，两个林分中的林木与同种相邻的比例较低，大多数林木与其他树种相邻，也就是说，在参照树与 4 株最近相邻木构成的结构单元中，相邻木大多数与参照树不是同一个种。进一步计算两个林班的平均混交度，52 林班样地为 0.779，54 林班样地为 0.827，两个林班的林分平均混交度较高，都处于强度混交向极强度混交过渡的状态。修正的林分混交度均值公式可以比较不同林分类型的树种隔离程度，同时，也体现林分的树种多样性。运用该式对两个林分的树种隔离程度进行计算，其值分别为 0.549 和 0.624，可见 54 林班样地林分平均混交度最高。为进一步了解两个样地的树种空间隔离程度，对两个林分中的各树种的混交状态进行分树种统计，见表 6-4 和表 6-5。

表 6-4　52 林班样地中林木各树种混交度分布频率及均值

| 树种 | 混交度 | | | | | 平均 |
| --- | --- | --- | --- | --- | --- | --- |
| | 0 | 0.25 | 0.5 | 0.75 | 1 | |
| 暴马丁香 | 0.000 | 0.000 | 0.000 | 0.000 | 1.000 | 1.000 |
| 白牛槭 | 0.000 | 0.000 | 0.079 | 0.289 | 0.632 | 0.888 |
| 稠李 | 0.000 | 0.000 | 0.000 | 0.667 | 0.333 | 0.833 |
| 椴树 | 0.000 | 0.000 | 0.143 | 0.381 | 0.476 | 0.833 |
| 枫桦 | 0.000 | 0.000 | 0.000 | 0.036 | 0.964 | 0.991 |
| 黄波罗 | 0.000 | 0.000 | 0.000 | 0.000 | 1.000 | 1.000 |
| 花楷槭 | — | — | — | — | — | — |

（续）

| 树种 | 混交度 | | | | | 平均 |
| --- | --- | --- | --- | --- | --- | --- |
| | 0 | 0.25 | 0.5 | 0.75 | 1 | |
| 红松 | 0.000 | 0.000 | 0.115 | 0.481 | 0.404 | 0.822 |
| 核桃楸 | 0.000 | 0.000 | 0.000 | 0.333 | 0.667 | 0.917 |
| 裂叶榆 | 0.000 | 0.000 | 0.000 | 0.000 | 1.000 | 1.000 |
| 柳树 | – | – | – | – | – | – |
| 蒙古栎 | 0.000 | 0.000 | 0.000 | 0.174 | 0.826 | 0.957 |
| 花楸 | 0.000 | 0.000 | 0.000 | 0.222 | 0.778 | 0.944 |
| 千金榆 | 0.012 | 0.112 | 0.253 | 0.394 | 0.228 | 0.678 |
| 青楷槭 | 0.000 | 0.212 | 0.154 | 0.308 | 0.327 | 0.688 |
| 色木槭 | 0.022 | 0.082 | 0.279 | 0.339 | 0.279 | 0.693 |
| 水曲柳 | 0.000 | 0.000 | 0.000 | 0.250 | 0.750 | 0.938 |
| 杉松 | 0.000 | 0.000 | 0.082 | 0.410 | 0.508 | 0.857 |
| 杨树 | 0.000 | 0.000 | 0.048 | 0.143 | 0.810 | 0.940 |
| 榆树 | 0.000 | 0.057 | 0.091 | 0.420 | 0.432 | 0.807 |

表 6-4 林班表明，在 52 林班样地中，除主要伴生树种千金榆、青楷槭和色木槭外，大多数树种处于强度混交向极强度混交过渡的状态，平均混交度在 0.8 以上；色木槭和千金榆出现少量的零度混交，它们的比例分别为 2.2% 和 1.2%，这两个树种弱度混交也占一定的比例，分别达到了 8.2% 和 11.2%，它们处于中度混交的比例在所有树种中是最大的，分别达到了 27.9% 和 25.3%；青楷槭和榆树没有出现零度混交的状况，但青楷槭处于弱度混交和中度混交的比例较大，分别达到了 21.2% 和 15.4%，榆树则主要处于强度和极强度混交的状态，总计比例为 85.2%；顶极树种红松和杉松没有出现零度混交和弱度混交的分布状态，处于中度混交的比例为 11.5% 和 8.2%，这两个树种在样地中主要以强度和极强度混交状态存在，其中，红松个体处于强度混交的比例分别为 48.1%，红松的平均混交度为 0.81，杉松处于极强度混交的比例为 50.8%，其平均混交度为 0.857；其他伴生树种与先锋树种的混交分布频率表现出与 52 林班 A 样地相类似的分布，主要集中在强度混交与极强度混交的状态；样地核心区内没有出现花楷槭和柳树这两个树种。

**表 6-5　54 林班样地中林木各树种混交度分布频率及均值**

| 树种 | 混交度 | | | | | 平均 |
| --- | --- | --- | --- | --- | --- | --- |
| | 0 | 0.25 | 0.5 | 0.75 | 1 | |
| 暴马丁香 | 0.000 | 0.000 | 0.000 | 0.381 | 0.619 | 0.905 |
| 白牛槭 | 0.000 | 0.063 | 0.238 | 0.350 | 0.350 | 0.747 |
| 臭冷杉 | 0.000 | 0.000 | 0.000 | 0.000 | 1.000 | 1.000 |
| 椴树 | 0.000 | 0.000 | 0.000 | 0.267 | 0.733 | 0.933 |
| 枫桦 | 0.048 | 0.095 | 0.190 | 0.238 | 0.429 | 0.726 |
| 黄波罗 | 0.000 | 0.000 | 0.000 | 0.000 | 1.000 | 1.000 |

（续）

| 树种 | 混交度 | | | | | 平均 |
|------|-------|------|------|------|------|------|
| | 0 | 0.25 | 0.5 | 0.75 | 1 | |
| 花曲柳 | – | – | – | – | – | – |
| 红松 | 0.000 | 0.000 | 0.000 | 0.273 | 0.727 | 0.932 |
| 核桃楸 | 0.000 | 0.000 | 0.144 | 0.365 | 0.490 | 0.837 |
| 蒙古栎 | 0.000 | 0.000 | 0.429 | 0.429 | 0.143 | 0.679 |
| 花楸 | 0.000 | 0.000 | 0.000 | 0.000 | 1.000 | 1.000 |
| 千金榆 | 0.000 | 0.000 | 0.131 | 0.393 | 0.476 | 0.836 |
| 青楷槭 | 0.000 | 0.000 | 0.000 | 0.000 | 1.000 | 1.000 |
| 色木槭 | 0.009 | 0.056 | 0.187 | 0.374 | 0.374 | 0.762 |
| 水曲柳 | 0.000 | 0.000 | 0.000 | 0.053 | 0.947 | 0.987 |
| 杉松 | 0.000 | 0.000 | 0.071 | 0.262 | 0.667 | 0.899 |
| 棠梨 | 0.000 | 0.000 | 0.000 | 0.000 | 1.000 | 1.000 |
| 鱼鳞云杉 | 0.000 | 0.000 | 0.075 | 0.300 | 0.625 | 0.888 |
| 榆树 | 0.000 | 0.101 | 0.177 | 0.266 | 0.456 | 0.769 |

从表6-5可以看出，样地中红松、臭冷杉和鱼鳞云杉的平均混交度分别为0.93、1和0.89，几乎接近于极强度混交；林分中的主要伴生树种色木槭在各个混交程度上都有分布，但也主要集中在强度混交与极强度混交这两种状态，分布频率均为37.4%，其平均混交度为0.762，整体表现为强度混交，白牛槭与榆树均没有零度混交的个体，处于弱度混交的比例分别为6.3%和10.1%，这两个树种处于中度混交的比例分别为23.8%和17.7%，较其他树种而言，这两个树种处于弱度与中度混交的比例较高；珍贵树种核桃楸则没有处于零度混交和弱度混交的状态，主要集中在强度混交与极强度混交，它们的比例达到了85.5%；先锋树种蒙古栎在样地所有树种中的平均混交度最低，蒙古栎个体处于中度混交和强度混的比例占80%以上，其平均混交度值为0.68，属于中度混交向强度混交过渡的状态，这可能是由于蒙古栎在林分中的株数较少，而大多数个体又集而生造成的；先锋树种枫桦在各个混交程度均有分布，其中零度混交达到了5%，弱度混交到极强度混交的比例分别为10%、19%、24%和43%；样地核心区内没有出现花曲柳这一树种。

通过对林分的平均混交度和各树种混交度的分析可以看出，阔叶红松林树种空间配置情况较为复杂。在群落的发育过程中，不同的树种对环境资源的利用程度不同，先锋树种在演替的初级阶段在相对不利的条件下迅速扩大种群，占据优势地位，但随着环境条件的改善，逐渐形成有利于顶极树种生长的条件，顶极树种不断的入侵并生长发育，最终使先锋树种退出群落；对于伴生树种而言，在演替过程中与顶极树种是协调互利的关系，在同一个结构单元中，由于同种个体对资源利用的一致性，导致同种个体竞争加剧，出现自然稀疏现象，同种个体在同一结构单元中被淘汰。因此，在林分中，随着演替的进展，同一结构单元中同种个体逐渐减少，林分整体混交度和各树种的混交度逐渐提高，最终形成稳定的群落。

③天然阔叶红松林林木大小分化程度。林木大小差异程度过去多采用直径分布来表达，但直径分布仅给出了群落内树木个体各径级所占的频率，缺乏空间信息。运用大小比数($U_i$)这个空间结构参数，可以深入分析参照树在空间结构单元中所处的生态位，进而分析林分中所有树种在胸径指标上的优劣程度。大小比数($Ui$)描述林木大小分化(胸径、树高或树冠等)程度，数量化了参照树与其相邻木的大小相对关系。$Ui$ 值越低，说明比参照树大的相邻木愈少。大小比数从 0 到 1 的五种取值对应于调查单元林木状态的描述，即优势、亚优势、中庸、劣态、绝对劣态，它明确定义了被分析的参照树在该结构块中所处的生态位，且其生态位的高低以中度级为岭脊，生物意义十分明显(惠刚盈，2003；2007)。

根据大小比数的定义，选取林木的胸径作为比较指标来分析林分中林木的大小分化程度。运用 Winkelmass 软件计算两块样地的平均大小比数均为 0.492，二者没有差别。按照树种计算的大小比数分布能更好反映两个林分的林木分化程度之间的差异性，较平均大小比数更有意义，而用各树种的相对显著度与大小比数相结合能够反映出各树种在林分中的优势程度。图 6-19 和 6-20 分别是 2 块样地各树种以胸径作为比较指标时的平均大小比数，图 6-21 和图 6-22 是各树种大小比数与相对显著度相结合在林分中的优势程度比较。

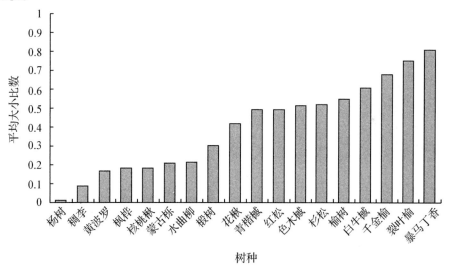

**图 6-19　52 林班样地各树种平均大小比数**

从图 6-19 可以看出，在 52 林班样地中，杨树、稠李、黄波罗、枫桦、核桃楸、蒙古栎和水曲柳的平均大小比数都小于 0.25，说明林分中以这几个树种为参照树的结构单元中，参照树胸径大多数较最近相邻木大，处于优势状态；椴树的平均大小比数为 0.298，以椴树为参照树的结构单元中，椴树为优势木；花楸、青楷槭、红松、杉松、榆树和色木槭的平均大小比数在 0.5 左右，说明样地中这几个树种的大小分布比较均匀，在结构单元中整体处于中庸状态；白牛槭、千金榆和裂叶榆的平均大小比数介于 0.6～0.75 之间，处于中庸向劣势过渡的状态，暴马丁香的平均大小比数为 0.806，处于劣势向绝对劣势过渡的状态；以上分析表明，在该样地中，杨树、稠李、黄波罗、枫桦、核桃楸、蒙古栎和水曲柳在空间结构单元中占优势，为优势木，白牛槭、千金榆、裂叶榆和暴马丁香在空间结构单元中处于被压状态。

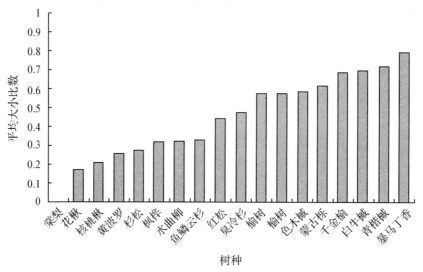

图6-20　54 林班样地各树种平均大小比数

图6-20表明，54 林班样地中，棠梨、花楸和核桃楸的平均大小比数介于 0~0.25 之间，林木个体在结构单元中的大小比数则主要分布在 $U_i = 0$ 和 $U_i = 0.25$ 这两个取值上，这几个树种在结构单元中占绝对优势地位；珍贵树种黄波罗的平均大小比数为 0.25，在结构单元中处于优势地位；杉松、枫桦、水曲柳和鱼鳞云杉的平均大小比数变动在 0.26~0.32 之间，在结构单元中处于优势地位；红松、臭冷杉、榆树、椴树、色木槭和蒙古栎的平均大小比数变动在 0.5 左右，整体上处于中庸状态。榆树在各个取值上的分布频率比较均匀，蒙古栎个体大小比数分布则主要集中在 0.5 上，从整体上来说，这几个树种处于中庸状态；林分中，千金榆、白牛槭、青楷槭和暴马丁香的平均大小比数介于 0.65~0.8 之间，处于中庸向劣势过渡的状态，林分中没有处于绝对劣势的树种。

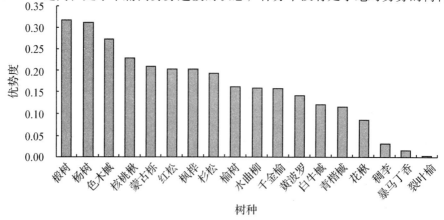

图6-21　52 林班样地各树种优势度

运用树种平均大小比数与相对显著度相结合的优势度是一个间于0~1间的数,其值越大,表明树种在林分中的优势程度越大,它既反映了树种在林分中的数量优势程度,也反映了树种在空间上的优势程度。由图6-19可以看出,在该林分中,椴树的优势程度最大,其优势度为0.319,其次为杨树和色木槭;杨树作为先锋树种,在该林分中的优势程度较大,说明林分中的杨树虽然株数并不占优势,但杨树个体的胸径较大,无论断面积还是平均大小比数都处于优势状态。顶极树种红松的优势度在所有树种中只占到了第六位,其值为0.205;伴生树种核桃楸、蒙古栎在林分中较红松的优势度高,其他树种的优势度均较红松低。

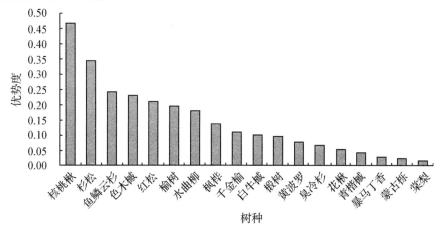

**图6-22 54林班样地各树种优势度**

由图6-22表明,在该林分中,核桃楸的优势程度较高,其值达到了0.465,其次为杉松,也达到了0.345,鱼鳞云杉、色木槭和红松的优势度相差不大,分别为0.239、0.230和0.210,红松在该林分中的优势程度也不是很高,其他伴生树种的优势程度都在0.20以下。

④天然阔叶红松林垂直结构特征 林分的垂直结构可以通过成层性来描述,而成层性可用乔木层林层比和林层数来量化(惠刚盈,2007),通过在林分中进行抽样调查,选择林层数对阔叶红松林的垂直结构进行分析,抽样点为49个,共计196个结构单元,涉及林木980株。为了更清楚地了解林分的垂直结构,还对林分的平均树高进行了测量,即在每个样地中选择35株以上中等大小林木用激光测仪进行测量,取其平均值;表6-6为样地抽样点参照树结构单元林层数分布情况和林分的平均树高。

**表6-6 阔叶红松林样地林层数分布**

| 样地 | 林层数(层) | | | 平均林层数 | 平均树高(m) |
|---|---|---|---|---|---|
| | 1 | 2 | 3 | | |
| | 频率分布 | | | | |
| 52林班样地 | 0.092 | 0.653 | 0.255 | 2.2 | 13.6 |
| 54林班样地 | 0.041 | 0.444 | 0.515 | 2.5 | 15.7 |

从表6-6可以看出，在196个结构单元中，在52林班样地中，只有不到10%的结构单元5株树处于同一层，而处于2层结构单元的比例达到了65.3%，林分的平均林层数为2.2层，达到了复层林的标准。在54林班样地中只有不到5%的结构单元中的参照树与相邻木处于同一林层，其比例4.1%，而样地参照树与相邻木处于两个林层中的比例在45%左右，处于3层结构中的参照树比例高达51.5%；林分的平均树高达到了15.7m，样地林分都属于复层林，54林班样地较52林班样地垂直分层现象更加明显。

（5）林分树种多样性分析

森林群落的主要层片是乔木，而乔木层片中的优势树种是森林群落的重要建造者，在森林生态功能的发挥中也起着主导作用（张家城等，1999；刘小林等，1995）。物种多样性是指物种的数目及其个体分配均匀度两者的综合，它能有效地表征生物群落和生态系统结构的复杂性。综合大多数学者的分析方法，以红松阔叶林中乔木层树种的个体数为基础，采用4类多样性指数来分析阔叶红松林样地的树种多样性（见表6-7）。

表6-7　阔叶红松林样地树种多样性

| 样地 | 树种数 | Shannon-Wiener | Simpson | Pielou | Margalef |
|---|---|---|---|---|---|
| 52 林班样地 | 20 | 2.150 | 0.879 | 0.718 | 2.684 |
| 54 林班样地 | 19 | 2.447 | 0.893 | 0.831 | 2.693 |

表6-7表明，52林班的树种数较54林班样地树种多，但54林班样地的多样性指数较都较52林班样地的多样性指数高。54林班样地的Shannon-Wiener多样性指数与Margalef丰富度指数分别为2.447和2.693，说明林分树种多样性及物种丰富度是较高；Simpson指数又称优势度指数（Simpson，1949），其值越大，生态优势度越大即优势树种的集中性越大；Pielou均匀度指数反映的是各物种个体数目分配的均匀程度，值越大则说明物种分配的均匀程度越高。由此表明，54林班样地内各树种分布较均匀，且优势树种的集中性较高，而52林班样地内各树种分布均匀性较差，优势树种集中性较低。

（6）林分更新特征

在阔叶红松林样地中分别沿对角设立5个10m×10m的样方，对样方内的幼苗、幼树进行统计，了解林分的更新情况。本次试验中采用国家林业局资源司2002年制定的《东北内蒙古国有林重点林区采伐更新作业调查设计规程》中有关幼树幼苗的更新评价标准（表6-8）来评价阔叶红松林的更新情况。

表6-8　天然林更新等级评价表　　　　　　　　　单位：株/hm²

| 等级 | 幼苗高度级（cm） | | | | 代码 |
|---|---|---|---|---|---|
| | <30 | 30~49 | ≥50 | 不分高度级 | |
| 良好 | ≥5000 | ≥3000 | ≥2500 | >4001 | 1 |
| 中等 | 3000~4999 | 1000~2999 | 500~2499 | 2001~4000 | 2 |
| 不良 | <3000 | <1000 | <500 | <2000 | 3 |

对样地设置的小样方的更新情况统计情况如表6-9，从表中可以看出，在幼苗高度级为小于30cm时，52林班的样地更新株数都较小，属于更新不良，54林班样地的更新株数虽然属于中等，但幼苗的更新株数也较少，每公顷只有3050株；在高度级为30～49cm和大于50cm时，52林班样地的更新状况为中等，54林班样地林下更新均为不良；但按照林下更新幼树幼苗的株数不分高度级进行评定时，52林班样地和54林班样地均可以评定为更新良好。总体来说，两个样地的更新情况都比较差，这可能是由于当地林业部门几年前对这两个林班都进行过不同程度的林下抚育作业，对林下的杂草进行了清除，这在一定程度上对林下更新的幼树幼苗造成了破坏，此外，由于管理不善，林班距离居民点较近，偶见附近老百姓在林中放牛的情况，对林下更新幼树幼苗破坏严重。

表 6-9　天然阔叶红松林更新统计情况　　　　　　　　单位：株/hm²

| 样地 | 幼苗高度级（cm） | | | 总计 |
| --- | --- | --- | --- | --- |
| | <30 | 30～49 | ≥50 | |
| 52 林班样地 | 2290 | 1870 | 2300 | 6460 |
| 54 林班样地 | 3050 | 970 | 720 | 4740 |

### 6.5.1.4　林分经营方向确定

运用参照系不存在的林分自然度评价方法和林分经营迫切性评价方法对该林分的状态特征进行评价，确定林分的经营方向。评价结果表明，52林班样地的自然度等级为5，属于次生林状态，54林班样地林分的自然度等级为6，属于原生性次生林状态；52林班样地林分的经营迫切性评价等级为比较迫切，而54林班样地的林分经营迫切性等级为一般性迫切。追溯林分经营迫切性评价结果的原因可以看出，52林班样地中顶极树种无论是在株数组成上，还是在断面积组成方面均不占优势，运用大小比数与断面积相结合的优势程度计算公式可知顶极树种红松的优势度为0.205，小于评价标准值；树种组成中，只有椴树和色木槭的断面积比例达到了一成以上，而顶极树种红松只8%左右，因此，提高该林分中顶极树种的优势程度，调整树种组成是进行经营的一个方向，此外，在该样地中，有许多林木个体断梢、弯曲，甚至空心、病腐，不健康林木株数比例超过了10%，因此，提高林木的健康水平也是该林分经营的一个方向。在54林班样地中造成经营迫切性等级为一般性迫切的原因主要有两个方面，一方面是树种组成中核桃楸、色木槭和沙冷杉的断面积比例达到了一成以上，顶极树种红松的优势度也较52林班的高，但地带性顶极树种红松的断面积比例只有不到8%，其优势度也只有0.210，提高顶极树种的优势度是该林分的一个经营方向；另一方面，林分中胸径大于25cm的大径木蓄积量达到了200m³/hm²，占林分总蓄积量的82.6%，因此，对个别达到起伐径的林木进行采伐利用也是林分经营的一个方向。在两个样地中，林分的总体更新虽然评价为良好，但从前面的分析可知，林下更新在30cm高度级以上更新幼苗株数较少，说明随着高度级的增加，幼苗的数量的减少，因此，增加幼苗的保存率，提高林分的更新幼苗数量和质量是两个林分经营的共同方面。综上所述可以看出，52林班林分进行经营的总体方向为：调整顶极树种的竞争，降低其他伴生树种在林分的比例和竞争势，调节树种组成，提高林分内林木的健康状况，促进林分更新，提高林分中更新幼树幼苗的数量和质量，54 林班样地的经营方向为提高顶极树种的优势度，采伐利用部分达到起测径的单木，促进林分天然更新。

### 6.5.1.5　林分经营设计

根据林分状态分析确定了经营方向，下一步的工作就要对林分进行经营设计。本次经营实践按照年度计划进行经营设计，采伐强度控制在蓄积的 15% 以下，采伐方式采用择伐的方式。按照结构化森林经营作业设计要求，对两个林分中保留木和采伐木进行选木挂号，保留木和采伐木要严格按照抚育采伐技术规定进行选择，单木要从健康、竞争和培育前途等几个方面具体评价。

（1）采伐木选择

根据林分的经营方向和采伐木选择原则，在 52 林班样地中选择了 194 株采伐木，在 54 林班林分中选择了 105 株采伐木，下面以 54 林班为例，将林分中具体采伐林木及采伐原因汇总如下（表 6-10）：

**表 6-10　54 林班采伐木汇总表**

| 树种 | 树号 | 胸径（cm） | 采伐原因 |
| --- | --- | --- | --- |
| 千金榆 | 6 | 8.1 | 弯曲，没有培育前途 |
| 榆树 | 8 | 25.2 | 9 号（$D=38.2$cm）红松的竞争木 |
| 千金榆 | 10 | 16 | 空心，避免产生病虫害 |
| 千金榆 | 11 | 12.7 | 长势不佳，分叉，无培育前途 |
| 千金榆 | 12 | 12.8 | 长势不佳，分叉，无培育前途 |
| 千金榆 | 21 | 15.3 | 长势不佳，被 22 号（$D=74.4$cm）杉松挤压，没培育前途 |
| 暴马丁香 | 33 | 8.6 | 畸形，没有培育前途 |
| 榆树 | 39 | 7.3 | 挤压 683 号（$D=6.3$cm）杉松 |
| 榆树 | 47 | 18.2 | 丛生，无培育前途，调整混交 |
| 色木槭 | 52 | 7.3 | 被 51 号（$D=20.5$cm）臭冷杉挤压，没有培育前途 |
| 色木槭 | 53 | 16.7 | 调整竞争关系，与 51 号（$D=20.5$cm）臭冷杉竞争 |
| 色木槭 | 57 | 9.8 | 丛生，调整混交 |
| 核桃楸 | 70 | 24.3 | 调整竞争关系，与 71 号（$D=35.3$cm）鱼鳞云杉竞争 |
| 杉松 | 73 | 37 | 断梢，失去生长势，没有培育前途 |
| 千金榆 | 88 | 9.6 | 空心，濒临死亡 |
| 鱼鳞云杉 | 104 | 33.6 | 调整竞争关系，挤压 107 号（$D=23.8$cm）红松，培育顶极树种 |
| 鱼鳞云杉 | 106 | 14 | 断梢，失去生长势，没有培育前途 |
| 榆树 | 110 | 27.1 | 倾斜，没有培育前途 |
| 臭冷杉 | 112 | 39.3 | 调整竞争关系，与 113 号（$D=25.6$cm）红松竞争 |
| 千金榆 | 119 | 14.0 | 被 118 号（$D=37.6$cm）鱼鳞云杉挤压，无培育前途 |
| 千金榆 | 120 | 12.3 | 调整竞争关系，影响 158 号（$D=13.5$cm）红松生长 |
| 白牛槭 | 135 | 7.5 | 影响珍贵树种黄波罗生长（树号 136，$D=12.6$cm） |
| 色木槭 | 157 | 39.1 | 调整竞争关系，挤压 158 号（$D=13.5$cm）红松 |
| 色木槭 | 159 | 21.8 | 调整竞争关系，挤压 158 号（$D=13.5$cm）红松 |
| 鱼鳞云杉 | 167 | 8.9 | 断梢，失去生长势，没有培育前途 |

（续）

| 树种 | 树号 | 胸径(cm) | 采伐原因 |
|---|---|---|---|
| 鱼鳞云杉 | 172 | 15.2 | 梢干枯，避免产生病虫害 |
| 千金榆 | 175 | 14.1 | 调整竞争关系，影响 174 号($D$=9.7cm)臭冷杉生长，且被 176 号($D$=30cm)核桃楸挤压，无培育前途 |
| 枫桦 | 182 | 8.1 | 心腐，避免产生病虫害 |
| 青楷槭 | 184 | 6.0 | 倾斜，无培育前途 |
| 暴马丁香 | 188 | 7 | 调整混匀，分叉，长势不佳，无培育前途 |
| 杉松 | 191 | 15.8 | 弯曲，被 189 号($D$=35cm)杉松挤压，无生长优势，调整混交 |
| 青楷槭 | 192 | 6.5 | 弯曲，被 189 号($D$=35cm)杉松挤压，无培育前途 |
| 椴树 | 200 | 6.8 | 被 201 号($D$=27.6cm)鱼鳞云杉遮盖，无培育前途 |
| 椴树 | 204 | 7.5 | 调整竞争关系，影响 205 号($D$=8.8cm)杉松生长 |
| 千金榆 | 214 | 6.7 | 丛生，调整混交 |
| 千斤榆 | 222 | 23.1 | 调节竞争，与 223 号($D$=29.6 cm)核桃楸竞争 |
| 杉松 | 229 | 64.6 | 达到目标直径，采伐利用 |
| 千金榆 | 245 | 23.8 | 调整竞争，挤压 247 号($D$=9.3cm)杉松，影响生长 |
| 水曲柳 | 253 | 15.5 | 弯曲，无培育前途 |
| 白牛槭 | 257 | 6.1 | 调节混交，分叉 |
| 暴马丁香 | 267 | 6.9 | 弯曲，无培育前途 |
| 榆树 | 272 | 28 | 调整竞争关系，.273 号($D$=43.3cm)鱼鳞云杉竞争 |
| 核桃楸 | 301 | 26.2 | 调整竞争关系，挤压 300 号($D$=9.6cm)鱼鳞云杉 |
| 千金榆 | 304 | 10.2 | 弯曲，无培育前途 |
| 色木槭 | 306 | 30.3 | 影响 306 号($D$=13.9cm)黄波罗生长，培育珍贵树种 |
| 千金榆 | 324 | 17.4 | 空心，病腐，避免滋生病菌 |
| 千金榆 | 327 | 12 | 断梢，无培育前途 |
| 杉松 | 333 | 19.6 | 被 332 号($D$=28cm)鱼鳞云杉挤压，无培育前途 |
| 核桃楸 | 335 | 24.5 | 挤压 334 号($D$=18.8cm)鱼鳞云杉，调整竞争 |
| 白牛槭 | 340 | 6.7 | 弯曲，无培育前途 |
| 鱼鳞云杉 | 344 | 14.6 | 断梢，失去生长势，没有培育前途 |
| 千金榆 | 349 | 15.2 | 心腐，避免产生病菌 |
| 枫桦 | 355 | 12.7 | 根裸，濒临死亡 |
| 鱼鳞云杉 | 367 | 25 | 断梢，失去生长势，没有培育前途 |
| 椴树 | 368 | 12.4 | 断梢，失去生长势，没有培育前途 |
| 千金榆 | 389 | 21.6 | 倾斜，无培育前途，调整混交 |
| 榆树 | 406 | 35.7 | 调整竞争关系，挤压 405 号($D$=20cm)鱼鳞云杉 |
| 榆树 | 411 | 7.9 | 倾斜，无培育前途 |
| 鱼鳞云杉 | 413 | 9.3 | 根裸，濒临死亡 |
| 花楸 | 415 | 28.4 | 调整竞争，挤压 416($D$=10.2cm)杉松 |
| 枫桦 | 421 | 8.4 | 根裸，濒临死亡 |
| 千金榆 | 432 | 12.3 | 调整竞争，影响 434 号($D$=5.3cm)红松生长 |
| 色木槭 | 433 | 17.2 | 调整竞争，影响 434 号($D$=5.3cm)红松生长 |
| 千金榆 | 435 | 11.8 | 调整竞争，影响 434 号($D$=5.3cm)红松生长 |
| 杉松 | 458 | 18.8 | 断梢，失去生长势，无培育前途 |

（续）

| 树种 | 树号 | 胸径(cm) | 采伐原因 |
|---|---|---|---|
| 色木槭 | 462 | 9.2 | 影响461号($D=14.2$cm)杉松生长，且被463号($D=37.2$cm)挤压，无培育前途 |
| 千金榆 | 472 | 21.6 | 心腐，避免滋生病菌 |
| 色木槭 | 474 | 15.1 | 调整竞争，影响476号($D=13.2$)杉松生长 |
| 枫桦 | 493 | 15.3 | 根裸，濒临死亡 |
| 枫桦 | 497 | 14.3 | 根裸，濒临死亡 |
| 青楷槭 | 513 | 9 | 根裸，濒临死亡 |
| 千金榆 | 526 | 12.8 | 断梢，濒临死亡 |
| 杉松 | 528 | 10.2 | 被527号($D=21.2$cm)杉松挤压，无生长空间，没有培育前途 |
| 色木槭 | 529 | 30.5 | 分叉，调整竞争关系，与527号($D=21.2$cm)杉松竞争 |
| 白牛槭 | 540 | 14.3 | 弯曲，被539号($D=36.7$cm)挤压，无培育前途 |
| 千金榆 | 542 | 15.1 | 空心，病腐，避免滋生病菌 |
| 色木槭 | 545 | 8.2 | 弯曲，与546号($D=19.8$cm)黄波罗竞争 |
| 红松 | 547 | 13.2 | 断梢，且被548号($D=29.7$cm)挤压，无培育前途 |
| 杉松 | 563 | 9.4 | 断梢，且与564号($D=9.3$cm)鱼鳞云杉竞争 |
| 臭冷杉 | 565 | 10.2 | 心腐，濒临死亡，避免滋生病虫害 |
| 榆树 | 578 | 13.2 | 长势不佳且影响579号($D=29.5$cm)鱼鳞云杉生长 |
| 榆树 | 615 | 43.1 | 调整竞争关系，影响614号($D=26.2$cm)红松生长 |
| 色木槭 | 620 | 10.1 | 断梢，无培育前途 |
| 千金榆 | 631 | 5.5 | 长势不佳，无培育前途，调整混交 |
| 色木槭 | 633 | 6.4 | 长势不佳，无培育前途，调整混交 |
| 色木槭 | 646 | 6.2 | 被647号($D=25.3$cm)鱼鳞云杉挤压，无培育前途 |
| 色木槭 | 648 | 24.3 | 调整竞争关系，影响647号($D=25.3$cm)鱼鳞云杉生长 |
| 榆树 | 677 | 5.5 | 分叉，倾斜，无培育前途，调整混交 |
| 榆树 | 684 | 5.5 | 弯曲，且与683号($D=6.3$cm)杉松竞争，调整竞争关系 |
| 枫桦 | 685 | 5.6 | 先锋树种，无培育前途，且与683号($D=6.3$cm)杉松竞争，调整竞争关系 |
| 白牛槭 | 688 | 29.7 | 心腐，避免滋生病菌 |
| 色木槭 | 689 | 30.8 | 倾斜，无培育前途，且影响687号($D=45.8$cm)红松和690号($D=34.5$cm)鱼鳞云杉生长，调整竞争关系 |
| 榆树 | 702 | 6.8 | 调节混交，弯曲、无培育前途 |
| 核桃楸 | 706 | 43.3 | 调整竞争关系，采伐利用，挤压709号($D=25.8$cm)红松，影响生长 |
| 杉松 | 721 | 14.7 | 断梢，失去生长势，没有培育前途 |
| 色木槭 | 722 | 8.3 | 断梢，失去生长势，没有培育前途 |
| 杉松 | 725 | 13.7 | 断梢，失去生长势，没有培育前途 |
| 核桃楸 | 733 | 24.3 | 心腐，避免滋生病菌 |
| 千金榆 | 746 | 15.7 | 调整竞争关系，与747号($D=30.7$cm)水曲柳竞争 |
| 色木槭 | 901 | 15.3 | 调整混交和竞争关系，影响903号($D=21.9$cm)鱼鳞云杉生长 |
| 白牛槭 | 918 | 16.3 | 断梢，失去生长势，没有培育前途 |
| 核桃楸 | 925 | 32.6 | 调节竞争，被924号($D=53.2$cm)杉松挤压，无前途 |
| 青楷槭 | 937 | 16.3 | 无培育前途，被938号($D=53.6$cm)红松挤压，无前途 |
| 千金榆 | 1002 | 19.5 | 调节竞争，影响160号($D=8.2$cm)红松生长 |
| 榆树 | 1007 | 6.7 | 断梢，失去生长势，没有培育前途 |

在选择的 105 株采伐木中，共涉及 15 个树种，总断面积为 2.5m²，材积为 22.4m³，采伐蓄积强度为 9.2%，干扰强度控制到了 15% 以内。在 52 林班内采伐的 194 株林木中，共涉及 17 个树种，其中，椴树 16 株，青楷槭 22 株，千金榆 67 株，色木槭 27 株，这些树种采伐原因大多是因为林木的健康状况较差，存在病腐、空心、弯曲等情形，还有 2 株红松因断梢而没有培育前途被采伐。52 林班中采伐木总断面积为 4.36m²，材积为 27.2m³，采伐蓄积强度为 12.7%，株数强度为 16.4%，干扰强度也属于轻度干扰。

（2）林分更新

对于 52 林班而言，林下更新小于 30cm 高度级的幼苗数量比较少，而大于 30cm 高度级幼苗数量也只属于更新中等，说明该林分幼苗更新一般，特别是对于小于 30cm 高度级幼苗而言，更新不良，因此，对 52 林班来说，需要采用人工促进更新的措施，如采用直播或植苗的方法促进林下更新。对于 54 林班而言，由于林下更新大于 30cm 高度级幼树幼苗数量较少，属于更新中等或更新不良，因此，林分更新以人工促进天然更新和人工更新为主，采用的主要措施为林隙补植。对林分采取人工促进直播或植苗时，补植时间在采伐后的第一个春季，树种以顶极树种红松和主要伴生树种鱼鳞云杉、臭冷杉、杉松、水曲柳、核桃楸等为主。补植时要充分考虑树种的生物学特性，做到"三埋两踩一提"，不窝根、不露根、分层培土、扶正踏实，提高幼树幼苗的成活率和保存率，使林内人工更新、天然更新幼树、幼苗数量保证在 4000 株以上。

### 6.5.1.6 经营效果评价

从采伐木选择上可以看出，本次经营对两个林分内所有不健康和长势不佳，没有培育前途的林木进行伐除，调整了林分树种组成。下面从经营后林分的空间利用程度、树种多样性、建群种的竞争态势以及林分组成等方面对林分的经营效果进行评价。

（1）空间利用程度评价

采伐后 52 林班林分郁闭度为 0.8，54 林班样地的郁闭度为 0.87，郁闭度均保持在 0.7 以上，符合连续覆盖的原则。52 林班伐后样地内共有林木 992 株（胸径≥5cm），总断面积为 26.8m³，按林木胸高断面积和株数计算，疏伐强度分别是 14.1% 和 16.4%，属于轻度干扰。54 林班样地伐后林分中共有林木 695 株，总断面积 28.8m²，疏伐强度分别是 7.8% 和 13.1%，按林分蓄积计算，采伐强度为 9.2%，属于轻度干扰。

运用 Winkelmass 计算采伐后林分的空间结构参数可知，采伐后 52 林班和 54 林班林分的平均角尺度分别为 0.489 和 0.490，落在[0.475，0.517]的范围之内，仍属于随机分布的范畴，采伐前后林分的林木分布格局没有改变。

（2）树种多样性评价

从林分经营过程中采伐木的选择可以看出，林分中珍贵稀有树种都作为保留木得到了保护，并进行了竞争关系的调节，因此，经营过程中林分稀有种的无损率为 100%。52 林班中的裂叶榆仅有 1 株且长势不佳，在抚育过程将其作为采伐木伐除，裂叶榆在当地为常见树种，伐除对林分树种组成影响较小，54 林班林分内所有树种都有保留，经营后两个林分的树种数均为 19 个。

图 6-23 和图 6-24 为两块样地经营前后林分树种多样性的变化情况。由图可以看出，

52 林班经营后，树种多样性指数除 simpson 指数和 Margalef 物种丰富度指数下降外，Shannon-Wiener 多样性指数和 Pielou 指数都有小幅上升，说明林分经营后树种多样性增加，各树种个体数目分配的均匀性增加，优势树种的聚集性下降，林分多样性提高。54 林班林分经营后，除 Margalef 丰富度指数有小幅的上升外，其他几个指数虽然有所下降，但下降的幅度不大，可忽略不计，经营对该林分的树种多样性几乎没有影响。

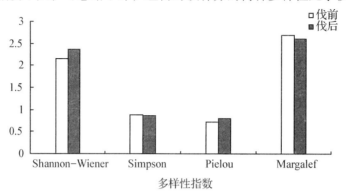

图 6-23　52 林班样地经营前后多样性比较

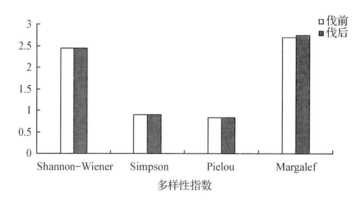

图 6-24　54 林班样地经营前后多样性比较

52 林班经营前后的林分平均混交度分别为 0.779 和 0.792，经营后的林分平均混交度略有上升。从图 6-25 可以看出，林分林木个体处于零度混交、弱度混交和中度混交的比例有所下降，而处于强度混交和极强度混交比例上升，其中，处于极强度混交的比例上升了接近 2 个百分点。运用修正的混交度公式计算林分经营后的林分混交度为 0.567，较林分经营前的平均混交度 0.549 明显提高。54 林班样地经营前后林分的平均混交度分别为 0.827 和 0.821，从图 6-26 可以看出，林分中林木个体处于中度混交以上的个体占绝大多数，达到了 96% 以上；总体上超过 50% 以上的林木周围最近 4 株相邻为其他树种，近 30% 的林木个体周围最近 4 株相邻木仅有 1 株与其为相同树种，这说明林分中相同树种聚集在一起的情况不多，多数树种与其他树种相伴而生，经营前后林分的混交度基本保持不变。运用修正的混交度公式计算林分经营前后的林分混交度分别为 0.625 和 0.622，意味着林分树种隔离程度在经营前后变化也基本保持不变。

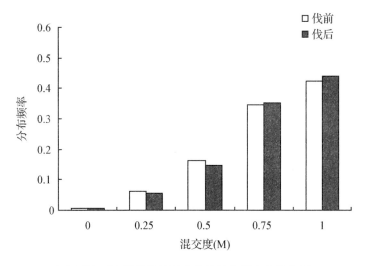

图 6-25　52 林班样地经营前后林分混交度分布图

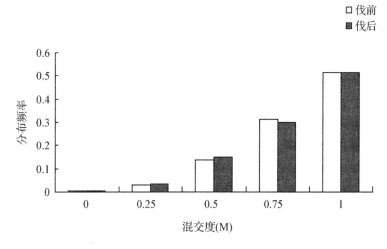

图 6-26　54 林班样地经营前后林分混交度分布图

（3）树种组成评价

图 6-27 和图 6-28 分别为 52 林班样地经营前后各树种株数组成与断面积组成变化情况。由图 6-27 可以看出，经营后，52 林班样地内千金榆、青楷械、花楸、暴马丁香、椴树等树种在林分的株数比例下降，其中千金榆下降比例最高，为 1.75%，其次为青楷械，下降比例为 1.1%，其他几个树种下降比例均在 0.5% 以下。色木械、红松、榆树、核桃楸等树种的株数比例有所增加，其中色木械的株数比例增长较多，为 1.04%，其次为顶极树种红松，增加比例为 0.76，其余树种株数比例增加幅度较小，都在 0.7 以下。由图 6-28 可以看出，经营后林分中各树种的断面积比例也发生了较大变化，红松在林分中的相对显著度明显提高，由原来有 8.26% 增加到了 9.57%，千金榆、色木械、杨树等树种的相对显著度下降，这三个树种下降的比例分别为 1.34%、2.23% 和 0.82%，其他树种下降的比例均在 0.3% 以下，色木械在林分中的株数比例虽然有所上

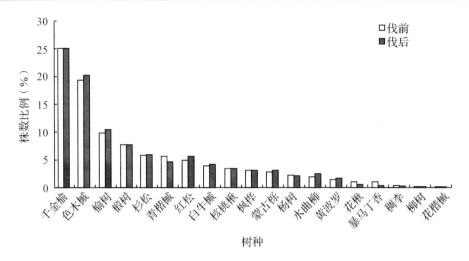

**图 6-27　52 林班经营前后林分株数组成变化**

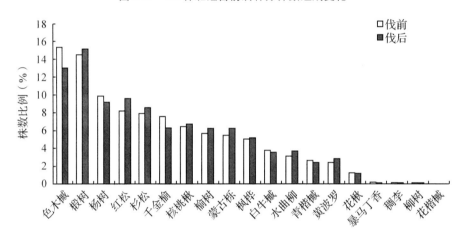

树种

**图 6-28　52 林班经营前后林分株数组成变化**

升，但其所占的断面积比例却下降，说明色木槭在林分中的优势程度下降。林分中稠李和花楷槭的断面积比例经营前后没有变化。

图 6-29 和图 6-30 分别为 54 林班林分经营前后树种株数组成和断面积组成变化情况。由图 6-29 可以看出，经营后，林分中红松、核桃楸、水曲柳、黄波罗等主要树种的株数比例上升，而千金榆、色木槭、榆树、枫桦、椴树、杉松和臭冷杉等树种的株数比例有所下降。从图 6-30 可以看出，经营后林分树种断面积组成变化较大，其中，核桃楸、红松、水曲柳、黄波罗、鱼鳞云杉断面积比例增幅较大，而千金榆、色木槭、榆树、臭冷杉等树种的断面积比例下降。对鱼鳞云杉而言，虽然株数比例有所下降，但其断面积比例反而有所上升。

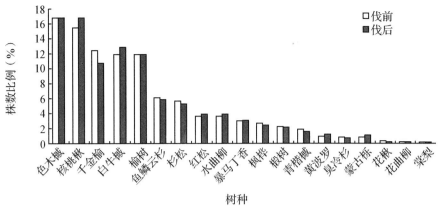

图 6-29　54 林班样地经营前后林分株数组成变化

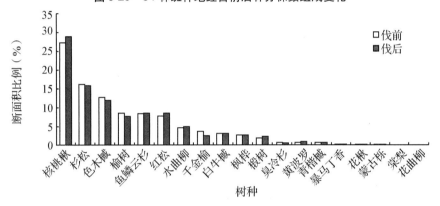

图 6-30　54 林班样地经营前后林分断面积组成变化

从以上分析可以看出，两个林分经营前后顶极树种和主要伴生树种的株数比例和断面积比例上升，而那些次要树种的比例有所下降，说明调整树种组成的经营效果是明显的。

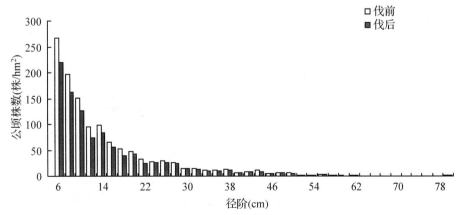

图 6-31　52 林班经营前后林分直径分布变化

图 6-31 和图 6-32 是两个林分经营前后的直径分布情况。由图可以看出，经营前后

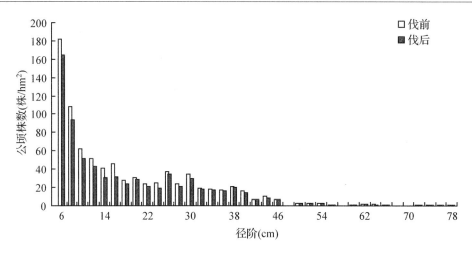

**图 6-32　54 林班经营前后林分直径分布变化**

林分的直径分布仍为倒"J"形的特性,运用负指数函数对两个样地林木直径分布进行拟合,拟合方程分别为 $y = 447.865e^{-0.126x}$($R^2 = 0.992$)和 $y = 347.158e^{-0.150x}$($R^2 = 0.926$);2 个样地的直径分布 $q$ 均值分别为 1.286 和 1.350,均属于合理异龄林直径分布,经营保证了林分直径结构的稳定。

(4)树种的竞争态势

本次经营的一个重要目标是减小顶极树种竞争压力,从上文分析可以看出,在两个林分中,顶极树种及主要伴生树种的株数比例和断面积比例均有所上升,运用大小比数与相对显著度相结合来评价林分中树种的优势程度不仅体现了种群在群落中的数量关系,而且还能体现其空间状态,更加直观地反映树种在群落中的地位。图 6-33 和图 6-34 是两个林分在经营前后各树种在林分中的优势度。图 6-33 表明,经营后林分中各树种的优势度发生了变化,林分中色木槭、杨树的优势度下降,稠李、白牛槭的优势度几乎没有变化,其他树种的优势度均有小幅上升,顶极树种红松、杉松的上升幅度较大,红松的优势度从经营前的 0.23 上升到经营后的 0.264,杉松由经营前的 0.215 增加到经营后的 0.227,珍贵树种黄波罗由经营前的 0.113 增加到经营后的 0.122,主要伴生树种椴树和核桃楸的优势度分别由经营前的 0.281 和 0.249 上升到经营后的 0.302 和 0.258,其他树种的优势程度也有不同树种的上升。由图 6-34 可以看出,采伐前顶极树种红松的优势程度为 0.194,采伐后上升为 0.217,提升幅度比较大,此外,鱼鳞云杉、沙冷杉、核桃楸、水曲柳等主要伴生树种采伐后的优势程度也略有上升;千金榆、色木槭、榆树、臭冷杉等树种的优势程度下降。由以上分析可知,经营后两块样地树种的优势程度均有不同程度的改变,此次经营达到了提升顶极树种和主要伴生树种的优势程度的目标。

综上所述,本次经营降低了顶极树种的竞争压力,提高了顶极树种的竞争能力和树种优势,在一定程度上调整了树种组成,保护了林分的树种多样性和结构的稳定性,并取得了一定数量的木材,达到了预期的目的。但由于林业生产具有周期长、功能多样、经营对象复杂和经营效果见效慢等特点,林分的经营调整是一个渐近的过程,通过一次

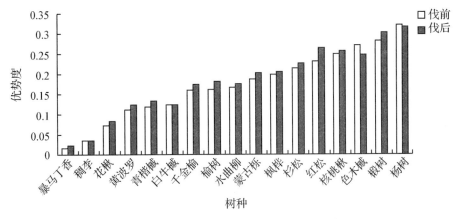

图 6-33　52 林班经营前后林分树种优势度变化

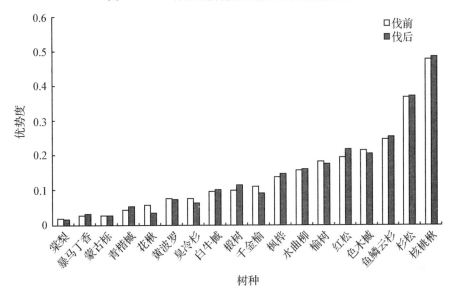

图 6-34　54 林班经营前后林分树种优势度变化

经营不可能迅速使顶极树种上升到优势地位、使林分达到顶极状态，而且会发生由于调整一个指标而引起其他指标的变动的情况，因此，尽管林分当前的自然演替阶段中阔叶树种仍占优势，在树种组成中占很高的比例，但由于阔叶树种的成熟时间少于针叶树种，可在后续经营中关注阔叶树种的中大径木，在其成熟时适时采伐利用，降低阔叶树种对顶极树种形成的竞争压力，培育顶极树种有价值单木，提高其树种优势度，保护林分的天然更新、物种多样性和结构的稳定性，继续根据林分的生长现状和动态，循序渐进地开展森林经营，逐渐让每一个指标达到健康稳定林分的特征，只有这样，才能实现森林整体的健康，充分发挥森林的多种效益。

## 6.5.2　小陇山锐齿栎天然林经营实践

### 6.5.2.1　研究区概况

甘肃小陇山林区位于我国秦岭山脉西端，甘肃省的东南部，东与陕西的陇县、宝鸡相连，南与凤县、留坝县、略阳县接壤，西与本省岷县、宕昌县相邻，北以张川县为界。地理坐标 104°22′~106°43′E，33°30′~34°49′N，东西长 212.5km，南北宽 146.5km，是全国 4600 多个国有林场中最大的国有林场群，是我国长江流域与黄河流域的分水岭。甘肃小陇山林区是我国西北地区重要的天然林区，在水源涵养、保持水土、维护地区生态平衡、提高环境质量、保护生物多样性以及林业生产等方面发挥着不可替代的作用。小陇山林区地形地貌复杂多样，以秦岭西端主梁为界，以北为秦岭北缘低中山区，属剥蚀堆积红层丘陵区，以南为徽成盆地、陇南山地，属构造剥蚀中山地貌；主要地貌类型有：土石侵蚀剥蚀中山地貌、砂砾岩—红土丘陵盆地、红土—黄土丘陵山地、渭河峡谷地貌和黄土地貌等，地形陡峭，切割剧烈，山体坡度多在 25°~45°之间，海拔多在 1000~2000m 之间。

小陇山林区地处我国华中、华北、喜马拉雅、蒙新四大自然植被区系的交汇处，是暖温带向北亚热带过渡的地带，兼有我国南北气候特点，大多数地域属暖温湿润—中温半湿润大陆性季风气候类型。年平均气温 7~12℃，极端最高气温 39.2℃，极端最低气温 -23.2℃，年平均降水量 600~900mm，林区相对湿度达 78%，年日照时数 1520~2313h，无霜期 130~220d，干燥度 0.89~1.29，属湿润和半湿润类型。区内土壤变化多样，既有大面积分布的同一土类，也有小面积不同土类的零星分布，其垂直带谱为褐色土、棕壤、灰棕壤、亚高山地草甸土。森林土壤以山地棕色土和山地褐土为主，土层厚度 30~60cm，较湿润，有机质含量高，一般氮含量中度，磷、钾含量较低，pH 值6.5~7.5。

由于小陇山林区特殊的地理位置，加上特殊的环境条件，生物的地理成分、区系成分复杂多样，是甘肃生物种质资源最丰富的地区之一。小陇山林区海拔 2200m 以下主要是以锐齿栎（*Quercus aliena* var. *acuteserrata* Maxim.）和辽东栎（*Quercus liaotungensis* Koidz.）为主的天然林；由于长期破坏和不合理的利用，形成了多代萌生的灌木林，在栎林带内分布华山松（*Pinus armandi* Franch.）、油松（*Pinus tabulaeformis* Carr.）、山杨（*Populus davidiana* Dode.）、漆树（*Toxicodendron verniciflum* F. A. Berkley）、冬瓜杨（*Populus purdomii* Rehd.）、网脉椴（*Tilia paucicostata* Maxim. var. *dictyoneura*（V. Engler）Chang et Ma）、少脉椴（*Tilia paucicostata* Maxim.）、千金榆（*Carpinus cordata* Bl.）、甘肃山楂（*Crataegus kansuensis* Wils.）、刺楸（*Kalopanax septemlobus* Koidz.）等乔木树种，灌木有美丽胡枝子（*Lespedeza thunbergii* Nakai）、光叶绣线菊（*Spiraea japonica* L. f. var. *fortunei* Rehd.）、中华绣线菊（*Spiraea chinensis* Maxim.）、胡颓子（*Elaeagnus pungens* Thunb.）、华北绣线菊（*Spiraea fritschiana* Schneid.）、连翘（*Forsytia suspense* Vahl）、卫矛（*Euonymus alatus* Sieb.）、山豆花（*Lespedeza tomentosa* Sieb. ex Maxim.）等。

## 6.5.2.2　林分调查

经营示范区设立在小陇山林业实验局百花林场曼坪工区小阳沟林班。为了解现实林分的状态特征，在林分中设立了 1 块 70m×70m 的全面调查样地，运用全站仪对样地内胸径大于 5cm 的林木全部进行定位，并进行胸径测量、记载每株树木的树种、胸径，同时调查林分的郁闭度、坡度、林分平均高、林层数、幼苗更新和枯立木情况等。

### 6.5.2.3　林分状态特征分析

（1）林分基本特征因子

根据样地调查资料可知，小阳沟林分起源于天然林，样地平均海拔 1720m，坡度 12°，坡向西北向，林分郁闭度为 0.8，公顷断面积为 27.9 $m^2/hm^2$，每公顷有林木 933 株，平均胸径为 19.5cm，运用一元材积表计算，林分的公顷蓄积量为 231.1$m^3$，林分中除主要建群种锐齿栎和山榆外，还有华山松、辽东栎、太白槭、白檀、多毛樱桃、甘肃山楂等共 33 个树种。

（2）树种组成数量特征

小阳沟林分中树种丰富，林分中包括了大多数小陇山林区常见树种，在分析林分树种组成数量特征和结构特征时仅以林分中断面积比例较大的前 10 个树种为例。表 6-11 为断面积比例较大的前 10 个树种的数量组成特征。

表 6-11　小阳沟样地经营前树种组成的数量特征

| 树种 | 株 数 （株/hm²） | 相对多度 （%） | 断 面 积 （m²/hm²） | 相对显著度 （%） | 胸 径（cm） | | |
|---|---|---|---|---|---|---|---|
| | | | | | 最小 | 最大 | 平均 |
| 锐齿栎 | 216 | 0.232 | 13.877 | 0.498 | 5.6 | 56.1 | 28.6 |
| 山榆 | 82 | 0.088 | 4.566 | 0.164 | 6.5 | 44.0 | 26.7 |
| 华山松 | 94 | 0.101 | 1.818 | 0.065 | 5.0 | 33.2 | 15.7 |
| 辽东栎 | 18 | 0.020 | 1.360 | 0.049 | 7.4 | 55.0 | 30.7 |
| 太白槭 | 131 | 0.140 | 1.026 | 0.037 | 5.0 | 21.3 | 10.0 |
| 山核桃 | 6 | 0.007 | 0.683 | 0.025 | 5.5 | 61.0 | 37.7 |
| 茶条槭 | 47 | 0.050 | 0.673 | 0.024 | 5.0 | 31.3 | 13.5 |
| 多毛樱桃 | 57 | 0.061 | 0.493 | 0.018 | 5.1 | 24.7 | 10.5 |
| 鹅椵 | 6 | 0.007 | 0.416 | 0.015 | 14.3 | 36.1 | 24.4 |
| 甘肃山楂 | 73 | 0.079 | 0.304 | 0.011 | 5.1 | 16.4 | 7.3 |

由表 6-11 可以看出，小阳沟天然林分断面积比例排在前 10 位的树种中，锐齿栎无论是株数比例还是断面积比例在所有树种中都是最大的，其株数比例占到全林株数的五分之一强，而其断面积比例几乎占全林分的一半，达到了 49.8%，锐齿栎的平均胸径达到了 28.6cm，最大的则达到了 56.1cm。林分中山榆的相对显著度也较大，达到了 16.4%，但其株数相对较少，只占林分总株数的 4.6%，山榆的胸径较大，平均胸径达到了 26.7cm。林分中华山松和太白槭的株数比例较山榆大，均达到了 10% 以上，但这两个树种的断面积比例相对较低，华山松的断面积比例为 6% 左右，而太白槭不到 4%，这两个树种在林分中以中小径木居多。林分中其他树种的株数比例和断面积比例都比较低。

（3）林分直径分布特征

以 5cm 为起测径，以 2cm 为径阶步长对小阳沟林分内所有胸径大于 5cm 林木的直径分布结构进行了分析，如图 6-35 所示。由图可以看出，小阳沟林分的直径分布范围较宽，最大径阶达到了 62cm；林分中胸径在 5cm~16cm 的林木株数占样地总株数的

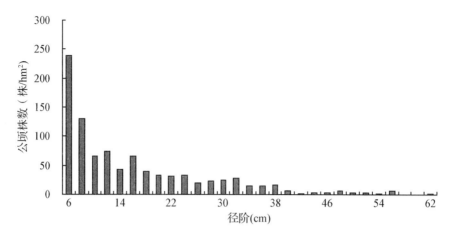

**图6-35 小阳沟林分直径分布特征**

59.1%林，其中，胸径在5~9cm间的林木占总株数的39.6%，说明样地内小径阶的林木占相当大的比重；随着径阶的增大，林木株数急剧减少，当胸径达到18cm后，各径阶林木株数分布变化开始变得平缓。运用负指数函数对样地的直径分布进行拟合，拟合方程为$y = 260.402e^{-0.158x}$（$R^2 = 0.946$），样地林木直径分布的$q$均值为1.372，落在了1.2~1.7之间，株数分布合理。

（4）林分空间结构特征

运用全站仪对样地内所有胸径在大于5cm的林木进行定位，并用林分空间结构分析软件Winkemass对小阳沟林分的空间结构特征进行分析，分析结果表明，小阳沟林分的平均角尺度为0.492，林分内林木的分布格局属于随机分布；图6-36为小阳沟林分的点格局和角尺分布图；林分平均混交度为0.806，属于强度混交向极强度混交过渡的状态，运用修正的林分混交度公式计算的林分树种隔离程度为0.593，样地林平均林层数为2.7，垂直结构为复层林。图6-37为林分混交度分布。

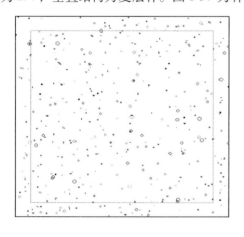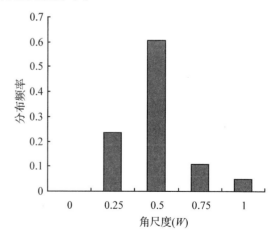

**图6-36 小阳沟林分林木点格局及角尺度分布**

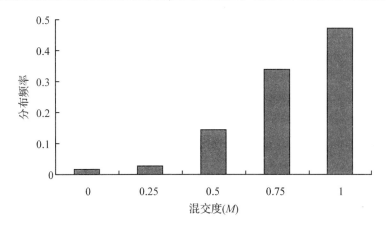

**图 6-37　小阳沟林分林木混交度分布**

　　样地内林木的大小分化程度及各树种的竞争状态运用大小比数和优势度进行分析。由于小阳沟林分中树种比较多，分析每一个树种的大小分化程度和在林分中的竞争状态数据量较大，而且对于经营而言，也没有必要对每一个树种进行分析，这里仅对断面积比例较大的前十个树种进行分析。图 6-38 为各树种的平均大小比数。平均大小比数反映了林分中树种在其作为参照树时与最近 4 株相邻木构成的结构单元中的优势程度，从图 6-38 可以看出，林分中鄂椴、山榆、锐齿栎、辽东栎和山核桃明显占优势，而茶条槭、华山松、多毛樱桃、甘肃山楂和太白槭整体上处于劣势。

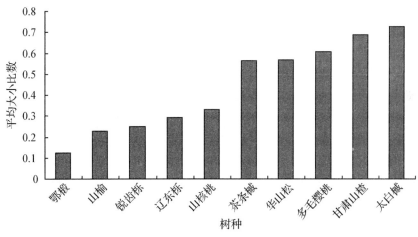

**图 6-38　小阳沟林分树种平均大小比数**

　　图 6-39 是林分断面积比例较大的前 10 个树种运用相对显著度与平均大小比数相结合的树种优势程度。根据优势度的定义，树种的优势度值越大，树种在林分中的优势程度越大，由图可以看出，锐齿栎和山榆的优势程度明显较其他树种高，二者的优势度值分别为 0.611 和 0.356；辽东栎和华山松的优势度相差不大，排在第三位和第四位，它们的优势度值分别是 0.186 和 0.168，其他几个树种的优势程度较低。树种优势度可以说明，小阳沟林分以锐齿栎和山榆为主要建群种的锐齿栎天然林，其他树种在林分中为伴生树种。

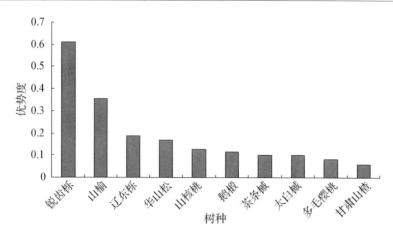

图6-39 小阳沟林分树种优势度

（5）林分树种多样性及更新分析

以林分中的乔木树种为基础，统计达到起测径的各树种单木的频度和显著度，运用4种多样性指数对林分的多样性进行统计分析。林分树种多样性统计结果表明，小阳沟林分树种组成丰富，树种数达到了33个，Shannon-Wiener多样性指数为2.591，Margalef物种丰富度指数达到了5.225；Simpson优势度指数为0.889，Pielou均匀度指数为0.741，Simpson指数和Pielou指数表明林分中优势树种的集中性较大，各树种分配的均匀程度较高。

表6-12为小阳沟林分更新调查统计结果。由表中数据可以看出，林分中幼树幼苗各个高度级均达到了更新良好的标准，大于30cm高度级的更新幼苗则远远超过更新良好的评判标准，林分内更新幼树幼苗总数达到了21340株/hm²，小阳沟天然林林下更新状况良好。

**表6-12 小阳沟锐齿栎天然林更新统计情况** 单位：株/hm²

| 样地 | 幼苗高度级（cm） | | | 总计 |
|---|---|---|---|---|
| | <30 | 30~49 | ≥50 | |
| 小阳沟 | 5660 | 8200 | 7480 | 21340 |

### 6.5.2.4 林分经营方向确定

在完成对林分的调查和状态分析的基础上，运用林分自然度度量方法和经营迫切性评价方法对林分的状态特征进行评价，并以此为依据确定林分的经营方向。小阳沟林分自然度评价结果为原生性次生林状态，自然度等为6，林分经营迫切评价如下表所示（表6-13）。

**表6-13 小阳沟林分经营迫切性评价指标值**

| 样地 | 林分结构因子实际值/林分结构指标的取值（$S_i$） | | | | | | | | |
|---|---|---|---|---|---|---|---|---|---|
| | 林分平均角尺度 | 优势度 | 树种多样性 | 成层性 | 直径分布 | 树种组成 | 天然更新 | 健康林木比例（%） | 林木成熟度 |
| 小阳沟 | 0.492/0 | 0.611/0 | 0.593/0 | 2.7/0 | 1.372/0 | 5锐2榆3其他/1 | 良好/0 | 95.3/0 | 72.5%/1 |

　　由表 6-13 可以看出，小阳沟林分的林木分布格局为随机分布，顶极树种的优势度和树种多样性较高，直径分布为典型倒"J"形分布，天然更新良好，林木健康，是典型的复层异龄混交林。但从林分的树种组成可以看出，林分只有锐齿栎和山榆的断面积比例达到了 1 成以上，因而该项指标未达到标准值；此外，林分中大径木的蓄积量达到了总蓄积量的 72.5%，超过了林木成熟度的规定标准；小阳沟林分经营迫切性指数值为0.222，迫切性等级为比较迫切。从林分自然度和经营迫切性评价可以看出，小阳沟林分经营方向为：调整林分树种，提高林分其他树种的比例，使树种组成更加合理，同时，在兼顾林分空间结构和非空间结构不发生改变和生态效益不减弱的前提下，择伐利用部分成熟林木，产生一定的经济效益。

### 6.5.2.5　林分经营设计

　　根据小阳沟林分状态分析确定了经营方向，对林分进行经营设计。本次经营根据结构化森林经营有关天然林抚育采伐技术要求，择伐利用林分中的部分成熟林木，在进行选木挂号时，选择采伐木和保留木时应该充分考虑林分的结构特征，保证林分的结构在经营前后不发生改变，顶极树种在林分中的优势程度不降低，同时，还要使培育目标树对其最近相邻木具有竞争优势。在小陇山林区，顶极树种栎类年龄达到 80 年左右达到成熟，此时的胸径一般可达到 40cm 左右，在立地条件较好的地方，能够达到 50cm 以上，因此，在进行采伐利用时将栎类的目标直径定为 40cm；山榆耐干焊瘠薄，根系发达，萌蘖性强，在小陇山林区目标直径定为 25cm。表 6-14 为小阳沟样地采伐木汇总表。

**表 6-14　小阳沟样地采伐木汇总表**

| 树种 | 树号 | 胸径（cm） | 采伐原因 |
|---|---|---|---|
| 山榆 | 5 | 30.4 | 达到目标直径，采伐利用 |
| 山榆 | 12 | 28.7 | 达到目标直径，采伐利用 |
| 山榆 | 25 | 26.2 | 弯曲，接近成熟，无培育前途 |
| 华山松 | 30 | 12.7 | 受 29 号山榆（$D=24.2\text{cm}$）挤压，无培育前途 |
| 辽东栎 | 44 | 52.8 | 挤压 46 号华山松（$D=10.9\text{cm}$），林木成熟，采伐利用 |
| 锐齿栎 | 52 | 49.3 | 达到目标直径，采伐利用 |
| 锐齿栎 | 60 | 30.6 | 调节竞争，挤压 50 号华山松（$D=16.3\text{cm}$） |
| 桑树 | 71 | 6.2 | 长势不良，没有培育前途 |
| 锐齿栎 | 74 | 39.8 | 达到目标直径，采伐利用 |
| 锐齿栎 | 75 | 45 | 达到目标直径，采伐利用 |
| 太白槭 | 88 | 13.8 | 与 87 号树太白槭（$D=16.5\text{cm}$）竞争，调整混交 |
| 太白槭 | 117 | 7.2 | 与 116 号华山松（$D=6.8\text{cm}$）竞争 |
| 锐齿栎 | 147 | 47 | 达到目标直径，采伐利用 |
| 锐齿栎 | 159 | 29.4 | 调整混交 |
| 杜梨 | 164 | 33.6 | 调节竞争，影响 165 号辽东栎（$D=31.2\text{cm}$）生长 |
| 锐齿栎 | 199 | 27.3 | 调整混交和竞争，影响 204 号华山松（$D=5.7\text{cm}$）生长 |
| 锐齿栎 | 200 | 31.4 | 调整混交和竞争，影响 204 号华山松（$D=5.7\text{cm}$）生长 |
| 山核桃 | 215 | 61 | 达到目标直径，采伐利用 |
| 锐齿栎 | 222 | 21.5 | 调节竞争，影响 219 号华山松（$D=13.4\text{cm}$）生长 |

（续）

| 树种 | 树号 | 胸径(cm) | 采伐原因 |
|------|------|----------|----------|
| 山榆 | 227 | 35.6 | 采伐利用，调节竞争，影响 226 号华山松($D=10.7$cm)生长 |
| 锐齿栎 | 248 | 34.2 | 调节竞争，影响 249 号漆树($D=11.8$cm)生长 |
| 多毛樱桃 | 250 | 15.4 | 长势不佳，没有培育前途 |
| 湖北海棠 | 252 | 9.5 | 调节混交，与 251 号湖北海棠($D=9.3$cm)竞争 |
| 甘肃山楂 | 270 | 7.3 | 受 269 号锐齿栎挤压，无培育前途 |
| 锐齿栎 | 273 | 28.9 | 调节竞争，影响 275 号华山松($D=11.5$cm)生长 |
| 锐齿栎 | 274 | 23.8 | 调节竞争，影响 275 号华山松($D=11.5$cm)生长 |
| 锐齿栎 | 303 | 46.3 | 达到目标直径，采伐利用 |
| 甘肃山楂 | 344 | 5.8 | 生长不佳，无培育前途 |
| 甘肃山楂 | 345 | 6.7 | 生长不佳，无培育前途 |
| 湖北花楸 | 346 | 5.9 | 弯曲、空心，濒临死亡 |
| 锐齿栎 | 368 | 11.8 | 受 369 号山榆($D=20.9$)挤压，无培育前途 |
| 锐齿栎 | 370 | 24.6 | 调节混交 |
| 锐齿栎 | 372 | 17.6 | 调节混交 |
| 锐齿栎 | 380 | 36.0 | 与 379 号锐齿栎($D=39.5$cm)竞争，影响 381 号三桠乌药($D=8.3$cm)生长，调节混交 |
| 锐齿栎 | 393 | 51.6 | 达到目标直径，采伐利用 |
| 锐齿栎 | 395 | 19.2 | 调节竞争，受 396 号锐齿栎($D=27.1$cm)挤压，无培育前途 |
| 白桦 | 408 | 19.8 | 调节竞争和混交，受 409 号白桦($D=25.1$cm)挤压 |
| 锐齿栎 | 419 | 19.9 | 调节混交 |
| 锐齿栎 | 420 | 26.5 | 调节竞争，影响 421 号华山松($D=6.2$cm) |
| 锐齿栎 | 439 | 18.1 | 调节混交 |
| 茶条槭 | 465 | 11.5 | 调节混交 |
| 茶条槭 | 470 | 5.3 | 调节混交 |
| 锐齿栎 | 475 | 31.4 | 调节竞争，影响 476 号华山松($D=5.0$)生长 |
| 青皮槭 | 479 | 11.0 | 长势不佳，无培育前途 |
| 锐齿栎 | 499 | 16.3 | 长势不佳，无培育前途 |

从小阳沟采伐木汇总表可以看出，本次经营在 70m×70m 的经营样地中共采伐林木 45 株，涉及 15 个树种，其中锐齿栎 24 株，辽东栎、华山松、白桦、杜梨、多毛樱桃、湖北海棠、湖北花楸、桑树、山核桃、青皮槭各 1 株，甘肃山楂 3 株，山榆 4 株，太白槭 2 株。

#### 6.5.2.6　经营效果评价

由于小阳沟样地的经营方向是以调整树种组成，采伐利用部分达到目标直径林木为经营目标，因此，在对林分经营的效果方面不仅要从林分的空间利用程度、树种多样性、建群种的竞争态势以及林分组成等方面进行评价，而且还要对经营的成本和效益进行分析，只有取得了生态效益和经济效益的双赢，才达到了经营目标。

（1）空间利用程度评价

小阳沟样地经营后林分达到起测胸径的林木株数是 412 株，共采伐林木 45 株，采伐断面积 2.98m²，采伐株数强度 9.9%，断面积蓄积强度 10.9%，属于轻度干扰，运用二元材积表计算采伐蓄积为 26.1m³，占林分总蓄积的 23%。

运用空间结构分析软件计算经营后林分的平均角尺度为0.480，属于[0.475，0.517]范围，经营后林木的分布格局仍为随机分布，经营前后林木的分布格局没有变化。

（2）树种多样性评价

小阳沟林分经营采伐过程中涉及15个树种，林分中珍贵稀有树种都作为保留木得到了保护，因此，林分中稀有树种有无损率为100%。但由于样地中仅有一株湖北花楸，而该株树弯曲、空心，已濒临死亡，为避免产生病虫害对其进行了采伐，因此，经营后林分中的树种数变为32种，林分中的树种数较经营前下降。统计分析经营后的树种多样性可知，经营后的Shannon-Wiener多样性指数和Simpson多样性指数分别为2.607和0.895，都较经营前有所上升，说明经营后林分的多样性和优势树种的集中性增加，Pielou均匀度指数和Margalef物种丰富度指数分别为0.752和5.148，较经营前有所下降，这是由于采伐了林分中仅有的一株湖北花楸而导致林分中树种数减少，同时，采伐也使林分各树种个体数目分配的均匀程度有所下降。经营后林分的平均混交度为0.813，较经营前的林分平均混交有所增加；运用修正的林分平均混交度计算经营后的林分的树种隔离程度为0.612，较经营前的0.593上升3个百分点，由此说明经营后林分的树种隔离程度增加，林分的树种多样性增加。

（3）树种组成评价

表6-15为经营后小阳沟林分中树种断面积组成排在前10位的树种。由表6-15和表6-11可以看出，经营后林分中树种断面积组成发生了变化，树种断面积比例排在前10的树种除山核桃外没有发生变化，经营后少脉椴的断面积比例排入前10位；经营后，锐齿栎和辽东栎的断面积比例有所下降，其中锐齿栎下降了4.5个百分点，其他几个树种的断面积比例均有所上升，其中华山松和山榆的断面积比例上升近2个百分点。锐齿栎在经营前后最大胸径和最小胸径没有发生变化，但平均胸径有所减小；虽然此次经营的重点是择伐利用，但仍在林分中保留了个别大径木，这是由于在标记采伐木时考虑大径木周边树木的情况，为避免产生过大的林窗，土壤裸露，造成水土流失，同时，在林分中保留个别大径木或古树也具有一定文化和美学价值。

表6-15　小阳沟样地经营后树种组成的数量特征

| 树种 | 株 数 株/hm² | 相对多度 （%） | 断面积 （m²/hm²） | 相对显著度 （%） | 胸 径(cm) | | |
| --- | --- | --- | --- | --- | --- | --- | --- |
| | | | | | 最小 | 最大 | 平均 |
| 锐齿栎 | 167 | 0.199 | 4.835 | 0.453 | 5.6 | 56.1 | 27.3 |
| 山榆 | 73 | 0.087 | 1.947 | 0.183 | 6.5 | 44.0 | 26.2 |
| 华山松 | 92 | 0.109 | 0.878 | 0.082 | 5.0 | 33.2 | 15.8 |
| 太白槭 | 127 | 0.150 | 0.484 | 0.045 | 5.0 | 21.3 | 10.0 |
| 辽东栎 | 16 | 0.019 | 0.447 | 0.042 | 7.4 | 55.0 | 26.7 |
| 茶条槭 | 43 | 0.051 | 0.317 | 0.030 | 5.0 | 31.3 | 13.9 |
| 多毛樱桃 | 55 | 0.066 | 0.223 | 0.021 | 5.1 | 24.7 | 10.3 |
| 鄂椴 | 6 | 0.007 | 0.204 | 0.019 | 14.3 | 36.1 | 29.4 |
| 甘肃山楂 | 67 | 0.080 | 0.139 | 0.013 | 5.1 | 16.4 | 7.3 |
| 少脉椴 | 8 | 0.010 | 0.135 | 0.013 | 5.4 | 37.8 | 20.7 |

图 6-40 为经营前后林分的直径分布情况。由图可以看出，经营前后林分的直径分布仍为倒"J"形的特性，运用负指数函数对经营后林分的直径分布进行拟合，拟合方程分别为 $y=282.437e^{-0.174x}$（$R^2=0.954$）；经营样地的直径分布 $q$ 均值为 1.416，属于合理异龄林直径分布。经营后林分的径阶分布范围较经营前有所减小，最大径阶由 62cm 变化为 57cm，这是由于采伐利用了林分内胸径为 61cm，树高为 22.5m 的山核桃，其他径阶上均有林木分布，经营为保证了林分直径结构的稳定。

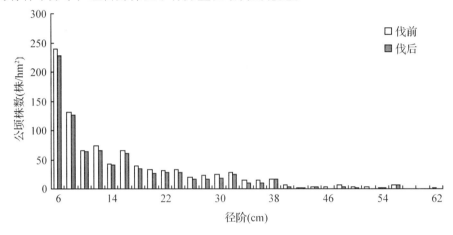

**图 6-40  小阳沟林分经营前后林分直径分布变化**

（4）树种的竞争态势

小阳沟林分经营后树种断面积比例排在前 10 位的树种发生了轻微的变化，在对林分的各树种的竞争态势进行评价时，对经营前后林分中断面积比例排在前 10 位的树种优势度进行分析。图 6-41 是林分中 11 个树种优势度在经营前后的变化情况。由图可以看出了，经营后锐齿栎、辽东栎和山核桃三个树种的优势度明显下降，其中，山核桃的优势度下降最大，其优势度值由经营前的 0.128 下降到经营后的 0.045，锐齿栎的优势度虽然有所下降，但并不影响其在林分中的优势地位；林分中其他树种的优势有所上升，太白槭的优势度上升最为明显，其次为多毛樱桃、华山松、山榆、鄂椴、茶条槭、甘肃山楂和少脉椴。

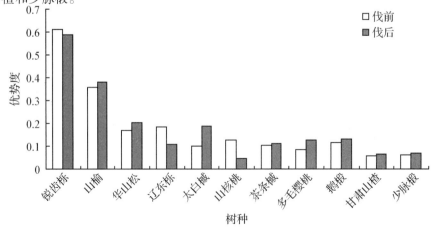

**图 6-41  小阳沟林分经营前后树种优势度变化**

（5）效益分析

本次经营在 70m×70m 的样地中共采伐林木 45 株，采伐蓄积为 26.1m³，占林分总蓄积的 23%，每公顷能出商品材 53.3m³。按小陇山林区的平均出材率 60% 计算，本次经营样地中能出商品材 15.7m³，收入为 9396 元，可利用采伐剩余物销售收入 2506 元，合计 11902 元；小陇山林区每产出 1m³ 木材所需要的成本约为 150 元，本次经营成本约为 3915 元，经营总盈余 7987 元。以培育健康和稳定的森林为主要目标，运用结构化森林经营技术调整了林分的树种组成，为保留下的林木生长创造良好的条件，有利于生物多样性的保护，提高森林抵御自然灾害的能力，充分发挥森林的多种防护效能，切实有效地保护森林及林区环境，将有助于加强森林的生态防护功能，具有良好的生态效益；另外，组织林区群众参加结构化森林经营实践，增强了群众保护和培育森林的意识，加深了林区居民对科学经营森林的认识，同时对增加林区群众收入，帮助林区群众脱贫致富奔小康具有一定的现实意义。因此，本次经营保证了林分发挥更好的生态效益，兼顾了经济效益和社会效益，对于提高森林经营的技术水平，保护和发展天然林资源，促进生态与经济需求的有机结合，具有极其重要的意义。

综上所述，小陇山百花林场小阳沟林分通过本次经营，林分的树种组成得到调整，林分中的各树种的优势程度发生了一定的改变，树种的竞争关系得到了进一步的改善，减小了培育目标树的竞争压力，加速了林分自然稀疏进程，有利于林分质量的提高和保留林木的生长；通过此次经营，林分的卫生状况大为改善，生活机能大大增强，增加了林木对不良气候条件和病虫害的抵抗力，减免了森林火灾发生的可能性，此外，本次经营还产生了一定的经济效益，因此，本次经营提高了林分质量、调节树种组成、促进林木生长、提高木材利用率和生态效能，既取得良好的经济效益，又实现生态效益、经济效益和社会效益的统一。

## 6.5.3　贵州常绿阔叶混交林经营实践

### 6.5.3.1　研究区概况

研究林分位于贵州省黎平县境内（108°37′~109°31′E，25°17′~26°44′N），属于亚热带湿润常绿阔叶林区，年平均气温 15.6℃，极端最高气温 35℃，极端最低气温 −7.5℃，年平均降水量 1330mm，年平均日照时数 1317.9h，无霜期 282d，夏无酷暑，冬无严寒。区内的地带性土壤为山地黄棕壤，黄壤和红壤为主，富铝化作用明显，土壤呈微酸至酸性。pH 值 4~6.8。原始森林植被为典型的常绿阔叶林，分布于海拔 1300m 以下，但由于长期以来的垦殖和破坏，这种原生型的常绿阔叶林已不多见，仅存于边远偏僻而人迹罕至的山岭上部或陡峭湿润的沟谷之中。境内海拔 400m~900m 的低中山下部及低山、丘陵主要分布栲类林，青冈栎林，铁坚杉林，落叶、常绿阔叶混交林，麻栎林，杉木林，马尾松林等，主要树种有钩栲、罗浮栲、青冈栎、米槠、甜槠、贵州栲、木荷、虎皮楠、枫香、麻栎等，下木有柃木、盐肤木、山胡椒等，草本层以铁芒萁、白茅、狗脊、里白、禾草、蕨等；境内 900~2000m 的中山、低中山上部主要分布水青冈林，鹅掌楸林，岭南石栎、水青冈林，亮叶桦、枫香林，杉木林、枫香林，冷箭竹群落等，主要树种有水青冈、亮叶水青冈、铁橡树、亮叶桦、杉木、檫木、木荷、五裂槭等，下木有箭竹、三尖杉、杜鹃花、柃木等，草本稀少，主要有水芝麻、蕨类、禾草、白茅等。

### 6.5.3.2 林分调查

在高屯镇常绿阔叶混交林中设立了两个50m×60m的长方形样地（样地A和样地B，样地B为对照样地），在德凤镇天然针阔混交林中设立了1个50m×60m的长方形样地（样地C）和1个50m×50m的方形对照样地（样地D）。调查样地的郁闭度、坡度、林分平均高、树种、直径、林下更新及其结构参数。以样地内的所有大于5cm的树木为参照树，进行每木检尺，以激光判角器作为辅助设备，调查每个结构单元中的树种名、树种数、角尺度、混交度和大小比数等结构指标；随机选取一部分林木，用激光测高仪测定林分的平均高；在样地四个顶点及中心设置10m×10m的小样方5个，调查更新乔木树种的种类、高度、生长状况和更新株数等。

### 6.5.3.3 林分状态特征分析

在该试验点进行经营实践时，针对不同的林分类型设置了一个经营样地和一个对照样地，因此，在林分状态特征分析时只针对经营样地进行分析，此外，在林分经营迫切性评价中，已对该试验点的4个样地林分基本特征因子作了介绍，此处不再赘述。

（1）主要组成树种数量特征

常绿阔叶混交林（样地A）以青冈栎为主要组成树种，针阔混交林（样地C）树种组成较为复杂，主要组成树种有马尾松、麻栎、杉木、枫树等，表6-16列出了针阔混交林样地树种组成的数量特征。

**表6-16 针阔混交林C样地树种组成的数量特征**

| 树种 | 株数 （株/hm²） | 相对多度 （%） | 断面积 （m²/hm²） | 相对显著度 （%） | 胸径（cm） | | |
| --- | --- | --- | --- | --- | --- | --- | --- |
| | | | | | 最大 | 最小 | 平均 |
| 马尾松 | 123 | 13.03 | 1.877 | 22.32 | 25.0 | 5.1 | 13.9 |
| 野樱桃 | 90 | 9.51 | 0.555 | 6.60 | 19.2 | 5.4 | 8.9 |
| 杉木 | 80 | 8.45 | 1.138 | 13.53 | 23.7 | 5.2 | 13.5 |
| 润楠 | 73 | 7.75 | 0.443 | 5.27 | 15.3 | 5.5 | 8.8 |
| 枫树 | 73 | 7.75 | 0.725 | 8.63 | 18.5 | 5.4 | 11.2 |
| 麻栎 | 63 | 6.69 | 0.393 | 4.68 | 14.0 | 5.1 | 8.9 |
| 桤木 | 53 | 5.63 | 0.167 | 1.99 | 8.0 | 5.0 | 6.3 |
| 刺楸 | 43 | 4.58 | 0.618 | 7.35 | 20.2 | 5.9 | 13.5 |
| 杨梅 | 40 | 4.23 | 0.215 | 2.56 | 12.0 | 5.1 | 8.3 |
| 山合欢 | 37 | 3.87 | 0.217 | 2.58 | 11.8 | 5.5 | 8.7 |
| 野青冈 | 33 | 3.52 | 0.208 | 2.47 | 15.8 | 5.1 | 8.9 |
| 香樟 | 33 | 3.52 | 0.202 | 2.40 | 14.1 | 5.0 | 8.8 |
| 锥栗 | 30 | 3.17 | 0.308 | 3.66 | 19.6 | 5.4 | 11.4 |
| 乌饭树 | 30 | 3.17 | 0.179 | 2.13 | 16.2 | 5.2 | 8.7 |
| 山矾 | 17 | 1.76 | 0.064 | 0.76 | 10.6 | 5.5 | 7.0 |

（续）

| 树种 | 株 数（株/hm²） | 相对多度（%） | 断 面 积（m²/hm²） | 相对显著度（%） | 胸径(cm) | | |
|---|---|---|---|---|---|---|---|
| | | | | | 最大 | 最小 | 平均 |
| 檫木 | 13 | 1.41 | 0.161 | 1.92 | 15.7 | 8.9 | 12.4 |
| 柿树 | 13 | 1.41 | 0.071 | 0.85 | 9.9 | 7.3 | 8.2 |
| 核桃 | 13 | 1.41 | 0.070 | 0.83 | 9.5 | 5.6 | 8.2 |
| 光皮桦 | 13 | 1.41 | 0.047 | 0.56 | 7.7 | 5.4 | 6.7 |
| 山杜英 | 13 | 1.41 | 0.270 | 3.21 | 25.4 | 10.3 | 16.0 |
| 白栎 | 10 | 1.06 | 0.057 | 0.67 | 10.2 | 5.6 | 8.5 |
| 漆树 | 10 | 1.06 | 0.023 | 0.27 | 5.0 | 6.0 | 5.4 |

由表6-16可以看出，在针阔混交林经营样地中，公顷株数在10株以上的树种较多，达到了22种，马尾松在林分的株数和断面积是最大的，但相对多度和相对显著度也分别只有13.03%和22.32%，马尾松的平均胸径为13.9cm，最大为25cm；野樱桃、杉木、润楠和枫树的公顷株数分别为90、80、73和73株，差别不大，其中只有杉木的总断面积超过了1m²，相对显著度达到了13.53%，在林分中仅次于马尾松，其他几个树种的相对显著度都在10%以下；麻栎、桤木、刺楸和杨梅的公顷株数介于40~65株之间，其中，刺楸的平均胸径较大，相对的显著度为7.35%，在林分中总断面积排在了第四位；山合欢、野青冈、香樟、锥栗和乌饭树的相对多度在3%左右，相对显著度也在3%左右，其中锥栗的相对显著度较大一些，达到了3.66%，但其公顷株数只有的30株；林分中其余树种的株数都在20株以下，其中山杜英的株数只有10株，但山杜英的平均胸径是在公顷株数超过10株以上树种中最大的，达到了16cm。以上分析表明，在该样地中，树种组成复杂，没有处于绝对优势的树种，林木个体的胸径较小。

（2）林分直径分布特征

图6-42为常绿阔叶混交林样地和针阔混交林样地的直径分布情况。

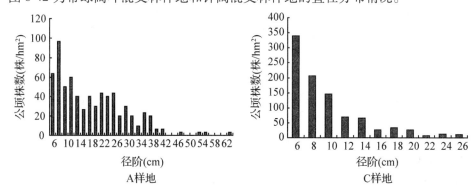

图6-42　经营样地直径分布图

由图6-42可以看出，常绿阔叶混交林经营样地的直径分布的幅度较广，最大径阶为62cm，总体上均表现为多峰山状的分布特征。运用负指数函数对该林分的直径分布进行拟合，拟合方程为 $y = 107.474e^{-0.0555x}$，$R^2$ 为0.915，其 $q$ 值为1.117，没有落在

[1.3，1.7]之间，直径分布不合理。针阔混交林的直径分布与常绿阔叶林混交林明显不同，林分的直径分布的幅度较窄，最大径阶为 26cm，总体表现为小径木的比例占多数，随着径阶的增大，林木分布的比例急剧下降，当达到一定径阶后开始减少的幅度变得平缓。用负指数函数对该样地的直径分布进行拟合，方程为 $y = 1288.153 e^{-0.2238x}$，$R^2$ 为 0.995，其 $q$ 值为 1.565，落在了典型异龄林直径分布的范围内，直径分布合理。

（3）林分空间结构特征

在林分空间结构调查时，虽然没有对林分内每株林木进行定位，但仍可将每株胸径大于 5cm 的林木作为参照树，以激光判角器为辅助工具，调查林分的空间结构参数。图 6-43 和图 6-44 分别为两块经营样地的角尺度分布和混交度分布图。

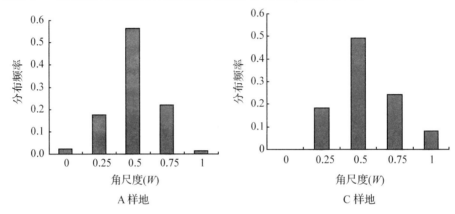

图 6-43　经营样地角尺度分布图

从图 6-43 可以看出，在阔叶混交林经营样地中，$W_i = 0.5$ 的比例为 56.6%，说明参照树与其最近 4 株相邻木组成的结构单元中，大多数相邻木随机分布在参照树的周围；林分中角尺度为 $W_i = 0$ 或 $W_i = 1$ 的比例较少，即最近相邻木绝对均匀或聚集分布在参照树周围这两种极端情况的比例相对较少，分别只有 2.4% 和 1.5%，处于均匀或很不均匀的比例也不是很高，分别为 17.6% 和 22%，总体而言，林分中处于 $W_i = 0.5$ 两侧的比例分布相差不大，林分的平均角尺度为 0.506，属于随机分布的范畴。在针阔混交林经营样地中，角尺度分布在 0.5 两侧的比例不同，右侧明显大于左侧，林木个体的角尺度没有处于绝对均匀分布的现象，即没有 $W_i = 0$ 的结构单元，林分中处于随机分布的比例为 49.3%，处于均匀或很不均匀的比例分别为 18.3% 和 24.3%；林分平均角尺度为 0.555，大于 0.517，说明林分中林木个体的整体分布格局为团状分布。

由图 6-44 可以看出，常绿阔叶混交林经营样地中，结构单元中的参照树处于弱度、中度和极强度混交的比例相差不大，分别为 19.5%、18.0% 和 18.5%，总计为 56.1%，处于零度混交的比例为 9.2%；结构单元中参照树的混交度为强度混交的比例最大，达到了 34.1%，也就是说，林分中有三分之一以上的林木个体的最近相邻木中有 3 株与之为不同的树种；林分的平均混交度为 0.580，处于中度混交向强度混交过渡的状态，林分的树种组成相对的简单，树种多样性也较低。针阔混交林经营样地的混交度分布从零度混交到极强度混交的比例呈上升的趋势，结构单元中，参照树处于零度混交和弱度混

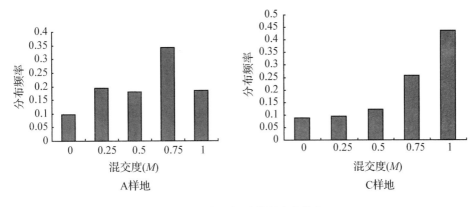

图6-44　常绿阔叶林混交度分布

交的比例分别为8.8%和9.5%，而处于中度混交的比例也不高，仅为12.3%，这三者的比例之和也不到全样地林木的三分之一；处于强度混交和极强度混交的比例分别为25.7%和43.7%，林分的平均混交度为0.714，林分中大多数林木与其他树种相伴而生，树种隔离程度较高，这与该林分中树种组成复杂、各树种的株数比例相差不大密切相关。

　　由于两个经营样地的树种组成成分较复杂，逐个树种分析比较繁琐也没有必要，因此，在分析经营林分树种的优势程度时我们将林分中的树种按在林分的作用划分为三个树种组，即先锋树种组、伴生树种组和顶极树种组。表6-17为各树种组在林分的优势度。

表 6-17　常绿阔叶林和针阔混交林各样地树种组优势度

| 树种组 | 样地 | | | | | |
|---|---|---|---|---|---|---|
| | 常绿阔叶 A 样地 | | | 针阔混交 C 样地 | | |
| | $D_g$ | $\bar{U}_{sp}$ | $D_{sp}$ | $D_g$ | $\bar{U}_{sp}$ | $D_{sp}$ |
| 顶极树种组 | 0.782 | 0.419 | 0.674 | 0.074 | 0.532 | 0.185 |
| 伴生树种组 | 0.088 | 0.692 | 0.165 | 0.430 | 0.530 | 0.450 |
| 先锋树种组 | 0.130 | 0.422 | 0.274 | 0.496 | 0.505 | 0.496 |

　　由表6-17可以看出，在常绿阔叶混交林经营样地中，顶极树种占明显优势，相对显著度为0.782，其他树种组的相对显著度都非常低，先锋树种组和伴生树种组的相对显著度分别为0.130和0.088；在A样地中，顶极树种和先锋树种的平均大小比数相差不大，分别为0.419和0.422，伴生树种组的平均大小比数较大，为0.692，说明在A样地中，顶极树种和先锋树种的个体在胸径上优势程度相差不大，且较伴生树种组的个体胸径大；A样地中各树种组的优势度排序为顶极树种组>先锋树种组>伴生树种组。在针阔混交林经营样地中，先锋树种组的相对显著度最高，达到了0.496，其次为伴生树种组，顶极树种组的相对显著度最小，仅为0.074；从各树种组的平均大小比数可以看出，在样地C中，各树种组的胸径优势程度均相差不大，平均大小变动在0.45~0.55

之间，说明林分中各树种组的个体大小分布均匀，因此，林分中各树种组的优势度取决于树种组的相对显著度；针阔混交林 C 样地各树种组的优势度排序与相对显著度排序相同，优势度排序为先锋树种组＞伴生树种组＞顶极树种组，优势度分别为 0.496、0.450和 0.185。以上分析可以看出，常绿阔叶混交林群落中以顶极树种组占绝对优势，其他树种组的优势程度相对较低，而在针阔混交林样地中，先锋树种组占优势，伴生树种组和顶极树种组次之。

在两块经营样地内选择 30 株以上的中等木，测量其树高，并以样地内的每株胸径大于 5cm 的林木作为参照树，调查其与最近 4 株相邻木组成的结构单元的林层数，了解林分的垂直结构，结果见表 6-18。由表可以看出，在常绿阔叶混交林经营样地中，林木个体的平均树高较低，只有 10.2m，但林木个体处于 3 层结构单元的比例较高，达到了57.6%，处于两层的结构单元比例也达到了 40%，也就是说，在该样地中，97.6% 的林木个体处的复层结构单元，林分的平均林层数达到了 2.6 层，垂直结构分化明显。在针阔混交林经营样地中，林木的平均高较低，只有 7.3m；林木个体处于 2 层的结构单元的比例是最高的，达到了 56.7%，但处于单层结构的比例也较高，达到了 29.2%，林分的平均林层数为 1.8 层，总体上还是属于单层林。从以上分析可以看出，对于常绿阔叶林来说，经过长期的自然演替，群落中各树种相互竞争，占据了相对稳定的空间位置，林分垂直结构分化明显；对于针阔混交林来说，群落还处于演替的早期阶段，各树种还处于激烈的竞争阶段，优势树种还未占据上层空间，林分在垂直结构上分化不明显。

表6-18　经营样地林层数分布及平均树高

| 样地 | 林层数（层） | | | 平均林层数 | 平均树高（m） |
|---|---|---|---|---|---|
| | 1 | 2 | 3 | | |
| | 频率分布 | | | | |
| 常绿阔叶混交林 A 样地 | 0.024 | 0.400 | 0.576 | 2.6 | 10.2 |
| 针阔混交林 C 样地 | 0.292 | 0.567 | 0.141 | 1.8 | 7.3 |

（4）林分树种多样性分析

表 6-19 为以乔木层树种的个体为基础的两个林分树种多样性情况。由表可以看出，常绿阔叶混交林经营样地的树种组成个数为 20 个，其 Margalef 丰富度指数为 3.569，Shannon-Wiener 多样性指数为 1.880，Simpson 优势度指数和 Pielou 均匀度指数分别为0.708 和 0.627；针阔混交林经营样地的树种组成最为丰富，林分中的树种数多达 32个，其 Shannon-Wiener 指数多样性指数、Simpson 优势度指数、Margalef 丰富度指数以及 Pielou 均匀度指数都是最大的，说明该林分的树种多样性较高，树种丰富，优势树种的集中性和各树种个体数目分配的均匀程度都是最高的。以上分析表明，常绿阔叶混交林的树种组成较为简单，树种数较少，多样性较低，针阔叶混交林的树种组成丰富，多样性和均匀度较高。

表 6-19　经营样地树种多样性

| 样地 | 树种数 | Shannon-Wiener | Simpson | Pielou | Margalef |
|---|---|---|---|---|---|
| 常绿阔叶混交林样地 | 20 | 1.880 | 0.708 | 0.627 | 3.569 |
| 针阔混交林样地 | 32 | 2.989 | 0.936 | 0.862 | 5.488 |

（5）林分幼树更新分析

在两个经营样地中的两条对角线上和样地中心点共设立 5 个 10m × 10m 的样方，对样方内的幼苗、幼树按小于 30cm、大于 30cm 小于 50cm、大于 50cm 三个高度级进行分段统计，了解林分的更新情况（见表 6-20）。

表 6-20　常绿阔叶混交林和针阔混交林更新统计情况　　　　单位：株/hm²

| 样地 | 幼苗高度级(cm) | | | 总计（株） |
|---|---|---|---|---|
| | < 30 | 30 ~ 49 | ≥50 | |
| 常绿阔叶混交林样地 | 840 | 1660 | 5600 | 8100 |
| 针阔混交林样地 | 2740 | 3800 | 10900 | 17440 |

表 6-20 表明，在小于 30cm 高度级上，两块样地的更新均不良，其中，阔叶混交林样地小于 30cm 高度级上的更新幼苗数较少，只有 840 株/hm²，针阔混交林样地也只有 2740 株/hm²；在大于 30cm 小于时 50cm 高度级上，针阔混交林的更新情况较好，达到了 3800 株/hm²，而阔叶混交林样地的更新幼苗株数相对较少，更新等级为中等；在大于 50cm 高度级，各林分的更新幼苗数均远大于 2500 株/hm²，其中，针阔混交林样地为 10900 株/hm²；不分高度级统计，各样地的更新幼树和幼苗均在 8000 株/hm² 以上，更新良好。以上分析说明，两个样地的更新总体上来说都是良好的，但小于 30cm 高度级的更新不良，这可能是由于林分的树种组成不同，各树种的更新策略不同，此外，林下的大量杂草可能对更新也有一定的影响。

### 6.5.3.4　林分经营方向确定

根据前文林分自然度评价和经营迫切性评价可知：

（1）常绿阔叶混交林经营样地的自然度等级为 6，属于原生性次生林状态，经营迫切性评价为比较迫切。追溯造成林分经营迫切性较高的原因是树种组成单一，青冈在林分的比例较高，林分的直径分布不合理，林木个体由于遭受低温雨雪冰冻灾害健康水平较低，因此，该林分的经营方向的主要任务是提高林木个体的健康状况，调整树种组成，降低青冈的比例，促进林分直径结构趋于合理。

（2）针阔混交经营样的自然度等级为 5，为次生林状态，林分经营迫切性等级为十分迫切。林木健康水平较低，分布格局为团状分布，顶极树种或乡土树种优势程度不明显，林分垂直结构简单等原因是造成林分急需进行经营的主要原因。因此，该林分的经营方向应该是提高林木的健康水平，调整林木水平分布格局和竞争关系，提高顶极树种或乡土树种的优势程度，增加林分的垂直分层，使之趋于合理。

## 6.5.3.5  林分经营设计

根据经营林分迫切性评价确定的经营方向，对两个经营林分进行经营设计。按照结构化森林经营原则，对于常绿阔叶混交林经营样地来说，主要是采用抚育间伐的方法，伐除林分中不健康的林木，特别是不健康的青冈个体，兼顾林分直径结构的调整；对于针阔混交经营林分首先伐除林分中不健康的林木，然后，调整林分的空间结构和树种组成。按照以上思路，2008 年 4 月对上述林分进行采伐木标记，并进行了采伐，表 6-21 和表 6-22 为两个林分的采伐木情况汇总。

表 6-21   常绿阔叶林经营样地采伐木汇总表

| 树种 | 胸径（cm） | 采伐原因 |
|---|---|---|
| 冬青 | 6.9 | 受压，无培育前途 |
| 青冈 | 12.9 | 受压，弯曲，调整树种组成 |
| 青冈 | 12.4 | 断梢，失去生长势，无前途 |
| 冬青 | 11.8 | 断梢，失去生长势，无前途 |
| 青冈 | 25.1 | 调整树种组成 |
| 青冈 | 10.6 | 顶端枯死 |
| 青冈 | 11.8 | 顶端枯死 |
| 青冈 | 24.2 | 虫蛀 |
| 檫木 | 12.8 | 断梢，失去生长势，无前途 |
| 青冈 | 14 | 受压，断头、弯曲 |
| 冬青 | 7.1 | 分叉，无培育前途 |
| 青冈 | 17 | 断梢、受压、结构调整 |
| 香樟 | 9.4 | 顶端枯死 |
| 枱木 | 8.8 | 弯曲受压，无培育前途 |
| 细叶樟 | 6.5 | 弯曲受压，无培育前途 |
| 青冈 | 7.9 | 断梢，失去生长势，无前途 |
| 青冈 | 12.4 | 受压、断梢 |
| 漆树 | 12.5 | 断梢，失去生长势，无前途 |
| 枫树 | 8.6 | 受压、无前途、混交 |
| 青冈 | 6.9 | 受压、无培育前途，调整树种组成 |
| 野樱桃 | 17.7 | 虫害 |
| 青冈 | 8.8 | 断梢，失去生长势，无前途 |
| 青冈 | 8.7 | 断梢，失去生长势，无前途 |
| 青冈 | 23 | 断梢、虫害 |
| 青冈 | 7 | 弯曲、受压 |
| 青冈 | 11.8 | 弯曲、虫害 |
| 青冈 | 20.4 | 断梢，失去生长势，无前途 |
| 野樱桃 | 17.9 | 虫害、弯曲 |

表 6-22   针阔混交林经营样地采伐木汇总表

| 树种 | 胸径（cm） | 采伐原因 |
|---|---|---|
| 刺楸 | 9.5 | 断梢，失去生长势，无前途 |
| 香樟 | 11.3 | 断梢，失去生长势，无前途 |
| 野樱桃 | 10.4 | 断梢，虫蛀，避免滋生虫害 |

（续）

| 树种 | 胸径（cm） | 采伐原因 |
|---|---|---|
| 麻栎 | 8.3 | 断梢，虫蛀，避免滋生虫害 |
| 麻栎 | 11.1 | 断梢，无培育价值 |
| 麻栎 | 9.4 | 弯曲，无培育前途 |
| 麻栎 | 6.4 | 虫蛀，避免滋生虫害 |
| 润楠 | 9.1 | 弯曲，无培育价值 |
| 核桃 | 5.6 | 弯曲，无培育价值，调整混交 |
| 核桃 | 7.8 | 断梢，失去生长势，无前途 |
| 野青冈 | 15.8 | 分叉，断梢，无培育前途 |
| 茅栗 | 23.6 | 倾斜、影响杉木生长，调节竞争 |
| 山矾 | 5.8 | 倾斜，无培育价值 |
| 野青冈 | 5.3 | 分叉，无培育价值 |
| 麻栎 | 6.2 | 弯曲、受压，无培育前途 |
| 马尾松 | 18.1 | 受压，调整林木分布格局 |
| 杉木 | 14 | 受压，调整林木分布格局 |
| 马尾松 | 6.6 | 调整混交和分布格局 |
| 马尾松 | 8.9 | 受压，调整混交 |
| 野樱桃 | 5.4 | 受压，无培育前途，调整混交 |
| 麻栎 | 7.2 | 受压、调整混交 |
| 野樱桃 | 8.2 | 虫蛀，避免滋生虫害 |
| 野樱桃 | 7.2 | 弯曲，无培育前途，调整混交和分布格局 |
| 麻栎 | 14 | 断梢，失去生长势，无前途 |
| 杨梅 | 7.6 | 基部丛生，调整混交 |
| 杨梅 | 7.2 | 基部丛生，调整混交 |
| 杨梅 | 10.7 | 弯曲，断梢 |
| 马尾松 | 5.8 | 断梢、无培育前途、调整混交 |
| 马尾松 | 5.4 | 断梢、无培育前途、调整混交 |
| 马尾松 | 6.5 | 断梢，失去生长势，无前途 |
| 马尾松 | 10.2 | 分叉，无培育前途 |
| 枫香 | 14.1 | 分叉，无培育前途 |
| 润楠 | 6.2 | 弯曲，无培育前途 |

从常绿阔叶混交林经营样地采伐木汇总表可以看出，本次经营在 50m×60m 的经营样地中共采伐林木 28 株，涉及 9 个树种，青冈占多数，共 17 株，涉及的林木大多是因断梢和虫害而被采伐，采伐株数强度为 13.7%，断面积强度为仅为 5.3%，属于轻度干扰。在针阔混交林样地中，本次经营在 50m×50m 的经营样地中共采伐林木 33 株，共涉及树种 13 个，采伐株数强度为 11.6%，断面积强度为 10.7%，也属于轻度干扰。

### 6.5.3.6　经营效果评价

（1）空间利用程度评价

从经营样地的采伐木汇总情况可以看出，本次经营对两块样的干扰程度均为轻度干扰，常绿阔叶混交林样地是以调整树种组成和林分健康状况为目的，而针阔混交林在提高林木健康状况的同时还要调整林木的分布格局和竞争关系。2009 年 9 月我们对采伐后的样地进行了调查，结果表明，常绿阔叶混交林经营样地的林分平均角尺度为

0.489，仍属于随机分布的范畴，经营没有改变林木的分布格局状况；针阔混交经营样地的经营后的林分平均角尺度为 0.522，属于轻微团状分布，较经营前的 0.555 有了明显地改善。

（2）树种多样性评价

在 2 块经营样地采伐林木选择中，虽然涉及的树种较多，但珍稀树种均没有采伐，因此，经营后稀有种的无损率为 100%。常绿阔叶混交林经营样地经营后的 Shannon-Wiener 多样性指数和 Simpson 多样性指数分别为 1.948 和 0.726，Pielou 均匀度指数和 Margalef 物种丰富度指数分别为 0.640 和 3.885，均较经营前的所上升，说明经营后林分的树种多样性增加。经营后林分的平均混交度为 0.588，较经营前的混交度 0.580 有也有所上升。针阔混交林样地经营后林分的 Shannon-Wiener 多样性指数和 Simpson 多样性指数分别为 2.952 和 0.923，Pielou 均匀度指数为 0.824，这三个指数较经营前略有下降，但林分的 Margalef 物种丰富度指数分别为 6.294，较经营前的所上升，这是因为林分经过一年的生长，出现了许多进级木，也有个别新的树种进入起测胸径，如油茶、五倍子等。林分的平均混交度为 0.738，较经营前有所上升，经营进一步增加了林木的混交。

（3）树种组成评价

对于常绿阔叶混交林经营样地，调整树种组成主要是降低青冈在林分的比例，调查结果表明，经营后，青冈在林分中的株数比例为 49.1%，断面积比例为 68.5%，较经营前分别下降了 2.1% 和 1%。树种优势度分析表明，经营后林分中顶极树种和伴生树种的优势度分别为 0.671 和 0.131，均较经营前有所下降，但降度不大。针阔叶混交林经营样地经营后，马尾松的相对多度和相对显著度上升幅度较大，分别达到了 18.1% 和 30.8%；枫树的相对多度和相对显著度均有所下降，分别为 6.5% 和 6.4%，其他树种的相对多度和相对显著变化很小。图 6-45 为两个经营样地经营后林分直径分布图。由图可以看出，经营前后林分的直径分布基本没有变化，对于常绿阔叶混交林经营样地而言，经营后的直径分布 q 值为 1.10，仍未落到合理直径分布范围内，还需要进一步针对直径分布进行调整，本次经营的重点是改善林分卫生状况；对于针阔混交林样地而言，经后林分直径分布 q 值为 1.568，与经营前相比几乎没有变化，经营保证了林分直径结构的稳定。

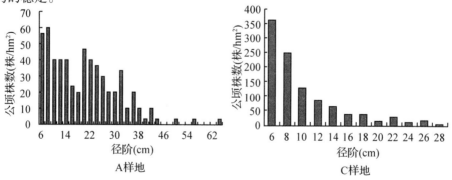

图6-45 经营样地直径分布图

综上所述，本次经营对针阔混交林样地内遭受虫害和冰冻雨雪灾害的林木进行了采伐，调整了林分的树种组成、林木分布格局和竞争关系。通过此次经营，两个林分的林木个体的健康状况和整体的卫生状况得到了改善，林分的整体健康水平大幅提升，经营在一定程度上调整了林分的空间结构，林木分布格局向随机分布的方向转变，树种的竞争关系得到了改善，青冈在林分中的优势程度有所下降，加速了林分自然稀疏进程，林分的直径分布得到一定的调整，目前还处于不合理的状态，需要在下一期经营中继续进行调整。经营总体上达到了预期的目标。

由于林业生产具有周期长、经营对象复杂和经营效果见效慢等特点，这就要求经营单位按照明确的经营目标，制定合理有效的经营措施对森林进行经营。明确的经营目标是制定合理有效经营措施的前提，否则会由于不当的经营措施造成难以估计的损失，甚至是对森林的一种破坏，因此，在对森林进行经营前一定要对现有森林有充分的认识和了解。从以上不同林分类型经营实践中可以看出，由于不同的林分在自然演替中处于不同的状态和阶段，林分的树种的组成和树种间的相互关系比较复杂，通过一次经营达到经营目标，是不可能也是不现实的。这就要求我们在实际经营过程，摒弃急功近利的思想，树立循序渐进和长期规划的意识，耐心细致地对林分进行调整和经营，逐渐让每一个指标达到健康稳定林分的特征，只有这样，才能实现森林整体的健康，充分发挥森林的多种效益。

# 6.6　结构化森林经营技术应用操作的"五字一句话"

五字是"观、测、筛、选、定"

观：观察森林，做到懂林识林，标定"森林自然度"；

测：测量林分状态数据，整合空间与非空间信息，提供诊断依据；

筛：筛选不健康因子，分析经营迫切性、优先性并确定经营方向；

选：选择标记采伐木，贯彻"五优先"原则；

定：定夺作业设计，用"一杆秤"度量经营前后林分结构变化。

一句话：五观五优一审轻（五官无忧一身轻）

五观："观树干定健康、观树种定混交、观树冠定密度、观周围定分布、观大小定优势"，以此衡量林木个体的微环境特征和林分空间状态。

五优："优先采伐无培育价值的林木；优先采伐与目标树同种的林木；优先采伐影响目标树生长的林木；优先采伐分布在目标树一侧的林木；优先采伐达到目标直径（针叶树 55cm，阔叶树 45cm）的林木"。

一审轻：按照同一标准（一杆秤）即健康稳定森林的普遍特征审视作业设计，评价经营是否以轻度人为干扰方式实现了既定经营目标。

## 6.7 结构化森林经营之评价

### 6.7.1 结构化森林经营"培育健康森林的目标"符合现代森林经营理念

生态环境恶化引发人们对生态系统健康问题的思考。20 世纪 80 年代末，Rapport 等人在研究生态系统胁迫压力时提出了生态系统健康概念。生态系统健康是指系统具有活力、稳定和自我调节能力。生态系统健康包含两个内涵：满足人类社会合理要求的能力和生态环境自我维持与更新能力。生态系统健康首先要保持结构与功能的完整性，保证生态系统服务功能，惟此才有抗干扰力和干扰后的自我恢复能力，才能为人类提供长期服务。健康的生态系统是国家发展和社会稳定的重要组成部分，是可持续发展的自然之基。森林本身就是一个复杂的生态系统。因此，森林生态系统健康也就是通常所讲的森林健康的问题。健康意味着结构完整和功能正常。实现森林可持续经营的基础是拥有健康的森林，因此现代森林经营的首要经营目的是培育健康的森林，发挥森林在维持生物多样性和保护生态环境方面的价值，这就要在森林培育和利用中遵循生态优先的原则，保证森林处于一种合理的状态之中。这个合理状态表现在合理的结构、功能和其他特征及其持续性上。林业可持续发展的基础是拥有足够数量的森林资源，特别在少林缺林的地区拥有健康的森林尤为重要。

结构化森林经营以培育健康森林为己任，在经营过程中不仅注重组成林分的个体健康，而且更强调林分群体的健康。

### 6.7.2 结构化森林经营遵循结构决定功能的系统法则

结构是构成系统要素的一种组织形式。系统结构是系统保持整体性以及具有一定功能的内在根源。系统功能是系统在特定环境中发挥的作用或能力。一个系统不是其组成单元的简单相加，而是通过一定规则组织起来的整体，这种规则和组织形式就是系统的结构。结构反映了构成系统的组成单元之间的相互关系，直接决定了系统的性质，是系统与其组成单元之间的中介，系统对其组成单元的制约是通过结构起作用的，并通过结构将组成单元连接在一起。只有当结构清晰可见，才有可能对其实施有效调节。根据系统结构决定系统功能的原理，经营的根本显然在于调整结构。传统的功能优化如总收获最多、纯收益最多或净现值最大必须向结构优化的方向发展。也就是说，现代森林经营优化要以空间结构为目标函数，非空间结构为主要约束，只有这样才能变"黑箱法"为"机理控制"，才能对森林实施有效的调节。

结构化森林经营紧紧抓住了"结构"这一控制系统功能发挥的首要环节，从而使其具有坚不可摧的稳固之基。

### 6.7.3 结构化森林经营依托基于相邻木关系的林分空间结构量化分析方法

分析林分空间结构的基础是对林分空间结构的准确描述。传统的森林经理调查体系主要调查林木的胸径、树高和总收获量以及林分属性的统计分布(如直径分布等)，目的是为木材生产服务，忽略了林分空间结构信息和多样性信息。而经典的植被生态学调查，提供的是一种统计格局。它以植物个体为统计单元，从概率的角度，用抽象的指标说明种群的组成、个体的相互关系、空间分布格局以及种间相互作用等。受抽样和统计方法的限制，格局随尺度变化较明显。它注重群落生态因子的测定，得出的结果很抽象，很难直接从中导出森林经营的具体技术。目前应用的基于相邻木空间关系的林分空间结构描述方法为结构化经营提供了科学基础。

结构化森林经营充分利用了"基于相邻木关系的森林空间结构量化分析方法"的科学性、简洁性和可操作性，从而使其对林分进行结构调整成为可能。

## 6.7.4　结构化森林经营的模板是健康森林的结构特征

唯有健康的森林，才有各种功能的正常发挥。显然，健康森林的结构特征就是我们经营现有林的方向。大量研究表明，健康生态系统通常具有以下特征：生物多样性、结构多样性和空间异质性较高；生产量高，系统储存的能量高，碳储量高；对外界干扰抵抗力强，恢复力较高，具有良好的自我维持能力。森林生态系统的进化是森林的自然属性。它的特征是渐进的、连续的，即使遇上一些自然灾害，如闪电雷击，也只能损害一部分树木，一部分森林动物和微生物，一部分森林环境，但整个森林结构不会发生质的变化，依靠森林的自组织能力，能够逐步恢复森林中各组成单元的状态及其对环境的调节能力和影响能力。原始林的态势，都是进化的态势；原始林的结构基本上是物竞天择，在自然竞争中形成的进化结构。

健康森林的特征主要体现在它的组成和结构上。组成应以地带性植被的种类为主，结构特征主要表现在它的时空特征上。在空间上它具有水平结构上的随机性和垂直结构上的成层性；在时间上它具有世代交替性。具有这样种类组成和结构的森林是稳定的(具有保持正常动态的能力)、富有弹性(即使经受一定的干扰它也能自我恢复机能)和有活力的。天然林中的原始林或顶极群落就属于这种健康生态系统。顶极群落是具有生物量大、结构合理、系统稳定、功能也比较完善等特点的森林生态系统。在系统中结构与功能间处于一种相对稳定的动态平衡状态，是一种具有较高生态平衡水平的自然状态，在环境保护上具有重要意义。合理的结构表现在直径分布的倒"J"形与年龄金字塔、林木水平分布格局的随机性和群落垂直结构上的成层性。

结构化森林经营正是以健康森林结构的这些普遍规律为范式，从而实现对现有林进行有的放矢的结构调节。

## 6.7.5　结构化森林经营恪守了德国近自然森林经营的原则

近自然森林经营在德国已有上百年的成功经验，其经营原则如单株择伐、适地适树、目标树培育等已成为林学上科学经营森林的普遍原则，为世人所称赞。恪守这些原则意味着经营有科学和实践依据。结构化森林经营在很大程度上采纳并进一步量化了这些"千锤百炼"的经营原则，可以说实施过程为零风险。

## 6.8 结构化森林经营与其他森林经营之异同

### 6.8.1 与传统森林经营的区别

结构化森林经营与传统森林经营方法不同之处主要表现在以下几个方面(表6-23):首先,结构化森林经营以培育健康稳定的森林为终极目标,以原始林或顶极群落(健康稳定森林的普遍规律)为模板,视经营中获得的木材为中间产物,而不是最终目标,认为只有健康稳定的森林才能发挥最大的生态、经济和社会效益,而传统森林经营方法大多以获得最大经济效益为目的,木材生产是主要的经营目标;其次,结构化森林经营与传统森林经营方法衡量森林质量的理念与标准不同,传统森林经营方法把木材产量的多少、质量优劣,可获得木材持续生产能力的时间等作为森林质量好坏的标准;结构化森林经营以系统结构决定系统功能的准则为指导,认为只有创建合理的结构才能够发挥高效的功能,因此,结构化森林经营更加注重培育森林结构,尤其是森林的空间结构;第三,结构化森林经营与传统森林经营的林分数据调查与分析体系不尽相同,即结构化森林经营在对森林整体特征进行分析的同时增加了以参照树与其最近相邻木关系为基础的空间结构特征调查与分析;第四,结构化森林经营方法在对森林进行经营时依托可释性强的结构单元,以个体健康为前提,以结构优化为手段,既注重林木个体健康,又保持森林整体的健康;传统森林经营方法则更多的是关注林木个体的健康;此外,结构化森林经营与传统森林经营方法经营效果评价体系不同,传统森林经营方法在评价森林经营效果时常以森林经营后面积变化、蓄积、单位面积生长量等为评价指标,即森林功能评价为主,而这些指标的变化往往要经历较长的时间才能够体现;结构化森林经营则以森林状态评价为主,即森林经营前后的状态变化;状态评价能够及时反映森林经营的效果,从而更好地指导森林经营方向的调整,避免由于经营措施的不当造成不可挽回的损失。

### 6.8.2 与近自然森林经营的区别

德国的近自然森林经营和我国的结构化森林经营均属高度集约的森林可持续经营技术。二者的经营目标不尽相同,而最大的不同点在于技术途径不同。近自然森林经营在实践中多采用目标树经营,而结构化森林经营更强调林分整体的结构优化。近自然森林经营阐明了这样一个基本思想,人工营造森林和经营森林必须遵循与立地相适应的自然选择下的森林结构,才能保证森林的健康与安全,森林才能得到可持续经营,其综合效益才能得到持续最大化的发挥。因此,不论是哪种类型的森林,包括天然次生林、人工林,其经营必须要遵照生态学的原理来恢复和管理。近自然经营不排斥木材生产,与传统森林经营理论相比,它认为只有实现最合理的接近自然状态的森林才能实现经济利益的最大化。按近自然的森林模式培育森林,要针对森林具体状态加以科学合理地调控,以目标树培育为中心,对目标树周围的干扰木和非目标树进行调整。结构化森林经营,量化和发展了德国近自然森林经营原则,以培育健康森林为目标,以系统结构决定功能的系统法则为理论之基,以健康森林结构(天然林顶极群落)的普遍规律为范式,依托可释性强的结构单元,既注重个体活力,更强调林分群体健康。主要技术特征是:用林分自然度划分森林经营类型;用林分经营迫切性指数确定森林经营方向;用空间结构参数调整所有顶极树种和主要伴生树种的中大径木的结构;用状态评价衡量经营效果。

表6-23 经营方法之异同

| 经营技术 | 经营目标 | 技术途径 | 经营对象 | 技术特征 |
|---|---|---|---|---|
| 传统森林经营 | 实现木材永续利用 | 法正林 | 林分群体 | 主伐轮伐期、林分成熟龄皆伐或大强度择伐作业。<br>效果评价:功能评价 |
| 近自然经营 | 培育高稳定性和保持长期生产力的森林 | 目标树体系 | Ⅰ、Ⅱ级林木 | 林木分类,目标树和干扰树,目标直径和目标树密度;单株择伐。<br>效果评价:功能评价 |
| 结构化经营 | 培育健康稳定优质高效的森林 | 结构优化 | 稀少种顶极种主要伴生种中、大径木 | 自然度;经营迫切性;空间结构参数;林分结构调整;单株择伐,轻度干扰。<br>效果评价:状态评价 |

# 参考文献

Aguirre, O. , Hui, G. Y, Gadow, K. V. , Jiménez, J. 2003. An analysis of spatial forest structure using neighborhood-based variables. For. Ecol. Manage. 183, 37 – 145.

Albert, M. 1999. Analyse der eingriffsbedingten Strukturveränderung und Durchforstungsmodellierung in Mischbeständen. Dissertation, Fak. f. Forstwiss. u. Waldökologie d. Univ. Göttingen. Hainholz-Verlag, Band 6, 201 S.

Assmann, E. 1953. Zur Bonitierung sueddeutscher Fichtenbestaende. AFZ, 10: 61 – 64.

Assuncao R. 1994. Testing spatial randomness by means of angles. Biometrics, 531 – 537.

Bella, E. 1971. A new competition model for individual tree. Forest Science, 17S: 362 – 367.

Bent Otto Poulsen. 2002. Avian richness and abundance in temperate Danish forests: tree variables important to birds and their conservation. biodiversity and conservation, 11S, 1551 – 1566.

Biber, P. 1997. Analyse verschiedener Strukturaspekte von Waldbeständen mit dem Wachstumssimulator SIL-VA 2. Vortrag anlässlich der Jahrestagung 1997 der Sektion Ertragskunde im Deutschen Verband Forstlicher Forschungsanstalten. Tagungsbericht, 100 – 120.

Biging, G. S. , Dobbertin, M. 1992. A comparison of diameter-dependent competion measures for height and basal area growth of individual conifer trees. For. Sci. , 38(3): 659 – 720.

Biging, G. S. , Robards T. A. 1994. Turnblom and Van Deusen, P. C. , The Predictive Models and Procedures Used in the Forest Stand Generator (STAG). Hilgardia, 61(1).

Boncina A. 2000. Comparison of structure and biodiversity in the Rajhenav virgin forest remnant and managed forest in the Dinaric region of Slovenia. Global Ecology and Biogeography, 9(3): 201 – 211.

Bristow M, Vanclay J K, Brooks L, et al. 2006. Growth and species interactions of Eucalyptus pellita in a mixed and monoculture plantation in the humid tropics of north Queensland. Forest Ecology and Management, 233(2): 285 – 294.

Brodlie, k. w. , Carpenter, l. a. , Earnshaw, r. a. 1992. Scientific Visualzation, Techniqes and Applikations. springer Verlag, 284S.

Cassie R. M. 1962. Frequency distribution medle in ecology plant and other organism. Anim. Ecol. , 31: 65 – 95.

Clark, P. J. and Evans, F. C. 1954. Distance to nearest neighbor as a measurement of spatial relationships in populations. Ecology, 35: 445 – 453.

Corral-Rivas, J. J. , Wehenkel, C. , Castellanos-Bocaz, H. A. 2010. Vargas-Larreta, B. and Diéguez-Aranda, U. A permutation test of spatial randomness: application to nearest neighbour indices in forest stands. Journal of Forest Research, 2010, 15 (4): 218 – 225.

Daume S. 1995. Durchforstungssimulation in einem Buchen-Edellaubholz-Mischbestand. Forstliche Fakultät, Universität Göttingen.

Daume, S. 1998. Füldner, K. u. Gadow, K. v. : Zur Modellierung personenspezifischer Durchforstungen in ungleichaltrigen Mischbestaenden. Allg Forst- u J-Ztg, 169S: 21 – 26.

David F N, Moore P G. 1954. Notes on contagious distributions in plant populations. Annals of Botany, 18 (1): 47 – 53.

David, F. N. and Moor, P. G. 1954. Notes on contagious distribution in plant populations. Ann. Bot. Lond. N. S. , 18S.

Davies O, Pommerening A. 2008. The contribution of structural indices to the modelling of Sitka spruce ( Picea sitchensis) and birch ( Betula spp. ) crowns. Forest Ecology and Management, 256(1): 68 – 77.

Degenhardt, A. und Pommerening, A. 1999. Simulative Erzeugung von Bestandesstrukturen auf der Grundlage von Probekreisdaten. Vortrag zur 12. Tagung der Sektion Forstliche Biometrie und Ertragskunde im Deutschen Verband Forstlicher Forschungsanstalten. Tagungsbericht.

Degenhardt, A. 1993. Analyse der Entwicklung von Bestandesstrukturen mit Hilfe des Modells der zufälligen Punktprozesse in der Ebene. Beiträge der Forstwirtschaft und Landschaftsökologie, 27(4): 182 – 186.

Degenhardt, A. 1998. Simulative Erzeugung von Waldstrukturen auf der Grundlage von Inventurdaten. Vortrag zur 11. Tagung der Sektion Forstliche Biometrie und Ertragskunde im Deutschen Verband Forstlicher Forschungsanstalten. S. , 58 – 68.

Donelly K. 1978, Simulation to determine the variance and edge-effect of total nearest neighbour distance. S. 91 – 95. In: Simulation methods in archaeology. Hodder I R. ( Hrsg. ). Cambridge University Press, London.

Fisher R A, Corbet A S, Williams C B. 1943. The relation between the number of species and the number of individuals in a random sample of an animal population. The Journal of Animal Ecology, 42 – 58.

Franklin, J. F. , Spies, T. A. , Pelt, V. R. , Carey, A. B. , Thornburgh, D. A. , Berg, D. R. , Lindenmayer, D. B. , Harmon, M. E. , Keeton, W. S. , Shaw, D. C. , Bible, K. , and Chen, J. Q. 2002. Disturbances and structural development of natural forest ecosystems with silvicultural implications, using Douglas-fir forests as an example. Forest Ecology and Management, 155 ( 1 – 3): 399 – 423.

Füldner, K. , 1995. Strukturbeschreibung von Buchen-Edellaubholz-Mischwäldern. Cuvillier Verlag, Göttingen.

Gadow K, Zhang C Y, Wehenkel C, et al. 2012. Forest structure and diversity. Continuous Cover Forestry. Springer Netherlands, 29 – 83.

Gadow K. v. 1997. , Strukturentwicklung eines Buchen-Fichten-Mischbestandes. Allg. Forst- u. J. -Ztg. 168(6/7): 103 – 106.

Gadow, K. u. Füldner, K. 1992. Bestandesbeschreibung in der Forsteinrichtung. Tagungsbericht der Arbeitsgruppe Forsteinrichtung Klieken bei Dessau 15. 10. 92.

Gadow, K. v. u. Hui, G. Y. 2002. Analysis of Forest Structure and Diversity—based on neighbourhood relations. Vortrag, IUFRO International Conference 2002 in Lisbon Portugal.

Gadow, K. v. 1992. und Füldner K. Zur Methodik der Bestandesbeschreibung. Vortrag anlässlich der Jahrestagung der AG Forsteinrichtung in Klieken b. Dessau.

Gadow, K. v. und Hui, G. Y. 2002. Characterizing forest spatial structure and diversity. "Sustainable Forestry in Temperate Regions" , Proceedings of the SUFOR International Workshop, University of Lund, Sweden, April. 7 – 9.

Gadow, K. v. , Hui, G. Y. , Chen, B. W. und Albert, M. 2003. Beziehung zwischen Winkelmaß und Baumabstaenden. Forstw. Cbl, 122S.

Gadow, K. v. , Zhang, C. Y. , Wehenkel, C. , Pommerening, A. , Corral-Rivas, J. , Korol, M. , Myklush, S. , Hui, G. Y. , Kiviste, A. and Zhao, X. H. 2012. Forest structure and diversity, 29 – 83. In: Pukkala, T. and Gadow, K. v. ( Eds. ), Continuous cover forestry. 2nd edition. Managing Forest Ecosystems 23. Springer. Dordrecht, 296p.

Gadow, K. v. , Hui G. Y. , Chen B. W. und Albert, M. 2003. Beziehungen zwischen Winkelmass und Baumabstaenden. Forstw. Cbl. 122: 127 – 137.

Gadow, K. v. 1987. Untersuchungen zur Konstruktion von Wuchsmodellen für schnellwüchsige Plantagenbaumarten. Forstliche Forschungsberichte München. Bd. , 77. 147 S.

Gadow, K. v. und Puumalainen, J. 1998. Neue Herausforderungen für die Waldökosystemplanung. AFZ / Der Wald, 20: S. 1248 – 1250.

Gadow, K. v. 2005. Forsteinrichtung. Universitaetsdrucke Goettingen. , 106 – 107.

Gadow, K. V. , Hui, G. Y. , Albert, M. , 1998. Das Winkelmaβ-ein Strukturparameter zur Beschreibung der Individualverteilung in Waldbeständen. Centralblatt für das gesamte Forstwesen, 115: 1 – 10.

Gadow, K. v. 1993. Zur Bestandesbeschreibung in der Forsteinrichtung. Forst und Holz, 48 ( 21 ): 602 – 606.

Garcia, A. , Irastoza, P. , Garcia, C. et al. 1999. Concepts associated with deriving the balanced distribution of uneven-aged structure from even-aged yield tables: Application to Pinus sylvestris in the central mountains of Spain. In: F. M. Olssthoorn, H. H. Bartelink, J. J. Gardiner, H. Pretzsch, H. J. Hekhuis, A. Frano ( eds. ). Management of mixed-species forest: silviculture and economics. Dlo Institute for Forestry and Nature Research ( IBN-DLO), Wageningen, 109 – 127.

Graz, F. P. 2004. The behavior of the species mingling index Msp in relation to species dominance and dispersion. Eur. J. Forest Res. 123, 87 – 92.

Graz, F. P. 2006. Spatial diversity of dry savanna woodlands—assessing the spatial diversity of a dry savanna woodland stand in northern Namibia using neighborhood-based measures. Biodivers. Conserv. 15: 1143 – 1157.

Graz, F. P. 2008. The behaviour of the measure of surround in relation to the diameter and spatial structure of a forest stand. European Journal of Forest Research, 127: 165 – 171.

Greig – Simth P. 1983. Quantitative plant ecology. 3rd ed. Oxford: Blackwell.

Greig-Smith P. 1952. The use of random and contiguous quadrats in the study of the structure of plant communities. Annals of Botany, 93 – 316.

Grumbine R E. 1994. What is ecosystem management? Conservation Biology, 8(1): 27 – 38.

Haase P. 1995. Spatial pattern analysis in ecology based on Ripley's K - function: Introduction and methods of edge correction. Journal of Vegetation Science, 6(4): 575 – 582.

Hans Lamprecht. 1986. Waldbau in den Tropen. Hamburg und Berlin. Paul parey, 38.

Hasenauer, H. 1994. Ein Einzelbaumwachstumssimulator für ungleichaltrige Fichten-, Kiefern- und Buchen-Fichtenmischbestände. Forstl. Schriftenreihe Univ. für Bodenkultur, Wien. Bd. 8: 152S.

Hegyi, F. 1974. A simulation model for managing jack-pine stands. In: Fries, J. ed. Growth models for tree and stand simulation. Sweden: Royal College of Forestry, Stockholm, 74 – 90.

Holmes, M. J. , Reed, D. D. 1991. Competition indices for mixed species northern hardwoods. For. Sci, 37 (5): 1338 – 1349.

Hopkins B, Skellam J G. 1954. A new method for determining the type of distribution of tree individuals. Ann. Bot. Lond. N. S. 18: 213 – 227.

Hui G. Y und ALBERT M. 2004. Stichprobensimulationen zur schtzung nachbarschaftsbezogener strukturparameter in Waldbestnden. Allgemeine Forst und Jagdzeitung. 175: 199 – 209.

Hui, G. Y. Albert, M. und Chen, B. W. 2003. Reproduktion der Baumverteilung im Bestand unter Verwendung des Strukturparameters Winkelmaß. Allgemeine Forst u. Jagdzeitung. in Druck.

Hui, G. Y. and Gadow K. v. Das Winkelmass-Theoretische Überlegungen zum optimalen Standardwinkel. Allgemeine Forst u. Jagdzeitung. , 173(9).

Hui, G. Y. , Albert, M. Gadow, K. v. 1998. Das Umgebungsmaß als Parameter zur Nachbildung von Bestandesstrukturen. Forstw. Cbl. 117(1): 258 – 266.

Hui, G. Y und Albert, M. 2004. Stichprobensimulationen zur Schätzung nachbarschaftsbezogener Strukturparameter in Waldbeständen, Allgemeine Forst u. Jagdzeitung. 175(10/11): 199 – 209.

Hui, G. Y. , Zhao, X. H. , Zhao, Z. H. , and Gadow, K. V. 2011. Evaluating tree species diversity based on neighborhood relationships. Forest Science, 57 (4): 292 – 300.

Kahn, M. und Pretzsch, H. 1997. Das Wuchsmodell SILA-Parametrisierung der Version 2. 1 für Rein- und Mischbestände aus Fichte und Buche. AFJZ. Jg. 168, 6 – 7.

Kint V, Lust N, Ferris R, et al. 2000. Quantification of forest stand structure applied to Scots pine(Pinus sylvestris L. )forests. Forest Systems, 9(S1): 147 – 163.

Kint, V. , Meirvenne, M. V. , Nachtergale, L. , Geuden, G. & Lust, N. 2003. Spatial methods for quantifying forest stand structure development: a comparison between nearestneighbor indices and variogram analysis. Forest Science, 49: 36 – 49.

Klaus von Gadow and Gangying Hui. 1999. Modelling Forest Development. Kluwer academic publishers.

Knauft, F. -J. und Sloboda, B. 1999. Visualisierung virtueller Waldlandschaften durch Integration individuenbasierter Modelle. Deutscher Verband Forstlicher Forschungsanstalten, Sektion Forstliche Biometrie und Informatik.

Köhler, A. 1951: Vorratsermittlung in Buchenbeständen nach Stammdurchmesser und Stammabstand. Allgemeine Forst u. Jagdzeitung. 123: 69 – 74.

Kramer, H. and Akca A. 1987. Leitfaden fuer dendrometrie und Bestandesinventur. Frankfurt am main: j. d. sauerlaender' verlag.

Kuuluvainen T. 2002. Natural variability of forests as a reference for restoring and managing biological diversity in boreal Fennoscandia. Silva Fennica, 36(1): 97 – 125.

Levin S A. 1992. The problem of pattern and scale in ecology: the Robert H. MacArthur award lecture. Ecology, 73(6): 1943 – 1967.

Lewandowski, A. und Gadow, K. v. 1996. Ein heuristischer Ansatz zur Reproduktion von Waldbeständen. AFJZ, 168 (9): 170 174.

Li Y. , Hui G. , Zhao Z. and Hu Y. 2012. The bivariate distribution characteristics of spatial structure in natural Korean pine broad-leaved forest. Journal ofVegetation Science, 23(6): 1180 – 1190.

Lloyd, M. 1967: Mean Crowding. J. Anim. Ecol. , 36.

Magdy El-Bana1, etc. 2002. Vegetation composition of a threatened hypersaline lake (Lake Bardawil), North Sinai Plant Ecology, 163: 63 – 75.

McGaughey, R. J. 1997. Visualizing forest stand dynamics using the stand visualization system. In: Proceedings of the 1997 ACSM/ASPRS Annual Convention and Exposition; April 7 – 10, 1997; Seattle, WA. Bethesda, MD: American Society of Photogrammetry and Remote Sensing. 4: 248 – 257.

Moeur M. 1993. Characterizing spatial patterns of trees using stem-mapped data. Forest science, 39 (4): 756 – 775.

Morisita M. 1954. Estimation of population density by spacing method. Memoirs of the Faculty of Science Kyushu University, Series E, 1: 187 – 197.

Nagel, J., Albert, M. und Schmidt, M. 2002. Das waldbauliche Prognose- und Entscheidungsmodell BWIN-Pro 6. 1 - Neuparametrisierung und Modellerweiterungen. 486 – 492.

Nagel, J. 1996. Anwendungsprogramm zur Bestandesbewertung und zur Prognose der Bestandesentwicklung. Forst und Holz, 51 (3): 76 – 78.

Nagel, J. 1999. Konzeptionelle Überlegungen zum schrittweisen Aufbau eines waldwachstumskundlichen Simulationssystems für Nordwestdeutschland. Schriften aus der Forstl. Fak. der Universität Göttingen und der Nds. Forstl. Versuchsanstalt, Bd. 128. J. D. Sauerländer's Verlag, Frankfurt/Main: 122 S.

Neumann, M., and Starlinger, F., 2001. The significance of different indices for stand structure and diversity in forests. Forest Ecology and Management, 145: 91 – 106.

P. Meyer, J. Ackermann, P. Balcar et al. 2001. Untersuchung der Waldstruktur und ihrer Dynamik in Naturwaldreservaten. Eching. Ihw-verlag, 30.

Penttinen, A., Stoyan, D. and Henttonen, H. M. 1992. Marked Point Process inForest Statistics. Forest Science, 38 (4): 806 – 824.

Pielou E C. 1961. Segregation and symmetry in two-species populations as studied by nearest-neighbour relationships. The Journal of Ecology, 255 – 269.

Pielou E. C. 1969. An introduction to mathematical ecology. New York: Wiley Interscience Publication.

Pielou, E. C. 1977. Mathematical Ecology. John Wiley and Sons. 385S.

Pielou, E. C. 1961. Segregation and symmetry in two-species populations as studied by nearest neighbour relations. Ecology, 49.

Pielou, E. C. 1977. Mathematical ecology.. Wiley, New York, NY, US. 358pp.

Pogoda, P. Staupendahl K. und Albert, M. 1999. Struktur und Diversität in der Waldzustandsbeschreibung. Deutscher Verband Forstlicher Forschungsanstalten, Sektion Forstliche Biometrie und Informatik.

Polyakov M, Majumdar I, Teeter L. 2008. Spatial and temporal analysis of the anthropogenic effects on local diversity of forest trees. Forest Ecology and Management, 255 (5): 1379 – 1387.

Pommerening A, Stoyan D. 2008. Reconstructing spatial tree point patterns from nearest neighbour summary statistics measured in small subwindows. Canadian journal of forest research, 38 (5): 1110 – 1122.

Pommerening A. 2002. Approaches toquantifying forest structures. Forestry, 75 (3): 305 – 324.

Pommerening A. 2006. Evaluating structural indices by reversing forest structural analysis. Forest Ecology and Management, 224 (3): 266 – 277.

Pommerening, A. und Gadow K. v. 2000. Zu den Möglichkeiten und Grenzen der Strukturerfassung mit Waldinventuren. Forst und Holz, 55 (19): 622 – 630.

Pommerening, A. und Schmidt M. 1998. Modifizierung des Stammabstandsverfahrens zur Verbesserung der Stammzahl- und Grundflächenschätzung. Forstarchiv, 69: 47 – 53.

Pommerening, A. , Biber, P. , Stoyan, D. and Pretzsch, H. 2000. Neue Methoden zur Analyse und Charakterisierung von Bestandesstrukturen. Ger. J. For. Sci. 119, 62 – 78.

Pommerening, A. 1997. Eine Analyse neuer Ansätze zur Bestandesinventur in strukturreichen Wäldern. Diss. Fakultät für Forstwissenschaften und Waldökologie. Univ. Göttingen. Cuvillier Verl. Göttingen. 187 S.

Pommerening, A. 1998. Fortschreibung von Stichprobendaten mit positionsabhängigen Wuchsmodellen. Vortrag anläßlich der Jahrestagung der Sektion Ertragskunde des Deutschen Verbandes Forstlicher Forschungsanstalten. 35 – 51.

Pommerening, A. 2000. Neue Methoden zur räumlichen Reproduktion von Waldbeständen und ihre Bedeutung für forstliche Inventuren und deren Forstschreibung. Allg. Forst- u. J. -Ztg. , 171: 9 – 10.

Pretzsch H. 1991. Konzeption und Konstruktion von Wuchsmodellen fuer Rein- und Mischbestaende. Forstliche ForschungsberichteMuenchen, 115.

Pretzsch, H. und Kahn, M. 1996. Wuchsmodelle für die Unterstützung der Wirtschaftsplanung im Forstbetrieb. Anwendungsbeispiel: Variantenstudie Fichtenreinbestand versus Fichten/Buchen-Mischbestand. AFZ, 51 (25): 1414 – 1419.

Pretzsch, H. und Seifert, S. 1999. Wissenschaftliche Visualisierung des Waldwachstums. AFZ/Der Wald, 18: 960 – 962.

Pretzsch, H. 1993. Analyse und Reproduktion räumlicher Bestandesstrukturen. Versuche mit dem Strukturgenerator STRUGEN. Schriften aus der Forstlichen Fakultät der Universität Göttingen und der Niedersächsischen Forstlichen Versuchsanstalt. Band 114. J. D. Sauerländer's Verlag Frankfurt am Main. 87 S.

Pretzsch, H. 2001. Modellierung des Waldwachstums. Parey BuchverlagBerlin. 341 S.

PukkalaT. and Gadow K. v. , 2011. Continuous Cover Forestry. Book Series Managing Forest Ecosystems Vol 24, Springer Science + Business Media B. V.

Ripley B D. 1977. Modelling spatial patterns. Journal of the Royal Statistical Society. Series B (Methodological), 172 – 212.

Ripley B. D. 1981. Spatial statistics. New York: Wiley.

Ripley, B. D. 1977. Modeling spatial patterns. Journal of the Royal Statistical Society Series , B 39: 172 – 179.

Sachs, L. 1978. Angewandte Statistik. Berlin: Springer-Verlag. 1978

Sari Pitkänen. 2000. Classification of vegetational diversity in managed boreal forests in eastern Finland. Plant Ecology, 2000, 146: 11 – 28.

Sari Pitkänen. 1997. Correlation between stand structure and ground vegetation: an analytical approach. Plant Ecology, 131: 109 – 126.

Schreuder H. T. , Bhattacharyya H. T. , McClure J. P. 1982. The SBBB distribution: a potentially usefully trivairate distribution. Canadian Journal of Forest Research, 12(3): 641 – 645.

Seifert, S. 1998. Dreidimensionale Visualisierung des Waldwachstums. Dipl. Arbeit im Fachbereich Informatik der Fachhochschule München in Zusammenarbeit mit dem Lehrstuhl für Waldwachstumskunde der Ludwig-Maximilans-Universität München. 133S.

Simpson E H. 1949. Measurement of diversity. Nature.

Spellerberg I F, Fedor P J, 2003. A tribute to Claude Shannon (1916 – 2001) and a plea for more rigorous use of species richness, species diversity and the 'Shannon-Wiener' Index. Global ecology and biogeography, 12(3): 177 – 179.

Spies T A. Forest structure. 1998. a key to the ecosystem. Northwest Science, 72: 34 – 36.

Staebler G R. 1951. Growth and spacing in an even-aged stand of Douglas-fir. University of Michigan.

Staupendahl K, Zucchini W. 2006. Estimating the spatial distribution in forest stands by counting small angles between nearest neighbours. Allgemeine Forst und Jagdzeitung, 177(8/9): 160.

Sterba, H. 1998, Das Randproblem bei der Erfassung von Strukturparametern. Vortrag am 25. 6. Fak. F. Forstw. u. Waldökol. , Göttingen.

Sterba, H. , Moder, M. u. Monserud, R. 1995. Prognaus - Ein Waldwachstumssimulator für Rhein- und Mischbestände. Österr. Forstzeitung, 19 – 20.

Stoyan D, S toyan H. 1992. Frak tale Form en Punktfelder. M ethoden der Geom etrie-Statistik[M]. Berlin: Akademie-Verlag.

Takuo Nagaike, etc. 2003. Plant species diversity in abandoned coppice forests in a temperate deciduous forest area of central Japan. Plant Ecology, 166: 145 – 156.

Tomppo, E. 1996. Models and Methods for Analysing Spatterns of Trees. Communicationes Instituti Forestalis Fennica 138. Helsinki, 65S.

Van Laar, A. u. Akça, A. , 1997. Forest Mensuration, 1. Aufl. Göttingen: Couvillier Verlag, 418 S.

Webster, R. 1985: Quantitative spatial analysis of soil inthe field. Adance in Soil Science, (3): 1 – 70.

Weiner J, Solbrig O T. 1984. The meaning and measurement of size hierarchies in plant populations. Oecologia, 61(3): 334 – 336.

Wenk, G. , Antanatis, V. u. Smelko, S. , 1990. Waldertragslehre, 1. Aufl. Berlin: Deutscher Landwirtschaftsverlag, 448 S.

Wensel, L. C. 1975. Computer Generation of Points on a Plane, Treatment of Boundary Line Overlap in a Forest-Sampling Simulator. Hilgardia, 43, 5.

Wiegand T, A Moloney K. 2004. Rings, circles, and null - models for point pattern analysis in ecology. Oikos, 2004, 104(2): 209 – 229.

Zeide, B. 1991. Self-thinning and stand density. Forest science, 37: 517 – 523.

Zeide, B. 1995. A relationship between size of trees and their number. Forest Ecology and Management, 72: 265 – 272.

Zenner, E. K. u. Hibbs, D. E. 2000. A new method for modeling the heterogenity of forest structure. Forest Ecology and Management, 129(1): 75 – 87.

Zieger, E. 1997. Ermittlung von Bestandesmassen aus Flugbildern mit Hilfe des Hugershoff-Heydeschen Autokartographen. Mittlg. Aus der Sächsischen forstl. Versuchsanstalt zu Tharandt, Paul Parey Berlin, Bd. , 3: 97 – 127.

Ziehe, M. u. Müller-Starck, R. 2001. Zielstärkennutzung und ihre möglichen genetischen Auswirkungen in einer Buchenpopulation. In: Sächsische Landesanstalt für Forsten ( Hrsg. ): Nachhaltige Nutzung forstgenetischer Ressourcen. Tagungsbericht zur 24. Internationalen Tagung der Arbeitsgemeinschaft für Forstgenetik und Forstpflanzenzüchtung, Pirna, 182 – 188.

Zöhrer, F. . Forstinventur. 1980. Ein Leitfaden für Studium und Praxis. Pareys Studientexte 26. Verlag Paul Parey. Hamburg und Berlin, 207S.

Zucchini, W., Schmidt, M. & Gadow, K. v. 2001. A model for the diameter-height distribution in an une-ven-aged beech forest and a method to assess the fit of such models. Silva Fennica, 35 (2): 168 – 183.

安慧君, 惠刚盈, 郑小贤, 等. 2005. 不同发育阶段阔叶红松林空间结构的初步研究. 内蒙古大学学报(自然科学版), 36(6): 714 – 718.

安慧君, 张韬. 2005. 聚集指数边界效应的校正方法与应用. 南京林业大学学报(自然科学版), 29(3): 57 – 60.

安慧君. 2003. 阔叶红松林空间结构研究. 北京林业大学博士学位论文.

蔡飞. 2000. 杭州西湖山区青冈种群结构和动态的研究. 林业科学, 36(3): 67 – 72.

蔡体久, 孔繁斌, 姜东涛. 2003. 中国森林分类经营现状、问题及对策. 东北林业大学学报, 31(4): 42 – 44.

曹光球, 林思祖, 曹子林, 等. 2002. 半天然杉阔混交林杉木及其伴生树种种群空间格局. 浙江林学院学报, 19(1): 148 – 152

曾汉元. 2002. 珍稀濒危植物华顶杜鹃种群结构与分布格局的研究. 怀化学院学报, 21(2): 36 – 38.

曾庆波, 李意德, 陈步峰, 吴仲民, 周光益, 等. 1997. 热带森林生态系统研究与管理. 北京: 中国林业出版社.

陈昌雄, 陈平留, 刘健, 等. 1996. 闽北天然次生林林木直径分布规律的研究. 福建林学院学报, 16(2): 122 – 125.

陈昌雄. 1995. 闽北杉木生长和收获模型的研究. 福建林学院学报, 15(3): 223 – 225.

陈存根. 1999. 近天然可持续森林经营的理论与技术: 森林生态学论坛(I). 北京: 中国农业科技出版社, (10): 201 – 211.

陈存及, 曹永慧, 董建文等. 2001. 乳源木莲天然林优势种群结构与空间格局. 福建林学院学报, 21(3): 207 – 211.

陈东来, 秦淑英. 1994. 山杨天然林林分结构的研究. 河北农业大学学报, 17(1): 36 – 43

陈谋询. 2001. 我国 21 世纪森林经理发展趋势分析. 华东森林经理, 15(2): 1 – 5.

陈蓬. 2004. 国外天然林保护概况及我国天然林保护的进展与对策. 北京林业大学学报(社会科学版), 3(2): 50 – 54.

陈锡雄. 2004. 鹅掌楸天然林群落结构的初步研究. 宁德师专学报, 16(4): 358 – 360.

陈向荣, 杨逢建. 2003. 封山育林对蒙古栎林主要乔木种群的分布格局与径级结构的影响. 华南农业大学学报(自然科学版), 24(4): 17 – 20.

陈小勇, 张庆费, 吴化前, 等. 1996. 黄山西坡青冈种群结构与分布格局研究. 生态学报, 16(3): 325 – 327.

陈永富, 杨秀森, 等. 2001. 中国海南岛热带天然林可持续经营. 北京: 中国科学技术出版社.

程煜, 闫淑君, 洪伟, 等. 2003. 檫树群落主要树种分布格局及其动态分析. 植物资源与环境学报, 12(1): 32 – 37.

丛者福. 1995. 天山云杉种群水平分布格局. 八一农学院学报, 18(2): 41 – 44.

戴小华, 余世孝, 练琚蒨. 2003. 海南岛霸王岭热带雨林的种间分离. 植物生态学报, 27(3): 380 – 387.

单亚伟, 王晓军. 1995. 太行山区华北落叶松天然林经营密度表的编制研究. 山西林业科技, 3: 17 – 21.

单亚伟, 王晓军, 王国祥, 等. 1995. 太行山区华北落叶松天然林生长量预测. 山西林业科技, 4: 1 – 4.

党海山，江明喜，田玉强，等. 2004. 后河自然保护区珍稀植物群落主要种群结构及分布格局研究. 应用生态学报，15(12)：2206-2210.

邓红兵，吴刚，郝占庆，等. 1999. 马尾松-栎类天然混交林群落最小面积确定及方法比较. 生态学报，19(4)：499-503.

邓华锋. 1998. 森林生态系统经营综述. 世界林业研究，4：10-17.

董灵波，刘兆刚. 2012. 樟子松人工林空间结构优化及可视化模拟. 林业科学，10：77-85.

董铁狮，赵雨森，党宏忠. 2004. 黑龙江省东部地区水曲柳天然林水源涵养功能. 东北林业大学学报，32(5)：1-3.

董希斌. 2002. 森林择伐对林分的影响. 东北林业大学学报，30(5)：15-18.

杜金泽，史军海. 2005. 把近自然森林经营理论技术应用到河北省林业建设中. 河北林业科技，5：24-27.

段仁燕，王孝安. 2005. 太白红杉种内和种间竞争研究. 植物生态学报，29(2)：242-250.

樊梅英，葛滢，关保华，等. 2003. 明党参、峨参种群分布格局的比较研究. 科技通讯，19(3)：201-206.

范少辉，张群，沈海龙. 2005. 次生林内红松幼树的恢复及其状况的量化表达. 林业科学，41(1)：71-77.

封磊，洪伟，吴承祯，等. 2002. 天然黄山松群落种群分布格局取样技术的研究. 河南农业大学学报，36(3)：243-247.

冯丰隆，杨荣启. 1988. 使用贝尔陀兰斐模式研究台湾七种树种生长之适用性的探讨，中华林学季刊，21(1)：47-64.

冯志忠，刘云洲，宋海玉，等. 2001. 阔叶红松林择强度及更新技术的研究. 森林工程，17(2)：1-3.

付春风，刘素青. 2009. 雷州半岛红树林空间结构研究. 华南农业大学学报. 30(3)：55-58.

高邦权，张光富. 2005. 南京老山国家森林公园朴树种群结构与分布格局研究. 广西植物，25(5)：406-412.

葛剑平，郭海燕，陈动. 1990. 小兴安岭天然红松林种群结构的研究. 东北林业大学学报，18(6)：26-32.

关玉秀，张守攻. 1992. 样方法及其在林分空间格局研究中的应用. 北京林业大学学报，14(2)：1-10.

郭华，王孝安，肖娅萍. 2005. 秦岭太白红杉种群空间分布格局动态及分形特征研究. 应用生态学报，16(2)：227-232.

郭水良，黄华. 2003. 外来杂草北美车前(Plantago virginica)种群分布格局的统计分析. 植物研究，23(4)：464-471。

郭忠玲，马元丹，刘金萍，等. 2004. 长白山落叶阔叶混交林的物种多样性、种群空间分布格局及种间关联性研究. 应用生态学报，15(11)：2013-2018.

国家林业局. 2005. 中国森林资源报告.

韩铭哲. 1988. 红松种群更新格局动态和趋势的探讨. 华北农学报，3(2)：100-104.

韩照祥，朱惠娟，张文辉，等. 2005. 不同地区不同尺度下栓皮栎种群的空间分布格局. 西北植物学报，25(6)：1216-1221.

郝江勃，王孝安，郭华，等. 2010. 黄土高原柴松群落空间结构. 生态学杂志. 29(12)：2379-2383.

郝清玉，张文纲，孙耀东，等. 1999. 林分状态与择伐技术指标的关系. 吉林林学院学报，15(4)：

217 – 219.

郝清玉, 周玉萍. 1998. 森林择伐基本理论综述与分析. 吉林林学院学报, 14(2): 115 – 119.

郝小琴. 2001. 林业科学与科学可视化. 林业科学, 2001, 37(6): 105 – 108.

郝云庆, 王金锡, 王启和, 等. 2005. 崇州林场柳杉人工林空间结构研究. 四川林业科技, 26(5): 36 – 41.

郝云庆, 王金锡, 王启和, 等. 2005. 崇州林场不同林分近自然度分析与经营对策研究. 四川林业科技, 26(2): 20 – 26.

何美成. 1998. 关于林木径阶整化问题. 林业资源管理, 6: 33 – 36.

何宗明, 杨玉盛, 陈光水, 等. 2001. 安曹下 76 年生杉木群落主要种群分布格局. 福建林学院学报, 21(3): 212 – 215.

赫尔曼·格拉夫·哈茨费尔德主编(沈照仁, 等译). 1997. 生态林业理论与实践. 北京: 中国林业出版社.

洪伟, 林思祖. 计量林学研究. 1993. 成都: 电子科技大学出版社.

洪志猛, 崔丽娟, 张建生, 等. 2004. 泉州湾湿地桐花树种群空间分布格局研究. 湿地科学, 2(4): 285 – 289.

侯景儒, 郭光裕. 1993 矿床统计预测及地质统计学的理论与应用. 北京: 冶金工业出版社.

侯向阳, 韩进轩. 1997. 长白山红松林主要树种空间格局的模拟分析. 植物生态学报, 21(3): 242 – 249.

侯振挺, 刘再明. 2000. 数学生态学随机模型. 生物数学学报, 15(3): 301 – 307.

胡会峰, 刘国华. 2006. 中国天然林保护工程的固碳能力估算. 生态学报, 26(1): 291 – 295.

胡万良. 2000. 人工诱导阔叶红松林种群结构及分布格局. 东北林业大学学报, 28(3): 54 – 56.

胡小兵, 于明坚, 陈玉宝. 2002. 浙北青冈林群落结构与青冈种群数量特征. 植物研究, 22(4): 432 – 438.

胡小兵, 于明坚. 2003. 青冈常绿阔叶林中青冈种群结构与分布格局. 浙江大学学报(理学版), 30(5): 574 – 579.

胡艳波, 惠刚盈, 王宏翔, 等. 2014. 随机分布的角尺度置信区间及其应用. 林业科学研究, 27(3): 302 – 308.

胡艳波, 惠刚盈. 2006. 优化林分空间结构的森林经营方法探讨. 林业科学研究, 19(1): 1 – 8.

胡艳波, 惠刚盈, 戚继忠, 等. 2003. 吉林蛟河天然红松阔叶林的空间结构分析. 林业科学研究, 16(5): 523 – 530.

胡艳波. 2010. 基于结构化森林经营的天然异龄林空间优化经营模型研究. 中国林科院.

黄保宏, 刘安军. 2004. 利用最近邻体法探求朝鲜球坚蚧在梅树上的分布. 安徽技术师范学院学报, 18(6): 45 – 47.

黄健儿, 吕月良, 施友文. 1991. 格氏栲空间格局的初步研究. 福建林学院学报, 11(3): 266 – 271.

黄清麟, 董乃均, 李元红. 1999. 中亚热带择伐阔叶林与人促阔叶林对比评价. 应用与环境生物学报, 5(4): 342 – 346.

黄清麟, 洪菊生, 陈永富, 等. 2003. 海南霸王岭山地雨林理想结构的指标与标准(standards)探讨. 林业科学研究, 16(4): 404 – 410.

黄志伟, 彭敏, 陈桂琛, 等. 2001. 青海湖几种主要湿地植物的种群分布格局及动态. 应用与环境生物学报, 7(2): 113 – 116.

黄宗安. 1996. 红楠群落主要种群分布格局的研究. 福建林学院学报, 16(1): 49 – 52.

惠刚盈, Gadow K. v., Albert M. 1999. 角尺度——一个描述林木个体分布格局的结构参数. 林业科学, 35(1): 37-42.

惠刚盈, Gadow K. v., Albert M. 1999. 一个新的林分空间结构参数——大小比数. 林业科学研究, 12(1): 1-6.

惠刚盈, Gadow K. v., 胡艳波. 2004. 林分空间结构参数角尺度的标准角选择. 林业科学研究, 17(6): 687-692.

惠刚盈, Gadow K. v., 胡艳波, 等. 2004. 林木分布格局类型的角尺度均值分析方法. 生态学报, 24(6): 1225-1229.

惠刚盈, 胡艳波. 2001. 混交林树种空间隔离程度表达方式的研究. 林业科学研究, 14(1): 23-27.

惠刚盈, 克劳斯·冯佳多. 2001. 德国现代森林经营技术. 北京: 中国科学技术出版社.

惠刚盈, 克劳斯·冯佳多. 2003. 森林空间结构量化方法. 北京: 中国科学技术出版社.

惠刚盈, 盛炜彤. 1995. 林分直径结构模型的研究. 林业科学研究, 8(2): 127-131

惠刚盈, GADOW K V, 胡艳波, 等. 2007. 结构化森林经营. 北京: 中国林业出版社.

惠刚盈, 胡艳波, 赵中华, 等. 2013. 基于交角的林木竞争指数. 林业科学, 46(6): 68-73.

惠刚盈, 胡艳波, 赵中华. 2009. 再论"结构化森林经营". 世界林业研究, 22(1): 14-19.

惠刚盈, 胡艳波. 2006. 角尺度在林分空间结构调整中的应用. 林业资源管理, 28(2): 31-35.

惠刚盈, 克劳斯·冯佳多. 2003 森林空间结构量化方法. 北京: 中国科学技术出版社.

惠刚盈, 赵中华, 胡艳波. 2010. 结构化森林经营技术指南. 北京: 中国林业出版社.

惠刚盈. 2013. 基于相邻木关系的林分空间结构参数应用研究. 北京林业大学学报, 35(4): 1-8.

江机生. 1999. 中国的林业分类经营改革工作. 林业分类经营理论---全国林业分类经营学术研讨会论文集. 中国林学会, 北京, 5-11.

蒋有绪, 史作民. 1999. 论"天-地-生"巨系统中的森林生态系统. 森林生态学论坛. 中国林学会森林生态分会编. 北京: 中国农业科技出版社.

焦菊英, 王万中, 李靖. 2000. 黄土高原林草水土保持有效盖度分析. 植物生态学报, 24(5): 608-612.

金明仕著, 文剑平, 等译. 1992. 森林生态学. 北京: 中国林业出版社.

鞠洪波, 张怀清. 2006. "3S"技术在林业中的应用研究进展与趋势. 江泽慧主编, 国际林联第22届世界大会论文选编. 北京: 中国林业出版社.

亢新刚, 胡文力, 董景林, 等. 2003. 过伐林区检查法经营针阔混交林林分结构动态. 北京林业大学学报, 25(6): 1-5.

亢新刚. 2001. 森林资源经营管理. 北京: 中国林业出版社.

亢新刚. 2011. 森林经理学. 北京: 中国林业出版社.

考克斯著, 蒋有绪译. 1979. 普通生态学实验手册. 北京: 科学出版社.

兰国玉, 雷瑞德. 2003. 植物种群空间分布格局研究方法概述. 西北林学院学报, 18(2): 17-21.

兰思仁. 1995. 武夷山天然毛竹林分布格局的研究. 福建林学院学报, 15(3): 277-280.

蓝斌, 洪伟, 陈辉, 吴承祯, 王小龙. 1995. 闽北阔叶林主要种群分布格局取样技术的研究. 福建林学院学报, 15(4): 370-374.

蓝斌, 洪伟, 林群, 等. 2000. 屏南天然黄山松种群空间分布格局. 福建林学院学报, 20(1): 9-11.

李宝银. 1998. 森林分类经营技术方法研究. 林业资源管理, 3: 35-38.

李典谟, 马祖飞. 2000. 展望数学生态学与生态模型的未来. 生态学报, 20(6): 1083-1089.

李盾, 黄楠, 王强, 等. 2004. 天然次生林林木空间格局及更新格局. 东北林业大学学报, 32(5): 4-9.

李法胜, 于政中, 亢新刚. 1994. 检查法林分生长预测及择伐模拟研究. 林业科学, 30(6): 531 – 539.

李国猷. 2000. 天然林保护工程多目标分类经营研究. 世界林业研究, 13(6): 69 – 72.

李海涛. 1995. 植物种群分布格局研究概况. 植物学通报, 12(2): 19 – 26.

李纪亮. 2008. 宝天曼栎类天然次生林林分结构量化分析. 河南农业大学.

李建贵, 潘存德, 梁瀛, 等. 2001. 天山云杉天然成熟林种群分布格局. 福建林学院学报, 21(1): 53 – 56.

李建军, 陈端吕, 谭骏珊, 等. 2012. 南洞庭湖湿地龙虎山次生林林分空间结构研究. 中国农学通报. 28(13): 132 – 138.

李景文. 1992. 森林生态学(第2版). 北京: 中国林业出版社.

李景侠, 张文辉. 2001. 巴山冷杉种群结构及空间分布格局的研究. 西北农林科技大学学报(自然科学版), 29(5): 115 – 118.

李俊清. 1986. 阔叶红松林中红松的分布格局及其动态. 东北林业大学学报, 14(1): 33 – 38.

李明辉, 何风华, 刘云, 潘存德. 2003. 林木空间格局的研究方法. 生态科学, 22(1): 1077 – 1081.

李荣玲. 1999. 世界主要林业国家分类经营情况综述. 林业资源管理, 21(2): 19 – 25.

李思文, 张连翔, 隋国薪. 1991. 油松种群自然更新格局的研究. 生态学杂志, 10(4): 14 – 17.

李卫忠, 吉文丽, 赵鹏祥. 2003. "生态优先"森林经营思想之我见. 西北农林科技大学学报, 31(5): 163 – 166.

李先琨, 黄玉清, 苏宗明. 2000. 元宝山南方红豆杉种群分布格局及动态. 应用生态学报, 11(2): 169 – 172.

李先琨, 向悟生, 欧祖兰, 等. 2003. 濒危植物南方红豆杉种群克隆生长空间格局与动态. 云南植物研究, 25(6): 625 – 632

李新, 胡理乐, 黄汉东, 等. 2003. 后河自然保护区水丝梨群落优势种群结构与格局. 应用生态学报, 14(6): 849 – 852.

李旭光, 熊利民, 张吉强. 1993. 四川缙云山林下乔木幼苗分布格局的研究. 应用生态学报, 4(2): 214 – 217.

李毅, 胡自治, 王志泰. 2002. 东祁连山高寒地区山生柳种群分布格局研究. 草业学报, 11(3): 48 – 54.

李裕国, 王化林, 李欣宁. 1997. 树种组成的时空序列分析. 林业资源管理, 19(1): 50 – 52.

李远发. 2013. 林分空间结构参数二元分布的研究. 中国林业科学研究院.

李长胜, 蔡体久, 满东斌, 等. 1999. 森林分类经营的理论及其在黑龙江省林区的应用. 林业分类经营理论. 中国林学会, 40 – 44.

李忠. 1995. 天然林择伐的采伐量计算. 林业勘查设计, 2: 37 – 38.

梁士楚. 2001. 广西北海海岸沙生白骨壤种群分布格局研究. 广西科学, 8(1): 57 – 60.

廖利平, 陈楚莹, 张家武, 等. 1996. 人工林生态系统持续发展的调控对策研究. 应用生态学报, 7(3): 225 – 229.

林思祖, 黄世国. 2001. 论中国南方近自然混交林营造. 世界林业研究, 2001, 14(2): 73 – 78.

林同龙. 2000. 闽北天然檫树种群结构与分布格局初步研究. 中南林学院学报, 20(1): 49 – 51.

刘宝, 陈存及, 陈世品, 等. 2005. 福建明溪闽楠天然林群落种间竞争的研究. 福建林学院学报, 25(2): 117 – 120.

刘灿然, 马克平, 于顺利, 等. 1998. 北京东灵山地区植物群落多样性研究: Ⅶ. 几种类型植物群落临界抽样面积的确定. 生态学报,18(1):15-23.

刘发林. 2002. 湘鄂典型天然林结构功能与经营技术研究. 学位论文.

刘峰,陈伟烈,贺金生. 2000. 神农架地区锐齿槲栎种群结构与更新的研究. 植物生态学报,24(4):396-401.

刘凤芹,曹云生,杨新兵,等. 2011. 冀北山区华北落叶松桦木混交林空间结构分析. 内蒙古农业大学学报,32(3):32-24.

刘国华,舒洪岚,张金池. 2005. 南京幕府山构树种群的空间分布格局. 南京林业大学学报(自然科学版),29(1):104-106.

刘荟,杨龙,孙学刚. 2004. 甘肃省屈吴山自然保护区不同森林群落类型的种群分布格局. 甘肃农业大学学报,39(4):439-442.

刘建泉. 2004. 祁连山保护区青海云杉种群分布格局的研究. 西北林学院学报,19(2):152-155.

刘健,陈平留,林银森. 1996. 天然针阔混交林中马尾松种群的空间分布格局. 福建林学院学报,16(3):229-233.

刘健,陈平留,陈昌雄,等. 1996. 天然针阔混交林林分结构规律的研究. 华东森林经理,10:1-4.

刘金福,洪伟,林升学,等. 2001. 格氏栲天然林主要种群直径分布结构特征. 福建林学院学报,21(4):325-328.

刘庆,等. 2003. 川西米亚罗亚高山地区云杉林群落结构分析. 山地学报,21(6):695-701.

刘帅,吴舒辞,王红,等. 2014. 基于 Voronoi 图的林分空间模型及分布格局研究. 生态学报,34(6):1436-1443.

刘宪钊,陆元昌,刘刚,等. 2009. 基于层次分析法的多指标树种优势度的比较分析. 东北林业大学学报,37(7):39-41.

娄明华,汤孟平,仇建习,等. 2012. 基于相邻木排列关系的混交度研究. 生态学报,32(24):7774-7780.

陆元昌. 2006. 近自然森林经营的理论与实践. 北京:科学出版社.

禄树晖,宫照红,熊振峰. 2006. 色季拉山急尖长苞冷杉林木分布格局研究. 西藏科技,3:52-55.

罗传文,黄楠. 2005. 一个新的格局检验模型及在天然次生林生态采伐中的应用. 林业科学,41(5):101-105.

罗传文. 2004. 点空间分析——分维与均匀度. 科技导报,10:51-54.

罗传文. 2005. 森林采伐格局控制的 $\sqrt{2}$ 原则. 生态学报,25(1):135-140.

罗文川. 2000. 南方红豆杉天然林群落结构特征研究. 亚热带植物通讯,29(3):39-42.

骆宗诗,温佐吾,吴冬生,等. 2003. 马尾松次生林幼龄种群结构和生长状况研究. 山地农业生物学报,22(4):294-299.

骆宗诗,向成华,杨逸雯. 2005. 绵阳官溪河流域防护林林木分化及异常木分布格局. 四川林业科技,26(4):29-35.

马建路,李君华,赵惠勋,等. 1994. 红松老龄林红松种内种间竞争的数量研究. 见:祝宁主编. 植物种群生态学研究现状与进展. 哈尔滨:黑龙江科学技术出版社,147-153.

马克平,刘玉明. 1994. 生物群落多样性的测度方法. 生物多样性,2(4):231-239.

马克平,等. 1995. 北京东灵山地区植物群落多样性的研究. 生态学报,15(3):268-277.

马万章,方旭东,宋文友. 1998. 最佳效益择伐径级确定方法的研究. 林业勘查设计,1:26-29.

马增旺,李宗领,王林,等. 1996. Weibull 分布的参数估计在蒙古栎天然林直径分布研究中的应用. 河北林业科技,2:23-26.

孟成生，汪林华，杨新兵，等. 2011. 冀北山地油松蒙古栎混交林空间结构特征研究. 河北农业大学学报，34(6)：30 - 35.

孟宪宇. 测树学. 1996. 北京：中国林业出版社.

孟宪宇. 1991. 削度方程和林分直径结构在编制材种表中的重要意义. 北京林业大学学报，13(2)：17 - 18.

倪静，宋西德，张永，等. 2010. 永寿县刺槐人工林空间结构研究. 西北林学院学报. 25(3)：24 - 27.

潘辉，江训强，赖彦斌. 1999. 迈向可持续发展的森林资源综合管理——面向 21 世纪的森林经理学发展动向分析. 世界林业研究，12(1)：7 - 11.

庞学勇，等. 2002. 川西亚高山云杉人工林与天然林养分分布和生物循环比较. 应用与环境生物学报，8(1)：1 - 7.

彭少麟. 1996. 南亚热带森林群落动态学. 北京：科学出版社.

皮洛 E. C，卢泽愚译. 1988. 数学生态学(第二版). 北京：科学出版社.

邱扬，等. 2003. 大兴安岭北部原始兴安落叶松种群世代结构的研究. 林业科学，39(3)：15 - 22.

曲仲湘，吴玉树，王焕棱. 1983. 植物生态学. 北京：高等教育出版社.

茹文明，渠晓霞，侯纪琴. 2004. 太月林区连翘灌丛群落特征的研究. 西北植物学报，24(8)：1462 - 1467.

尚进，李旭光，石胜友. 2003. 重庆涪陵磨盘桫椤种群结构与分布格局研究. 西南农业大学学报，25(3)：197 - 206.

申跃武，廖文波，胡锦矗. 2005. 南充市微尾鼩种群空间分布的研究. 西华师范大学学报(自然科学版)，26(2)：149 - 151.

沈国舫，翟明普. 2011. 森林培育学. 北京：中国林业出版社.

沈国舫. 1989. 林学概论. 北京：中国林业出版社.

沈国舫. 2001. 森林培育学. 北京：中国林业出版社.

施昆山. 2004. 世界森林经营思想的演变及其对我们的启示. 世界林业研究，17(5)：1 - 3.

石培礼，李文华，何维明，等. 2002. 川西天然林生态服务功能的经济价值. 山地学报，20(1)：75 - 79.

石胜友，尚进，田海燕，等. 2003. 缙云山风灾迹地常绿阔叶林生态恢复过程中优势种群分布格局和动态. 武汉植物学研究，21(4)：321 - 326.

宋定礼，张启勇，王向阳. 2006. 油菜田野老鹳草的空间分布格局及其抽样技术研究. 安徽农业大学学报，33(2)：226 - 229.

宋萍，洪伟，吴承祯，等. 2005. 珍稀濒危植物桫椤种群结构与动态研究. 应用生态学报，16(3)：413 - 418,

宋永昌. 2001. 植被生态学. 上海：华东师范大学出版社.

苏俊霞，毕润成，刘文军，等. 2002. 黄刺梅群落特征及种群分布格局的研究. 山西师范大学学报(自然科学版)，16(1)：66 - 71.

苏小青. 2000. 不同演替阶段中鳞毛栲种群的大小结构与分布格局. 应用与环境学报，6(6)：499 - 504.

苏志尧，吴大荣，陈北光. 2000. 粤北天然林优势种群结构与空间格局动态. 应用生态学报，11(3)：337 - 341.

孙冰，杨国亭，迟福昌，等. 1994. 白桦种群空间分布格局的研究. 植物研究，14(2)：201 - 207.

孙洪志, 段文英, 高中信. 1994. 野生动物种群格局分析方法. 野生动物, 6: 3 – 7.

孙洪志, 石艳丽. 2005. 沙地樟子松的空间分布格局. 东北林业大学学报, 33(1): 93 – 94.

孙时轩. 造林学. 1992. 北京: 中国林业出版社.

孙伟中, 赵士洞. 1997. 长白山北坡椴树阔叶红松林群落主要树种分布格局的研究. 应用生态学报, 8 (2): 119 – 122.

汤孟平, 陈永刚, 施拥军, 等. 2007. 基 Voronoi 图的群落优势树种种内种间竞争. 生态学报, 27 (11): 4707 – 4716.

汤孟平, 娄明华, 陈永刚, 等. 2012. 不同混交度指数的比较分析. 林业科学, 48(8): 46 – 53.

汤孟平, 唐守正, 雷相东, 等. 2004. 两种混交度的比较分析. 林业资源管理, 26(4): 25 – 27.

汤孟平, 唐守正, 雷相东, 等. 2004. 林分择伐空间结构优化模型研究. 林业科学, 40(5): 25 – 41.

汤孟平, 唐守正, 李希菲, 等. 2003. 树种组成指数及其应用. 林业资源管理, 25(2): 33 – 36.

汤孟平, 唐守正, 等. 2003. Ripley's K(d) 函数分析种群空间分布格局的边缘校正. 生态学报, 23 (8): 1533 – 1538.

汤孟平, 周国模, 陈永刚, 等. 2009. 基于 Voronoi 图的天目山常绿阔叶林混交度. 林业科学, 45 (6): 1 – 5.

汤孟平. 2003. 森林空间结构分析与优化经营模型研究. 北京林业大学博士学位论文.

汤孟平. 2010. 森林空间结构研究现状与发展趋势. 林业科学. 46(1): 117 – 122.

唐龙, 郝文芳, 孙洪罡, 梁宗锁. 2005. 黄土高原四种乡土牧草群落种 – 面积曲线拟合及最小面积的确定. 干旱地区农业研究, 23(4): 83 – 87.

唐守正, 李希菲, 孟昭和. 1993. 林分生长模型研究的进展. 林业科学研究, 6(6): 672 – 679.

唐守正. 2006. 东北天然林生态采伐更新技术指南. 北京: 中国科学技术出版社.

唐守正, 等. 2005. 东北天然林生态采伐更新技术研究. 北京: 中国科学技术出版社.

唐志尧, 方精云. 2004. 植物物种多样性的垂直分布格局. 生物多样性, 12(1): 20 – 28.

陶福禄, 李树人, 冯宗伟, 等. 1998. 豫西山区日本落叶松种群分布格局的研究. 河南农业大学学报, 32(2): 112 – 117.

田松岩, 宋国华, 宋存彦, 等. 2005. 东北林区天然林林分结构及林分生产力的研究. 林业科技, 30 (4): 21 – 22.

田长城, 周守标, 蒋学龙. 2006. 黑长臂猿栖息地旱冬瓜和潺槁木姜子种群分布格局和动态. 应用生态学报, 17(2): 167 – 170.

王本洋, 余世孝, 王永繁. 2006. 种群分布格局的各向异性分析. 中山大学学报(自然科学版), 45 (2): 83 – 87.

王本洋, 余世孝. 2005. 种群分布格局的多尺度分析. 植物生态学报, 29(2): 235 – 241.

王伯荪, 彭少麟. 1997. 植被生态学——群落与生态系统. 北京: 中国环境科学出版社.

王海为, 游水生, 王小明. 2004. 锥栗林主要种群空间分布格局. 福建林学院学报, 24(3): 258 – 261.

王韩民, 惠刚盈. 2005. 林木最近距离分布模型的研究. 林业科学研究, 18(5): 556 – 560.

王红春, 崔武社, 杨建州. 2000. 森林经理思想演变的一些启示. 林业资源管理, 22(6): 3 – 7.

王宏翔, 胡艳波, 赵中华, 等. 2014. 林分空间结构参数—角尺度的研究进展. 林业科学研究, 27 (6): 841 – 847.

王宏翔, 胡艳波, 赵中华. 2013. 树种空间多样性指数(TSS)的简洁预估方法. 西北林学院学报, 28 (4): 184 – 187.

王良衍，王希华，宋永昌，等. 2000. 天童林场采用"近自然林业"理论恢复退化天然林和改造人工林研究. 林业科技通讯，11：4-6.

王树力，葛剑平，刘吉春. 2000. 红松人工用材林近自然经营技术的研究. 东北林业大学学报，28(3)：22-25.

王太鑫，丁雨龙，刘永建，等. 2005. 巴山木竹无性系种群的分布格局. 南京林业大学学报(自然科学版)，29(3)：37-40.

王晓鹏，张晓虹，李孝良，等. 2005. 安徽皇甫山黄檀天然林群落特征研究. 安徽技术师范学院学报，19(6)：32-34.

王雪峰，管青军，武利军，等. 1999. 非参数估计在探讨天然林直径结构规律中的应用. 林业科学研究，12(4)：363-368.

王峥峰，安树青，等. 1998. 热带森林乔木种群分布格局及其研究方法的比较. 应用生态学报，9(6)：575-580.

王峥峰，安树青，David，等. 1999. 海南岛吊罗山山地雨林物种多样性. 生态学报，19(1)：61-68.

王政权，等. 1999. 地统计学及在生态学中的应用. 北京：科学出版社.

韦健琳，谢强，梁雪红. 2000. 桂林石山次生灌丛植物种群分布格局及种间相关性研究. 河池师范高等专科学校学报，20(2)：1-4.

尉秋实，王继和，李昌龙，等. 2005. 不同生境条件下沙冬青种群分布格局与特征的初步研究. 植物生态学报，29(4)：591-598.

魏守珍. 1995. 亚热带常绿阔叶林调查中的样方法与随机点四分法的结合. 福建师范大学学报(自然科学版)，11(3)：102-108.

温伟庆. 2004. 龙岩市天然林主要林分结构分析. 福建林业科技，31(1)：16-18.

吴承祯，洪伟，吴继林，等. 2000. 珍稀濒危植物长苞铁杉的分布格局. 植物资源与环境学报，9(1)：31-34.

吴翠，董元火，王青锋. 2004. 水蕨(Ceratopteris thalicroides)种群的分布格局. 武汉大学学报(理学版)，50(4)：515-519.

吴大荣，朱政德. 2003. 福建省萝卜岩自然保护区闽楠种群结构和空间分布格局初步研究. 林业科学，39(1)：23-30.

吴继林. 2001. 不同方法在珍稀植物长苞铁杉种群分布格局分析中的适用性研究. 江西农业大学学报，23(3)：345-349.

吴钦孝，赵鸿雁，韩冰. 2003. 黄土丘陵区草灌植被的减沙效益及其特征. 草地学报，11(1)：23-26.

武吉华，张绅. 1983. 植物地理学(第2版). 北京：高等教育出版社.

夏富才. 2007. 长白山阔叶红松林植物多样性及其群落空间结构研究. 北京林业大学.

夏乃斌，屠泉洪，马占山. 1987. 赤松毛虫幼虫空间分布型的研究. 北京林业大学学报，9(3)：223-231.

谢芳. 2001. 乳源木莲群落空间分布格局的研究. 江西农业大学学报，23(3)：366-370.

谢双喜，彭贵. 2001. 不同保留密度对马尾松天然林生长的影响. 辽宁林业科技，28(5)：17-19.

谢哲根，于政中，宋铁英. 1994. 现实异龄林分最优择伐序列的探讨. 北京林业大学学报，16(4)：113-120.

谢宗强，陈伟烈，刘正宇，等. 1999. 银杉种群的空间分布格局. 植物学报，41(1)：95-101.

邢福，王艳红，郭继勋. 2004. 内蒙古退化草原狼毒种子的种群分布格局与散布机制. 生态学报，24(1)：143-148.

胥晓，苏智先，严贤春. 2005. 坡向对四川冶勒红豆杉种群分布格局的影响. 应用生态学报，16(6)：985-990.

胥晓，苏智先. 2005. 利用斑块信息研究冶勒的红豆杉种群分布格局与坡度的关系. 云南植物研究，27(2)：137-143.

徐凤兰，陈致旺. 2001. 浅议林业经营思想. 林业经济问题. 21(4)：244-246.

徐国祯，黄山如编著. 1992. 林业系统工程. 北京：中国林业出版社.

徐国祯. 1997. 森林生态系统经营——21世纪森林经营的新趋势. 世界林业研究，10(2)：15-20.

徐海. 2007. 天然红松阔叶林经营可视化研究. 中国林业科学研究院.

徐化成，范兆飞，王胜. 1994. 兴安落叶松原始林林木空间格局的研究. 生态学报，14(2)：155-160.

徐化成. 2001. 中国红松天然林. 北京：中国林业出版社.

许凯扬，刘胜祥，杨福生，等. 2002. 湖北后河国家级自然保护区水丝梨种群分布格局. 华中师范大学(自然科学版)，36(2)：217-220.

许木正，盖新敏，等. 2006. 甜槠林乔木层主要植物种群的空间分布格局. 亚热带水土保持，18(1)：6-11.

许维谨，缪勇. 1987. 苹果园山楂叶螨空间格局的初步研究. 安徽农学院学报，14(1)：45-50.

许新桥. 2006. 近自然林业理论概述. 世界林业研究，19(1)：10-13.

许忠学，郑金萍，刘万德，等. 2005. 水胡林群落树木种群空间分布及种间关联性. 北华大学学报(自然科学版)，6(1)：73-77.

闫淑君，洪伟，吴承祯，等. 2002. 武夷山天然米槠林优势种群结构与分布格局. 热带亚热带植物学报，10(1)：15-21.

阳含熙. 1980. 相似系数探讨. 自然资源，第1期.

杨持，郝敦元，杨在中. 1984. 羊草草原群落水平格局研究. 生态学报，4(4)：345-353.

杨梅. 2004. 杉阔混交林不同立木级杉木及其伴生树种种群空间格局分析. 广西林业科学，33(1)：45-51.

杨文化，曹积服，罗传文，等. 2003. 天然林林木空间格局的随机性检验和调整. 防护林科技，21(2)：6-15.

杨学民，姜志林. 2000. 森林生态系统管理其与传统森林经营的关系. 南京林业大学学报，27(4)：91-94.

杨再强，谢以萍. 1998. 云南松天然林最适保留密度的探讨. 四川林业科技，19(2)：70-72.

姚爱静，朱清科，张宇清，等. 2005. 林分结构研究现状与展望. 林业调查规划，30(2)：70-76.

叶芳，彭世揆. 1997. 种群空间分布理论的发展历史及其现状. 林业资源管理，26(6)：55-58.

尹爱国，苏志尧，李彩红. 2006. 广东石门台自然保护区山顶矮林优势种群分布格局及动态. 生态学杂志，25(1)：55-59.

于大炮，周莉，黄百丽，等. 2004. 长白山北坡岳桦种群结构及动态分析. 生态学杂志，23(5)：30-34.

于政中，亢新刚，李法胜. 1996. 检查法第一经理期研究. 林业科学，32(1)：24-34.

于政中. 1993. 森林经理学. 北京：中国林业出版社.

于政中. 1989. 世界森林经理的现状及发展趋势. 世界林业研究，2(1)：29-35.

袁建平，蒋定生，甘淑. 2000. 不同治理度下小流域正态整体模型试验——林草措施对小流域径流泥沙的影响. 自然资源学报，15(1)：91-96.

袁士云, 张宋智, 刘文桢, 等. 2010. 小陇山辽东栎次生林的结构特征和物种多样性. 林业科学. 46(5): 27 – 34.

袁正科, 姚贤清, 张灿明. 1996. 中亚热带次生林成林规律及经营技术研究. Ⅲ. 次生林数量动态与经营的生态经济对策. 湖南林专学报, 5(2): 51 – 59.

岳天祥. 2001. 生物多样性研究及其问题. 生态学报, 21(3): 462 – 467.

岳永杰. 2008. 北京山区防护林优势树种群落结构研究. 北京林业大学.

臧润国, 刘静艳, 董大方. 1999 林隙动态与森林生物多样性. 北京: 中国林业出版社.

臧润国, 井学辉, 刘华, 等. 2011. 北疆森林植被生态特征. 北京: 现代教育出版社.

臧润国, 成克武, 李俊清, 等. 2005. 天然林生物多样性保育与恢复. 北京: 中国科学技术出版社.

张鼎华, 叶章发, 王伯雄. 2001. "近自然林业"经营法在杉木人工林幼林经营中的应用. 应用与环境生物学报, 7(3): 219 – 223.

张峰, 上官铁梁. 2000. 山西翅果油树群落优势种群分布格局研究. 植物生态学报, 24(5): 590 – 594.

张光富. 2001. 浙江天童灌丛群落中优势种群的年龄结构和分布格局. 武汉植物学研究, 19(3): 233 – 240.

张光明, 谷海燕, 宋启示, 等. 2004. 聚果榕榕果小蜂种群分布格局及其生境和季节差异比较. 应用生态学报, 15(4): 627 – 633.

张会儒, 汤孟平, 舒清态. 2006. 森林生态采伐的理论与实践. 北京: 中国林业出版社.

张继义, 赵哈林. 2004. 科尔沁沙地草地植被恢复演替进程中群落优势种群空间分布格局研究. 生态学杂志, 23(2): 1 – 6.

张家城, 陈力, 郭泉水, 等. 1999. 演替顶极阶段森林群落优势树种分布的变动趋势研究. 植物生态学报, 23(3): 256 – 268.

张金屯, 米湘成. 1999. 山西五台山亚高山草甸优势种群和群落的格局研究. 河南科学, 17(6): 65 – 67.

张金屯, 孟东平. 2004. 芦芽山华北落叶松林不同龄级立木的点格局分析. 生态学报, 24(1): 35 – 40.

张金屯. 2005. 芦芽山亚高山草甸优势种群和群落的二维格局分析. 生态学报, 25(6): 1264 – 1268.

张金屯. 2004. 群落二维格局分析的两种方法. 西北植物学报, 24(8): 1448 – 1451.

张金屯. 1998. 植物种群空间分布的点格局分析. 植物生态学报, 22(4): 344 – 349.

张晋昌. 2004. 油松天然林合理密度初探. 内蒙古林业调查设计, 27(6): 25 – 27.

张俊钦. 2005. 福建明溪闽楠天然林主要种群生态位研究. 福建林业科技, 32(3): 31 – 35.

张琼, 洪伟, 吴承祯, 等. 2005. 长苞铁杉天然林群落种内及种间竞争关系研究. 广西植物, 25(1): 14 – 17.

张群, 范少辉, 沈海龙, 等. 2004. 次生林林木空间结构等对红松幼树生长的影响. 林业科学研究, 17(4): 405 – 412.

张少昂, 孟宪宇, 赵世华. 1993. 当代测树学的主要进展及其近期发展展望. 林业资源原理, 22(3): 19 – 23.

张士增, 李滨胜, 曹禹田. 1997. 天然落叶松林树种组成的优化. 东北林业大学学报, 25(1): 65 – 66.

张炜银, 李鸣光, 梁士楚, 等. 2003. 外来杂草薇甘菊种群分布格局研究. 广西植物, 23(4): 303 – 306.

张文辉, 卢志军, 李景侠, 等. 2003. 秦岭北坡栓皮栎种群动态的研究. 应用生态学报, 14(9):

1427 – 1432.

张文辉，卢志军，李景侠，等. 2002. 陕西不同林区栓皮栎种群空间分布格局及动态的比较研究. 西北植物学报，22(3)：476 – 483.

张文辉，王延平，康永祥，等. 2005. 太白山太白红杉种群空间分布格局研究. 应用生态学报，16(2)：207 – 212.

张亚爽，苏智先，胡进耀. 2005. 四川卧龙自然保护区珙桐种群的空间分布格局. 云南植物研究，27(4)：395 – 402.

张志云，蔡学林. 2001. 21 世纪森林经理学展望. 华东森林经理，15(2)：6 – 8.

张治国，王仁卿. 2000. 中国分布北界的山茶(Camellia japonica)种群大小结构和空间格局分析. 植物生态学报，24(1)：118 – 122.

赵士洞，汪业勖. 1997. 生态系统管理的基本问题. 生态学杂志，16(4)：35 – 38.

赵阳，余新晓，黄枝英，等. 2011. 北京西山侧柏水源涵养林空间结构特征研究. 水土保持研究. 18(4)：183 – 188.

赵洋毅，王克勤，陈奇伯. 2012. 西南亚热带典型天然常绿阔叶林的空间结构特征. 西北植物学报. 32(1)：187 – 192.

赵中华，惠刚盈，袁士云，等. 2009. 小陇山锐齿栎天然林空间结构特征. 林业科学. 45(3)：1 – 6.

赵中华，惠刚盈，胡艳波，等. 2014. 基于大小比数的林分空间优势度表达方法及其应用. 北京林业大学学报，36(1)：78 – 82.

赵中华. 2009. 基于林分状态特征的森林自然度评价研究[D]. 中国林科院.

郑丽凤，周新年. 2009. 择伐强度对中亚热带天然针阔混交林林分空间结构的影响. 武汉植物学研究. 27(5)：515 – 521.

郑师章，吴千红，王海波，等. 1993. 普通生态学——原理、方法和应用. 上海：复旦大学出版社.

郑松发，郑德璋，廖宝文. 1992. 海莲群落和木榄群落主要种群分布格局的研究. 林业科学研究，5(2)：149 – 156.

郑小贤. 1999. 森林资源经营管理. 北京：中国林业出版社.

郑燕明，樊后保，陈祖松. 1995. 格氏栲种群及其主要伴生树种的空间格局. 福建林学院学报，15(2)：97 – 102.

郑元润. 1997. 不同方法在沙地云杉种群分布格局分析中的适用性研究. 植物生态学报，21(5)：480 – 484.

周安华. 森林永续作业"法正林"理论，83 – 86.

周灿芳，余世孝，郑业鲁，等. 2003. 种群分布格局测定的样方尺度效应. 广西植物，23(1)：19 – 22.

周国法，徐汝梅. 1998. 生物地理统计学——生物种群时空分析的方法及其应用. 北京：科学出版社.

周国英，陈桂琛，魏国良，等. 2006. 青海湖地区芨芨草群落主要种群分布格局研究. 西北植物学报，26(3)：579 – 584.

朱学雷，安树青. 1997. 海南五指山热带山地雨林乔木种群分布格局研究. 内蒙古农业大学(自然科学版)，28(4)：526 – 533.

左小安，赵学勇，张铜会，等. 2005. 科尔沁沙地榆树疏林草地物种多样性及乔木种群空间格局. 干旱区资源与环境，19(4)：63 – 68.